作战辅助决策理论与方法

主编　杨露菁

参编　孙　乔　李启元　牛晓博　陈志刚

国防工业出版社

·北京·

内 容 简 介

本书系统介绍了作战辅助决策的基本理论、技术及其在军事领域的应用。全书共12章，分为上、中、下三篇。其中，上篇为理论篇，包含第1章至第6章；中篇为技术篇，包含第7章至第9章；下篇为应用篇，包含第10章至第12章。

本书理论、技术、应用相结合，既有作战辅助决策基本理论和方法，也有相关技术，具有系统性、理论性和实用性。既适用于指挥信息系统工程、电子科学与技术、通信与信息系统、控制科学与工程、系统工程等军内外相关专业本科、研究生教学，也可为相关领域工程技术人员和科研人员提供参考。

图书在版编目（CIP）数据

作战辅助决策理论与方法 / 杨露菁主编. —北京：
国防工业出版社，2023.6（2024.8 重印）
ISBN 978-7-118-12962-5

Ⅰ. ①作…　Ⅱ. ①杨…　Ⅲ. ①作战指挥-决策学
Ⅳ. ①E141.1

中国国家版本馆 CIP 数据核字（2023）第 096872 号

※

国防工业出版社 出版发行
（北京市海淀区紫竹院南路 23 号　邮政编码 100048）
北京凌奇印刷有限责任公司印刷
新华书店经售

*

开本 787×1092　1/16　印张 21¼　字数 484 千字
2024 年 8 月第 1 版第 2 次印刷　印数 1501—2500 册　定价 128.00 元

（本书如有印装错误，我社负责调换）

国防书店：(010)88540777　　书店传真：(010)88540776
发行业务：(010)88540717　　发行传真：(010)88540762

前　言

信息化已成为21世纪新军事变革的核心，人类战争形态也已从机械化战争转变为信息化战争。决策作为军队作战指挥的核心也变得越来越复杂，特别是在复杂战场环境下，决策、辅助决策的作用越来越重要，辅助决策系统更是成为军队指挥信息系统的核心。作战辅助决策系统借助计算机等先进的技术和设备，综合运用数据库技术、专家系统、作战模拟、决策分析、运筹优化等方法手段，辅助指挥员进行决策，具有决策速度快、决策质量高等优点，能很好地辅助指挥员科学、及时地做出决策。

本书系统介绍了作战辅助决策的基本理论、技术及其在军事领域的应用。全书共12章，分为上、中、下三篇。其中，上篇为理论篇，包含第1章至第6章，第1章为作战辅助决策导论，介绍指挥决策、作战辅助决策、作战辅助决策系统的相关概念；第2章至第6章介绍作战辅助决策的理论基础，包括最优化理论与方法、随机性决策理论与方法、多准则决策理论与方法、冲突型决策理论与方法和群决策理论与方法。中篇为技术篇，包含第7章至第9章，分别阐述辅助决策的三种技术，基于模型的辅助决策技术、基于知识的辅助决策技术和基于数据的辅助决策技术。下篇为应用篇，包含第10章至第12章，分别介绍作战辅助决策理论和技术在战场态势评估、目标威胁估计和武器运用决策中的应用。

本书是在多年教学实践中编写、应用，并不断修订完成的，亦是在密切跟踪该领域相关技术研究成果基础上总结而成的，作战辅助决策技术涉及多个领域的交叉技术，除最优化理论、决策理论等传统理论外，与人工智能等快速发展的技术也密切相关。本书由杨露菁主编，并负责第1章至第12章编写，孙乔参与第1章～第6章部分内容编写，陈志刚参与第7章至第9章部分内容编写，牛晓博、李启元参与第10章至第12章部分内容编写。

由于编者水平有限，书中疏漏和错误之处在所难免，还望读者不吝赐教、批评指正。

作者

2022.12 于武汉海军工程大学

目　录

上篇　理　论　篇

中篇 技 术 篇

下篇　应　用　篇

上篇　理　论　篇

第 1 章　作战辅助决策导论

决策是人类的一项基本活动，是人们行动的先导。指挥决策是作战行动的基础，正确的作战行动来源于正确的指挥决策。当决策面临的环境较复杂、决策依赖的信息存在不完备或者决策者的能力与认知水平有一定局限时，决策者在决策制定过程的诸多环节就会存在辅助决策的需求，军事指挥决策亦如此。本章介绍作战辅助决策的基本概念，内容包括指挥决策、作战辅助决策、作战辅助决策系统和作战辅助决策系统的应用。

1.1　指 挥 决 策

1.1.1　指挥决策的概念

决策是人类有目的和有目标的基本活动与行为之一，无论是人们日常生活安排，还是国家宏观政策制定，都离不开决策。现代管理学之父彼得·德鲁克指出“信息的目的不是掌握信息，而是能够采取恰当的行动”。在韦伯大辞典中，关于决策的定义为：决策是从两个或者多个备选方案中有意识地选择其中一个方案，该决策定义包含拟定方案和选择方案两个要素，侧重于决策活动的结果。

美国管理学家、决策理论的重要代表人物赫伯特·西蒙则将决策视为一个过程：就是为了实现一定的目标，提出解决问题和实现目标的各种可行方案，依据评定准则和标准，在多种备选方案中，选择一个方案进行分析、判断并付诸实施的管理过程。决策过程包括 4 个阶段，即确定决策目标、拟定备选方案、选择方案、执行方案，侧重于决策活动的过程。

作战指挥决策是为实现一定的作战目的而制定各种可供选择的作战行动方案，并决定采取哪种方案的思维活动，其根本任务是定下决心和制定实现决心的行动计划。一般而言，作战指挥决策过程包括 4 个部分：确定作战目标、制定作战方案、选择作战方案、实施作战方案。

决策是军队作战指挥的核心，在军队的作战指挥活动中，定下决心是最重要、最核心的活动。定下决心的实质是确定作战目标和达到目标的行动以及所需要的兵力兵器和时间。其他活动如制定作战计划、组织协同动作、组织各项保障等指挥活动都依赖于正确的决心。

在制定作战方案过程中，一般要制定多个可行的作战方案以供选择，在这些作战方案中，既有常规的、显而易见的作战方案，也应该有一些非常规的、创造性的作战方案；方案的选择过程充分体现了指挥员的个人因素的作用，在作战方案的选择过程中，通常很难说哪个方案更好或哪个方案较差，指挥员要根据自己的知识素养、作战经验、价值判断等，按照一定的原则，选择出一个满意的方案并加以执行；在执行作战方案的过程中，指挥员要根据既定的作战方案，利用和创造一切有利于方案实施的条件，保证既定方案的实现。由此可见，作战指挥决策，不仅是做出抉择的一种行动，而且也是一个过程，包括做出抉择之前的准备工作和做出抉择之后的计划活动。

指挥决策的实质，是指挥决策者见之于客观和实践的主观意愿和主观能力，对于这一点，可以从以下几方面去理解。

（1）指挥决策是主观意愿与客观条件矛盾运动的结果。在军事实践中，人的主观意愿与实现这种主观意愿的客观条件构成了一对矛盾。一方面，人的主观意愿决定了需要采取何种军事行动，决定了必须做出何种关于军事行动的决策；但另一方面，其所拥有和面对的客观能力（如各种资源）、客观环境（如地理、社会环境和时间等），又制约着实现主观意愿的可能性和行动方式。因此，正确的、高明的指挥决策应该是对于主观意愿与客观条件的一种最恰当的协调。

（2）指挥决策的效果取决于指挥决策者的主观能力。指挥决策不仅是人的主观意愿的体现，而且也是人的主观能力的体现。人对主观愿望与客观条件之间存在的矛盾有什么样的认识，对客观世界的运动规律有什么样的认识，对军事实践活动有什么样的驾驭能力，就会有什么样的决策活动和什么样的决策产品——决心和计划。指挥决策者的认识能力越强，其主观能动性发挥的水平越高，就越能够充分地利用客观条件来最大限度地实现其主观意愿。总之，指挥决策者的主观认识能力及其主观能动性的发挥水平，将决定其决策制定的效率和质量，并在很大程度上决定决策方案最终的实施效果。

（3）指挥决策是指挥决策者借以将其主观需要转变为客观现实的一种必要手段。要达到某种军事目的，就必须采取相关的军事行动；而要使军事行动能够最有效地达成军事目的，就需要做出正确的指挥决策。因此，指挥决策活动，其实就是决策者为解决其主观需要与客观可能之间的矛盾所进行的工作过程；指挥决策活动的成果（行动决心和行动计划），则是决策者所拿出的克服其主观需要与客观可能之间矛盾的解决办法。

指挥决策者对于作战对抗规律认识得越深刻，就越有可能在决策实践中针对特定条件下的具体情况对这些规律加以灵活地运用，从而做出正确的甚至是高明的作战决策。制定作战决策，不仅要遵循决策规律，而且还要遵循作战规律。遵循决策规律是为了保证决策过程的有效性、提高决策制定的效率；遵循作战规律是为了保证作战过程的有效性、提高决策制定的质量。前者关乎作战决策的及时性，后者关乎作战决策的正确性。

1.1.2 指挥决策的特点

指挥决策的基本特点，是指挥决策本质属性的一种反映。准确地把握指挥决策的基本特点，有助于深化对于指挥决策活动的认识。指挥决策是军事领域中的决策活动，作为一种特殊领域中的决策活动，它具有以下几个基本特点：

1. 对抗性

指挥决策指导的是军事行动和军事斗争。军事斗争是一种基于暴力的对抗活动，它与其他领域中的竞争具有质的区别。军事斗争虽然最终表现为战场上双方部队之间的力量对抗和行为对抗，但这种对抗的核心却是双方决策者之间的思维对抗和智力对抗，即指挥决策对抗。这一点在现代高技术战争中得到了充分的印证。如果说在过去指挥决策对抗还只能或主要通过力量对抗来间接表现的话，在战争形态逐渐由机械化战争向信息化战争转变的背景下，指挥决策对抗已经可以通过信息战和指挥控制战等形式更直接地表现出来。信息战的直接目的虽然是夺取信息优势，但其最终目的却是夺取决策优势。指挥控制战则直接将指挥决策对抗推上了战场的第一线。

指挥决策的强对抗性，决定了其决策制定时所依据的主要逻辑：在指挥决策中，己方采取什么行动方案比较有利，必须以敌方的行动为前提。一个所谓“好的行动方案”，主要是相对于敌方的行动而言的。在指挥决策中，几乎不存在“绝对好的行动方案”（不论敌人如何行动，该方案都是最佳方案）。因此，在指挥决策中，决策的制定具有下述特征：①决策方案的制定必须建立在对敌方行动的准确预测上；②对敌方最不利的行动方案往往就是己方的“最佳方案”；③为了最大限度地实现己方的军事目的，必须想尽一切办法限制或调动敌人，从而诱使或迫使敌人尽可能采取对己方相对有利的行动；④在制定己方行动方案时，必须谨慎防止落入敌方所设置的“圈套”之中。总之，在指挥决策中，对抗性充满了指挥决策制定的方方面面。

2．时效性

与一般决策活动相比，时效性对于指挥决策的成功具有大得多的意义。指挥决策的主要任务是指导军队的作战行动，而作战行动的流动性和易变性，决定了指挥决策必须具有高时效性。战争的胜负不仅取决于交战双方作战潜力的对比，更取决于双方实际战斗力的发挥。而谁的决策节奏、作战节奏更快，谁就能够在对抗态势上占据主动地位，从而更加充分地发挥其战斗力。显然，决策节奏和作战节奏的竞赛对作战指挥决策的时效性提出了极高的要求。随着现代战争日益高技术化的发展趋势，参战兵力兵器的机动能力、突击威力大大增强，从而使战场态势更易发生变化，变化的程度和速度也大大加快。因此，现代战争对作战指挥决策时效性的要求更高。

当前，指挥手段正不断向数字化、网络化方向发展，作战双方获取、传递、处理和利用战场信息的速度都在不断提高。指挥手段的发展是一柄双刃剑，它同时提高了交战双方的决策速度，从而进一步加剧了在指挥决策时效性上的竞赛。指挥决策的高时效性，从一个侧面决定了现代指挥决策方式的特点：①指挥信息系统对于决策者快速获取情况信息和发布指令信息具有重要意义；②人机结合的决策方式，对于减轻决策者信息处理的负担，提高决策效率具有重要意义；③在某些情况下，由于时间的紧迫，很多本来能够进行系统分析和定量分析的问题将不得不依靠经验、定性分析或直觉来处理，因为一个不完善的决策将远比一个过时的决策好得多。

3．复杂性

指挥决策所要处理的决策问题是极为复杂的，其复杂性具体表现在：①决策条件的不确定性；②决策因素的多样性及其关系的复杂性；③衡量决策方案优劣的标准具有综合性。

决策条件，即制约军事行动效果的现实环境和客观条件。其中包括战场的自然条件、社会条件、敌我双方力量对比、敌方的部署和行动、时间限制等。在所有这些决策条件中，很大一部分具有不确定性。首先，敌方的情况和行动具有很大的不确定性。由于敌方一般会通过采取各种保密和欺骗措施以掩盖其能力、部署和行动，因此关于敌情的情报很大一部分是互相矛盾的，更多的是假的，绝大部分是相当不确定的。其次，战场的气象、水文、道路、地形、海况等条件以及己方的作战准备和作战能力也具有一定的不确定性。与敌情的不确定性不同，造成上述不确定性的并非人为的原因，而是复杂事物的一种必然表现。

决策因素，即组成决策条件的各种成分。影响军事活动的因素不仅数量众多，而且其性质和相互关系都很复杂。其中既有自然因素，也有社会因素；既有军事因素，也有政治、经济因素；既有物质技术因素，也有精神心理因素。一般来说，当影响事物的因素众多时，这些因素对该事物的综合影响将是极其复杂的。在这种情况下，事物的运动规律也是极其复杂的，并且表现出随机性和偶然性的特点。因此，军事活动具有很大的不确定性，它比其他任何人类活动都更多地涉及随机性和偶然性。由此可见，决策因素的众多及其相互关系的复杂，是导致决策条件不确定性的重要原因之一；而事物运动规律的不确定性则是其复杂性的一种表现。总之，复杂性与不确定性有密切关系，两者互为表里。

在指挥决策中，衡量决策方案优劣的标准具有综合性。即不仅需要衡量决策方案达成决策目标的程度和效果，而且需要衡量与此相关的代价和风险。例如，衡量一个作战方案的优劣，必须从其预计战果、预计损失、使用兵力的多寡、实施难度（如组织协同的复杂性、对各种保障的要求、对部队训练水平的要求）等多个方面进行考虑。衡量决策方案优劣的标准的这种综合性，就为指挥决策方案的拟制、评价和选择带来了很大的困难。因为一般规律是：战果较大的方案，往往其损失和实施的难度也会较大；反之，损失和实施难度较小的方案，其战果也会较小。

指挥决策的复杂性规定了指挥决策方式方法的特点：①由于决策方案优化指标的综合性和决策条件的不确定性，一般无法找到绝对意义上的最优决策方案，只能做出相对合理的“满意”方案；②由于决策因素的多样性及其关系的复杂性，不可能在有限的时间里对决策问题进行彻底的理性分析，因此，必须结合经验和直觉做出决策；③由于对军事活动具有极大影响的政治、精神、自然等因素难以量化，因此，定量分析的结果只能作为决策的依据之一加以考虑；④由于对指挥决策问题以及解决问题的方法只能部分地加以形式化的描述，因此必须综合运用定性定量结合的方法，以人机结合的方式做出决策。

4．风险性

指挥决策是一种高风险性的决策活动，其源自军事活动的对抗性和复杂性，以及军事斗争后果的严重性。决策风险，是指决策者无法保证决策的实际结果能够达到既定要求的这样一种情况。产生决策风险的必要条件是决策条件不确定。由于决策条件不确定，决策方案的实施效果就不确定，于是导致了决策风险。指挥决策常常是在情况不是十分明了、充满许多不确定性因素的情况下进行的，即指挥决策的条件一般是不确定的。导致指挥决策条件不确定的原因：一是由于军事活动的影响因素众多，致使许多军事情况的发生和发展具有随机性和偶然性；二是由于敌我双方的激烈对抗，由于保密、欺骗等谋略手段的大量运用，以致决策者对于军事情况及其发展的了解处于一种若明若暗的不确定状态。一般来说，自然环境和我情的不确定性来自军事活动的复杂性，而敌情的不确定性则主要源自军事活动的对抗性。

在现代高技术作战条件下，由于军队机动能力、远程打击能力的提高以及新作战方式方法的出现，使得战场情况变化更加急剧，用于指挥反应的时间更加短暂。在这种情况下，为了抓住稍纵即逝的战机，在做出决策前决策者往往难以有充裕的时间把情况弄得很清楚，这就使得做出军事决策往往需要冒很大的风险。

值得注意的是，指挥决策风险非比一般的决策风险。孙子说："兵者，国之大事也"（《孙子兵法·计篇》）。指挥决策，往往关乎生命的牺牲，国家利益的得失，甚至民族的存亡，在这点上军事决策与一般决策是有本质区别的。因此，指挥决策较之其他领域的决策问题其决策后果的关系更加重大，相应地也具有更大的决策风险。由于控制和驾驭风险既需要讲究科学、也需要发挥主动性和创造性，因此，指挥决策的方法不仅是一门科学，也是一种艺术。

5. 非重复性

作战活动是一种一次性的活动，因此，指挥决策还具有非重复性的特点，"战胜不复，而应形于无穷"（《孙子兵法·虚实篇》）就是指的这个特点。

与其他人类社会活动不同，战争活动是一种偶发的、非常规性的社会活动。战争只有在人类各部分之间的利益矛盾激化到一定的程度之后才会爆发。并且进行每一次战争活动的条件，包括战场环境、国际国内形势、地理气象条件、双方所拥有的军队数量和士气、对抗所使用的物质手段及其技术水平等都有很大的变化。除此之外，由于战争的强烈的对抗性，对抗双方必然要想尽一切方法（包括运用各种谋略欺诈手段）以达到出敌不意、争取主动和克敌制胜的目的，这就使战争活动更加千变万化，所谓"兵无成势，无恒形"（《孙子兵法·虚实篇》）。历史上，既没有两次完全相同的战争，也没有两次完全相同的指挥决策。

指挥决策的这种非重复性，反过来会进一步加剧其对抗性和风险性。因为，在多次重复进行的决策中，一次决策的失误有可能在以后的决策中加以弥补。而在非重复性决策中，由于决策失误所招致后果的无法弥补性，既凸显了决策的风险性，同时也对决策的正确性和把握性提出了更高的要求。在这种情况下，唯一有效的对策只能是：充分发挥决策者的主观能动性用于决策方案上的创新，去应对非重复性的决策环境和决策条件。显然，双方主动性和创造性的发挥，将使指挥决策中的斗智斗谋更加紧张激烈，将进一步激化指挥决策的对抗性、复杂性、风险性和非重复性。但无论如何，能够更好地发挥自己的主观能动性、从而更具创造性的一方必将会在作战对抗中占据有利地位。由此看出，以指挥决策为核心的战争指导活动是人类活动中一类最具个性和创造性的社会活动。正因为如此，指挥决策的灵魂只能是人的能动性，指挥决策永远不可能实现完全的自动化。在人机结合的决策方式中，不论今后计算机将发挥多大作用，"人主机辅"的关系将永远不可能改变。

综上所述，指挥决策具有对抗性、时效性、复杂性、风险性和非重复性等基本特点。上述基本特点之间具有密切的相关性，它们互为因果、相互作用，从而形成了指挥决策的整体面貌和整体性质。

1.1.3 指挥决策的类型

指挥决策所要解决的问题是十分广泛和复杂的，从不同的角度考虑，可以对指挥决策进行不同的分类。

1. 根据指挥决策作用范围分类

从指挥决策作用的时空范围来看，有战略决策、战役决策和战术决策。这 3 种决策，既互相区别又互相联系，战役决策服从和服务于战略决策，战术决策服从和服务于战役决策。相对来说，前者是局部，后者是全局；前者具体，后者概括；前者适用时间短、范围小，后者则适用时间长、范围广。

1）战略决策

战略决策，是关系全局问题的重大决策。全局问题既有战争准备问题，也有战争实施问题。战争准备问题，主要涉及军队建设的发展方向、军队体制编制的确定和变革、各军兵种的均衡发展、部队装备发展规划、军事力量的战略布局、战场建设等问题。战争准备方面的战略决策，既是关于当前军队建设和部署的战略性决定，也是关于军队长远发展规划的目标和方法的战略性决定。战争实施问题，主要涉及分析判断战略形势、制定实施战争的战略方针、制定实施战略性战役的计划、战略预备队的建立和使用等问题。战争实施方面的战略决策，是对于军队在战争中的部署和运用的方针和方法所做出的战略性决定。

2）战役决策

战役决策，是关于准备和实施战役行动的目标和方法的决定。战役决策的内容包括确定战役方针、定下战役决心和制定战役计划。战役决策受战略决策的制约，制定战役决策的根本依据是战略方针、战略意图和受领的战役任务。战役决策的作用，在于根据实施战役的客观环境和客观条件，选择最合适的战役目标和最有效的战役行动方法，以使战役行动最有效地服务于战略目标。

3）战术决策

战术决策，是关于准备和实施战斗行动的目标和方法的决定。战术决策的内容包括确定战斗目标、定下战斗决心和制定战斗计划。战斗目标一般是从属于战役目标的，但在小规模局部战争的特殊情况下，战斗目标有时也会直接有助于战略目标的实现。因此，战术决策一般受战役决策的制约，但在某些情况下战术决策也会直接与战略决策发生联系。战术决策的根本依据是上级意图和所受领的战斗任务。战术决策的作用，在于根据实施战斗的客观环境和客观条件，选择最合适的战斗目标和最有效的战斗行动方法，以使战斗行动最有效地服务于战役（或战略）目标。

2. 根据指挥决策内容分类

根据指挥决策的内容，有情报决策、作战决策和组织决策。不论在任何作战指挥决策中，一般都需要解决下面 3 个问题：一是搞清情况；二是确定行动的方法；三是建立实施行动的组织系统。情报决策、作战决策和组织决策所要解决的正是上述三方面的问题。这 3 类决策问题所决策的内容是迥然不同的：情报决策对什么是事实真相做出尽可能客观的判定，作战决策对完成作战任务的最佳行动方法做出选择，组织决策对部队的编组形式和控制部队的组织系统进行最佳的设计。即情报决策要回答“什么是事实真相”的问题，作战决策要回答“应该怎样行动”的问题，组织决策则要回答“力量应该如何组织”的问题。在指挥决策过程中，情报决策、组织决策和作战决策相互依赖、相互制约，并将根据具体情况的不同以不同的方式动态地交织在一起。

1）情报决策

情报决策，是对情报信息的真伪、含义和价值进行分析判断的过程，也是对分析判断的结论所做出的决定。由于在对情报信息进行分析判断时，我们对于情报的真伪、含义和价值可以做出多种判断，存在关于情报分析结论的多种选择，因此做出情报分析结论的过程其实也是一种决策过程，这种决策就是情报决策。情报决策多采用自下而上的方式，即宏观的、综合的、大范围的情报决策通常要以微观的、基本的、具体的情报决策为基础。

2）作战决策

作战决策，是从有效达成一定的作战目的出发，对作战行动方法进行筹划和优选的过程，也是对作战行动方法所做出的决定。在不同的背景下，作战决策可能具体包括：确定行动目标、确定主要作战（进攻或防御）方向、确定作战行动的样式、兵力兵器的部署、规定部队任务、协同和保障的重要问题等内容。它是指挥决策中最重要、最复杂的决策。显然，正确的作战决策只能建立在正确的情报决策的基础之上。而为了保证作战决策的圆满实现，还必须进行组织决策。作战决策一般呈现自上而下的制定方式，即只有在上级确定了对所属部队的任务区分之后，下级才能根据本部所受领的任务，确定达成任务目标的最佳方法。从易于理解的角度出发，也可以把这里的“作战决策”称为“行动决策”。

3）组织决策

组织决策，是为了贯彻落实作战决策，对所属部队所进行的力量编组和对指挥系统所进行的结构设计。组织决策的作用，在于使己方的作战系统形成所需要的系统结构和系统功能，以便能够最有效地遂行作战行动。通常所说的编制体制、人员配备、战斗编成等，都属于组织决策的范畴。组织决策方案，既可以是长期性的，如编制体制；也可能是临时性的，如战斗编成。为保障作战实施而进行的组织决策通常在执行作战任务之前进行，有时也可能同时进行，还可在执行过程中不断地调整。组织决策的实质，是如何进行作战力量和指挥力量的有效组织，因此它的基本内容是确定结构。衡量一种结构是否适当，主要看这一结构的工作效能、战斗能力、生存能力、反应能力等方面是否适应作战的需要。组织决策一般也呈现自上而下的制定方式，即只有在上级确定了高层组织序列之后，下级才能在这个框架下确定低层的组织序列。

3．根据指挥决策问题特点分类

根据军事行动的环境和条件是否具有不确定性，可以将指挥决策区分为确定型决策、风险型决策和不确定型决策。由于军事行动环境和条件一般带有不确定性，因此军事决策一般是风险型决策和不确定型决策。

根据衡量军事行动方案优劣的标准（指标）是否具有单一性，可以将指挥决策分为单目标决策和多目标决策。由于人们在希望所制定的决策方案能够最大限度地实现既定的决策目标的同时，还往往希望为此所付出的代价以及所冒的风险尽可能地小，因此，在一般情况下，指挥决策都是一种多目标决策。

4．根据指挥决策问题的结构化程度分类

严格地说，辅助决策方法不包括一般意义上的计算机信息处理，而仅限于直接帮助决策者拟制和选择行动方案的方法和手段。在现代决策科学中，这些辅助决策方法是根据决策问题的结构化程度来分类的。决策问题的结构化程度是指对某一决策过程的环境和原则，能否用明确的语言（数学的或逻辑的，定量的或定性的）给予清楚的说明或描述，可以用下面 3 个因素来区分：

（1）问题形式化描述的难易程度：结构化问题容易用形式化方法严格描述。形式化描述难度越高，结构化程度就越低，完全非结构化问题甚至不可能形式化描述。

（2）解题方法的难易程度：结构化问题一般能描述得很清楚和有较规范化的解题方法。解题方法越不易精确描述或描述难度越高，结构化的程度就越低，完全非结构化的问题甚至不存在明确的解题方法，只能用一些定性的方法来解决。

（3）解题中所需计算量的多少：结构化问题一般可通过大量的明确的计算来解决，而结构化程度低的问题则可能需要大量试探性的解题步骤，而不包含大量明确的计算。

决策问题依其结构化程度可分为 3 类：结构化决策问题、非结构化决策问题、半结构化决策问题。结构化决策问题的特点：一是决策问题有明确目标，目标可定量描述；二是决策所需信息（对决策有影响的因素）能明确地描述且可以得到；三是有明确的处理原则。因而，其解法是“重复的、一成不变的，只要处理这类问题的步骤被找到，那么，遇到这类问题就不需要重新寻找方法”。显而易见，结构化问题是常规的和完全可重复的，问题的求解方法是确定的，可以用程序来实现，易于用计算机进行处理。

非结构化决策问题与结构化决策问题恰恰相反。如果在决策的目标制定阶段，不能定义、识别问题的条件；在方案设计阶段，不能确定解决问题的方法；在方案选择阶段，不能明确选择的准则，那么，这个决策问题就是完全非结构化的。非结构化决策问题是新颖的，以前没有出现过或者问题的精确性质和结构难以捉摸，因而老一套方法不能处理，需要依靠决策人员的经验和判断。非结构化问题不具备已知的求解方法，或存在若干求解方法所得到的答案不一致，所以，它难于编制程序来完成。非结构化问题实质上包含着创造性或直观性，计算机难以处理，而人则是处理非结构化问题的能手。

大多数决策问题介于结构化决策问题与非结构化决策问题之间，即为半结构化决策问题。这类问题一部分是不可详细说明的，在条件、方法、准则之中，有一种或两种要靠决策者的判断，另一部分则是可说明的。当把计算机和人有机地结合起来，就能有效地处理半结构化决策问题。

指挥决策层次可以划分为技术决策、战术决策、战役决策、战略决策，在这些层次上的不同的决策问题可以分别归为结构化、非结构化和半结构化决策问题，如表 1.1 所列。

表 1.1　指挥决策问题的结构化程度

<table>
<tr><th colspan="2" rowspan="2">决策问题</th><th colspan="4">决策层次</th><th rowspan="2">问题特点</th></tr>
<tr><th>技术决策</th><th>战术决策</th><th>战役决策</th><th>战略决策</th></tr>
<tr><td rowspan="3">决策问题类型</td><td>结构化</td><td>舰艇机动
使用武器
使用电子对抗器材</td><td>评估战斗能力
优化资源运用
优化兵力编组</td><td>评估战役能力
优化资源运用</td><td>战略资源分配</td><td>可通过建立适当的模型得到决策方案，并且可从中得到最优（或近似最优）的解</td></tr>
<tr><td>半结构化</td><td>确定使用探测器的种类、时机和方式</td><td>分析判断情况
谋划确定战法
确定作战对象</td><td>优化兵力编组
分析判断情况
谋划战役布势
谋划确定战法</td><td>分析战略形势
规划兵力结构
确定兵力布局</td><td>可通过建立适当的模型得到决策方案，但不能从中得到最优方案</td></tr>
<tr><td>非结构化</td><td>人员分配
指派工作</td><td>建立指挥组织</td><td>确定战役企图
组织指挥系统</td><td>制定战略方针
建立指挥体制</td><td>不可能通过建立适当的模型得到决策方案</td></tr>
</table>

值得注意的是，从发展的观点来看，结构化、半结构化和非结构化决策问题的划分

并不是固定不变的，随着对具体问题认识的逐渐深入、决策理论和方法的不断完善以及现代化决策工具性能的显著提高，可以使许多原来属于非结构化和半结构化的决策问题，逐渐向半结构化和结构化问题的方向转化。

1.1.4 指挥决策的科学流程

指挥员及其参谋人员在指挥活动中要做到及时正确地决策，首先必须遵循科学的世界观方法论，掌握先进的军事理论和军事思想；其次，应自觉运用科学的决策理论和方法，遵循科学的决策程序和步骤，运用各种有效的思维方式；最后，还要借助于各种决策支持技术来辅助决策。

1．科学的决策程序

根据我军长期作战经验和现代决策科学理论，指挥决策过程应包括以下 4 个相互交织在一起的基本阶段：

1）确定作战行动目标

它通常包括以下 3 项内容：

（1）了解任务，掌握上级为本级规定的行动目的，这是决策的出发点和落脚点。

（2）搜集信息，判断情况，这是决策的基础。从信息处理角度看，这个步骤要把搜集到的大量信息进行压缩，即减少冗余，去伪存真，变换成所需要的形式。

（3）确定作战行动目标，即确定为实现作战目的而要达到的具体目标。确定目标时应注意环境条件提供的挑战和机会；分清必达目标和期望目标，并明确目标的定性和定量要求。

2）拟定多个备选方案

备选方案是达成作战行动目标的具体途径。由于作战行动中有很多不确定因素，拟定多种方案十分必要。拟定备选方案一般要经过概念形成和具体设计两个阶段。科学的思维方式对拟定方案的创新和求实具有最为重要的意义。

3）评估备选方案的有效性

该步骤的目的是逐一鉴定比较各备选方案的利弊，以便为最后决断提供依据。评估的准则取决于作战行动的目标，其结果以定量和定性结合的形式给出。现代辅助决策技术为各种评估方法提供了有效的手段。

4）做出方案的选择，即定下决心

这是指挥员意志行动的结果。由于决策必定包含风险成分，所以有必要确定可忍受的风险和不可接受的风险。决断可以是一次性过程，也可以在执行过程中，对方案进行修改和完善。整个决策过程实际上是一个决策—执行—再决策—再执行的不断循环往复的过程，直至作战行动目标彻底实现。

2．科学的思维方式

决策过程实质上是决策者的思维活动过程。决策者的思维方式对决策过程的成效影响极大。认知科学和行为科学的研究表明，指挥员的决策思维方式有以下 5 种，即经验思维、公理思维、辩证思维、形象思维和灵感思维，各种思维方式的特点如下：

1）经验思维

经验思维是根据简单现成的模式来决定对问题的态度和反应，即用记忆中存储的范例辨认观察到的情况，并选择和采用现成习惯的反应。经验思维代表了经验的积累、系统化和组织。它的优点是处理简单决策问题响应快，特别适用于武器的使用决策和小规模部队的战术指挥；经验思维的不足之处在于它是有限的，当遇到新的情况时，仅仅在经验基础上决定反应就不够了。而且当情况复杂时，即使这些情况是经验情况的复合，也会因经验的有限而可能无法做出决断。例如，若经验的情况有 A、B、C 三种，则混合情况有 A、B、C、AB、BC、CA、ABC 7 种，这样，原有的经验只能解决约 50%情况的决策问题。若原有的经验情况有 5 种，则混合情况总数将超过 100 种，而经验思维能处理的只有 5 种，不到 5%。可见，情况复杂时，经验思维能力就迅速下降了。

2）公理思维

公理思维是按照公理或规则体系来反映的，即通过应用适当的公理来考察情况，并根据规则通过逻辑推理决定对情况的反应。每条规则都是社会经验的集中体现并为决策者所确认。作战指挥决策中，战役战术原则、战斗条令、工作条例等都是“公理”。指挥员依据这些“公理”，可以极大地扩展其能有效决策的情况范围，加快决策的速度。因此，在指挥决策中，公理思维较之经验思维占据更大的比重。决策的层次越高，逻辑结论的价值就越大，而经验思维反应迅速的优点就失去价值了。决策的影响范围越大，即部队数量越大，则一般原则越有用——统计解开始有效，因为一定情况所涉及的地域与时间越多，这些情况的变化越小，则由一般原则控制的事件变化的联合效应会引起典型情况的比重就越增加或越趋于稳定，这就扩大了公理思维的应用范围。

公理思维的缺点，特别是对于指挥决策来说，是它的不完全性。作战情况十分复杂，很难由一些公理来概括。当出现意外情况时，公理思维就行不通了。同时，由于公理具有普遍性，每一方都可以像敌人那样考虑并预测它的行动，结果双方都不可能完全按军事“公理”打仗。因而，公理思维的效果就会大大降低。

3）辩证思维

辩证思维的实质是发现和解决问题的主要矛盾，它是客观事物矛盾运动在人脑中的反映。辩证思维与创造性密切相关，作战指挥决策最需要的就是指挥员的创造性，所以经常使用辩证思维。辩证思维具有能从整体和相互关系上进行假设和推断的特性。因此有可能在情报信息不完备的情况下获得正确的结论。当然，真理的最后标准是实践，一个正确的有创造性的决策要通过实践来检验。

4）形象（直感）思维

前述 3 种思维方式都属于抽象思维，抽象思维是对事物的间接的、概括的认识，它用抽象方式进行概括，并用抽象材料（概念、理论、数字等）进行思维。形象思维则主要用非语言、直觉、整体的方式进行概括，并用形象材料（形象或示例）进行思维。形象思维不能用语言精确地描述。当我们通过形象思维发现一个熟悉的示例或形象时，可能会突然产生顿悟，出现合理的想法，形成自己对问题情况或环境的内在模型。形象的交流常常能传递很难或不可能用语言表达的思想。例如，军事上一幅态势图要胜过几千字的态势报告。在指挥决策中，形象思维能基于有限的形象资料和事实，对客观事物本质及其规律性联系迅速做出识别，敏锐洞察，直接理解和整体判断，感情和感觉往往正是通过形象思维对决策产生影响。

5）灵感思维（顿悟思维）

灵感思维是人们在注意力高度集中、意识极度敏锐的情况下，长期思考的问题受到类似事物的启发，忽然顿悟找到解决办法的思维活动过程。战争中，指挥员的“情急智生”就是“情急诱发”灵感思维，产生巧妙的决策。灵感思维的本质至今尚未弄清。但根据马克思主义的认识论，可以肯定灵感是人类创造性活动中的一种复杂的精神现象，它来源于人们知识和经验的长期积累，即所谓“厚积薄发”“长期积累，偶然得之”。

上述 5 种思维方式从不同途径和不同侧面认识事物的本质。作战指挥决策中，指挥员往往需要数种形式并用，尤其是创造性思维，更需要系统地运用各种思维形式，靠集体智慧相互补充。当然，在决策过程的各个阶段，随着时间、地点、条件的不同，指挥员可能以某一种思维方式为主，其他思维方式为辅。一般地说，指挥决策思维活动中，抽象思维（经验、公理、辩证思维）是主要的思维形式，形象思维也很普遍，二者互相结合。灵感思维的运用相对要少一些，但对指挥员的创造性决策往往能起到意想不到的巨大作用。认识这些思维方式的作用和机制，自觉地运用各种形式，促使决策思维更加条理化、科学化，是实现及时、正确指挥决策的必要条件。

3. 有效的辅助决策技术

指挥决策作为思维活动的意志行动，主要是由指挥员及其参谋人员依靠自己的经验、直觉和辩证思维能力而做出的。但是，现代作战条件下，指挥决策任务的艰巨性和复杂性使得只依靠指挥人员自己很难达到及时正确的决策要求。例如敌情判断，在现代战争条件下，指挥员固然能凭借先进的情报侦察系统和高速通信技术，获得大量来源不同、形式不一的情报数据。但这些数据往往可能是不完整的、模糊的、滞后的、不可靠的甚至是矛盾的。用直观推断辨认这些情况需做大量“如果……，则……”之类的思考判断。而心理学的研究告诉我们，人的直观推断求解速度受到短期记忆能力小以及顺次处理模式的限制，不可能很快。假设要考虑 10 种因素，每种因素有 10 种可能性，那么应当考察的表述就是 10^{10} 种，如果评估一个解只用 0.1s，那也要 300 年。

此外，直观推断决策过程还可能产生偏差或失算。决策者往往只利用在给定时间范围内能得到的数据；个人的期望可能使决策者对情报数据做出有倾向性的解释，甚至妨碍他接受重要的、与自己期望矛盾的信息；近期事件出现的频率可使决策者忽略更严格地评估未来事件的发生率；决策者还可能对变量作错误的相关分析并根据不显著的小子样做出不合适的推断。人的决策思维能力的这些缺陷，客观上提出了运用各种辅助决策技术，加强决策思维能力的要求。

辅助决策技术是在现代决策科学理论、方法和现代计算机技术相结合的基础上发展起来的。在当前水平下，支持辅助决策的计算机功能主要有以下 4 种。

（1）信息检索。根据用户规定的准则，从大量现有信息中选择所要求的信息，再存入计算机或以各种形式提供给用户。例如，文件资料等的检索。

（2）计算。就是根据预先存储的规则处理数据信息，产生新的数值信息。例如，各种战术计算等。

（3）信息变换。把用户关于概念的表述转换成一种不同的但有关系的概念表述。例如把原来用 A 语言写的文本变换成图形、图像、声音或用 B 语言写的文本，如战场态势的显示等。

（4）学习。通过计算机与用户的大量交互，使得产生新信息的规则经过每次程序执行都得到改进，这样逐步把人的某些知识、经验、智慧转移到计算机中。例如，对于一个有经验的指挥员来说，遇到某些情况，可能根据其以往的经验，就可以很好地决策，如果计算机也能把每一次成功决策的经验保存下来，下次再遇到类似情况时，也能像有经验的指挥员那样，通过以往的经验、结合推理分析，对此次决策提供帮助，则认为该辅助决策系统具有了学习的功能，能通过学习提高其决策的能力。

计算机的这些功能归根到底是在语言/逻辑层次处理语言和它的文字含义。这里定义的语言包括自然语言和数学语言（数值，符号和函数）。语言、数学、逻辑推理和定量分析都属于抽象思维活动，数字计算机基于数学/逻辑的功能只是人脑这一思维活动的外部延伸。因此，辅助决策技术只能用于增强决策者的某些抽象思维能力即经验、公理思维能力。至于辩证思维能力和形象思维能力目前还没有有效的直接辅助技术。当然，随着计算机技术的发展，通过虚拟现实和声、像、图、文多媒体等具有创造潜力的新技术，在一定程度上，间接支持形象思维还是可能的。

1.2 作战辅助决策

中国很早就出现了辅助决策活动与工具。古代的算筹、算盘，乃至战争中使用的军事作战地图、沙盘、兵棋等是以“工具”的形态辅助决策；而谋士、军师、幕僚、师爷等则是以“智囊团”的形式辅助决策。现在，服务于辅助决策的组织机构及活动更复杂，信息获取、处理与利用的工具更先进，或者说，实现辅助决策的手段、技术提升了，能力也提升了。但它们和早期辅助决策的基本功能是相同的，本质上都是为了决策。

1.2.1 作战辅助决策的定义

辅助决策指借助决策者之外的智慧（如谋士、参谋、智囊团等）和工具（如模型、算法及软件等），利用科学的决策方法，辅助和支持决策者完成决策的过程，也称为决策支持。由于决策是一种高级智能活动，因此，在计算机出现之前，最有效的指挥决策辅助只能来自于决策者之外的其他人脑。但在计算机诞生之后，基于计算机的辅助决策得到了发展，由最初的辅助数据处理、辅助信息管理，发展到了辅助决策分析，从而形成了决策支持的概念。相应地，用于辅助决策的计算机系统，也由电子数据处理系统、管理信息系统，发展到了辅助决策系统。

一般认为，决策支持系统是一个信息共享、交互计算的计算机集群，利用数据、模型、知识等方法帮助决策者解决半结构化和非结构化的决策难题，它具有以下特点：

（1）决策支持旨在辅助决策者做出决策，而不是试图代替决策者做出决策，即运用各种技术手段以支持决策者的判断力，而不是用机器判断去代替决策者的判断力。

（2）决策支持试图将计算机的严谨性与人的创造性结合起来，以帮助决策者更好地做出半结构化决策，即在解决这些问题时，利用计算机处理其中的结构化部分，使决策者能够集中精力解决其余的非结构化的部分。

（3）决策支持强调人机交互，因为在求解半结构化问题时，只有通过多次交互（计算机的信息输入和输出），才能将人的思维过程与计算机的求解过程结合起来，以完成问题的求解。

（4）决策支持旨在提升决策效能，首先是提高决策的质量，其次才是提高决策的效率。

现代战争中战场环境日益复杂，威胁平台数量多，目标机动性大，战争范围向陆、海、空、天、电五维发展，影响对战争态势判断预测的因素不断增多，而指挥员必须在高度不确定和复杂事件的压力下迅速做出决策，这使得指挥人员和参谋人员快速、准确地做出决策的难度越来越大，单凭指挥员个人智慧几乎是不可能完成的。因此，需要作战辅助决策技术来辅助指挥员掌握当前战场态势，快速、准确地做出最优决策，淡化战争“迷雾”，将战场的信息获取优势转化为指挥员决策优势，在正确指挥下取得战场的作战优势，最终掌握战争的主动权。

根据对于决策支持的上述基本认识，结合军事决策的特点，可以认为指挥决策支持，就是在指挥决策过程中，为了运用计算机、数学模型和人工智能等现代决策工具和决策方法来帮助指挥员及其指挥机构更有效地做出决策，而采取的相关措施和相关活动。

在指挥决策活动中，如何有效地进行辅助决策是一个十分重要的问题。关于指挥决策支持，我们应具备以下认识：

（1）指挥决策支持，是指挥决策活动与现代科学技术相结合的产物，它涉及指挥决策理论、计算机及其网络技术、决策学、运筹学、系统学、信息学、心理学和行为学等多方面的理论和技术。

（2）指挥决策支持的宗旨，是试图将以计算机为核心的信息技术和现代决策科学理论引入指挥决策活动，以提高指挥决策的质量和效率。

（3）指挥决策支持的工具是作战辅助决策系统，而作战辅助决策系统则是一种能够辅助指挥员和指挥机构完成指挥决策工作的计算机信息系统。

（4）指挥决策支持的作用，是在决策过程中辅助指挥人员更有效地发挥其分析能力并做出正确的判断，而不是试图取代他们的判断力和直觉。在整个决策过程中，应该由指挥人员通过对问题的洞察和判断来控制决策的步骤和进程。

（5）决策支持就是决策辅助，作战辅助决策系统能为决策者提供辅助决策的有用信息，但它不能独立地制定决策。在现代条件下，指挥决策是由人来主导的，并由作战辅助决策系统和人来共同完成。

（6）指挥决策支持的方式，即作战辅助决策系统在指挥决策过程中所发挥的作用和发挥作用的形式，必须与指挥人员在决策过程中的工作程序、工作方式和思维方式相适应。并且，这种适应是相互的：一方面，作战辅助决策系统的功能和操作方式应尽可能从方便决策人员的角度进行设计；另一方面，也必须根据许多决策工作日益计算机化和人机交互化后的现实需要，对传统的指挥决策程序和方法进行变革。只有解决好人-机之间相互适应的问题，使人机在指挥决策中实现最佳的结合，才能使指挥决策的程序和方法更加科学合理，使指挥决策支持取得最好的效果。

1.2.2 作战辅助决策的方式

研究决策支持的方式，主要涉及支持什么和如何支持的问题，这是运用计算机进行指挥决策辅助的一个核心问题。根据决策支持所运用的技术方法、所支持的决策阶段以及指导思想的不同，可以对指挥决策支持的方式作如下分类：

1．基于不同技术手段的决策支持

根据运用的技术手段的不同，可以有如下几种决策支持方式：

1）数据支持

数据能反映事物各方面的量化特征。以提供所需数据和进行数据处理的方式来支持决策，是一种最基本的决策支持方式。计算机进行数据支持的有效手段是数据库技术。在数据库的支持下，指挥人员将能够更有效地搜集、存储、管理和利用各种信息。

这是最基本的辅助决策方式。数据能反映事物的数量化特征，例如，脱靶量能反映武器的射击精确程度，杀伤半径能反映炮弹的毁伤能力，能见度能反映射击条件的好坏，等等。管理信息系统主要是对各种数据信息进行有效管理和处理的系统，它在数量上为各级管理者和决策者提供数据和辅助决策信息。

在作战辅助决策系统中，以数据形式辅助决策的方式大量存在。例如，当舰船要通过特定海域时，就需要该海域的相关数据，以决策舰船能否通过或者以什么样的方式通过；又如，当需要针对某次作战作战前弹药准备时，就需要相关弹药库的弹药储存情况的数据，以决策弹药的调运计划，等等。

2）模型支持

模型是指对于某个实际问题或客观事物、规律进行抽象后的一种形式化表达方式。模型支持是较之数据支持更高级的一种决策支持方式。计算机模型支持的主要技术手段是软件包和模型库技术。软件包和模型库中存储有各种数学模型，包括数据处理模型、作战对抗模型、运筹优化模型、决策评估模型等，其作用是帮助指挥人员在指挥决策过程中更有效地进行定量分析。例如：对情报信息进行处理；进行战役战术计算，如计算侦察能力、发现概率、突击能力、毁伤概率和期望、机动能力等；对备选方案的效果进行定量评估；对方案进行优化和优选等。

较为有效的辅助决策途径是利用模型和方法。在掌握事物发展规律的基础上，建立模型和方法，再按模型和方法的思想去指导行动。由于行动是基于事物的发展规律的，因此，行动的结果，总能取得良好的效果。客观事物千变万化、异常复杂，而模型总是会略去一些因素，这种模型的效果，由于当时条件、环境的变化，有可能失效。可见，模型是否真正反映客观事物的发展规律，是评价模型是否真正有效的关键。

3）智能支持

人工智能（AI）技术的本质是模仿人类的智能，智能支持，即在决策中利用计算机智能来部分代替人类智能的决策辅助方式，智能支持是一种更高层次的决策支持方式。目前，用于辅助决策的人工智能技术主要是专家系统或更广泛意义上的知识系统。专家系统是一组智能的计算机程序，它利用知识和推理来求解通常依靠专家经验才能解决的问题，这种技术适用于辅助非结构化决策问题的决策。专家系统能够帮助指挥人员进行某些分析和判断，从而在一定程度上增强指挥人员在指挥决策过程中应对复杂情况和紧急情况的能力。然而，由于人工智能技术的复杂性，因此要实现智能支持具有很大的难度。

2．不同决策阶段中的决策支持

制定一项决策，一般要经过确定目标、方案设计、方案评选等阶段。在每一个阶段中，都可以运用计算机为相关的决策活动提供必要的支持。

1）支持确定目标

目标的确定，必须建立在对客观情况和决策问题的充分了解的基础之上。因此，在确定目标阶段，指挥人员需要查明与决策问题相关的客观环境和条件，以便对决策问题有一个清楚的界定和认识。为了支持指挥人员完成对问题的界定和对情况的掌握，计算机应能帮助指挥人员完成对情况信息的搜集和分析。在弄清情况、确定行动目标阶段，计算机辅助决策的任务主要是信息处理，包括检索已有信息，处理当前信息，基于定量分析，辨认当前的紧急事件或未来面临的威胁。

信息搜集的范围，主要包括客观环境、对抗态势和内部情况等 3 个方面。客观环境，即战场的自然环境和社会环境信息；对抗态势，即关于敌方情况和对抗形势的信息；内部情况，即下属部队以及友邻部队的情况信息。

作战辅助决策系统搜集信息的方式主要是搜索数据库。在拥有指挥信息系统的条件下，来自各个情报源的情报信息已经经过情报分系统的汇集和整理，被分门别类地存储在各种数据库中。因此，在需要时，作战辅助决策系统将根据决策需要搜索各个相关的数据库。这些数据库既可以是本级管理的本地数据库，也可以是由上级指挥机构管理的远程异地数据库。而没有存入数据库的以文本或其他形式存在的信息，计算机无法自动地直接加以搜集，但可以通过建立一个关于这些材料的索引数据库来帮助参谋人员进行查找。

作战辅助决策系统辅助决策人员分析处理信息的方式多种多样：既可以是低级的只涉及语法信息的表层信息处理，也可以是高级的涉及语义信息的深层信息处理；既可以是简单的转换、分类、识别、排序、筛选等数据处理，也可以是通过统计分析、逻辑分析，以及数据挖掘技术等方法来进行深度的信息处理。

2）支持方案设计

决策方案的设计大体上可以分为两个步骤：一是方案的总体筹划；二是方案的细节拟定。无论是进行总体筹划还是进行细节拟定，都需要计算机提供推理分析和数据检索两方面的辅助。

对于可以量化描述的决策问题，运用适当的数学模型，有时可以直接产生出经过优化的行动方案。例如，对于某些兵力组合问题、行动路线选择问题、作战资源分配问题等，利用数学规划模型往往能够得出初步方案供决策人员修改采用。对于难以量化、主要需要依据专门知识、经验和技能进行定性分析的复杂问题，有时可以利用专家系统技术辅助产生行动方案。在无法用模型和专家系统进行辅助的情况下，则必须由决策人员通过大脑思维完成方案的主要设计，此时计算机至少可以通过数据检索为方案的筹划和拟定提供所需的数据和信息。

在拟定多个备选方案阶段，决策者富有创造性和想象力的思维活动起主要作用，而计算机在当前水平下，只能提供一些按常规办事的备选方案或简化情况下某种意义上的最佳方案，这些方案至少可以保证不会漏掉最显而易见的常规方案，而这是决策者高度创造性思考中常常会忽略的。

3）支持方案评选

在方案评选阶段，指挥人员首先要对已有方案的可行性和有效性进行检验和评估，其后才能在检验和评估的基础上做出关于方案选择的决定。在方案可行性和有效性的检验和评估中，计算机都可以通过运用效能评估模型或蒙特卡罗模拟方法对其进行支持。在对决策方案进行选择时，像多目标分析、层次分析、主观概率评估、效用分析这样一些模型，可以用来帮助指挥人员进行方案选择或按照一定的标准对各种备择方案进行优劣排序。

评估备选方案阶段是辅助决策技术可以发挥重大作用的阶段。在决策者选定评估准则及评估方法后，计算机可以完成从辅助构模到得出结果并按准则将备选方案排序的工作。评估模型有两类，一类是基于判断的模型，模型的基础信息由了解决策问题的人的知识经验和智慧组成。计算机对这类模型的构模只能做些外围辅助工作，如帮助画流图等。另一类是基于数据的模型。构模的基础是所存储的数据，模型的形式是联系决策方案与结果的数学方程。计算机以其计算、变换、学习功能对构模提供有力的帮助。

在定下决心阶段，即使计算机把各备选方案进行了排序，选定方案归根到底还得取决于决策者的决断。然而，计算机仍能对指挥员的决断发挥关键的帮助作用。例如，当备选方案按多个评价准则评价，而每个评价准则得出不同的方案排序时；或者多个决策者对备选方案有不同的解释，从而得出各不相同的排序时，计算机程序可以产生一个最接近于满足所有准则或所有决策者意图的最佳排序，帮助决策者做出最后决断。

3. 基于不同指导思想的决策支持

决策支持的指导思想不同，决策支持的方式和效果就会不同。从不同的指导思想出发，可以采取以下几种决策支持方式：

1）传统的决策支持

对很多并不太了解计算机工作特点及其局限性的人来说，一提起计算机指挥决策辅助，可能首先会想到“计算机自动生成方案”这种事，这就是传统决策支持的思路。根据这种思路，在决策中，将由计算机根据具体条件自动生成最优方案，于是决策者在一般情况下直接采纳或至多作少量的修改就可以了。

传统的决策支持也许能够在一些结构化程度很高的决策问题中得以实现，并取得较好的效果，但要想让计算机自动生成完整的作战方案（战役、战斗行动方案）显然是不可能的。从指挥决策的角度看，传统决策支持的思路过于简单化了，它在指挥决策实践中不具有普遍的适用性。正确的思路应该是根据决策问题的结构化程度的不同，灵活地赋予计算机以适当的任务：对结构化程度很高的问题，如某些作战资源分配问题，的确可以通过建立适当的模型让计算机提出经过优化的决策方案；但对于指挥决策中大量的结构化程度较低的决策问题，只能由人来主导方案的构思和设计过程，计算机则用于分析其中的某些局部问题，在这种情况下，一个方案的生成只能通过复杂的人机交互过程才能完成，因为只有在这样一个过程中，才能将人的直觉和经验与计算机强大的定量计算和逻辑推理能力有机地融为一体。

2）消极的决策支持

消极的决策支持的基本思想是通过为决策者提供比较满意的决策工具来提高决策工作的质量和效率，但并不试图去改变他们原有的决策模式，以使指挥决策人员能够按其习惯或偏好的模式去自由地做出决策。在消极的决策支持模式下，作战辅助决策系统的设计者并不考虑决策过程应该如何进行，因此用户具有确定决策步骤和掌握决策进程的权力。

消极的决策支持的优点，是能够最大限度地给予指挥人员自由行动的空间，由于它不会对已有的决策程序和方法产生冲击，因此容易为指挥人员所接受，并可以立即与实际指挥决策过程融为一体；但其缺点是，不能通过变革传统的决策程序和决策方式，来进一步完善传统的决策行为模式。因此，相对来说，消极的决策支持比较适合于辅助高层决策者解决结构化程度较低的决策问题，因为在这些情况下，其决策过程依具体问题和条件的不同而具有极大的不确定性，需要更多地发挥人的灵活性和创造性。

3）规范性决策支持

规范性决策支持的基本思想是试图将某种理想化的决策模式引入实际的决策过程，它对决策者的辅助不仅体现在提供决策工具上，还体现在引导决策者采取规范化的决策程序和决策方式上。从规范性支持注重对决策者进行积极引导这一点来看，它实际上是一种积极的决策支持。当前，运筹学、系统分析、决策分析、效用理论等，对于如何决策都有自己的一套观点和办法。因此，如欲将规范性支持用于指挥决策辅助，就要依据这些理论和方法去变革和完善传统的指挥决策过程，以达到提升指挥决策效能的目的。

为指挥人员提供强有力的工具辅助和方法辅助、并试图通过技术手段将规范化决策方法引入实际决策过程之中，这既是规范性决策支持的优点，但同时也是它的缺点。因为这既有促进传统指挥决策程序和方法变革的积极因素，同时也存在着在很多情况下难以实现的问题。实际上，指挥决策的现实是：只有部分比较简单的决策问题，是可以采用规范化的方法来决策的；而其他有大量的比较复杂的决策问题，至少在目前条件下还是无法规范化的。总的来看，规范性支持比较适合于辅助指挥人员解决结构化程度较高的决策问题，因为在这种情况下，决策程序和决策方法的规范性与实际可能之间将具有最小的差距。

4）扩展的决策支持

扩展的决策支持是消极支持与规范性支持的一个折中。规范性支持过于强调指挥人员应该如何去做，但忽略了他们能否这样做；消极支持则忽视了理论对于实践的指导作用。扩展的决策支持，既注意发挥指挥人员的主导作用，尊重他们的行为习惯和思维偏好，并充分考虑他们对于分析工具的期望和态度；同时也注意在可能的情况下尽力发挥决策理论对于决策过程的指导作用，它的目标是试图在决策过程中，将人的经验和直觉与计算机的逻辑性、严密性和快速性有机地结合起来。

扩展的决策支持具有如下特点：①不局限于已有的支持技术和软件，也不把决策辅助的工作方向仅仅局限于容易支持的决策问题上，而是不断地去扩大决策支持的应用领域，把计算机技术引入这些领域，以形成功能不断增强的逐步扩展的决策支持。②尽量将各种可行的分析方法和模型投入应用。它试图将决策分析、多目标决策，以及模型生成和模型管理等技术用于决策过程之中，以提高决策效能；并积极地将人工智能技术引入作战辅助决策系统的开发研究中，以避免决策支持及其系统的研究和应用陷入消极支持的思路而难以有新的进展。③特别重视作战辅助决策系统开发人员的作用，因为他们既应是理解决策过程的行家，又应是决策支持技术的里手。进行扩展的决策支持，不仅需要充分利用信息技术的成果，而且还要将其与军事科学、思维科学以及行为科学有机地结合在一起。

通过扩展的决策支持，既可以为决策者提供各种实用的绘算工具，以提高拟制方案的效率，也能够通过模型计算帮助决策者进行决策分析，甚至通过人工智能技术针对具体条件提出各种建议供决策者参考，以达到提高决策质量的效果。

1.3 作战辅助决策系统

1.3.1 作战辅助决策系统的定义

现代化战争处于海陆空天电五维的作战空间，作战武器和作战指挥普遍采用高技术，战场环境瞬息万变，战场信息量空前膨胀，信息流动速度加快，作战指挥人员需要面对千头万绪的信息做出决策，有必要对作战决策者提供一定程度的支持。而传统的作战指挥系统，决策者面对的是纸质地图、计算机生成的数字地图或实体模型沙盘，主要依靠情报分析人员手工通过地图、实物沙盘、军标或影像资料等了解战场态势，这种以人工处理信息为主的方法已经远远跟不上这个信息大爆炸的时代步伐，作战辅助决策系统正是为指挥决策人员的决策提供这种支持的有效手段，它是为适应现代化作战需要而产生和发展起来的。

决策支持系统（decision support system，DSS）也称为辅助决策系统，是一种以计算机为工具，应用决策科学及相关学科的理论与方法，以人机交互方式辅助决策者解决半结构化和非结构化决策问题的信息系统；是在对数据支持技术、模型支持技术以及智能支持技术进行一体化集成的基础上，形成的具有较强决策辅助能力的一种人机交互式信息系统。

简单说来，作战辅助决策系统是一种支持作战指挥决策活动的决策支持系统。关于作战辅助决策系统的定义有许多不同的描述，以下列举一些：

作战辅助决策系统是一种能够辅助指挥员和指挥机关完成指挥决策工作的计算机信息系统，它借助计算机等先进的技术和设备，综合运用数据库技术、作战模拟、决策分析、运筹优化、人工智能等方法手段，辅助指挥员进行决策，从而为指挥决策提供了科学的手段，具有决策速度快、决策质量高等特点。

作战辅助决策系统是以管理科学、军事运筹学、控制论和行为科学为基础，以计算机技术、仿真技术和信息技术为手段，面向半结构化和非结构化的军事指挥决策问题，辅助决策者通过数据、模型和知识进行决策的人机交互式信息系统。

作战辅助决策系统的功能如下：

（1）为指挥员提供决策所需的数据、信息和背景资料。

（2）帮助指挥员明确决策目标和进行问题识别。

（3）建立或修改决策模型，运用模型对数据进行处理。

（4）提供各种可能作战方案，并对方案进行评价和优选。预先存储若干份作战计划，一旦发生紧急情况，指挥员可以立即通过作战指挥辅助决策系统将各种作战方案进行推演，并将推演结果以图形和文字的形式显示出来，进行分析和比较，选出最佳作战方案。

（5）通过人机对话进行分析、比较和判断，为正确决策提供必要支持。根据战场态势信息和作战意图，运用模型、规则和推理方法，分析战场态势，评估威胁程度，辅助指挥员拟制作战方案，并预测各种作战方案的效能，对作战方案的优劣进行排序，辅助指挥员实现决策科学化。

1.3.2 作战辅助决策系统的组成结构

不同形态的决策支持系统，一般都包括几个特性十分明显的基本模块（或称为基本部件），由于这些模块的不同组合和集成，构成了不同形式的辅助决策系统（决策支持系统）。

1．传统决策支持系统

20 世纪 70 年代末至 80 年代初开发的决策支持系统主要由 5 个部件组成，即人机接口（对话系统）、数据库、模型库、知识库和方法库，及其相对应的管理系统。因此，决策支持系统可被认为是这些基本部件的集成和组合，可以组成支持任何层次和级别的作战辅助决策系统。实践中，往往不专门设计开发方法库，而将方法库和模型库合并。

1）三部件结构

决策支持系统不同于管理信息系统的基本特点是数据与模型有机组合，并以定量的方式辅助决策。1980 年，Sprague 提出了决策支持系统的三部件结构，它由对话部件（人机交互系统）、模型部件（模型库系统）、数据部件（数据库系统）三部分组成，其中模型部件包括模型库和模型库管理系统，数据部件包括数据库和数据库管理系统，如图 1.1 所示。

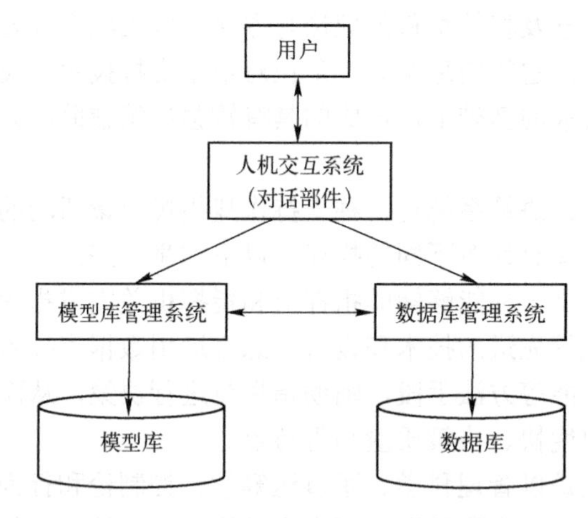

图 1.1 决策支持系统三部件结构

这种结构是为达到决策支持系统的目标要求而由管理信息系统发展来的。管理信息系统可以看作是对话部件和数据部件的组合，而决策支持系统是管理信息系统的进一步发展，即增加了模型部件。决策支持系统不仅仅是基于单个模型的辅助决策，它还具有存取和集成多个模型的能力，而且具有模型库和数据库集成的能力，因此它既具有管理信息系统的能力，又具有为各个层次的管理者提供决策支持的能力，其目标是对半结构化决策问题提供支持。随着计算机技术的发展，决策支持系统技术将会逐步深入到非结构化决策问题，使其转化为半结构化或结构化决策问题，并提供决策支持。

（1）对话部件。对话部件是决策支持系统与用户之间的交互界面。用户通过“人机交互系统”控制决策支持系统的运行，常见的人机交互界面有：菜单、窗口；命令语言和自然语言；多媒体及可视化技术。主要提供以下功能：①由用户输入数据和信息，并转换为系统能够理解和执行的内部表示形式，用于计算；②由用户输入必要的控制信息，控制决策支持系统的有效运行；③当系统运行结束后，向用户显示运行结果。

（2）数据部件。数据部件是决策支持系统的一个最基本的部件，包括数据库和数据库管理系统。一般情况下，任何一个决策支持系统都不能缺少数据库及其管理系统。决策支持系统使用数据的主要目的是支持决策，因此它对综合性数据或者经过预处理后的数据比较重视，这与管理信息系统支持日常事务处理，注重对原始资料的收集、整理和组织不同。经过几十年的发展，数据库技术已趋于成熟，有比较成熟的数据库组织方法和数据库管理系统。

（3）模型部件。模型库系统是传统决策支持系统的三大支柱之一，是决策支持系统中最有特色的部件。决策支持系统之所以能够对决策制定过程提供有效的支持，主要在于它有能为决策者提供推理、比较、选择和分析问题的模型库。因此，模型库及其相应的模型库管理系统在决策支持系统中占有十分重要的地位。但是，模型库并不是决策支持系统必不可少的部件，有的系统将需要的模型以程序的形式嵌入到系统中，完成辅助决策的功能；少数仅通过信息服务来做决策支持的系统没有模型库，一些向人工智能方向发展的决策支持系统也不太重视模型库在作战辅助决策系统中的配置。

模型库中模型的表示形式是以某种计算机程序形式表示的，如数据、语句，子程序、对象等。模型的动态形式可以以某种方法运行，进行输入、输出、计算等处理。决策支持系统将众多的模型按一定的结构形式组织起来，便于多模型的管理，也便于模型的运行和模型的组合运行。模型库管理系统除完成对模型库中模型的管理（生成、修改、更新、删除、连接等）外，还要实现对模型的调用和运行，特别是多模型的组合运行，这是决策支持系统的一般要求。

（4）三部件结构的特点。三部件结构强调“数据”“模型”和“对话”三部件的结合去解决半结构化问题。决策支持系统对“数据”的要求是数据处理功能，即对数据的存取、数据的检索、产生报表和图形；对“模型”的要求是利用模型，特别是优化模型得出辅助决策信息；对“对话”的要求是能修改模型，从而改变方案达到更大范围内的辅助决策。

① 数据库和模型库的结合。在决策支持系统中，数据库的任务是支持多模型的组合运行。对于单模型的运行，不需要数据库，每个模型用自己的数据文件即可；对于多模型的组合运行，模型之间的连接一般是通过数据来完成的，即一个模型的输出数据，经过一定的处理后，成为另一个模型的输入数据。连接两个模型的数据就不再是单模型私有，该数据已经成为共享数据，这些共享数据仍以数据文件形式存储就不合适，它只能放在数据库中。可见，数据库是多模型组合运行的桥梁。

② 对话部件的综合集成作用。人机对话一般用于模型运行中的交互，显示辅助决策信息和交互信息，根据计算机运行的要求，输入需要的数据或者控制信息。对于决策支持系统的对话部件，一个主要的任务就是完成三部件的综合集成，使决策支持系统在计算机中有效地运行，达到更强的辅助决策能力。

这种“对话、模型、数据”三部件结构的统一，其优点如下：

（1）明确了三部件之间的关系，即它们之间的接口关系和集成关系，便于决策支持系统的设计和关键技术的解决。

（2）便于和其他系统区别。与管理信息系统（MIS）的区别在于决策支持系统多了模型部件；与专家系统（ES）的区别在于决策支持系统是以模型、数据部件进行数值计算为主体的系统，而专家系统是以定性知识进行推理为主体的系统。

其缺点如下：

（1）没有突出决策支持系统的问题处理特性。问题处理系统是解决决策问题的核心，它虽然用到模型和数据，但对不同的决策支持系统，问题处理是大不相同的。作为该三部件结构，可以理解为决策支持系统的问题处理系统隐含在人机交互系统中。

（2）没有突出语言系统。决策支持系统所采用的语言有特殊的要求，它包含数据库语言和高级语言的双重功能。作为该三部件结构，可以理解为决策支持系统的语言系统也隐含在人机交互系统中。

2）三系统结构

1981 年，Bonczak 等提出了决策支持系统的三系统结构形式，它由语言系统（LS）、知识系统（KS）和问题处理系统（PPS）三部分组成，结构如图 1.2 所示。这 3 种系统是由上述基本部件发展而来的。LS 系统实际上就是一个人机接口，不过它更强调语言（特别是自然语言）在接口中的重要作用。由于突出了自然语言的重要性，因此在决策支持系统中配备了相应的自然语言处理系统（被称为 PPS）。根据知识工程的研究成果，数据、模型和知识（狭义）实际上都是广义的知识，从发展的趋势看，很可能对它们采用统一的表达方式，因此一些人倾向于把数据库、模型库和知识库统一为知识系统。

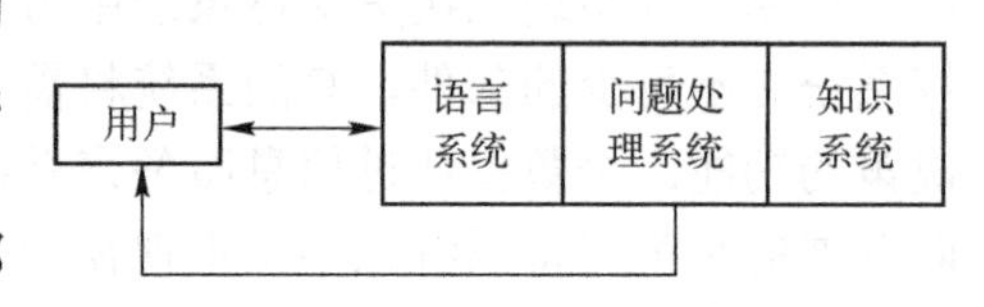

图 1.2　决策支持系统三系统结构

（1）语言系统。语言系统包含检索语言（由用户或模型来检索数据的语言）和计算机语言（由用户操纵模型计算的语言）。决策用户利用语言系统的语句、命令、表达式等来描述决策问题，编制程序在计算机上运行，得出辅助决策信息。

（2）知识系统。知识系统包含问题领域中的大量事实和相关知识。最基本的知识系统由数据文件或数据库组成，数据库的一条记录表示一个事实，按一定的组织方式进行存储；更广泛的知识是对问题领域的规律性描述，这种描述用定量方式表示为数学模型。数学模型一般用方程、方法等形式描述客观规律性，这种形式的知识可以称为过程性知识；随着人工智能技术的发展，对问题领域的规律性知识用定性方式描述，一般表现为经验性知识，它们是非精确知识，这样就大大扩大了解决问题的能力。

（3）问题处理系统。问题处理系统是决策支持系统的核心，它是针对实际问题提出问题处理的方法、途径；利用语言系统对问题进行形式化描述，写出问题求解过程；利用知识系统提供的知识进行实际问题求解，最后得出问题的解答，产生辅助决策所需要的信息，支持决策。它的功能包含信息收集、问题识别、模型生成、问题求解等。

① 信息收集。信息收集是问题处理的基础。信息来自于决策用户或来自于知识系统。来自用户的信息借助于语言系统经过编译技术转换成问题处理系统所需要的内部信息；来自知识系统的信息是对数据的存取和对模型的调用，为问题处理系统服务。

② 问题识别。问题识别将实际问题转换成计算机能进行求解的过程。这要通过对问题的分解、分析，建立问题求解的总框架模型，包括各组成部分的目标、功能、数据和

求解要求。它们一定是能够在计算机上得到解决的，或者是把它们变换成计算机能够求解的。

③ 模型生成。模型生成重点在于生成决策支持系统的总框架模型，根据问题识别的总框架模型，决定各组成部分是建立新模型还是选择已有的成熟模型；多模型如何组合；需要利用哪些数据；采用数值计算模型还是知识推理模型。由人来设计还是通过人机交互来自动生成总框架模型，在实现时差别很大，自动生成模型需要利用程序自动生成技术。

④ 问题求解。在决策问题总模型生成以后，进行问题求解。总模型连接所需的基本模型、所需要的数据，通过它们之间的接口技术和系统集成技术把它们组成一个有机整体，进行问题求解，得到支持决策的信息反馈给决策用户。

（4）三系统结构的特点。

三系统结构的特点包括：

① 强调问题处理系统的重要性。不同的决策问题需要进行的问题处理是不同的。如何解决实际问题就是问题处理系统的关键所在。问题的解决首先需要对问题进行形式化描述，包括数据、知识的表示，组织，存取和利用；再对问题的求解提出方法和途径，使之能够得到问题的解答。在问题求解时要利用知识系统中的知识。

② 强调语言系统。利用计算机语言来形式化描述问题处理系统和知识系统，利用计算机对问题求解、支持决策。计算机语言种类很多，目前计算机语言仍属于“上下文无关文法”，它离自然语言相差较远。为了有效地进行问题求解，一般在计算机的输入和输出方面采取简化的自然语言以及有效的人机交互环境来帮助人的理解和使用。

③ 把数据、模型、规则统一看成是为问题处理系统服务的知识。从知识的广义角度看，数据可以看成是事实型知识，模型是过程型知识，规则是产生式知识，从而使决策支持系统包含人工智能的成分。

这种结构的缺点包括：

① 忽略了数据库系统、模型库系统的相互关系，这对于开发决策支持系统是不利的。

② 与其他系统的区别不明显。如与管理信息系统（MIS）的区别，与专家系统（ES）的区别都不明显。如果把 LS 看成是数据库语言，把 KS 看成是数据库，把 PPS 看成是管理信息处理，则该“LS、PPS、KS”就是管理信息系统。如果把 LS 看成是 LISP 或 PROLOG，把 KS 看成是知识库，把 PPS 看成是推理机，则该“LS、PPS、KS”就是专家系统。这样，从宏观上看不便于它们之间的区别，这是该结构的致命弱点。

3）智能决策支持系统

20 世纪 90 年代初，决策支持系统与专家系统结合起来，形成了智能决策支持系统（Intelligent DSS，IDSS），其结构如图 1.3 所示。智能决策支持系统既能以知识推理的形式进行定性分析，又能以模型计算和数据处理进行定量分析，从而使定性分析和定量分析在辅助决策中实现了有机结合，使决策支持系统解决问题的能力和范围得到了一个很大的提高。

当决策支持系统向智能方向发展时，知识和推理的研究就显得越来越重要。事实上，也只有当知识和推理技术被娴熟地用于决策支持系统时，才可能真正达到决策支持所提出的目标。开发知识库的关键技术是：知识的获取和解释、知识的表示、知识推理以及知识库的管理和维护。

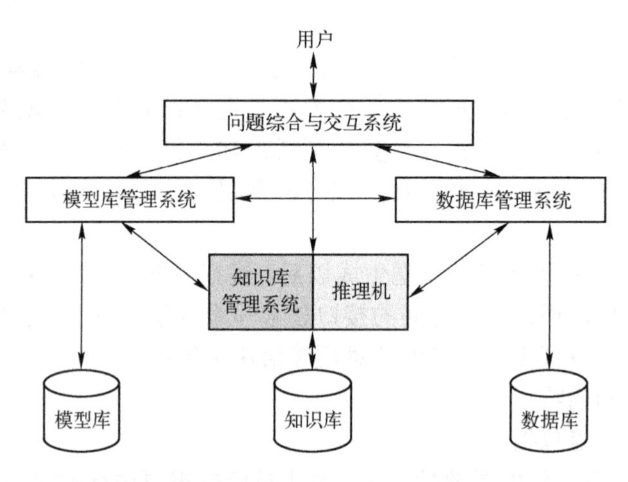

图 1.3 智能决策支持系统结构

当选择知识库的描述框架时，同时也应考虑准备采用的推理机制。推理是指依据一定的规则从已有的事实推出结论的过程，推理有多种类型。在知识库系统中，推理过程是对知识的选择和运用的过程，称为基于知识的推理。

2．基于数据仓库的新决策支持系统

基于数据仓库的决策支持系统是从数据中获取辅助决策的信息和知识，从而利用数据资源辅助决策。它以数据仓库为基础，通过联机分析处理和数据挖掘技术获取深层辅助决策信息和知识，从而较大地提高辅助决策能力。基于数据仓库的决策支持系统结构如图 1.4 所示。

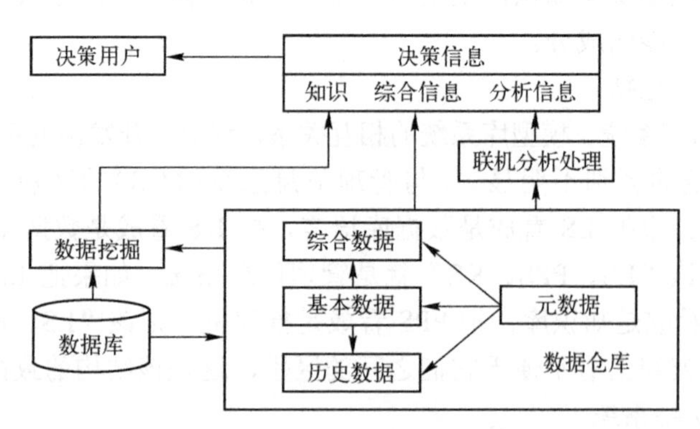

图 1.4 基于数据仓库的决策支持系统

数据仓库和联机分析处理的数据组织方式为空间多维结构形式。数据仓库是为决策分析服务的，可以提供综合信息和时间趋势信息等辅助决策信息。数据仓库实现对决策主题数据的存储和综合，其中存有大量的综合数据，这些数据为决策者提供综合信息；数据仓库中还保存有大量历史数据，这些数据通过预测模型计算可以得到预测信息。联机分析处理提供多维数据分析手段，从而得到分析信息。数据挖掘是从数据中挖掘出隐藏知识，作为辅助决策信息提供给决策人员。

3．综合决策支持系统

将智能决策支持系统和基于数据仓库的决策支持系统结合起来就构成综合决策支持系统。智能决策支持系统是以模型库和知识库为基础的，数学模型的辅助决策效果明显，知识推理具有较强的智能性，充分发挥模型资源的辅助决策作用和知识资源的辅助决策作用；数据仓库未明确提出利用模型的问题，但是将数据汇总到综合数据，是需要通过汇总模型来完成的。从历史数据中得到预测信息，是需要通过预测模型来完成的。

两个决策支持系统是完全不同的辅助决策方式，两者不能相互代替，而是相互结合。通过两个决策支持系统的结合能充分利用数据、模型、知识这 3 种不同的决策资源，获取企业或组织内部和外部相互补充的信息和知识，从而为决策者提供更全面、更广泛和更有效的辅助决策信息和知识。

综合决策支持系统包括数据仓库、联机分析处理、数据挖掘、模型部件、数据部件、知识部件，其结构如图 1.5 所示。

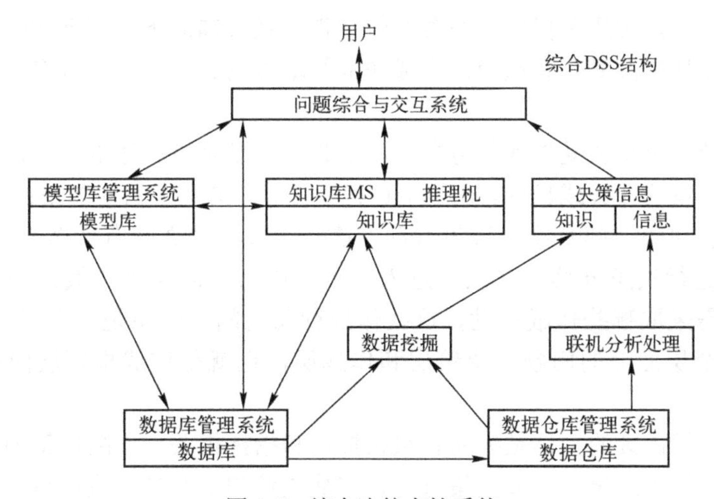

图 1.5　综合决策支持系统

综合决策支持系统体系结构包括 3 个主体：第一个主体是模型库系统与数据库系统的结合，它是决策支持的基础，它为决策问题提供定量分析（模型计算）的辅助决策信息；第二个主体是数据仓库与联机分析处理的结合，它从数据仓库中提取综合数据和信息，这些数据和信息反映了大量数据的内在本质；第三个主体是知识库、推理机与数据挖掘的结合。

1.4　作战辅助决策系统的应用

信息化已成为 21 世纪新军事变革的核心，人类战争形态也已从机械化战争转变为信息化战争。决策作为军队作战指挥的核心也变得越来越复杂，特别是在具有风险性、欺骗性、对抗性、信息不完备、复杂多变的战场环境下，辅助决策的作用越来越重要，辅助决策系统更是军队指挥信息系统的核心。

1.4.1 海上编队作战指挥决策系统

海上编队是海军兵力实施海上机动作战、基地防御作战、岛礁区攻防作战、支援濒海登陆、抗登陆作战和保卫海上交通线作战的主要编群（编组）形式。海上编队作战区域广阔、指挥关系复杂、信息协调量大、制信息权争夺激烈，指挥控制贯穿于作战行动的各个阶段。通常，海上编队作战指挥包括编队、群和平台多个指挥层次，其作战指挥活动是一个复杂的多层次的作战指挥决策过程。从决策层次来看，主要有战役级指挥、战术级指挥、平台级指挥和武器级指挥；从决策过程来看，有情报收集、信息融合、态势分析、威胁判断、运筹谋划、定下决心、武器系统协调控制等决策。

海上编队作战指挥决策体系是指在海上编队承担作战使命、完成作战任务过程中，实施作战指挥决策的各要素组成的系统集合。海上编队作战指挥决策体系通常由海上编队作战指挥系统、群作战指挥系统和平台作战指挥系统组成，是海上编队各级作战系统的核心组成部分，其实质是指挥员在各级作战指挥系统辅助下，根据作战任务，确定决策目标，进行作战资源筹划和运用，形成作战行动方案、武备使用方案及作战协同方案的过程。

海上编队指挥员在领受作战任务之后，面临的问题是进行作战决策，把作战任务首先转化为作战决策的任务或目标。在这个过程中，指挥员考虑的问题是："决策的任务是什么，由谁进行决策，都有哪些决策行动，这些决策行动之间有什么关系?"也就是说要对决策任务进行决策分解。其次，进入下一个层次，确定"作战任务是什么，有哪些作战兵力，需采取哪些作战行动，这些作战行动之间的关系是什么?"因此，作战决策可划分为两个层面上的问题：决策层和作战层，也就是作战指挥层面和作战行动层面的问题。

海上编队作战决策的主体是编队各级指挥员和指挥机关，作战决策的目标是完成作战任务，作战决策的结果是形成决策方案，作战决策的资源是完成作战任务可以使用的作战兵力和兵器，作战决策的约束条件是敌情、我情和海情形成的战场态势。从决策过程层面来讲，作战决策要素主要包括作战决策任务、作战决策节点、作战决策信息和作战决策行动。海上编队作战决策的结果为作战方案，作战方案是对编队海上作战进程、作战方法和临机处置设想的描述。

因此，从作战的层面来讲，作战决策的基本要素包括：作战任务、作战节点、作战行动和作战信息。作战方案的形式主要有两种：一是兵力行动方案、武备使用方案和作战协同方案及其综合，是对未来一定时间内兵力兵器使用的初步打算，如合同导弹攻击方案、任务分配方案、火力分配方案等；二是简单的战术命令，如某某兵力某某时间发射导弹等，但无论何种形式，作战决策结果是对作战体系各组成要素的描述。在某种意义上，简单的战术命令可以看作简化了的作战方案。

1.4.2 信息作战辅助决策系统

信息作战战场上，信息化武器装备种类繁多，功能各异，作战行动在多维空间展开，指挥对象多元，控制协调对象多，范围广，信息量大，时效性强，需要决策支持技术实现有效辅助。图 1.6 所示为一个信息作战辅助决策系统的流程图，上级各类作战指令及友邻部队信息（结构化数据）、各种侦察方式获取的各类战场信息（结构化、非结构化数据）以及反映信息作战行动状况的各种反馈信息（结构化、半结构化及非结构化数据）等全部存储在大数据存储仓库中。通过大数据存储仓库对各类信息按照其主题进行重新组织，对半结构化和非结构化数据通过大数据分析平台进行实时分析处理，一部分结构化数据进行通常意义的数据挖掘。经过实时多维地分析和挖掘数据，人机交互系统为指挥员提供战场关键信息和潜在的知识、规则。同时，指挥员也可以通过人机交互系统直接与大数据分析平台进行交流，提出决策信息需求或数据修正，新的思路和方法也会通过知识库和模型库送达大数据存储仓库中。

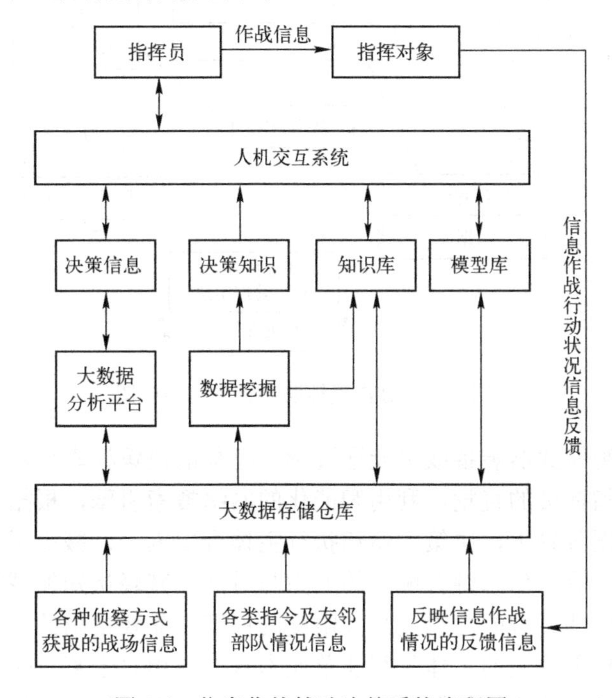

图 1.6　信息作战辅助决策系统流程图

图 1.7 所示为信息作战辅助决策系统结构图。该系统融合了大数据技术与辅助决策支持技术。大数据存储仓库能够存储、综合各类战场信息；大数据分析平台对海量战场信息进行实时多维分析处理，为决策者提供知识和信息参考；数据挖掘则对海量数据进行分析处理，发现潜在的作战规则和知识，丰富信息作战知识库中的内容，提供更多的决策支持；模型库对能搜集到的广义模型进行组合，以最科学的方式进行运算；推理机打破原有的经典逻辑推理和控制模式，除演绎推理、定性推理、非单调推理外，基于大数据的关联推理丰富了推理机的运用范畴和思维模型；问题综合与交互系统应用大数据可视化技术对海量数据分析结果进行有效的显示，大数据分析平台呈现的知识和信息也在人机交互系统与指挥员进行交互。大数据实现的大规模、高维度、多来源、动态演化的数据融合和作战态势显示，为信息作战指挥决策提供动态实时的辅助决策支持。

对于信息作战单元来说，经过大数据深度学习的直觉与推理判断相结合之后，实现动态感知战场态势情报及个人状态信息，依据态势情报实时调整自己的行动计划等类似于人类实施作战行动是可能实现的。对于信息作战来说，战场空间可能是某个虚拟的网络，作战对象可能是用代码伪装的病毒，时效性和智能性就成为了决策的关键所在。因此，大数据催生出了一种全新的决策模式——智能自主决策模式。

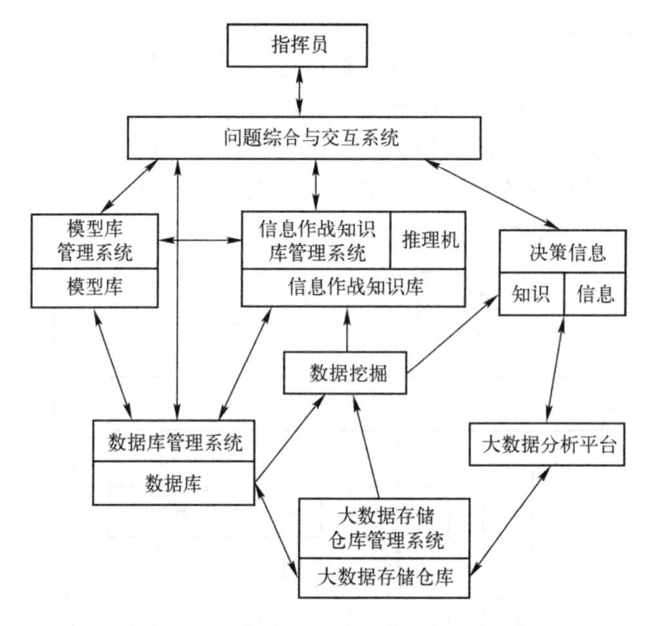

图 1.7　信息作战辅助决策系统结构图

这种模式是，智能武器装备或单元通过学习海量的决策样本和决策知识及模型，获得类似于有经验的指挥员的直觉，利用智能化的网络搜索引擎，根据实时态势进行作战决策。在战场大数据背景下，决策主体和执行主体合二为一，减少了流向那些只需要结果的关键位置的信息流和信息融合所需的人力与时间，减轻认知领域的负担，提高战场效率，时效性、精确性、智能性得到最大限度的保证。需要指出的是，对于某个作战单元的行动来说智能自主决策的主体是智能单元本身，但相对于整个作战系统来说，其程序是人设定的，只是人的决策的智能体现，最终的决策主体依然是指挥员和从事程序设定的作战人员。

1.4.3　武器平台作战决策支持系统

在未来体系对抗作战环境中，复杂的作战样式使得武器使用更为复杂，指挥员在作战过程中必须根据作战态势快速、准确地做出分析和决策，而指挥员仅仅依靠个人的经验和能力往往不能在较短的时间内做出科学的判断和决策，武器平台作战决策支持系统对于增强指挥员的抽象思维能力、公理思维能力以及提高决策效率和处理信息的能力等方面带来了极大的帮助。

武器平台作战要求指挥员在掌握战场态势的基础上，根据侦察到的敌方目标属性、位置及武器平台的作战范围等，制定或调整相应的作战计划和方案。本节列举的武器平台决策支持系统是通过帮助指挥员制定作战决策，完成作战计划，从而实现武器系统对目标的安全突防、精确杀伤及有效摧毁。并通过系统的合理规划，使得多波次、多枚、多种类型武器及发射平台协同配合、充分发挥武器系统各自功能，完成作战任务，并最大化打击效益。

武器平台作战决策支持系统是基于军事系统工程和军事运筹学的基本理论、采用计算机工具，通过观察、试验、分析和仿真，对数学模型进行定量数值分析，搜索最优化的解决问题途径，为指挥决策人员提供明确而又具体量化的作战方案，以比人快得多的速度实施科学指挥。武器平台作战决策支持系统延伸了指挥决策人员的脑力，增强了指挥决策人员的智力，极大地提高了他们的决策速度和质量，对提升作战指挥员的指挥决策有着极其重要的作用，是指挥控制系统的重要组成部分。

武器平台作战决策支持系统按照三部件结构，由 3 个互通互联、有机结合的子系统组成，即人机交互子系统、模型库子系统、数据库子系统。模型库中包括目标模型、武器模型、指挥控制模型、侦察监控模型以及各类计算模型等。

武器平台作战决策支持系统分为上级决策规划系统和武器能力计算支持系统两部分，其系统组成如图 1.8 所示。多库协同与管理是系统的关键，它以数据库为基础，结合知识库、模型库和方案库，系统的模型、数据和预案的调用统一以知识形式存储在知识库中作为系统运行的基本规则知识，协同软件根据知识库中的知识协调系统各部分的运作，以达到决策的目的。

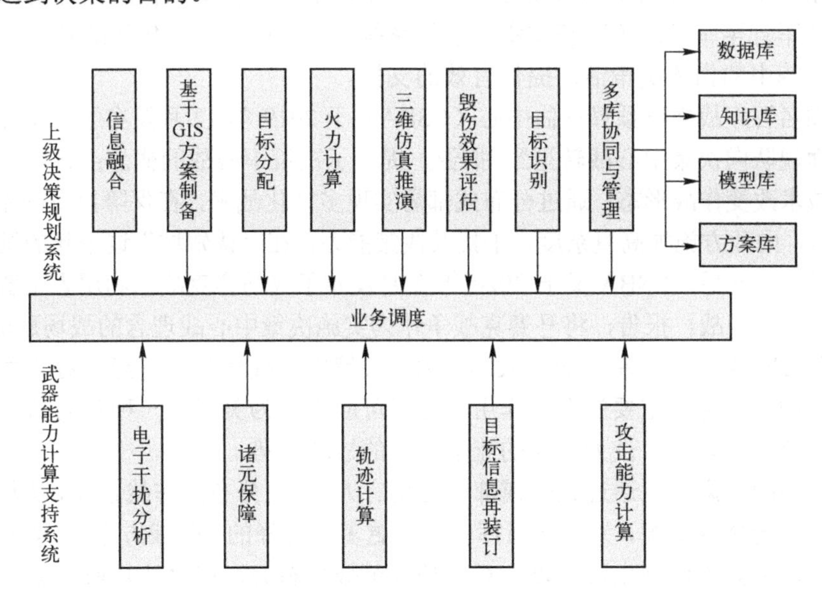

图 1.8 武器平台作战决策支持系统组成

上级决策规划系统的主要功能是根据上级作战任务及打击要求，接收目标保障系统提供的目标保障数据，并进行融合处理，通过作战任务分配、作战方案拟制及三维仿真推演辅助指挥员进行作战预测并生成决策方案。上级决策规划系统主要包括信息融合、基于 GIS 的方案制备、目标分配、火力计算、三维仿真推演、毁伤效果评估、目标识别及多库协同与管理等软件。

武器能力计算支持系统的主要功能是根据各型武器的能力及特性在决策过程中给出武器的计算参数（包括射程、攻击方向、轨道参数、毁伤概率、突防概率等）及能力范围。武器能力计算支持系统是为指挥员的决策提供技术支持，帮助指挥员评估作战决心，系统主要包括电子干扰分析、诸元保障、轨迹计算、目标信息再装订及攻击能力计算等软件。

1.4.4 国外军事辅助决策系统

世界各国都十分重视研究和发展军事辅助决策系统。从20世纪60年代开始，美国各军种已逐步发展本部队的作战方案辅助生成和评估系统，到70年代，开始在指挥、控制、通信和情报系统中集成各种辅助决策功能。海湾战争期间，美军的联合作战计划与执行系统，战区级战役作战方案评估系统、防空混成旅射击指挥决策系统等辅助决策系统的应用大大提升了作战指挥决策的速度和效能。21世纪初期，美军总结作战决策的经验教训，从3个方面对作战指挥决策手段进行了改进：一是大力提高辅助决策系统的快速反应能力，以适应高技术条件下战场不确定因素增多、战场态势瞬息万变的特点；二是将辅助决策系统与联合作战仿真模拟系统集成为一个整体，以便作战方案能得到充分评估与论证；三是提高了各系统的互通能力。通过上述改进，美军基本上形成了以支持作战指挥决策全过程为核心的信息系统，即作战指挥辅助决策系统。美军的参谋计划与辅助决策系统是机动控制系统的核心，为军和军以下指挥官提供作战指挥辅助决策，并已装备到陆军营至军级。美军基本实现了与系统完全集成的系列化作战辅助决策系统，为作战和训练中的指挥决策活动提供有效的支持。

美国知名智库战略与预算评估中心（CSBA）于2019年12月发布了《重夺制海：美国海军水面舰队向决策中心战转型》 报告，提出了决策中心战的概念：试图利用人工智能和自主技术改变作战形态，通过分布式部署实现多样化战术，在保障自身战术“选择优势”的同时，向敌方施加高复杂度，干扰其决策能力，在“认知域”这个新的维度实现对敌颠覆性优势。此后，CSBA又于2020年2月发布了《马赛克战：利用人工智能和自主系统实施决策中心战》报告，将马赛克战争作为实施决策中心战理念的战场赋能手段。

考虑到CBSA在美国军方的巨大影响力，决策中心战概念很可能将对美军未来作战样式和装备的发展起到重要的牵引作用。这很可能将成为美军的一种新的制胜机理，从而以此再次获取对以中、俄为代表的竞争对手的战场优势。

决策中心战概念旨在通过大规模部署应用有人/无人分布式作战系统，以人工智能和自主系统为关键技术支撑，为己方指挥官提供更多可选择的“作战方案”，同时向敌方施加高复杂度，使其难以做出决策以应对这种复杂战场态势，在“认知域”这个新的维度实现对敌颠覆性优势。

以决策为中心的战场规划和以预测为中心的规划方法形成了鲜明的对比：

（1）以决策为中心的战场规划对于资源的利用更为高效。在决策中心战中，最有可能取得成功的作战行动方案将被迅速选择和实施，以便利用其他作战行动所占用的系统和兵力要素提高效率；而在以预测为中心的模式中，早期对任务的资源投入必然会限制指挥官未来可用选择空间。

（2）以预测为中心的方法存在来自“较小威胁”的压力。以预测为中心的方法最大的问题是它依赖于对未来场景和美国及其对手的能力、态势和目标的假设。如果这些假设被证明是错误的，那么这个预测就是错误的，缩小后的决策空间将以错误的选择集为中心。在以预测为中心的规划中，美国国防部经常通过尝试为战场压力最大、情况最糟的场景做准备，并假设美军根据压力最大的场景预备可解决“较小威胁”的情况。但为最坏情况做准备的一个重大缺陷是，灰色地带行动等不太激烈的情况可能不会涉及剧烈战斗场景和战场消耗，而是以这两种情况以外的方式造成压力。旷日持久的对抗会对部队造成很大压力，美国需要非军事化国家力量工具，需要更小、更成比例化的部队，而这些部队在目前的美军中并不普遍。

（3）决策中心方法拥有更大的作战选择空间。相比之下，决策中心战略能够具备更广泛的作战方案。尽管它不会针对任何特定情况进行优化，但以决策为中心的部队将能够应对各种各样的情况，并可能能够通过执行作战方案使局势倒向对美军更有利的方向。

在作战期间，指挥官可选择的选项通常会减少，这是因为作战单元会在战场不断被消耗，并且与敌人的接近限制了机动空间和作战单元数量。因此，在以决策为中心的冲突中，作战决策选择性将成为竞争的主要领域之一。

决策中心战正试图通过在海陆空天电网之外的“认知域”建立决策优势，希望能够依靠人工智能和分布式自主化系统的大规模应用为己方带来更多的“作战方案选择”，同时通过战场高复杂度扰乱对手战场决策，以获取战场优势。决策中心战颠覆了传统的以预测为中心的规划方法，最大程度地为战场指挥官保留了决策选择余地，并将以马赛克战争为概念实施形式，依托 JADC2 指挥控制架构推动决策中心战的落地，其未来发展值得我们高度关注。

小　　结

现代战争已进入战场态势瞬息万变、作战武器庞杂、作战指挥技术含量高的时期，大量的战场信息、数据展现在作战指挥人员面前，如何利用这些信息高瞻远瞩地进行综合判断，做出正确的决策，制定有效的作战方案成为一个难题和重点。作战辅助决策系统正是为指挥人员提供决策支持的有效手段，它是适应现代作战需要而产生和发展起来的。作战指挥决策任务是由指挥决策人员依靠自己的军事理论素质、经验、谋略、洞察能力来完成的，但科学的决策理论方法将对此提供有力的帮助，使指挥员的决策更加科学、快速、高质量，因此作战辅助决策理论与方法的研究显得尤为重要。在当前具有风险性、欺骗性、对抗性、信息不完备性的复杂多变战场环境下，辅助决策的作用越来越重要，而辅助决策依赖于适当的辅助决策系统。本章介绍了指挥决策、作战辅助决策、作战辅助决策系统、作战辅助决策系统的应用四部分内容。其中指挥决策内容包括指挥决策的概念、特点、类型、科学的指挥决策；作战辅助决策内容包括作战辅助决策的定义、方式，作战辅助决策系统内容包括的作战辅助决策系统定义和组成结构；作战辅助决策系统的应用内容包括海上编队作战指挥决策体系、信息作战辅助决策系统、武器平台决策支持系统、国外军事辅助决策系统。

习　　题

1．指挥决策有哪些特点？

2．决策资源有哪些？

3．简要说明结构化、非结构化、半结构化决策问题的区别。

4．科学的决策程序包含哪 4 个阶段？

5．作战辅助决策有哪些特点？

6．作战辅助决策系统的定义是什么？

7．简要说明决策支持系统的三部件结构、三系统结构及其特点。

8．简要说明智能决策支持系统、基于数据仓库的新决策支持系统结构、综合决策支持系统结构及其原理。

9．简要说明决策中心战的概念内涵、实现方式。

第 2 章　最优化理论与方法

最优化理论与方法是以数学为基础，用于求解各种工程问题最优化解的理论与方法。作战指挥决策应用中的许多问题都属于最优化问题，因此最优化理论是指挥决策理论与方法的基础。本章介绍最优化理论与方法，包括线性规划、整数规划、动态规划和智能优化算法。

2.1　最优化问题描述

最优化方法涉及的工程领域很广，问题种类与性质繁多。归纳而言，最优化问题（optimization problem）可分为函数优化问题和组合优化问题两大类，其中函数优化问题的对象是一定区间内的连续变量，而组合优化的对象则是解空间中的离散状态。

函数优化问题通常可描述为：令 S 为 $\mathbf{R}^n$ 上的有界子集（变量的定义域），$f: S \to \mathbf{R}$ 为 n 维实值函数，函数 f 在 S 域上全局最小化就是寻求点 $X_{\min} \in S$，使得 $f(X_{\min})$ 在 S 域上全局最小，即 $\forall X \in S: f(X_{\min}) \leqslant f(X)$。

例如，对于一个求函数最小值的优化问题，一般可描述为下述数学规划模型：

$$\min f(X) = \min(f_1(X), \cdots, f_n(X))$$
$$\text{s.t.} \begin{cases} g_i(x) < 0, i = 1, \cdots, m \\ h_j(x) = 0, j = 1, \cdots, k \\ X \in S \end{cases} \tag{2.1}$$

式中：n=1 时为单目标优化；n>1 时为多目标优化；n=k=0 时为无约束优化，否则为有约束优化。

组合优化问题通常可描述为：令 $\Omega = \{s_1, s_2, \cdots, s_n\}$ 为所有状态构成的解空间，$C(s_i)$ 为状态 s_i 对应的目标函数值，要求寻找最优解 $s^* \in \Omega$，使得 $\forall s_i \in \Omega, C(s^*) = \min C(s_i)$。

例如，旅行商问题（traveling salesman problem，TSP）就是一个典型的组合优化问题。旅行商问题是指给定 n 个城市和两两城市之间的距离，要求确定一条经过各城市当且仅当一次的最短路线。其解空间共有 $n!$ 个状态。

2.2　线 性 规 划

数学规划是在一系列约束条件下，寻找某个目标函数的极值问题，其包含的内容十分丰富，包括线性规划、非线性规划、动态规划、整数规划、组合规划、随机规划等。在军事指挥决策中遇到的一系列问题，如兵力快速集中与疏散问题、兵力兵器的分配问题、军用物资运输问题、武器系统的合理配置问题等，常常可以用数学规划方法求得最佳方案。线性规划（linear programming）则是数学规划中起源最早、理论最成熟、应用最广泛的分支之一。

2.2.1 线性规划的数学模型

1．线性规划问题的描述

例 2.1 武器弹药运输问题。

设有 A_1、A_2 两个弹药库，其弹药储备量分别为 900、1000 个单位；有 B_1、B_2、B_3 三支部队，其弹药需要量分别为 200、350、150 个单位。从弹药库运往各部队的弹药所需运输工具的数量如表 2.1 所列（每个单位的弹药所需运输工具的数量）。问：如何以最少的运输工具以保证部队的弹药需要？

表 2.1 武器弹药运输问题所需运输工具的数量

所需运输工具的数量		部队		
		$B_1(200)$	$B_2(350)$	$B_3(150)$
弹药库	$A_1(900)$	5	16	7
	$A_2(1000)$	6	10	16

解 设 $x_{ij}, i=1,2; j=1,2,3$ 表示从弹药库 A_i 运往 B_j 部队的弹药数，得到 6 个决策变量。所需的运输工具数量为 Z。

上述问题可以描述为寻求目标函数：

$$\min Z = 5x_{11} + 16x_{12} + 7x_{13} + 6x_{21} + 10x_{22} + 16x_{23} \tag{2.2}$$

并满足约束条件：

$$\begin{cases} x_{11} + x_{12} + x_{13} \leqslant 900 \\ x_{21} + x_{22} + x_{23} \leqslant 1000 \\ x_{11} + x_{21} \geqslant 200 \\ x_{12} + x_{22} \geqslant 350 \\ x_{13} + x_{23} \geqslant 150 \\ x_{11}, x_{12}, x_{13}, x_{21}, x_{22}, x_{23} \geqslant 0 \end{cases} \tag{2.3}$$

这个问题的一般提法为：假设有 m 个弹药供应站（基地、仓库等），储备着各种弹药（武器装备或其他军需物资），其数量足够保证战斗行动的实施和部队作战使用，但是，运输工具（汽车、运输机、火车车厢等）的数量则是有限的。问如何以最少的运输工具数量来保证对部队的不断供应？

则上述军事运输问题可以描述为：

寻求以下线性函数的最小值

$$\min Z = \sum_{i=1}^{m} \sum_{j=1}^{n} C_{ij} x_{ij} \tag{2.4}$$

并且必须满足下列约束条件：

$$
\begin{cases}
\sum_{i=1}^{m} x_{ij} \geqslant b_j, j=1,2,\cdots,n \\
\sum_{j=1}^{n} x_{ij} \leqslant a_i, i=1,2,\cdots,m \\
x_{ij} \geqslant 0
\end{cases} \tag{2.5}
$$

式中：$a_i, i=1,\cdots,m$ 为第 i 个供应站所储备的弹药（武器）总数量；$b_j, j=1,\cdots,n$ 为第 j 支部队在战斗行动中所需的弹药（武器）总数量；$C_{ij}, i=1,\cdots,m; j=1,\cdots,n$ 为从第 i 个供应站将单位数量的弹药（或一种武器）运往第 j 支部队所需的运输工具数量；$x_{ij}, i=1,\cdots,m; j=1,\cdots,n$ 为从第 i 个供应站运往第 j 支部队的弹药（或武器）数量；Z 为所需的运输工具数量。

第一个约束条件表示从所有供应站运往第 j 个部队的弹药总数量不少于该部队的需求量；第二个约束条件表示从第 i 个供应站运出的弹药总数量不超过该供应站的总储备量。

2．线性规划的一般模型

由上面的例子，可以得出线性规划的一般模型：

目标函数

$$
\max\ (\text{或}\min) Z = c_1x_1 + c_2x_2 + \cdots + c_nx_n \tag{2.6}
$$

约束于（约束条件）

$$
\begin{cases}
a_{11}x_1 + a_{12}x_2 + \cdots + a_{1n}x_n \leqslant (=,\geqslant) b_1 \\
a_{21}x_1 + a_{22}x_2 + \cdots + a_{2n}x_n \leqslant (=,\geqslant) b_2 \\
\qquad \vdots \\
a_{m1}x_1 + a_{m2}x_2 + \cdots + a_{mn}x_n \leqslant (=,\geqslant) b_m
\end{cases} \tag{2.7}
$$

在上述线性规划的一般模型中，包括 3 个基本要素：决策变量 $x_1, x_2, \cdots x_n$，约束条件（决策变量必须满足的一组限制条件）和目标函数（决策变量的函数，要求它的极值）。于是问题变成了：寻找决策变量 $x_1, x_2, \cdots, x_n$，使它们在满足约束条件的限制下，使目标函数 Z 达到极值。由于目标函数是决策变量的线性函数，约束条件是决策变量的线性等式或不等式，所以这种数学规划问题称为线性规划。

以下给出线性规划的矩阵形式：

决策向量为

$$
\boldsymbol{X} = (x_1, x_2, \cdots, x_n)^{\mathrm{T}} \tag{2.8}
$$

价值向量为

$$
\boldsymbol{C} = (c_1, c_2, \cdots, c_n)^{\mathrm{T}} \tag{2.9}
$$

限定向量为

$$
\boldsymbol{b} = (b_1, b_2, \cdots, b_m)^{\mathrm{T}} \tag{2.10}
$$

约束方程组的系数矩阵为

$$A=\begin{pmatrix} a_{11} & a_{12} & \cdots & a_{1n} \\ a_{21} & a_{22} & \cdots & a_{2n} \\ \vdots & \vdots & & \vdots \\ a_{m1} & a_{m2} & \cdots & a_{mn} \end{pmatrix} \tag{2.11}$$

则线性规划的矩阵形式可以表示为

$$\max\ (\text{或}\min) \boldsymbol{Z}=\boldsymbol{C}^{\mathrm{T}}\boldsymbol{X} \tag{2.12}$$

约束于

$$\boldsymbol{AX} \leqslant (=,\geqslant) \boldsymbol{b} \tag{2.13}$$

上例中线性规划的矩阵形式为

$$\boldsymbol{X}=(x_{11}, x_{12}, x_{13}, x_{21}, x_{22}, x_{23})^{\mathrm{T}}, \quad \boldsymbol{C}=(5, 16, 7, 6, 10, 16)^{\mathrm{T}}$$

$$\boldsymbol{b}=(900,1000,200,350,150)^{\mathrm{T}}, \quad \boldsymbol{A}=\begin{bmatrix} 1 & 1 & 1 & 0 & 0 & 0 \\ 0 & 0 & 0 & 1 & 1 & 1 \\ 1 & 0 & 0 & 1 & 0 & 0 \\ 0 & 1 & 0 & 0 & 1 & 0 \\ 0 & 0 & 1 & 0 & 0 & 1 \end{bmatrix}$$

3．线性规划的标准形式

上述线性规划的一般模型中，目标函数有的要求极大值，有的要求极小值；约束条件有的是等式，有的是大于或小于式；决策变量有的有非负要求，有的没有；约束条件的常数项有的有非负要求，有的没有。因此可以将其标准化为

$$\max \boldsymbol{Z}=\boldsymbol{C}^{\mathrm{T}}\boldsymbol{X} \tag{2.14}$$

约束于

$$\begin{cases} \boldsymbol{AX}=\boldsymbol{b} \\ \boldsymbol{X} \geqslant 0, \boldsymbol{b} \geqslant 0 \end{cases} \tag{2.15}$$

即线性规划的标准型中，目标函数要求最大值；约束条件一律为等式；约束条件的常数项要求非负；所有的决策变量要求非负。

下面讨论如何将非标准型的线性规划转化为标准型。

（1）若要求目标函数最小值时，即要求

$$\min \boldsymbol{Z}=\boldsymbol{C}^{\mathrm{T}}\boldsymbol{X} \tag{2.16}$$

令 $\boldsymbol{Z}'=-\boldsymbol{Z}$，则原目标函数转化为求目标函数最大值问题：

$$\max \boldsymbol{Z}'=-\boldsymbol{C}^{\mathrm{T}}\boldsymbol{X} \tag{2.17}$$

（2）约束条件的常数项有负数时，两边同乘以-1，注意不等号变号。

（3）约束条件为不等式时，若为“⩽”，可在不等式左端加一非负的松弛变量，变约束条件为等式；若不等式为“⩾”时，可在不等式左端减去一非负的剩余变量，变约束条件为等式。

（4）如某一变量 x_k 无非负要求时，可做变量替换 $x_k=x_k'-x_k''$。增加约束 $x_k',x_k''\geqslant 0$，这时新变量 x_k',x_k'' 虽有非负约束，但原变量 x_k 既可为正，又可为负。

例 2.2 试将以下线性规划的一般形式化为标准型。

$$\min Z = 2x_2 - x_1 - 3x_3$$

$$\text{s.t.}\begin{cases} x_1 + x_2 + x_3 \leqslant 7 \\ -x_1 + x_2 - x_3 \leqslant -2 \\ -3x_1 + x_2 + 2x_3 = 5 \\ x_1, x_2 \geqslant 0, x_3\text{无非负约束} \end{cases} \tag{2.18}$$

解

(1) 令 $Z' = -Z$，则目标函数变成 $\max Z' = x_1 - 2x_2 + 3x_3$；

(2) 第二个约束条件的两边同乘以-1，使得常数项变为非负，即 $x_1 - x_2 + x_3 \geqslant 2$；

(3) 在第一个约束条件左端加入松弛变量 $x_4, x_4 \geqslant 0$；

(4) 在第二个约束条件 $x_1 - x_2 + x_3 \geqslant 2$ 的左端减去剩余变量 $x_5, x_5 \geqslant 0$；

(5) 令 $x_3 = x_3' - x_3'',\ x_3', x_3'' \geqslant 0$

于是得标准型：

$$\max Z' = x_1 - 2x_2 + 3(x_3' - x_3'') \tag{2.19}$$

约束于

$$\begin{cases} x_1 + x_2 + (x_3' - x_3'') + x_4 = 7 \\ x_1 - x_2 + (x_3' - x_3'') - x_5 = 2 \\ -3x_1 + x_2 + 2(x_3' - x_3'') = 5 \\ x_1, x_2, x_3', x_3'', x_4, x_5 \geqslant 0 \end{cases} \tag{2.20}$$

2.2.2 线性规划的图解法

满足上述线性规划模型的最优解可以通过图解法和单纯形法求解，首先需要说明线性规划解的基本概念：线性规划的可行解是指满足约束条件的决策变量组；全体可行解组成的集合称为线性规划的可行域;满足目标函数极值的可行解称为线性规划的最优解。如果线性规划的决策变量只有两个，则可将其可行解和可行域在二维平面上描述出来，并通过直观的图解法求得最优解，进而可以从中了解线性规划问题的求解原理，为解决含有两个以上决策变量的一般线性规划问题提供思路。

例 2.3 求线性规划 $\max Z = 0.7x_1 + 0.9x_2$

$$\text{s.t.}\begin{cases} x_1 \leqslant 8 \\ x_2 \leqslant 7 \\ x_1 + x_2 \leqslant 12 \\ x_1, x_2 \geqslant 0 \end{cases} \tag{2.21}$$

解 (1) 首先在平面直角坐标系 x_1Ox_2 内画出上述线性规划的可行域 R。事实上在约束条件中，每个线性等式代表平面上的一条直线，该直线将坐标平面分成两部分，于是每个线性不等式代表一个半平面。本例中 5 个线性不等式代表 5 个半平面的交，就是可行域 R，它是一个凸多边形，有 5 个顶点，分别为 $O(0,0)$，$A(0,7)$，$B(5,7)$，$C(8,4)$，$D(8,0)$，如图 2.1 所示。

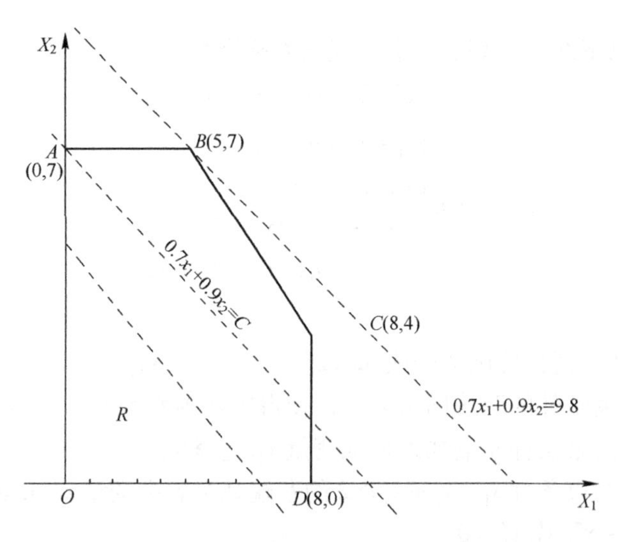

图 2.1　线性规划有最优解

（2）求解线性规划，就是要在上述凸多边形 R 中找一点 (x_1,x_2)，使目标函数 $\max Z=0.7x_1+0.9x_2$ 取最大值。对任意固定的常数 c，直线 $0.7x_1+0.9x_2=c$ 上的每点都有相同的目标函数值 c，故该直线称为“等值线”。当 c 变化时，得出一族相互平行的等值线，这些等值线中有一部分与可行域相交。我们要在可行域 R 中寻找这样的点，使它所在的等值线具有最大值 c。当 $c<0$ 时，直线 $0.7x_1+0.9x_2=c$ 与 R 不相交；当 $c=0$ 时，直线 $0.7x_1+0.9x_2=c$ 与 R 有唯一交点，即顶点（0，0）；当 c 由 0 增大时，等值线平行向右上方移动，与 R 相交于一线段；当 c 继续增大时，等值线与 R 不再有交点。由此可见，顶点（5，7）是使 R 中目标函数达到最大值的点，于是线性规划有唯一解：$x_1^*=5,x_2^*=7$，这时 $Z^*=\max Z=9.8$。

例 2.4　上例中若将目标函数改为：$\max Z=0.9x_1+0.9x_2$

解　由于约束条件不变，因此可行域不变。

而这时对目标函数的直线族 $0.9x_1+0.9x_2=c$，令 c 不断增大，当 c 增大至 10.8 时，等值线与 R 相交于线段 BC；当 c 继续增大时，等值线与 R 不再有交点。由此可见，线段 BC 上的点都是线性规划的最优解，这时 $Z^*=10.8$。此时线性规划的最优解不是唯一的。

例 2.5　求解线性规划

$$\max Z=x_1+x_2$$

$$\text{s.t.}\begin{cases}x_1+x_2\leqslant 10\\2x_1+x_2\geqslant 30\\x_1\geqslant 0,x_2\geqslant 0\end{cases}\tag{2.22}$$

解　约束条件中前两个不等式相互矛盾，线性规划无可行解。如图 2.2 所示。

例 2.6　求解线性规划

$$\max Z=x_1+x_2$$

$$
\text{s.t.}\begin{cases} x_1 - x_2 \geqslant -1 \\ x_1 - x_2 \leqslant 1 \\ x_1, x_2 \geqslant 0 \end{cases} \tag{2.23}
$$

解 该线性规划的可行域 R 无界，该线性规划无有界最优解，如图 2.3 所示。

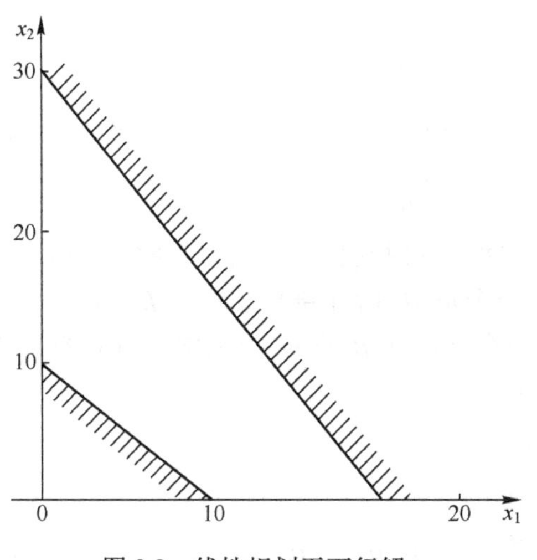

图 2.2 线性规划无可行解

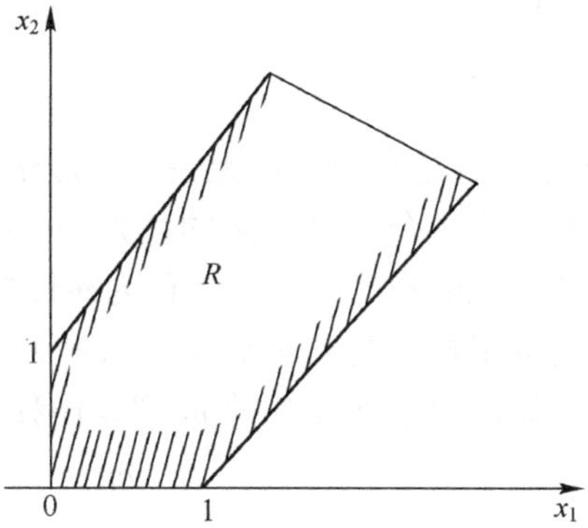

图 2.3 线性规划无有界最优解

两变量线性规划问题的图解法可以推广到一般的情形：

（1）线性规划的可行域 R 是凸集。

定义 2.1 设 K 是 n 维空间的一个点集，对 K 中任意两点 $X_1, X_2 \in K$，和任意实数 $\alpha \in (0,1)$，若都有 $\alpha X_1 + (1-\alpha)X_2 \in K$，则称 K 为凸集。

（2）线性规划若有最优解，则最优解一定可以在顶点上达到。

定义 2.2 设 K 是凸集，$X \in K$，且 X 不能用 K 中不同的两点 $X_1, X_2 \in K$ 表示成 $X = \alpha X_1 + (1-\alpha)X_2$，$\alpha \in (0,1)$ 的形式，则称 X 为 K 的一个顶点。

（3）若有两个或两个以上的顶点都是线性规划的最优解，则这些点组成的凸组合也是最优解。

（4）线性规划可行域顶点的个数是有限的，因此线性规划如果有最优解的话，总可以在有限个顶点中找到最优解。

2.2.3 单纯形法

单纯形法（simplex theory）就是根据上述原理，从一个初始顶点开始，通过有限步，找到线性规划的最优顶点，从而解决一般线性规划问题。可以证明：线性规划的基本可行解就是其可行域凸集上的顶点。

1. 基本可行解

对标准线性规划

$$
\max \boldsymbol{Z} = \boldsymbol{C}^{\mathrm{T}} \boldsymbol{X}
$$

$$\text{s.t.}\begin{cases}\boldsymbol{AX}=\boldsymbol{b},\boldsymbol{b}\geqslant 0\\ \boldsymbol{X}\geqslant 0\end{cases} \tag{2.24}$$

若 $\boldsymbol{X}$ 满足 $\boldsymbol{AX}=\boldsymbol{b},\boldsymbol{X}\geqslant 0$，则 $\boldsymbol{X}$ 为线性规划的一个可行解。全体可行解的集合 $R=\{\boldsymbol{X}|\boldsymbol{AX}=\boldsymbol{b},\boldsymbol{X}\geqslant 0\}$ 为线性规划的可行域。下面首先定义单纯形法中至关重要的概念——基本可行解，基本可行解是特殊的可行解。

约束方程组系数矩阵 $\boldsymbol{A}$ 是 $m\times n$ 阶矩阵，即 $\boldsymbol{A}=\begin{pmatrix}a_{11} & a_{12} & \cdots & a_{1n}\\ a_{21} & a_{22} & \cdots & a_{2n}\\ \vdots & \vdots & & \vdots\\ a_{m1} & a_{m2} & \cdots & a_{mn}\end{pmatrix}$。设其秩为 m，即 m 个线性方程组线性无关，一般情况下 $m<n$，这时线性规划的可行解不是唯一的，而是有无穷多个。由于 $\boldsymbol{A}$ 的秩为 m，故 $\boldsymbol{A}$ 有一个 $m\times m$ 阶非奇异子矩阵 $\boldsymbol{B}$，它由 $\boldsymbol{A}$ 的 m 个线性独立的列向量组成，称为线性规划的一个基，将 $\boldsymbol{B}$ 的 m 个列向量对应的 m 个变量称为基变量，其余 n-m 个变量称为非基变量。

例如，设矩阵 $\boldsymbol{A}$ 的前 m 列线性独立，则

$$\boldsymbol{B}=\begin{pmatrix}a_{11} & a_{12} & \cdots & a_{1m}\\ a_{21} & a_{22} & \cdots & a_{2m}\\ \vdots & \vdots & & \vdots\\ a_{m1} & a_{m2} & \cdots & a_{mm}\end{pmatrix}=(P_1,P_2,\cdots,P_m) \tag{2.25}$$

是一个基。即上面矩阵 $\boldsymbol{B}$ 对应的 $x_1,x_2,\cdots,x_m$ 为基变量，记为 $\boldsymbol{X}_B=(x_1,x_2,\cdots,x_m)^{\mathrm{T}}$；$x_{m+1},x_{m+2},\cdots,x_n$ 为非基变量，记为 $\boldsymbol{X}_N=(x_{m+1},x_{m+2},\cdots,x_n)^{\mathrm{T}}$。

令非基变量全部为零，由约束方程组可唯一解出全部变量，这样得出的一个解，称为线性规划的一个基本解。可见，基本解中非零元素的个数不超过 m，它的非零元素对应的系数矩阵的列向量线性无关。有一个基，就有对应的基本解，线性规划的基本解与基一一对应。但应注意：非零元素的个数不超过 m 的解未必是基本解。

若基本解又满足非负条件，则称之为基本可行解。当基本可行解中非零元素的个数小于 m 时，则此基本可行解是退化的。下面只讨论非退化的情形，即基本可行解中都恰好有 m 个元素。

令 $X_N=0$，代入约束方程组，得

$$\boldsymbol{AX}=(B,N)\begin{pmatrix}\boldsymbol{X}_B\\ 0\end{pmatrix}=\boldsymbol{BX}_B=\boldsymbol{b} \tag{2.26}$$

由 $\boldsymbol{B}$ 非奇异，可唯一解出基变量

$$\boldsymbol{X}_B=\boldsymbol{B}^{-1}\boldsymbol{b} \tag{2.27}$$

于是 $\boldsymbol{X}=\begin{pmatrix}\boldsymbol{B}^{-1}\boldsymbol{b}\\ \boldsymbol{0}\end{pmatrix}$ 就是一个基本解。若 $\boldsymbol{B}^{-1}\boldsymbol{b}\geqslant 0$，则 $\boldsymbol{X}$ 是一个基本可行解。若 $\boldsymbol{B}^{-1}\boldsymbol{b}>0$，则 $\boldsymbol{X}$ 是一个非退化的基本可行解。

例 2.7 设某线性规划的约束条件为

$$\begin{cases} x_1+3x_3+2x_4=b_1 \\ x_2+4x_3+5x_4=b_2 \\ x_1,x_2,x_3,x_4 \geqslant 0 \end{cases} \tag{2.28}$$

则 $\boldsymbol{A}=\begin{bmatrix} 1 & 0 & 3 & 2 \\ 0 & 1 & 4 & 5 \end{bmatrix}$ 为系数矩阵。

选择 $\boldsymbol{B}=\begin{bmatrix} 1 & 0 \\ 0 & 1 \end{bmatrix}$ 为基（还有其他选择基的方法，但选择单位子矩阵有好处）；$\boldsymbol{X}_B=(x_1,x_2)^{\mathrm{T}}$ 为基变量；$\boldsymbol{X}_N=(x_3,x_4)^{\mathrm{T}}$ 为非基变量。

令 $\boldsymbol{X}_N=\boldsymbol{0}$，代入约束方程组，得

$$\boldsymbol{X}_B=(x_1,x_2)^{\mathrm{T}}=(b_1,b_2)^{\mathrm{T}} \tag{2.29}$$

基本解为 $\boldsymbol{X}=(b_1,b_2,0,0)^{\mathrm{T}}$，若 $b_1 \geqslant 0, b_2 \geqslant 0$，则 $\boldsymbol{X}=(b_1,b_2,0,0)^{\mathrm{T}}$ 为基本可行解。

2．单纯形法的基本思路

由图解法的结果，线性规划若有最优解，则其最优解一定在可行域的顶点上达到，且它的全部最优解就是全部最优顶点的凸组合。所以，只要在线性规划的有限个基本可行解中搜索，便能得到线性规划的最优解，甚至得出全部最优解。由此得到单纯形法的基本思路：从线性规划的一个基本可行解（可行域顶点）开始，检验它是否为最优解，如果是最优解，计算停止；如果不是，那么或者可以判定线性规划无有界最优解，或者根据一定步骤得出使目标函数值增大的另一个基本可行解。由于基本可行解的个数有限，所以总可以经过有限次迭代，得到线性规划的最优基本可行解，或者判定线性规划无有界最优解。下面以上述图解法的例 2.3 为例，说明单纯形法的基本思路，得到的各个基本可行解都可从图解法中找到对应的顶点。

例 2.8 求线性规划 $\max Z=0.7x_1+0.9x_2$

$$\text{s.t.}\begin{cases} x_1 \leqslant 8 \\ x_2 \leqslant 7 \\ x_1+x_2 \leqslant 12 \\ x_1,x_2 \geqslant 0 \end{cases} \tag{2.30}$$

解 （1）找出一个初始基本可行解（没有，则无可行解）。

引入松弛变量，化成标准型，得

$$\max Z=0.7x_1+0.9x_2$$

$$\text{s.t.}\begin{cases} x_1+x_3=8 \\ x_2+x_4=7 \\ x_1+x_2+x_5=12 \\ x_1,x_2,x_3,x_4,x_5 \geqslant 0 \end{cases} \tag{2.31}$$

该线性规划问题具有如下特点：每个约束方程中有一个变量的系数为 1，而这个变量在其他的约束方程乃至目标函数中都不出现。换句话说，约束方程组的系数矩阵中有一个 m 阶的单位矩阵，且该单位矩阵对应的变量在目标函数中不出现。满足上述条件的

线性规划称为线性规划的规范型。

线性规划的规范型一定对应着一个非退化的基本可行解。事实上，以上述单位矩阵为基，该基对应的变量为基变量，在上述例子中，基变量为 x_3,x_4,x_5，令非基变量 x_1,x_2 为零，得基变量为：$x_3=8,x_4=7,x_5=12$；基本可行解为：$\boldsymbol{X}^{(0)}=(0,0,8,7,12)^{\mathrm{T}}$；目标函数为：$\boldsymbol{Z}^{(0)}=0$。

（2）判断此初始基本可行解是否为最优，若不为最优，再找出下一步要引入的基变量（引入变量）。

① 判断初始基本可行解是否为最优解。事实上，在规范型中，对应于基本可行解 $\boldsymbol{X}^{(0)}$，目标函数中只含有非基变量，它们取零值。显然若目标函数中非基变量的系数有正数，则此时的基本可行解不是最优解，还可以改善；若目标函数里非基变量的系数无正数，则它对应的基本可行解是最优解。将规范型里目标函数中非基变量的系数称为检验数：若没有正的检验数，则初始基本可行解是最优解；若有正的检验数，则寻找新的基本可行解。

② 寻找引入变量。要寻找新的基本可行解，首先要寻找引入变量：将 $\boldsymbol{X}^{(0)}$ 中的一个非基变量由零变成正数，从而变成基变量，这个变量称为引入变量。这样得到的新的基本可行解能否使目标函数增大呢？若目标函数中非基变量的系数有正数，令这个非基变量作为引入变量，由零变正，就会使目标函数增大；如果目标函数中非基变量的系数全为非正，则无论哪个非基变量作为引入变量，由零变正，目标函数都不会再增大。

故可以得出结论：若目标函数中正的检验数不止一个，则选择最大的正检验数对应的非基变量为引入变量，可使目标函数改善得最快。本例中引入变量为 x_2。

（3）判断线性规划是否无有界解，若有，寻找退出变量。

① 判断线性规划是否无有界解。将 $\boldsymbol{X}^{(0)}$ 中的一个基变量由正数变成零，从而变成非基变量，这个变量称为退出变量。称规范型中约束方程组里引入变量的系数列为关键列。若关键列中所有元素 a_{ij} 为负数，由约束方程组，当引入变量无限增大时，每个方程中的基变量都不会变为负数，这时目标函数有最大值 $+\infty$，故此时线性规划无有界解。

② 寻找退出变量。当引入变量由 0 增大时，由约束方程，原基变量减小，选择最先降到 0 的原基变量为退出变量。本例中，引入变量 x_2 由 0 增大时，则原基变量 x_3,x_4,x_5 势必减小，最先降到 0 的原基变量 x_4 为退出变量，相应的约束条件所在行称为关键行，关键行与关键列的交点处为关键数。即若 $\min\limits_{a_{ij}>0}\left(\dfrac{b_i}{a_{ij}}\right)=\dfrac{b_k}{a_{kj}}$，则关键数为 a_{kj}。

（4）用关键数对约束方程、目标函数进行行初等变换，将线性规划化成新的规范型，重复以上步骤。

本例得到的另外一个规范型为

$$Z-6.3=0.7x_1-0.9x_4$$

$$\text{s.t.}\begin{cases}x_1+x_3=8\\x_2+x_4=7\\x_1+-x_4+x_5=5\\x_1,x_2,x_3,x_4,x_5\geqslant 0\end{cases}\tag{2.32}$$

基本可行解为：$\boldsymbol{X}^{(1)}=(0,7,8,0,5)^{\mathrm{T}}$，$\boldsymbol{Z}^{(1)}=6.3$。

再次重复上述步骤，得到的规范型为

$$Z-9.8=-0.2x_4-0.7x_5$$

$$\text{s.t.}\begin{cases}x_3+x_4-x_5=3\\x_2+x_4=7\\x_1+-x_4+x_5=5\\x_1,x_2,x_3,x_4,x_5\geqslant 0\end{cases}\tag{2.33}$$

基本可行解为：$\boldsymbol{X}^{(2)}=(5,7,3,0,0)^{\mathrm{T}}$。

此时检验数全部为负，故得到最优解为：$\boldsymbol{X}^{*}=(5,7)^{\mathrm{T}}$，$Z^{*}=9.8$。

总结单纯形法的步骤：

（1）将线性规划化成规范型，求初始基本可行解。

（2）考查规范型中目标函数的系数——检验数，若无正数，则该基本可行解为最优解；否则，取正检验数中最大的一个对应的变量为引入变量，得出关键列$(a_{1j},a_{2j},\cdots,a_{mj})^{\mathrm{T}}$。

（3）若关键列中无正元素，则线性规划无有界最优解；否则，由 $\min\limits_{a_{ij}>0}\left(\dfrac{b_i}{a_{ij}}\right)=\dfrac{b_k}{a_{kj}}$ $i=1,2,\cdots,m$ 得出关键数 a_{kj}。

（4）将关键数化为 1，用初等行变换将关键列化为单位列向量，从而将线性规划再次化成规范型。

（5）重复以上步骤。

3．单纯形表

上述单纯形法的迭代过程可以用一种专门的表格表示出来，这种计算表格称为单纯形表。

例 2.9 用单纯形表求解以下线性规划问题

$$\max Z=0.7x_1+0.9x_2$$

$$\text{s.t.}\begin{cases}x_1\leqslant 8\\x_2\leqslant 7\\x_1+x_2\leqslant 12\\x_1,x_2\geqslant 0\end{cases}\tag{2.34}$$

解 将原线性规划化成标准型，得

$$\text{s.t.}\begin{cases}x_1+x_3=8\\x_2+x_4=7\\x_1+x_2+x_5=12\\x_1,x_2,x_3,x_4,x_5\geqslant 0\end{cases}\tag{2.35}$$

这个标准型同时也是一个规范型，它对应一个初始基本可行解，x_3,x_4,x_5是基变量，目标函数这时取零值。把它们按要求填入单纯形表 2.2 中。

表 2.2　单纯形表 1

基	x_1	x_2	x_3	x_4	x_5	解
x_3	1	0	1	0	0	8
x_4	0	[1]	0	1	0	7
x_5	1	1	0	0	1	12
检验数	0.7	0.9	0	0	0	0

表中右下角的“0”是目标函数的相反数。注意：一张表必然是一个规范型，若有最优解，必然可由表得到。右边为基变量的解，右下角是目标函数最优解的相反数，即

$$\boldsymbol{X}^{(0)}=(0,0,8,7,12)^{\mathrm{T}}, \quad Z^{(0)}=0$$

判断是否最优解：检验数中有两个正数，故不是最优解。取最大检验数 0.9，故关键列为 x_2 列。引入变量 x_2。

判断是否无有界最优解：关键列有正数，故有有界最优解。取 x_4 为退出变量，相应行为关键行。

以关键行、关键列的交叉点（关键数）为中心，进行行初等变换，得到新的单纯形表 2.3。

表 2.3　单纯形表 2

基	x_1	x_2	x_3	x_4	x_5	解
x_3	1	0	1	0	0	8
x_2	0	1	0	1	0	7
x_5	[1]	0	0	−1	1	5
检验数	0.7	0	0	−0.9	0	−6.3

$$\boldsymbol{X}^{(1)}=(0,7,8,0,5)^{\mathrm{T}}, \quad Z^{(1)}=6.3$$

重复上述过程，得到新的单纯形表 2.4。

表 2.4　单纯形表 3

基	x_1	x_2	x_3	x_4	x_5	解
x_3	0	0	1	1	−1	3
x_2	0	1	0	1	0	7
x_1	1	0	0	−1	1	5
检验数	0	0	0	−0.2	−0.7	−9.8

检验数全部为负，得到最优解：

$$\boldsymbol{X}^{(2)}=(5,7,3,0,0)^{\mathrm{T}}$$

原问题的解：$\boldsymbol{X}^{*}=(5,7)^{\mathrm{T}}$，$Z^{*}=9.8$

2.3 整数规划

2.3.1 整数规划模型及分支定界法

在前面讨论的线性规划问题中，有些最优解可能是小数，但对于某些具体问题，常常要求所得到的解必须是整数解。例如，所求解是武器的数量、兵力数等，小数解不符合要求。为了满足整数解的要求，初看起来，似乎只要把已得到的带有小数的解经过“舍入化整”就可以了，但这常常是不行的，因为化整后不一定是可行解；或虽是可行解，但不一定是最优解。因此，对于求解最优整数解的问题，有必要另行研究。这样的问题称为整数规划（integer programming，IP）问题，它属于组合优化问题。

整数规划中如果所有的决策变量都限制为（非负）整数，称为纯整数规划或称为全整数规划；如果仅一部分决策变量限制为整数，则称为混合整数规划。整数规划的一种特殊情形是 0-1 规划，它的决策变量取值仅限于 0 或 1，2.3.2 节将介绍 0-1 规划问题。

例 2.10 某整数规划问题为

$$\max z = 20x_1 + 10x_2 \quad (1)$$
$$\text{s.t.}\begin{cases} 5x_1 + 4x_2 \leqslant 24 & (2) \\ 2x_1 + 5x_2 \leqslant 13 & (3) \\ x_1, x_2 \geqslant 0 & (4) \\ x_1, x_2 \text{为整数} & (5) \end{cases} \tag{2.36}$$

解 它和线性规划问题的区别仅在于最后一个决策变量取整的条件（5）。现在暂不考虑这一条件，即解（1）～（4）（以后称这样的问题为和原问题相应的线性规划问题），很容易求得此线性规划问题的最优解为：$x_1 = 4.8, x_2 = 0, \max z = 96$。

是不是将所得的非整数的最优解经过“化整”就可得到符合条件（5）的整数最优解呢？将所得的非整数最优解（4.8，0）凑整为（5，0），不符合条件（2），因而它不是可行解；如将（4.8，0）舍去尾数 0.8，变为（4，0），这当然满足各约束条件，因而是可行解，但不是最优解，因为当 $x_1 = 4, x_2 = 0$ 时，$z = 80$，但当 $x_1 = 4, x_2 = 1$（这也是可行解）时，$z = 90$，显然后者的目标函数值大于前者。

用图解法来说明，如图 2.4 所示，非整数的最优解在 C（4.8，0）点达到。图中画（+）号的点表示可行的整数解。凑整的（5，0）点不在可行域内，而 C 点又不符合条件（5）。为了满足题中要求，表示目标函数的 z 的等值线必须向原点平行移动，直到第一次遇到带“+”号 B 点（4，1）为止。这样，z 的等值线就由 $z = 96$ 变到 $z = 90$，它们的差值 $\Delta z = 96 - 90 = 6$ 表示目标函数值的下降，这是由变量的整数要求引起的。

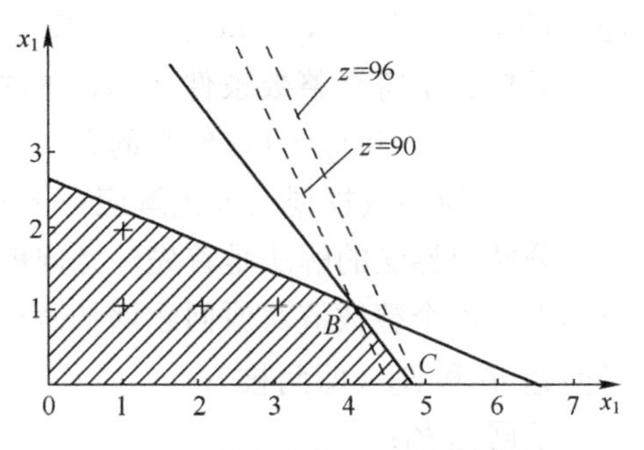

图 2.4 整数规划问题的图解法

由上例可以看出，将其相应的线性规划的最优解“化整”来求解原整数规划，虽是最容易想到的，但常常得不到整数规划的最优解，甚至根本不是可行解，因此有必要对整数规划的解法进行专门研究。

在求解整数规划时，如果可行域是有界的，首先容易想到的方法就是穷举变量的所有可行的整数组合，就像在上图中画出所有“+”号的点那样，然后比较它们的目标函数值以定出最优解。对于小型的问题，变量数很少，可行的整数组合数也很少时，这个方法是可行的，也是有效的。如在例 2.10 中，变量只有 x_1,x_2，由条件（2），x_1所能取的整数值为 0、1、2、3、4 共 5 个；由条件（3），x_2所能取的整数值为 0、1、2 共 3 个，它们的组合（不都是可行的）数是 3×5＝15 个，穷举法还是可用的。对于大型问题，可行的整数组合数是很大的，有时甚至是无穷多个。如在指派问题（整数规划的特例）中，将 *n* 项任务指派 *n* 个人去完成，不同的指派方案共有 *n*！种，当 *n*=10 时，这个数就超过三百万；当 *n*=20 时，这个数超过了 2×10^{18}，如果一一计算，就是用每秒百万次的计算机，也要几万年的工夫。很明显，解这样的题，穷举法是不可取的。所以通常仅检查可行的整数组合的一部分，就能定出最优的整数解。分枝定界解法（branch and bound method）就是求解整数规划的一种方法。

分枝定界法可用于求解纯整数或混合的整数规划问题。在 20 世纪 60 年代初由 Land Doig 和 Dakin 等提出。由于该方法灵活且便于用计算机求解，所以现在已是求解整数规划的重要方法。设有目标函数最大化的整数规划问题 *A*，与它相应的线性规划问题为 *B*。从解问题 *B* 开始，若其最优解不符合 *A* 的整数条件，那么 *B* 的最优目标函数必是 *A* 的最优目标函数 z^*的上界，记作 $\overline{z}$；而 *A* 的任意可行解的目标函数值将是 z^*的一个下界 $\underline{z}$。分枝定界法就是将 *B* 的可行域分成子区域（称为分枝）的方法，逐步减小 $\overline{z}$ 和增大 $\underline{z}$，使之逐渐逼近最优解 z^*。

例 2.11 求解以下整数规划问题：

$$
\begin{aligned}
&\max z = 40x_1 + 90x_2 && (1)\\
&\text{s.t.}\begin{cases}
9x_1 + 7x_2 \leqslant 56 & (2)\\
7x_1 + 20x_2 \leqslant 70 & (3)\\
x_1, x_2 \geqslant 0 & (4)\\
x_1, x_2\text{为整数} & (5)
\end{cases}
\end{aligned}
\tag{2.37}
$$

解 同上，暂不考虑整数条件（5），由图 2.5 可求得与原问题 *A* 相应的线性规划问题 *B* 的最优解为：$x_1 = 4.81, x_2 = 1.82, z_0 = 356$。

显然它不符合整数条件（5），这时 z_0 是问题 *A* 的最优目标函数值 z^* 的上界，记作 $z_0 = \overline{z}$。而 $x_1 = 0, x_2 = 0$ 显然是问题 *A* 的一个整数可行解，这时 *z*=0 是 z^* 的一个下界，记作 $\underline{z} = 0$。原整数规划的最优解应在下界与上界之间，即 $0 \leqslant z^* \leqslant 356$。

分枝定界法的解法是首先注意问题 *B* 中一个非整数变量的解，如本例中 $x_1 = 4.81$，以其上下两个整数值对原问题增加两个约束条件：$x_1 \leqslant 4, x_1 \geqslant 5$，可将原问题分解为两个子问题 B_1 和 B_2（即两枝）：

子问题 B_1：

$$
\max z = 40x_1 + 90x_2 \quad (1)
$$

$$
\text{s.t.}\begin{cases} 9x_1 + 7x_2 \leqslant 56 & (2) \\ 7x_1 + 20x_2 \leqslant 70 & (3) \\ x_1, x_2 \geqslant 0 & (4) \\ x_1 \leqslant 4 & (5) \end{cases} \tag{2.38}
$$

子问题 B_2：

$$
\max z = 40x_1 + 90x_2 \quad (1)
$$

$$
\text{s.t.}\begin{cases} 9x_1 + 7x_2 \leqslant 56 & (2) \\ 7x_1 + 20x_2 \leqslant 70 & (3) \\ x_1, x_2 \geqslant 0 & (4) \\ x_1 \geqslant 5 & (5) \end{cases} \tag{2.39}
$$

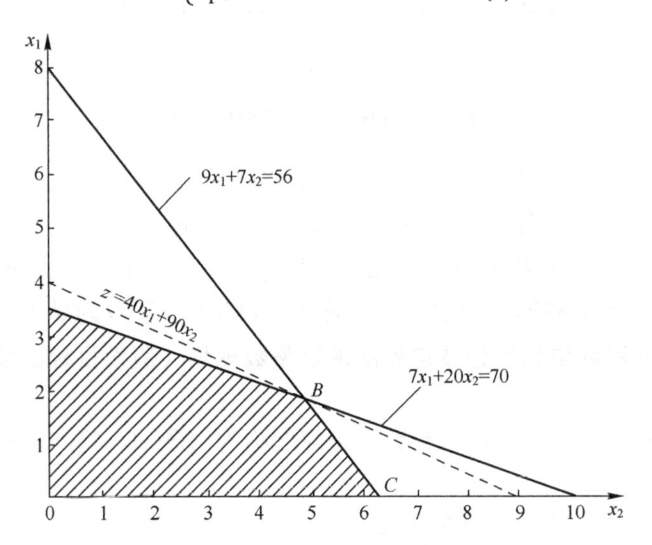

图 2.5　线性规划问题的最优解在 B 点 $(x_1 = 4.81, x_2 = 1.82)$ 处

如图 2.6 所示，在图中舍去了 $4 < x_1 < 5$ 部分的可行域，这并不影响问题 A 的可行域。

求解问题 B_1 和 B_2，称此为第一次迭代，得到问题 B_1 的最优解为：$x_1 = 4.00$，$x_2 = 2.10$，$z_1 = 349$；问题 B_2 的最优解为：$x_1 = 5.00$，$x_2 = 1.57$，$z_2 = 341$。

显然没有得到全部变量是整数的解。因 $z_1 > z_2$，故将 $\bar{z}$ 改为 349，可见上界 $\bar{z}$ 逐步减小，最优整数解必然满足 $0 \leqslant z^* \leqslant 349$。

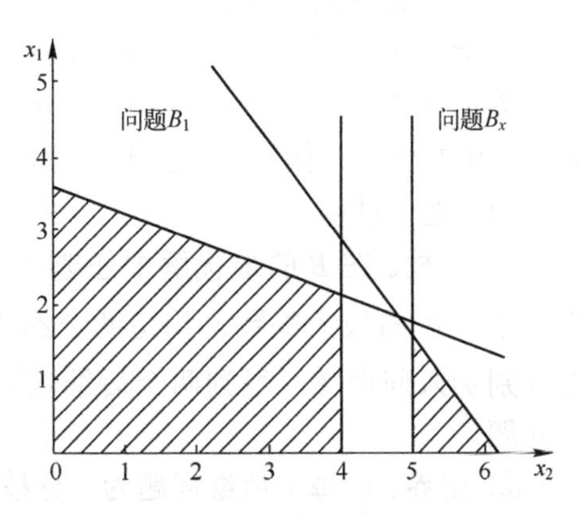

图 2.6　将原问题分解为两个子问题 B_1 和 B_2

继续对问题 B_1 和 B_2 进行分解，因 $z_1 > z_2$，故先分解 B_1 为两枝。增加条件 $x_2 \leqslant 2$ 者，称为问题 B_3；增加条件 $x_2 \geqslant 3$ 者称为问题 B_4。再进行第二次迭代。解题过程的结果列在图 2.7 中。

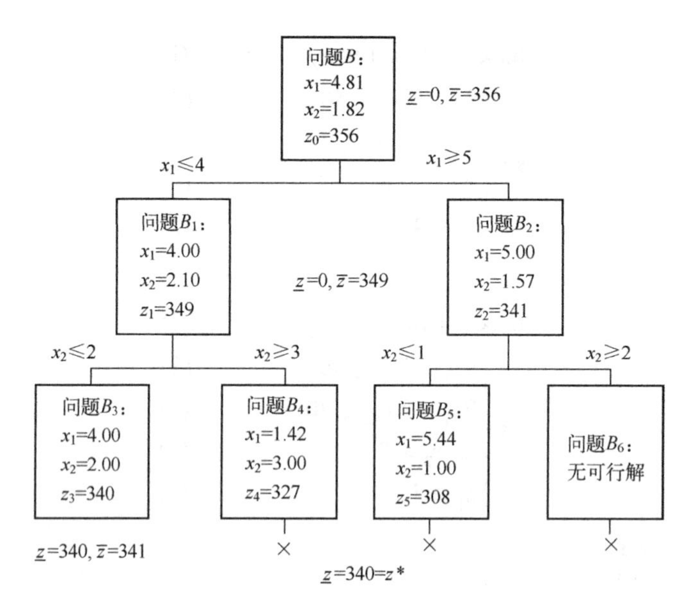

图 2.7 分枝定界法的解题过程

可见问题 B_3 的解都是整数，它的目标函数值 $z_3 = 340$，可取为 $\underline{z}$，而它大于 $z_4 = 327$。所以再分解 B_4 已无必要。而问题 B_2 的 $z_2 = 341$，所以 z^* 可能在 $340 \leqslant z^* \leqslant 341$ 之间有整数解。于是对 B_2 分解，得问题 B_5 既非整数解，且 $z_5 = 308 < z_3$；而问题 B_6 无可行解。于是可以断定：$z_3 = \underline{z} = z^* = 340$，即问题 B_3 的解 $x_1 = 4.00, x_2 = 2.00$ 为最优整数解。

从以上解题过程可得到用分枝定界法求解整数规划（假设目标函数为求最大）问题的步骤如下：

（1）初始化过程。将要求解的整数规划问题称为问题 A，将与它相应的线性规划问题称为问题 B。

① 解问题 B，可能得到以下情况之一：

a．B 没有可行解，这时 A 也没有可行解，则停止。

b．B 有最优解，并符合问题 A 的整数条件，B 的最优解即为 A 的最优解，则停止。

c．B 有最优解，但不符合问题 A 的整数条件，记它的目标函数值为 $\overline{z}$。

② 用观察法找出问题 A 的一个整数可行解，一般可取 $x_j = 0, j = 1,2,\cdots,n$ 试探，求得其目标函数值，记作 $\underline{z}$。以 z^* 表示问题 A 的最优目标函数值，这时有：$\underline{z} \leqslant z^* \leqslant \overline{z}$。

（2）迭代过程。

① 分枝。在 B 的最优解中任选一个不符合整数条件的变量 x_j，其值为 b_j，以 $[b_j]$ 表示小于 b_j 的最大整数。构造两个约束条件 $x_j \leqslant [b_j]$ 和 $x_j \geqslant [b_j]+1$，将这两个约束条件分别加入问题 B，得到两个后继规划问题 B_1 和 B_2，不考虑整数条件求解这两个后继问题。

② 定界。以每个后继问题为一分枝标明求解的结果，与其他问题的解的结果中，找出最优目标函数值最大者作为新的上界 $\overline{z}$。从已符合整数条件的各分支中，找出目标函数值为最大者作为新的下界 $\underline{z}$；若未找到符合整数条件的解，则 $\underline{z}$ 不变。

③ 比较与剪枝。各分枝的最优目标函数中若有小于 $\underline{z}$ 者，则剪掉这枝（用打×表示），

即以后不再考虑了。若大于$\underline{z}$，但不符合整数条件，则重复（1)，一直到最后得到$z^*=\underline{z}$为止，得最优整数解$x_j^*, j=1,2,\cdots,n$。

用分枝定界法求解纯整数规划问题和混合整数规划问题比穷举法优越，因为它仅在一部分可行解的整数解中寻求最优解，计算量比穷举法小。若变量数目很大，其计算工作量也是相当可观的。

2.3.2 0-1规划模型及隐枚举法

0-1规划是整数规划中的特殊情形，它的变量x_i仅取值0或1。这时x_i称为0-1变量，x_i仅取值0或1这个条件可由下述约束条件：$x_i \leqslant 1$，$x_i \geqslant 0, x_i$为整数所代替，是和一般整数规划的约束条件形式一致的。

例2.12 兵力驻地研究。某一防御地带有m个防御要点，为反敌空降，决定派兵在一些防御要点中驻防。上级要求，在上述要点中的任意一个出现敌情时，驻防反空降预备队在规定时间内至少有一个营地的部队能从驻地赶到该要点。为了便于指挥，还要求尽量集中驻防。问为完成反空降任务，最少设几个兵营？设在何处？

解 设决策变量为x_i，设置的兵营数为z，令

$$x_i=\begin{cases}1, & 第i个要点设防\\ 0, & 第i个要点不设防\end{cases} \quad i=1,2,\cdots,m$$

又令

$$a_{ij}=\begin{cases}1, & 驻第i个要点的部队能按时赶到第j个要点\\ 0, & 驻第i个要点的部队不能按时赶到第j个要点\end{cases} \quad i,j=1,2,\cdots,m$$

a_{ij}的数值预先由地图确定，是已知的。第i个要点驻防且能在规定时间赶到第j个要点的充分必要条件是：$x_i=1$，且$a_{ij}=1$，即$x_i a_{ij}=1$。

于是，至少有一个营地的部队能赶到任一要点的数学描述为

$$\sum_{i=1}^{m} a_{ij} x_i \geqslant 1, j=1,2,\cdots,m \tag{2.40}$$

原问题可变成线性规划问题：

$$\min z = x_1+x_2+\cdots+x_m$$
$$\begin{cases}\sum_{i=1}^{m} a_{ij}x_i \geqslant 1, & j=1,2,\cdots,m\\ x_i=0或1, & i=1,2,\cdots,m\end{cases} \tag{2.41}$$

解0-1型整数规划最容易想到的方法，和一般整数规划的情形一样，就是穷举法，即检查变量取值为0或1的每一种组合，比较目标函数值以求得最优解，这就需要检查变量取值的2^n个组合。如果变量个数n较大（例如n>10)，这几乎是不可能的。因此常设计一些方法，只检查变量取值的组合的一部分，就能求得问题的最优解。这样的方法称为隐枚举法，分枝定界法也是一种隐枚举法。下面举例说明一种解0-1型整数规划的隐枚举法。

例 2.13 利用隐枚举法求解 0-1 型整数规划

$$\max z = 3x_1 - 2x_2 + 5x_3$$

$$\text{s.t.}\begin{cases} x_1 + 2x_2 - x_3 \leqslant 2 & (1) \\ x_1 + 4x_2 + x_3 \leqslant 4 & (2) \\ x_1 + x_2 \leqslant 3 & (3) \\ 4x_2 + x_3 \leqslant 6 & (4) \\ x_1, x_2, x_3 = 0,1 & (5) \end{cases} \tag{2.42}$$

解 先通过试探的方法找一个可行解，容易看出 $(x_1, x_2, x_3) = (1,0,0)$ 满足约束条件，算出相应的目标函数值 $z = 3$。下面来求最优解，对于极大化问题，当然希望 $z \geqslant 3$，于是增加一个约束条件：

$$3x_1 - 2x_2 + 5x_3 \geqslant 3, \quad ◎ \tag{2.43}$$

后加的条件称为过滤条件（filtering constraint）。这样，原问题的线性约束条件就变成 5 个。用全部枚举的方法，3 个变量共有 2^3=8 个解，原来 4 个约束条件，共需 32 次运算。现在增加了过滤条件◎，如按下述方法进行，就可减少运算次数。

如表 2.5 所列，将 5 个约束条件按◎—（1）—（4）顺序排好，对每个解，依次代入约束条件左侧，求出数值，看是否适合不等式条件，如某一条件不适合，同行以下各条件就不必再检查，因而就减少了运算次数。本例计算过程实际只作 24 次运算。

表 2.5 隐枚举法计算过程 1

点 (x_1,x_2,x_3)	◎	(1)	(2)	(3)	(4)	是否满足条件	值
(0，0，0)	0					×	
(0，0，1)	5	−1	1	0	1	√	5
(0，1，0)	−2					×	
(0，1，1)	3	1	5			×	
(1，0，0)	3	1	1	1	0	√	3
(1，0，1)	8	0	2	1	1	√	8
(1，1，0)	1					×	
(1，1，1)	6	2	6			×	

于是求得最优解：$(x_1, x_2, x_3) = (1,0,1)$，$\max z = 8$。

在计算过程中，若遇到 z 值已超过条件◎右边的值，应改变条件◎，使右边为迄今为止最大者，然后继续执行。例如，当检查点（0，0，1）时因 $z = 5 > 3$，所以应将条件◎换成

$$3x_1 - 2x_2 + 5x_3 \geqslant 5, \quad ◎ \tag{2.44}$$

这种对过滤条件的改进，更可以减少计算量。

注：一般常重新排列 x_i 的顺序使目标函数中 x_i 的系数是递增（不减）的，如在上例中，改写 $z = 3x_1 - 2x_2 + 5x_3 = -2x_2 + 3x_1 + 5x_3$，因为−2，3，5 是递增的。变量 (x_2, x_1, x_3) 也按下述顺序取值：（0，0，0），（0，0，1），（0，1，0），…，这样能够较早地发现最优解。再结合过滤条件的改进，更可使计算简化。在例 2.13 中，有

$$
\max z = -2x_2 + 3x_1 + 5x_3
$$

$$
\text{s.t.}\begin{cases} -2x_2 + 3x_1 + 5x_3 \geqslant 3, & ◎ \\ 2x_2 + x_1 - x_3 \leqslant 2 & (1) \\ 4x_2 + x_1 + x_3 \leqslant 4 & (2) \\ x_2 + x_1 \leqslant 3 & (3) \\ 4x_2 + x_3 \leqslant 6 & (4) \end{cases} \tag{2.45}
$$

解题时按下述步骤进行（表 2.6）：

表 2.6　隐枚举法计算过程 2

点 (x_1,x_2,x_3)	◎	(1)	(2)	(3)	(4)	是否满足条件	值
(0，0，0)	0					×	
(0，0，1)	5	−1	1	0	1	√	5

改进过滤条件为

$$
-2x_2 + 3x_1 + 5x_3 \geqslant 5, \quad ◎ \tag{2.46}
$$

继续进行，得到表 2.7。

表 2.7　隐枚举法计算过程 3

点 (x_1,x_2,x_3)	◎	(1)	(2)	(3)	(4)	是否满足条件	值
(0，0，0)	3					×	
(0，0，1)	48	0	2	1	1	√	8

再改进过滤条件为

$$
-2x_2 + 3x_1 + 5x_3 \geqslant 8, \quad ◎ \tag{2.47}
$$

再继续进行，得到表 2.8。

表 2.8　隐枚举法计算过程 4

点 (x_1,x_2,x_3)	◎	(1)	(2)	(3)	(4)	是否满足条件	值
(1，0，0)	2					×	
(1，0，1)	3					×	
(1，1，0)	1					×	
(1，1，1)	6					×	

至此，z 值已不能改进，即得到最优解，解答如前，但计算已简化。

2.3.3　指派问题及匈牙利法

1．指派问题的模型

指派问题是 0-1 规划的特例，m 项任务分配给 m 个单位或人去完成。要求：每项任务只能分配给一个单位或个人；每个单位或个人只能接受一项任务。

例 2.14　火力最优分配问题。我军有 D1、D2、D3、D4 四个导弹阵地，同时射击敌方 A1、A2、A3、A4 四架战机。根据敌机来袭方向和位置等，算得每个导弹阵地对每架敌机的击毁概率如表 2.9 所列。试给每个导弹阵地分配一架敌机，给每架敌机分配一个导弹阵地，使对敌机的击毁概率最大。

表 2.9　火力最优分配问题

导弹阵地	A1	A2	A3	A4
D1	0.6	0.9	0.4	0.6
D2	0.8	0.6	0.8	0.6
D3	0.4	0.8	0.6	0.8
D4	0.6	0.9	0.8	0.2

火力分配是指火力单位对攻击目标的分配。实际作战中，通常都是多个火力单位（武器系统或武器系统群）对多个目标（或目标群）进行火力攻击的，这就需要确定各火力单位在给定时间的攻击目标，即把火力单位分配给各个目标，这种火力单位对目标的分配即通常所说的目标分配或火力分配。由于各火力单位对目标的毁伤效能，以及各目标本身的价值及威胁程度不同，所以火力单位对目标的分配存在优劣。火力单位最优分配的任务就是发挥诸火力单位的整体协调优势，寻求在给定约束条件下，总的射击效果最好的分配方案。

解　设 $x_{ij},i=1,\cdots,4;j=1,\cdots,4$ 表示火力单位对目标的分配方案，即

$$x_{ij}=\begin{cases}1, & \text{当第}i\text{个阵地分配给第}j\text{个目标时}\\0, & \text{当第}i\text{个阵地不被分配给第}j\text{个目标时}\end{cases}$$

得线性规划：

$$\begin{aligned}\max P=&0.6x_{11}+0.9x_{12}+0.4x_{13}+0.6x_{14}+\\&0.8x_{21}+0.6x_{22}+0.8x_{23}+0.6x_{24}+\\&0.4x_{31}+0.8x_{32}+0.6x_{33}+0.8x_{34}+\\&0.6x_{41}+0.9x_{42}+0.8x_{43}+0.2x_{44}\end{aligned}\tag{2.48}$$

$$\text{s.t.}\begin{cases}\sum_{j=1}^{4}x_{ij}=1,i=1,2,3,4\\\sum_{i=1}^{4}x_{ij}=1,j=1,2,3,4\\x_{ij}=0,1\end{cases}\tag{2.49}$$

这个问题的一般提法为：设已知 m 个火力单位要射击 n 个目标，第 i 个火力单位对第 j 个目标射击的效能指标为：$c_{ij},i=1,\cdots,m;j=1,\cdots,n$，寻找使目标遭受最大毁伤的分配。

用 $x_{ij},i=1,\cdots,m;j=1,\cdots,n$ 表示火力单位对目标的分配方案，即

$$x_{ij}=\begin{cases}1, & \text{当第}i\text{个火力单位分配给第}j\text{个目标时}\\0, & \text{当第}i\text{个火力单位不被分配给第}j\text{个目标时}\end{cases}$$

于是最佳效果就是使得以下目标函数取极大值，即

$$\max z = \sum_{i=1}^{m}\sum_{j=1}^{m} c_{ij}x_{ij} \tag{2.50}$$

$$\text{s.t.}\begin{cases} \sum_{j=1}^{m} x_{ij} = 1, i = 1,2,\cdots,m \\ \sum_{i=1}^{m} x_{ij} = 1, j = 1,2,\cdots,m \\ x_{ij} \geqslant 0 \end{cases} \tag{2.51}$$

此即为指派问题的一般模型。不过为了求解方便，通常指派问题的标准形式是目标函数极小化，即 $\min z = \sum_{i=1}^{m}\sum_{j=1}^{m} c_{ij}x_{ij}, c_{ij}$为系数。

上述两个约束条件看似一样，其实内涵不同。第一个约束条件表示每个火力单位只能攻击某一个目标；全部火力单位用来攻击目标；第二个约束条件表示每个目标的火力单位数为 1。

对应每个指派问题有一个类似例 2.14 的数表，称为系数矩阵，其元素 $c_{ij}(i,j=1,2,\cdots,m)$表示指派第 i 人去完成第 j 项任务时的效率（或时间、成本等）。如将例 2.14 的目标函数极大改为目标函数极小化，则系数矩阵

$$(c_{ij}) = \begin{bmatrix} -0.6 & -0.9 & -0.4 & -0.6 \\ -0.8 & -0.6 & -0.8 & -0.6 \\ -0.4 & -0.8 & -0.6 & -0.8 \\ -0.6 & -0.9 & -0.8 & -0.2 \end{bmatrix}$$

以下考虑如何求指派问题的最优解问题。在指派问题的数学模型中，满足约束条件的可行解 $x_{ij}(i,j=1,2,\cdots,m)$ 也可写成表格或矩阵形式，称为解矩阵，解矩阵 $x_{ij}(i,j=1,2,\cdots,m)$ 中各行各列的元素之和都是 1。如例 2.14 的一个解矩阵为

$$(x_{ij}) = \begin{bmatrix} 1 & 0 & 0 & 0 \\ 0 & 1 & 0 & 0 \\ 0 & 0 & 1 & 0 \\ 0 & 0 & 0 & 1 \end{bmatrix}$$

即 D1-A1，D2-A2，D3-A3，D4-A4，毁伤敌目标：0.6+0.6+0.6+0.2=2.0，这个解并不是最优解。采用穷举法可以得到最优解为：D1-A2，D2-A1，D3-A4，D4-A3，毁伤敌目标：0.9+0.8+0.8+0.8=3.3。该问题中穷举所有可能需计算 4!=24 次，5 个目标则要计算 5!=120 次。

指派问题是 0-1 规划的特例，而 0-1 规划是整数规划的特例，因此当然可以用整数规划、0-1 规划的解法去求解，但这是不合算的，利用指派问题的特点可有更简便的解法，即匈牙利法。

指派问题的最优解有这样的性质：若系数矩阵(c_{ij})的一行（或一列）各元素中加（减）同一常数，该问题的最优解不变。根据该性质，从(c_{ij})的每行和每列中分别减去该行该

列的最小元素，得到新矩阵(b_{ij})，该矩阵中的元素全部大于或等于 0，并有许多 0 元素，而最优解保持不变。在系数矩阵(b_{ij})中，位于不同行不同列的 0 元素称为独立零元素。

若能在(b_{ij})中找出 m 个独立 0 元素，则令与之对应的解元素 x_{ij} 取 1，其他取 0，将其代入目标函数中得到 $z_b = 0$。由于(b_{ij})中没有负元素，$z_b = 0$ 是目标函数的最小值，因此得到系数矩阵为(b_{ij})的指派问题的最优解，它也是原问题的最优解。

2．指派问题的匈牙利解法

库恩（W. W. Kuhn）于 1955 年提出了指派问题的解法，他引用了匈牙利数学家康尼格一个关于矩阵中 0 元素的定理：系数矩阵中独立“0”元素的最多个数等于能覆盖所有“0”元素的最少直线数。该解法称为匈牙利法。以后在方法上虽有不断改进，但仍沿用这名称。下面用例 2.14 来说明指派问题的解法。

第一步：使指派问题的系数矩阵经变换，在各行各列中都出现 0 元素。

（1）从系数矩阵的每行元素减去该行的最小元素。

（2）再从所得系数矩阵的每列元素中减去该列的最小元素。

若某行（列）已有 0 元素，就不必再减了。

如例 2.14 中矩阵的每行元素减去该行的最小元素后得到(b_{ij})矩阵，每行每列都已有 0 元素，因此不必再减了。

$$(c_{ij}) = \begin{bmatrix} -0.6 & -0.9 & -0.4 & -0.6 \\ -0.8 & -0.6 & -0.8 & -0.6 \\ -0.4 & -0.8 & -0.6 & -0.8 \\ -0.6 & -0.9 & -0.8 & -0.2 \end{bmatrix} \to \begin{bmatrix} 0.3 & 0 & 0.5 & 0.3 \\ 0 & 0.2 & 0 & 0.2 \\ 0.4 & 0 & 0.2 & 0 \\ 0.3 & 0 & 0.1 & 0.7 \end{bmatrix} = (b_{ij})$$

第二步：进行试指派，以寻求最优解。为此，按以下步骤进行。

经第一步变换后，系数矩阵中每行每列都已有了 0 元素；但需找出 m 个独立的 0 元素，若能找出，则这些独立 0 元素对应解矩阵(x_{ij})中的元素为 1，其余为 0，这就得到最优解。当 m 较小时，可用观察法、试探法去找出 m 个独立 0 元素。若 m 较大时，就必须按一定的步骤去找，常用的步骤如下：

（1）从只有一个 0 元素的行（列）开始，给这个 0 元素加圈，记作◎。这表示对这行所代表的人，只有一种任务可指派。然后划去◎所在列（行）的其他 0 元素，记作∅。这表示这列所代表的任务已指派完，不必再考虑别人了。

（2）给只有一个 0 元素列（行）的 0 元素加圈，记作◎；然后划去◎所在行（列）的其他 0 元素，记作∅。

（3）反复进行（1），（2）两步，直到所有 0 元素都被圈出和划掉为止。

（4）若仍有没有画圈的 0 元素，且同行（列）的 0 元素至少有两个（表示对这人可以从两项任务中指派其一）。这可用不同的方案去试探。从剩有 0 元素最少的行（列）开始，比较这行各 0 元素所在列中 0 元素的数目，选择 0 元素少的那列的这个 0 元素加圈（表示选择性多的要“礼让”选择性少的）。然后划掉同行同列的其他 0 元素，可反复进行，直到所有 0 元素都已圈出和划掉为止。

（5）若◎元素的数目（表示独立 0 元素的个数）等于矩阵的阶数 m，则该指派问题的最优解已得到。若小于 m，则转入下一步。

按照上述步骤对上例中 (b_{ij}) 矩阵进行加圈、划圈。

$$(b_{ij})=\begin{bmatrix}0.3 & 0 & 0.5 & 0.3\\ 0 & 0.2 & 0 & 0.2\\ 0.4 & 0 & 0.2 & 0\\ 0.3 & 0 & 0.1 & 0.7\end{bmatrix}\to\begin{bmatrix}0.3 & ◎ & 0.5 & 0.3\\ ◎ & 0.2 & \varnothing & 0.2\\ 0.4 & \varnothing & 0.2 & ◎\\ 0.3 & \varnothing & 0.1 & 0.7\end{bmatrix}$$

这里◎元素的数目小于矩阵的阶数 m，所以解题没有完成，这时应按以下步骤继续进行。

第三步：作最少的直线覆盖所有 0 元素，以确定该系数矩阵中能找到最多的独立 0 元素数。为此按以下步骤进行：

（1）对没有◎的行打√号。

（2）对已打√号的行中所有含∅元素的列打√号。

（3）再对打有√号的列中含◎元素的行打√号。

（4）对没有打√号的行画一横线，有打√号的列画一纵线，这样就得到覆盖所有 0 元素的最少直线数。

若直线数 $l<m$，说明必须再变换当前的系数矩阵，才能找到 m 个独立的 0 元素，为此转第四步。

在本例中，对矩阵按以下次序进行：

先在第四行旁打√，接着可判断应在第 2 列下打√，接着在第 1 行旁打√。经检查不能再打√了。对没有打√行，画一直线以覆盖 0 元素，已打√的列画一直线以覆盖 0 元素。得

$$\begin{bmatrix}0.3 & ◎ & 0.5 & 0.3\\ ◎ & 0.2 & \varnothing & 0.2\\ 0.4 & \varnothing & 0.2 & ◎\\ 0.3 & \varnothing & 0.1 & 0.7\end{bmatrix}\begin{matrix}\surd\\ \\ \\ \surd\end{matrix}$$
$$\qquad\surd\ (\text{第 2 列})$$

由此可见 $l=3<m$。所以应继续对上述矩阵进行变换。转第四步。

第四步：对矩阵进行变换的目的是增加 0 元素。为此在没有被直线覆盖的部分中找出最小元素，然后在打√行各元素中都减去该最小元素，而在打√列的各元素都加上该最小元素，以保证原来 0 元素不变。这样得到新的系数矩阵。重复上述步骤。

本例中第 1、4 行减去最小元素 0.1，第 2 列加上 0.1，得

$$\begin{bmatrix}0.2 & ◎ & 0.4 & 0.2\\ ◎ & 0.3 & \varnothing & 0.2\\ 0.4 & 0.1 & 0.2 & ◎\\ 0.2 & \varnothing & ◎ & 0.6\end{bmatrix}$$

它具有 4 个独立 0 元素，这样就得到了最优解矩阵：

$$
(x_{ij})=\begin{bmatrix} 0 & 1 & 0 & 0 \\ 1 & 0 & 0 & 0 \\ 0 & 0 & 0 & 1 \\ 0 & 0 & 1 & 0 \end{bmatrix}
$$

即最优分配方案为：$x_{12}=x_{21}=x_{34}=x_{43}=1$。

例 2.15　求表 2.10 所列指派问题的最优解（最短指派时间）。

表 2.10　指派问题

对象	A	B	C	D	E
甲	12	7	9	7	9
乙	8	9	6	6	6
丙	7	17	12	14	9
丁	15	14	6	6	10
戊	4	10	7	10	9

解　按上述第一步，将系数矩阵变换为：

$$
\begin{bmatrix} 12 & 7 & 9 & 7 & 9 \\ 8 & 9 & 6 & 6 & 6 \\ 7 & 17 & 12 & 14 & 9 \\ 15 & 14 & 6 & 6 & 10 \\ 4 & 10 & 7 & 10 & 9 \end{bmatrix} \rightarrow \begin{bmatrix} 5 & 0 & 2 & 0 & 2 \\ 2 & 3 & 0 & 0 & 0 \\ 0 & 10 & 5 & 7 & 2 \\ 9 & 8 & 0 & 0 & 4 \\ 0 & 6 & 3 & 6 & 5 \end{bmatrix}
$$

经一次计算即得每行每列都有 0 元素的系数矩阵，再按上述步骤运算，得到

$$
\begin{array}{c}
\left[\begin{array}{ccccc} 5 & \circledcirc & 2 & \varnothing & 2 \\ 2 & 3 & \varnothing & \circledcirc & \varnothing \\ \circledcirc & 10 & 5 & 7 & 2 \\ 9 & 8 & \circledcirc & \varnothing & 4 \\ \varnothing & 6 & 3 & 6 & 5 \end{array}\right]
\begin{array}{c} \\ \\ \surd \\ \\ \surd \end{array} \\
\begin{array}{ccccc} \surd & & & & \end{array}
\end{array}
$$

在上面的矩阵中，在没有被覆盖部分（第 3、5 行）中找出最小元素为 2，然后在第 3、5 行各元素分别减去 2，给第 1 列各元素加 2，得到下述新矩阵：

$$
\begin{bmatrix} 7 & 0 & 2 & 0 & 2 \\ 4 & 3 & 0 & 0 & 0 \\ 0 & 8 & 3 & 5 & 0 \\ 11 & 8 & 0 & 0 & 4 \\ 0 & 4 & 1 & 4 & 3 \end{bmatrix}
$$

按第二步，找出所有独立的 0 元素：

$$\begin{bmatrix} 7 & ◎ & 2 & \varnothing & 2 \\ 4 & 3 & \varnothing & ◎ & \varnothing \\ \varnothing & 8 & 3 & 5 & ◎ \\ 11 & 8 & ◎ & \varnothing & 4 \\ ◎ & 4 & 1 & 4 & 3 \end{bmatrix}$$

它具有 5 个独立 0 元素，这样就得到了最优解矩阵为

$$\begin{bmatrix} 0 & 1 & 0 & 0 & 0 \\ 0 & 0 & 0 & 1 & 0 \\ 0 & 0 & 0 & 0 & 1 \\ 0 & 0 & 1 & 0 & 0 \\ 1 & 0 & 0 & 0 & 0 \end{bmatrix}$$

由解矩阵得到最优指派方案：

甲—B，乙—D，丙—E，丁—C，戊—A

本例还可以得到另一最优指派方案：

甲—B，乙—C，丙—E，丁—D，戊—A

所需总时间为 min z=32。

当指派问题的系数矩阵，经过变换得到了同行和同列中都有两个或两个以上 0 元素时，这时可以任选一行（列）中某一个 0 元素，再划去同行（列）的其他 0 元素。这时会出现多重解。

2.4 动态规划

动态规划是解决多阶段决策过程最优化问题的一种方法。该方法是由美国数学家贝尔曼（R. Bellman）等在 20 世纪 50 年代初提出的。他们针对多阶段决策问题的特点，提出了解决这类问题的最优化原理，并成功地解决了生产管理、工程技术等方面的许多实际问题，从而建立了运筹学的一个新的分支，即动态规划。1957 年，贝尔曼发表了动态规划方面的第一本专著《动态规划》。

动态规划是一种重要的决策方法，可以用于解决最优路径问题、资源分配问题、生产计划与库存、投资、装载、排序等问题以及生产过程的最优控制等。由于其独特的解题思路，在处理某些优化问题时，有时比线性规划方法或非线性规划方法更有效。

2.4.1 多阶段决策问题

在生产和科学实践中，有一类活动的过程可分为若干个相互联系的阶段，在它的每一个阶段都需要作出决策，从而使整个过程达到最好的活动效果。因此，各个阶段决策的选取不是任意确定的，它依赖于当前面临的状态，又影响以后的发展，当各个阶段的决策确定后，就组成了一个决策序列，因而也就决定了整个过程的一条活动路线，这种把一个问题看作一个前后关联具有链状结构的多阶段过程（图 2.8）就称为多阶段决策

过程，这种问题就称为多阶段决策问题。

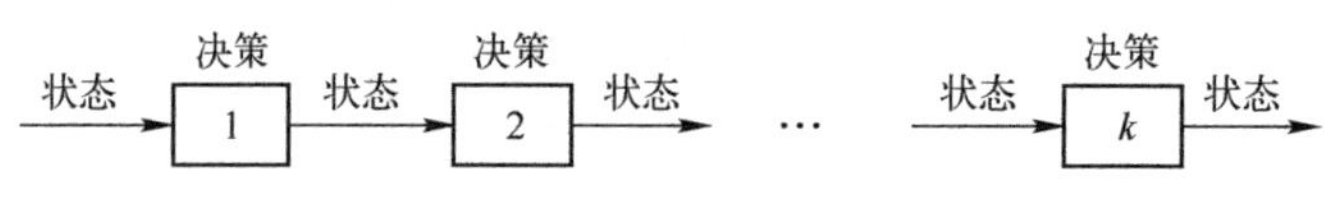

图 2.8　多阶段决策过程

下面用一个例子说明多阶段决策问题及求解思路。

例 2.16　图 2.9 给出一个道路网络，某部队从 A 点开进到 G 点，要求一条从 A 到 G 的最短开进路线，图中数字表示两点之间的距离。

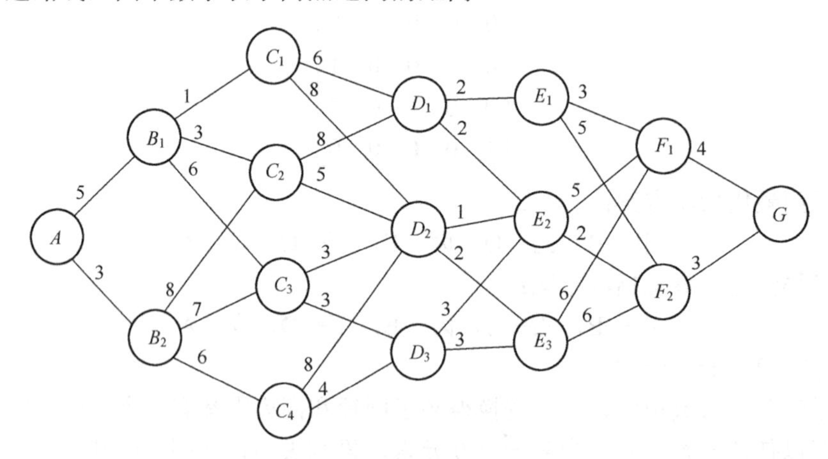

图 2.9　一个道路网络

解　在图 2.9 中，道路网络共有 30 条支路，支路的端点称为节点，把从起点 A 到终点 G 的所有节点，分为若干段，第一段有起点 A；第二段有节点 B_1，B_2；…；第六段有节点 F_1,F_2；最后有终点 G。这样，从 A 点开进到 G 点的全过程，就可分为 6 个阶段(k=1,2,3,4,5,6)。在第一阶段，是从起点 A 开进到第二阶段，这就要决定，是开进到第二阶段的 B_1 还是 B_2，这就是决策。每个阶段都要做类似的决策，因此是多阶段决策。

要解决这个问题，当然可以用枚举法。就是把所有从 A 到 G 的可能路线都找出来，计算相应的总距离，然后进行比较，其中最小的即为所求。从 A 到 G 共有多少条可能路线？在第一阶段，从 A 点出发到第二阶段，有两种选择；第二阶段到第三阶段，又各有 3 种选择……可见从 A 到 G 共有 2×3×2×2×2=48 条可能路线。

当道路网络更加复杂时，用这种枚举法求最优路线的计算工作量就更大了，这就促使人们考虑，能否找到一个更好一些的方法？如果最优路线存在的话，必然具有这样的特性：若最优路线经过节点 x_i，则在这条最优路线中，从 x_i 到终点的那条路线，一定是从 x_i 到终点的最优路线（称为由 x_i 出发的最优子路线）。根据最优路线的这个特性，就可以用从终点向起点方向逆推的方法，求出各节点的最优子路线，最后得到从起点到终点的最优路线，这就是求最优路线的动态规划方法。

根据图 2.9，从终点 G 开始，依逆序逐段考虑各节点的最优子路线，并记 $f_k(x_k)$ 为第 k 阶段节点 x_k 到终点 G 的最小距离，$u_k(x_k)$ 为第 k 阶段节点 x_k 所做的决策，则

当 k=6，有 2 个节点：

$$f_6(F_1)=4\,,\quad f_6(F_2)=3\,,\quad u_6(F_1)=G\,,\quad u_6(F_2)=G$$

当 k=5，有 3 个节点：

$$f_5(E_1)=\min\begin{Bmatrix}3+f_6(F_1)\\5+f_6(F_2)\end{Bmatrix}=\min\begin{Bmatrix}3+4\\5+3\end{Bmatrix}=7\,,\quad u_5(E_1)=F_1$$

$$f_5(E_2)=\min\begin{Bmatrix}5+f_6(F_1)\\2+f_6(F_2)\end{Bmatrix}=\min\begin{Bmatrix}5+4\\2+3\end{Bmatrix}=5\,,\quad u_5(E_2)=F_2$$

$$f_5(E_3)=\min\begin{Bmatrix}6+f_6(F_1)\\6+f_6(F_2)\end{Bmatrix}=\min\begin{Bmatrix}6+4\\6+3\end{Bmatrix}=9\,,\quad u_5(E_3)=F_2$$

当 k=4，有 3 个节点：

$$f_4(D_1)=\min\begin{Bmatrix}2+f_5(E_1)\\2+f_5(E_2)\end{Bmatrix}=\min\begin{Bmatrix}2+7\\2+5\end{Bmatrix}=7\,,\quad u_4(D_1)=E_2$$

$$f_4(D_2)=\min\begin{Bmatrix}1+f_5(E_2)\\2+f_5(E_3)\end{Bmatrix}=\min\begin{Bmatrix}1+5\\2+9\end{Bmatrix}=6\,,\quad u_4(D_2)=E_2$$

$$f_4(D_3)=\min\begin{Bmatrix}3+f_5(E_2)\\3+f_5(E_3)\end{Bmatrix}=\min\begin{Bmatrix}3+5\\3+9\end{Bmatrix}=8\,,\quad u_4(D_3)=E_2$$

当 k=3，有 4 个节点：

$$f_3(C_1)=\min\begin{Bmatrix}6+f_4(D_1)\\8+f_4(D_2)\end{Bmatrix}=\min\begin{Bmatrix}6+7\\8+6\end{Bmatrix}=13\,,\quad u_3(C_1)=D_1$$

$$f_3(C_2)=\min\begin{Bmatrix}8+f_4(D_1)\\5+f_4(D_2)\end{Bmatrix}=\min\begin{Bmatrix}8+7\\5+6\end{Bmatrix}=11\,,\quad u_3(C_2)=D_2$$

$$f_3(C_3)=\min\begin{Bmatrix}3+f_4(D_2)\\3+f_4(D_3)\end{Bmatrix}=\min\begin{Bmatrix}3+6\\3+8\end{Bmatrix}=9\,,\quad u_3(C_3)=D_2$$

$$f_3(C_4)=\min\begin{Bmatrix}8+f_4(D_2)\\4+f_4(D_3)\end{Bmatrix}=\min\begin{Bmatrix}8+6\\4+8\end{Bmatrix}=12\,,\quad u_3(C_4)=D_3$$

当 k=2，有 2 个节点：

$$f_2(B_1)=\min\begin{Bmatrix}1+f_3(C_1)\\3+f_3(C_2)\\6+f_3(C_3)\end{Bmatrix}=\min\begin{Bmatrix}1+13\\3+11\\6+9\end{Bmatrix}=14\,,\quad u_2(B_1)=C_1\text{或}u_2(B_1)=C_2$$

$$f_2(B_2)=\min\begin{Bmatrix}8+f_3(C_2)\\7+f_3(C_3)\\6+f_3(C_4)\end{Bmatrix}=\min\begin{Bmatrix}8+11\\7+9\\6+12\end{Bmatrix}=16\,,\quad u_2(B_2)=C_3$$

当 k=1，有 1 个节点：

$$f_1(A)=\min\begin{Bmatrix}5+f_2(B_1)\\3+f_2(B_2)\end{Bmatrix}=\min\begin{Bmatrix}5+14\\3+16\end{Bmatrix}=19,\quad u_1(A)=B_1\text{或}u_1(A)=B_2$$

于是得到从起点 A 到终点 G 的最短距离为 19，其最优路线有 3 条，分别为：$A\to B_1\to C_1\to D_1\to E_2\to F_2\to G$，$A\to B_1\to C_2\to D_2\to E_2\to F_2\to G$，$A\to B_2\to C_3\to D_2\to E_2\to F_2\to G$。

上述最短路线问题的计算过程，可用图上直接作业的标号法（从后往前标号，所有节点都包括）。逆推过程解决从终点到某点的最优化问题很方便，而正推过程可解决从起点到某点的最优化问题，如寻找距离起点最近的某个节点。

2.4.2 动态规划的基本概念

刚才用例子直观给出多阶段决策问题及求解过程，此处上升到理论高度。多阶段决策过程是一个序贯决策过程。决策序列：将过程分为若干个相互联系的阶段，在每一阶段都要作出决策，决策面临状态。动态规划模型涉及以下概念：阶段、状态、决策和策略、状态转移、指标函数。

（1）阶段。把所给问题的过程，恰当地分为若干个相互联系的阶段，以便能按照一定的次序去求解，描述阶段的变量称为阶段变量，常用 k 表示。阶段的划分一般是按空间、时间来划分，但要便于把问题的过程转化为多阶段决策的过程。例如例 2.16 可分为 6 个阶段求解，k=1,2,3,4,5,6。

（2）状态。表示每个阶段开始所处的自然状态或客观条件，它描述了研究问题过程的状况，又称不可控因素。在例 2.16 中，状态就是某阶段的出发位置，它既是该阶段某支路的起点，又是前一阶段某支路的终点。通常一个阶段有若干个状态。描述过程状态的变量称为状态变量，通常将第 k 段状态变量记为 x_k，状态变量取值的全体称为状态集合，第 k 段的状态集合记为 X_k。如在上例中，$X_1=\{x_1\}=\{A\}$，$X_2=\{x_1,x_2\}=\{B_1,B_2\}$，$X_3=\{x_1,x_2,x_3,x_4\}=\{C_1,C_2,C_3,C_4\}$，…。

（3）决策。表示当过程处于某一阶段的某个状态时，可以作出不同的决定，从而确定下一阶段的状态，这种决定称为决策。描述决策的变量称为决策变量，第 k 阶段的决策变量 $u_k(x_k)$ 是状态变量的函数，简写为 u_k。决策变量取值的全体称为允许决策集合 $D_k(x_k)$，显然有 $u_k(x_k)\in D_k(x_k)$。

如在例 2.16 第二阶段中，若从状态 B_1 出发，就可作出 3 种不同的决策，其允许决策集合 $D_2(B_1)=\{C_1,C_2,C_3\}$，若选决策点为 C_2，则 $u_2(B_1)=C_2$。

（4）策略。策略是一个过程中若干个按顺序排列的决策集合（贯穿始终）。由过程的第 k 阶段开始到终点状态为止的过程称为 k 子过程。由每段的决策按顺序排列组成的决策函数序列 $\{u_k(x_k),u_{k+1}(x_{k+1}),\cdots,u_n(x_n)\}$ 称为 k 子过程策略，简称子策略，记为 $P_k(x_k)$，即

$$P_k(x_k)=\{u_k(x_k),u_{k+1}(x_{k+1}),\cdots,u_n(x_n)\} \tag{2.52}$$

当 k=1 时，此决策函数序列称为全过程的一个策略，简称策略，记为 $P_1(x_1)$，即

$$P_1(x_1)=\{u_1(x_1),u_2(x_2),\cdots,u_n(x_n)\} \tag{2.53}$$

在实际问题中，可供选择的策略有一定的范围，称为允许策略集合，用 P 表示。从

允许策略集合中找出达到最优效果的策略称为最优策略，记为 P^*。在例 2.16 中，P 的元素有 48 个，而最优路线对应的最优策略为：$P^*=\{A,B_1,C_1,D_1,E_2,F_2,G\}$，$P^*=\{A,B_1,C_2,D_2,E_2,F_2,G\}$，$P^*=\{A,B_2,C_3,D_2,E_2,F_2,G\}$。

（5）状态转移方程。如果已给定第 k 阶段状态变量 x_k 的值，则在该阶段的决策变量 u_k 确定之后，第 k+1 阶段状态变量 x_{k+1} 的值也就随之确定，这样就可以把 x_{k+1} 看成是 (x_k,u_k) 的函数，并记为 $x_{k+1}=T_k(x_k,u_k)$。这一关系式指明了由第 k 阶段到第 k+1 阶段的状态转移规律，称为状态转移方程，T_k 称为状态转移函数。如例 2.16 中 $x_{k+1}=u_k(x_k)$。

（6）指标函数和最优值函数。用来衡量策略优劣的一种数量指标，称为指标函数，它是定义在全过程和所有后部子过程上确定的数量函数，常用 V_k 表示，即

$$V_k=V_k(x_k,u_k,x_{k+1},u_{k+1},\cdots,x_{n+1})\qquad k=1,2,\cdots,n \tag{2.54}$$

对于要构成动态规划模型的指标函数，应具有可分离性，并满足递推关系，即 V_k 可以表示为 x_k,u_k,V_{k+1} 的函数，记为 $V_k(x_k,u_k,\cdots,x_{n+1})=\psi_k[x_k,u_k,V_{k+1}(x_{k+1},u_{k+1},\cdots,x_{n+1})]$。

在实际问题中很多指标函数都满足这个性质，常见的指标函数的形式有：

（1）过程和它的任一子过程的指标是它所包含的各阶段的指标的和，即指标函数是连加型：

$$V_k(x_k,u_k,\cdots,x_{n+1})=\sum_{j=k}^{n}v_j(x_j,u_j) \tag{2.55}$$

其中 $v_j(x_j,u_j)$ 表示第 j 阶段的阶段指标，这时递推关系为

$$V_k(x_k,u_k,\cdots,x_{n+1})=v_k(x_k,u_k)+V_{k+1}(x_{k+1},u_{k+1},\cdots,x_{n+1}) \tag{2.56}$$

（2）过程和它的任一子过程的指标是它所包含的各阶段的指标的乘积，即指标函数是连乘型：

$$V_k(x_k,u_k,\cdots,x_{n+1})=\prod_{j=k}^{n}v_j(x_j,u_j) \tag{2.57}$$

这时递推关系为

$$V_k(x_k,u_k,\cdots,x_{n+1})=v_k(x_k,u_k)\cdot V_{k+1}(x_{k+1},u_{k+1},\cdots,x_{n+1}) \tag{2.58}$$

指标函数的最优值称为最优值函数，记为 $f_k(x_k)$，它表示从第 k 阶段的状态 x_k 开始到第 n 阶段的终止状态的过程，采取最优策略所得到的指标函数值，即

$$f_k(x_k)=\underset{\{u_k,\cdots,u_n\}}{\text{opt}}\ V_k(x_k,u_k,\cdots,x_{n+1}) \tag{2.59}$$

其中“opt”可根据题意取 min 或 max。

2.4.3 动态规划的基本方程

用动态规划方法求解多阶段决策过程的最优化问题，就要建立相应的动态规划模型（DP 模型），即确定过程的阶段 k，规定状态变量 x_k 和决策变量 u_k 的取法，给出各阶段状态集合、允许决策集合 $D_k(x_k)$ 和状态转移方程以及指标函数等。

根据最优化原理：最优策略的子策略总是最优的。因此可通过逐段逆推求后部最优

子策略的方法，求得全过程的最优策略。即以终点作为边界条件，从最后一阶段开始，逐步利用第 $k+1$ 段以后的最优子策略 P_{k+1}^*，求出第 k 阶段以后的最优子策略 P_k^*，最终求得 P^*，据此写出动态规划的基本方程并求解。

对于指标函数是连加型：

$$\begin{cases} f_k(x_k) = \underset{u_k \in D(x_k)}{\text{opt}} \{v_k(x_k, u_k) + f_{k+1}(x_{k+1})\} \\ x_k \in X_k(k = n, n-1, \cdots, 2, 1) \\ x_{k+1} = T_k(x_k, u_k) \\ f_{n+1}(x_{n+1}) = 0(\text{终端边界条件}) \end{cases} \tag{2.60}$$

对于指标函数是连乘型：

$$\begin{cases} f_k(x_k) = \underset{u_k \in D(x_k)}{\text{opt}} \{v_k(x_k, u_k) \cdot f_{k+1}(x_{k+1})\} \\ u_k \in D(x_k) \\ x_k \in X_k(k = n, n-1, \cdots, 2, 1) \\ x_{k+1} = T_k(x_k, u_k) \\ f_{n+1}(x_{n+1}) = 1(\text{终端边界条件}) \end{cases} \tag{2.61}$$

递推公式是从 $k = n \to k = 1$，逆推求解即可得到最优策略 $P^* = \{u_1^*, u_2^*, \cdots, u_n^*\}$ 和最优函数 $f_1(x_1)$。

例 2.17 某战斗分三阶段进行，每一阶段中，一、二分队的武器效率分别为 0.7 和 0.8，每一阶段战斗结束时，一、二分队的武器剩存率分别为 0.9 和 0.6，假设战斗开始前共有武器 100 座，试求出各阶段最优武器分配方案，使三阶段战斗过程的武器的总效率最大。

解 这是一个三阶段决策过程，k=1,2,3。

设 x_k 为第 k 阶段开始时的武器剩余数，即为状态变量；

u_k 为第 k 阶段分配给一分队的武器数，即为决策变量，分配给二分队的武器数为 $x_k - u_k$；

决策变量的允许决策集合为：$D_k(x_k) = \{u_k \mid 0 \leqslant u_k \leqslant x_k\}$；

状态转移方程为：$x_{k+1} = 0.9u_k + 0.6(x_k - u_k) = 0.3u_k + 0.6x_k$；

阶段指标函数（武器效率）为

$$v_k(x_k, u_k) = 0.7u_k + 0.8(x_k - u_k) = 0.8x_k - 0.1u_k \tag{2.62}$$

显然，一分队武器效率低，但武器存活率高；二分队武器效率高，但武器存活率低。

指标函数：

$$V = \sum_{k=1}^{3} v_k(x_k, u_k) = \sum_{k=1}^{3} (0.8x_k - 0.1u_k) \tag{2.63}$$

相应的 DP 方程为

$$\begin{cases} f_k(x_k) = \underset{u_k \in D_k(x_k)}{\max} \{0.8x_k - 0.1u_k + f_{k+1}(x_{k+1})\} \\ f_4(x_4) = 0 \end{cases} \tag{2.64}$$

当 $k=3$ 时，有

$$
\begin{aligned}
f_3(x_3) &= \max_{u_3 \in D_3(x_3)} \{0.8x_3 - 0.1u_3 + f_4(x_4)\} \\
&= \max_{0 \leqslant u_3 \leqslant x_3} \{0.8x_3 - 0.1u_3\}
\end{aligned}
\tag{2.65}
$$

所以有：$u_3^* = 0, f_3(x_3) = 0.8x_3$。

当 $k=2$ 时，有

$$
\begin{aligned}
f_2(x_2) &= \max_{u_2 \in D_2(x_2)} (0.8x_2 - 0.1u_2 + f_3(x_3)\} \\
&= \max_{u_2 \in D_2(x_2)} \{0.8x_2 - 0.1u_2 + 0.8x_3\} \\
&= \max_{0 \leqslant u_2 \leqslant x_2} \{0.8x_2 - 0.1u_2 + 0.8(0.6x_2 + 0.3u_2)\} \\
&= \max_{0 \leqslant u_2 \leqslant x_2} \{1.28x_2 + 0.14u_2\}
\end{aligned}
\tag{2.66}
$$

所以有：$u_2^* = x_2, f_2(x_2) = 1.42x_2$。

当 $k=1$ 时，有

$$
\begin{aligned}
f_1(x_1) &= \max_{u_1 \in D_1(x_1)} (0.8x_1 - 0.1u_1 + f_2(x_2)\} \\
&= \max_{0 \leqslant u_1 \leqslant x_1} \{0.8x_1 - 0.1u_1 + 1.42(0.6x_1 + 0.3u_1)\} \\
&= \max_{0 \leqslant u_1 \leqslant x_1} \{1.652x_1 + 0.326u_1\}
\end{aligned}
\tag{2.67}
$$

所以有：$u_1^* = x_1, f_1(x_1) = 1.978x_1$。

由假设，战斗开始前共有武器 100 座，即 $x_1 = 100$，故得到如下最优武器分配方案：

第一阶段战斗开始时，$u_1^* = x_1 = 100$，全部 100 座武器分给第一分队，经过第一阶段战斗，剩余武器 $x_2 = 0.3u_1 + 0.6x_1 = 0.9x_1 = 90$ 座；

第二阶段战斗开始时，$u_2^* = x_2 = 90$，剩余 90 座武器仍分给第一分队，经过第二阶段战斗，剩余武器 $x_3 = 0.3u_2 + 0.6x_2 = 0.9x_2 = 81$ 座；

第三阶段战斗开始时，$u_3^* = 0$，剩余 81 座武器全部分给第二分队。

按上述分配方案可使 3 个阶段作战武器效率总和达到最大，其最大值 $f_1(x_1) = 197.8$，相应的最优策略为 $P^* = \{u_1^*, u_2^*, u_3^*\} = \{100, 90, 0\}$。

2.5 智能优化算法

传统的最优化问题，例如非线性数学规划在求解时往往面临困难，特别是在大规模的优化问题中，搜索最优解的时间复杂度很高，此外传统搜索可能寻找到的是局部极值点而不是全局最优解。为了解决这个问题，通常采用智能优化算法。遗传算法（genetic algorithms，GA）就是智能优化算法之一。

遗传算法的基本思想是模仿自然进化过程，通过对群体中具有某种结构形式的个体处理进行遗传操作，从而生成新的群体，逐渐逼近最优解。在求解问题的过程中，保持一个个体的种群，每个个体表示问题的一个可能解，个体适应环境的程度用一个适应度函数判断，用于度量该个体作为问题解的好坏程度，而度量值称为该个体的适应度值，根据适应度值选择个体，进行复制、交叉、变异，产生出代表新的解集的群体，这些个体与种群中原来的个体竞争，形成下一代种群。这个过程将导致种群像自然进化一样，后代种群比前代更加适应环境，如此往复，逐代演化产生出越来越好的近似解。

遗传算法的步骤如图 2.10 所示。

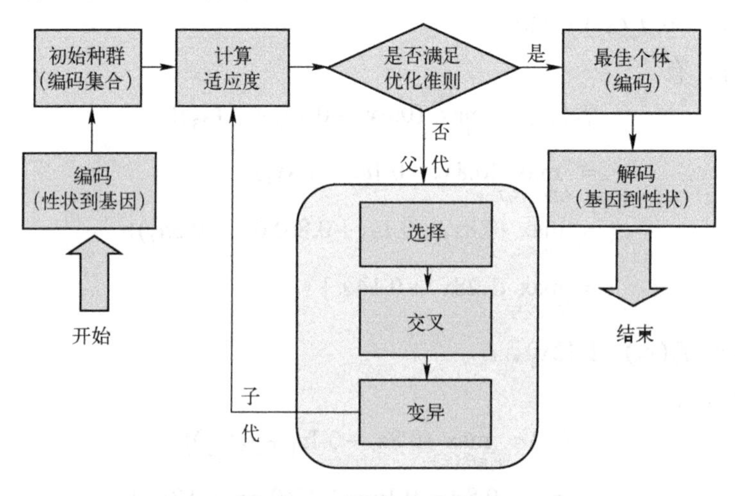

图 2.10　遗传算法的步骤

主要包括以下几个步骤。

（1）编码：将问题的候选解用染色体来表示，实现从解空间向编码空间的映射过程。

遗传算法不直接处理解空间的决策变量，而是将其转换成由基因按一定结构组成的染色体，该转换过程即为编码过程，如图 2.11 所示。编码方法有很多，如二进制编码、实数向量编码、整数排列编码、通用数据结构编码等，它决定了个体的染色体排列形式以及个体的解码方法，也影响到交叉算子、变异算子等遗传算子的运算方法。

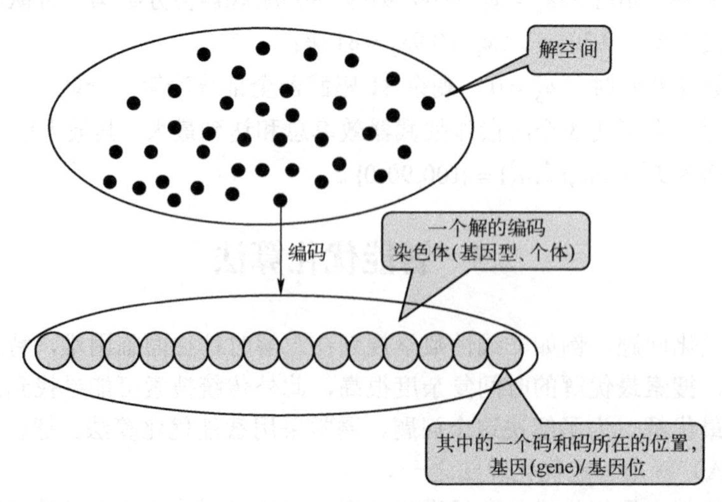

图 2.11　编码过程

（2）种群初始化：产生代表问题可能潜在解集的一个初始种群（编码集合）。

种群规模设定可以从以下方面考虑：从群体多样性方面考虑，群体越大越好，避免陷入局部最优。群体规模太小，会使遗传算法的搜索空间分布范围有限，因而搜索有可能停止在未成熟阶段，引起未成熟收敛现象；从计算效率方面考虑，群体规模应小。群体越大，其适应度评估次数增加，计算量增加。应该针对不同的实际问题，确定不同的种群规模。可以证明在二进制编码的前提下，若个体长度为 L，则种群规模的最优值为 $2^{L/2}$。

产生初始种群的方法通常有两种：一种是完全随机的方法产生的，它适合于对问题的解无任何先验知识的情况；另一种是根据某些先验知识转变为必须满足的一组要求，然后在满足这些要求的解中再随机地选取样本。

（3）计算个体适应度：利用适应度函数计算各个个体的适应度大小。

适应度函数（fitness function）的选取直接影响到遗传算法的收敛速度以及能否找到最优解，因为在进化搜索中基本不利用外部信息，仅以适应度函数为依据，利用种群每个个体的适应度来指导搜索。在实际问题中，适应度函数与问题的目标函数是不完全一致的，如有的问题的目标函数是求最小值，而有的问题的目标函数是求最大值。

（4）进化计算：通过选择、交叉、变异，产生出代表新的解集的群体。

① 选择（selection）：根据个体适应度大小，按照优胜劣汰的原则，淘汰不合理的个体。

② 交叉（crossover）：编码的交叉重组，类似于染色体的交叉重组。

③ 变异（mutation）：编码按小概率扰动产生的变化，类似于基因的突变。

（5）解码：末代种群中的最优个体经过解码实现从编码空间向解空间的映射，可以作为问题的近似最优解。

例 2.18 利用遗传算法求解如下最优化问题：

$$\max f(x_1,x_2)=21.5+x_1\cdot\sin 4\pi x_1+x_2\cdot\sin 20\pi x_2$$
$$\text{s.t.}\begin{cases}-3.0\leqslant x_1\leqslant 12.1\\ 4.1\leqslant x_2\leqslant 5.8\end{cases} \tag{2.68}$$

解 （1）采用二进制编码方法进行个体编码（图 2.12），二进制编码称为基因型，对应实数值称为表现型。

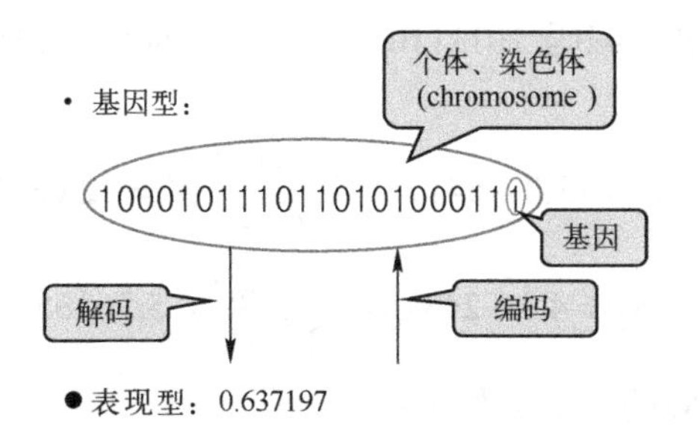

图 2.12 二进制编码和解码示意图

编码过程（表现型到基因型）如下：

设变量 x_j 的取值范围为 $[a_j,b_j]$，所需转换精度为小数点后面 t 位，则该变量转换为二进制编码所需位数 m_j 可由下式求得：$2^{m_j-1}<(b_j-a_j)\times 10^t\leqslant 2^{m_j}-1$。

本例中，设精度要求为小数点后 t=4 位，则变量 x_1 和 x_2 所需位数分别为

x_1：$(12.1-(-3.0))\times 10000 = 151000$，　$2^{17}<151000\leqslant 2^{18}$，　$m_1 = 18\text{bit}$

x_2：$(5.8-4.1)\times 10000 = 17000$，　$2^{14}<17000\leqslant 2^{15}$，　$m_2 = 15\text{bit}$

总的位数为 $m = m_1 + m_2 = 18 + 15 = 33\text{bit}$，图 2.13 为一个二进制编码的例子。

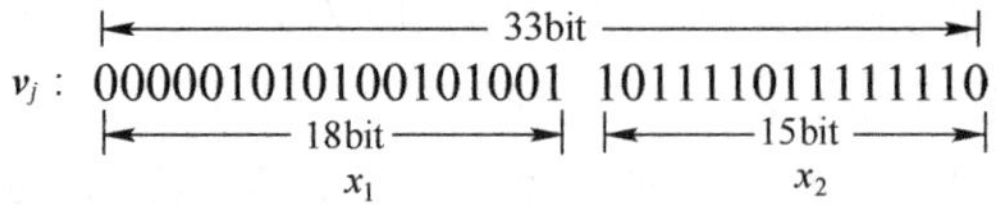

$$\begin{array}{c} \overbrace{\hspace{8em}}^{33\text{bit}} \\ v_j:\ \underbrace{000001010100101001}_{18\text{bit},\ x_1}\ \underbrace{101111011111110}_{15\text{bit},\ x_2} \end{array}$$

图 2.13　二进制编码的例子

（2）种群初始化。随机生成包含 N 个染色体的编码集合 v_k, $k=1, 2,\cdots, N$。

$$v_1 = [000001010100101001101111011111110] = [x_1\ \ x_2]$$
$$v_2 = [001110101110011000000010101001000] = [x_1\ \ x_2]$$
$$v_3 = [111000111000001000010101001000110] = [x_1\ \ x_2]$$
$$v_4 = [100110110100101101000000010111001] = [x_1\ \ x_2]$$
$$v_5 = [000010111101100010001110001101000] = [x_1\ \ x_2]$$
$$v_6 = [111110101011011000000010110011001] = [x_1\ \ x_2]$$
$$v_7 = [110100010011111000100110011101101] = [x_1\ \ x_2]$$
$$v_8 = [001011010100001100010110011001100] = [x_1\ \ x_2]$$
$$v_9 = [111110001011101100011101000111101] = [x_1\ \ x_2]$$
$$v_{10} = [111101001110101010000010101101010] = [x_1\ \ x_2]$$

（3）对每个染色体 v_k, $k=1, 2,\cdots, N$ 计算适应度值 $\text{eval}(v_k)$。

① 二进制编码转换为实数值（基因型到表现型）公式如下：

$$x_j = a_j + \text{decimal}(\text{substring}_j)\times\frac{b_j - a_j}{2^{m_j}-1} \tag{2.69}$$

其中的 decimal 表示对应的十进制数。例如，二进制编码 000001010100101001 对应的十进制数为 5417，二进制编码 101111011111110 对应的十进制数 24318。由此得到二进制编码转换的实数值：

$$x_1 = -3.0 + 5417\times\frac{12.1-(-3.0)}{2^{18}-1} = -2.687069$$

$$x_2 = 4.1 + 24318\times\frac{5.8-4.1}{2^{15}-1} = 5.361653$$

上述 10 个染色体对应的实数值如下：

$$v_1 = [000001010100101001101111011111110] = [x_1\ \ x_2] = [-2.687069\quad 5.361653]$$
$$v_2 = [001110101110011000000010101001000] = [x_1\ \ x_2] = [0.474101\quad 4.170144]$$
$$v_3 = [111000111000001000010101001000110] = [x_1\ \ x_2] = [10.419457\quad 4.661461]$$
$$v_4 = [100110110100101101000000010111001] = [x_1\ \ x_2] = [6.159951\quad 4.109598]$$
$$v_5 = [000010111101100010001110001101000] = [x_1\ \ x_2] = [-2.301286\quad 4.477282]$$

$v_6 = [111110101011011000000010110011001] = [x_1 \quad x_2] = [11.788084 \quad 4.174346]$

$v_7 = [110100010011111000100110011101101] = [x_1 \quad x_2] = [9.342067 \quad 5.121702]$

$v_8 = [001011010100001100010110011001100] = [x_1 \quad x_2] = [-0.330256 \quad 4.694977]$

$v_9 = [111110001011101100011101000111101] = [x_1 \quad x_2] = [11.671267 \quad 4.873501]$

$v_{10} = [111101001110101010000010101101010] = [x_1 \quad x_2] = [11.446273 \quad 4.171908]$

② 计算目标函数$f(x_k)$, $k = 1,2,\cdots,N$，并转换成相应的适应度值，对于最大化问题，适应度值等于目标函数值，即

$$\text{eval}(v_k) = f(x_1, x_2, \cdots, x_n), \quad k = 1,2,\cdots,N$$

本例中，

$$f(x_1, x_2) = 21.5 + x_1 \cdot \sin 4\pi x_1 + x_2 \cdot \sin 20\pi x_2$$

因此，上述 10 个染色体的适应度值为

$$\text{eval}(v_1) = f(-2.687069, 5.361653) = 19.805119$$

$$\text{eval}(v_2) = f(0.474101, 4.170144) = 17.370896$$

$$\text{eval}(v_3) = f(10.419457, 4.661461) = 9.590546$$

$$\text{eval}(v_4) = f(6.159951, 4.109598) = 29.406122$$

$$\text{eval}(v_5) = f(-2.301286, 4.477282) = 15.686091$$

$$\text{eval}(v_6) = f(11.788084, 4.174346) = 11.900541$$

$$\text{eval}(v_7) = f(9.342067, 5.121702) = 17.958717$$

$$\text{eval}(v_8) = f(-0.330256, 4.694977) = 19.763190$$

$$\text{eval}(v_9) = f(11.671267, 4.873501) = 26.401669$$

$$\text{eval}(v_{10}) = f(11.446273, 4.171908) = 10.252480$$

显然，v_4最大，v_3最小，表明第 4 个染色体的适应度值最大，第 3 个最小。

（4）进化计算：包括选择、交叉、变异等进化过程。

① 选择。选择方法主要有轮盘赌选择（roulette wheel selection）、确定性选择（deterministic sampling）和混合选择（mixed sampling）法。

轮盘赌选择：根据适应度来设计个体被选择的概率。轮盘赌选择是遗传算法中使用最多的选择策略之一。它是根据个体适应度值来设计个体被选择的概率，适应度值最大则被选择的概率越大。具体做法是将一个轮盘分成 N 个扇形，每个扇形面积与它所表示的染色体的适应度值成正比。设想一个指针，转动轮盘，当轮盘停止后指针所指向的染色体被选择。

确定性选择：从父代和子代个体中选择最优的个体。包括截断选择和精英选择。截断选择包括$(\mu+\lambda)$选择和(μ, λ)选择，前者是从 $\mu+\lambda$ 个父代和子代中选择最好的 μ 个，即 μ 个父代个体及其产生的 λ 个后代个体共同竞争，选择 μ 个高适应值个体进入下一代；(μ, λ)是从 λ 个子代中选择最好的 μ 个。

混合选择：同时具有随机性和确定性。其包括竞赛选择、规模为 2 的竞赛选择和随机竞赛选择。

轮盘赌选择步骤如下：
计算种群总的适应度值

$$F = \sum_{k=1}^{N} \text{eval}(v_k) \tag{2.70}$$

本例中，

$$F = \sum_{k=1}^{10} \text{eval}(v_k) = 178.135372 \tag{2.71}$$

计算选择每一个染色体 v_k 的概率：

$$p_k = \frac{\text{eval}(v_k)}{F}, k = 1,2,\cdots,N \tag{2.72}$$

$$q_k = \sum_{j=1}^{k} p_j, k = 1,2,\cdots,N \tag{2.73}$$

本例中，

$$p_1 = 0.111180, p_2 = 0.097515, p_3 = 0.053839, p_4 = 0.165077,$$
$$p_5 = 0.088057, p_6 = 0.066806, p_7 = 0.100815, p_8 = 0.110945,$$
$$p_9 = 0.148211, p_{10} = 0.057554$$
$$q_1 = 0.111180, q_2 = 0.208695, q_3 = 0.262534, q_4 = 0.427611,$$
$$q_5 = 0.515668, q_6 = 0.582475, q_7 = 0.683290, q_8 = 0.794234,$$
$$q_9 = 0.942446, q_{10} = 1.000000$$

生成[0, 1]区间上的随机数 r；

0.301431，0.322062，0.766503，0.881893，0.350871，
0.583392，0.177618，0.343242，0.032685，0.197577

如果 $r \leqslant q_1$，选择第一个染色体 v_1；$q_{k-1} < r \leqslant q_k$，则选择第 k 个染色体 v_k（$2 \leqslant k \leqslant N$）。
本例中 10 个随机数分别对应选择如下染色体：

$v_1' = [100110110100101101000000010111001]$ (v_4)

$v_2' = [100110110100101101000000010111001]$ (v_4)

$v_3' = [001011010100001100010110011001100]$ (v_8)

$v_4' = [111110001011101100011101000111101]$ (v_9)

$v_5' = [100110110100101101000000010111001]$ (v_4)

$v_6' = [110100010011111000100110011101101]$ (v_7)

$v_7' = [001110101110011000000010101001000]$ (v_2)

$v_8' = [100110110100101101000000010111001]$ (v_4)

$v_9' = [000001010100101001101111011111110]$ (v_1)

$v_{10}' = [001110101110011000000010101001000]$ (v_2)

② 交叉。交叉方法有很多，此处采用单点交叉法（one-cut point method），即随机选择一个点，交换两个父代的右边部分得到子代。例如下面两个染色体在第 17 个基因处交换右边部分后得到新的两个子代：

$$v_1 = [100110110100101101000000010111001]$$

$$v_2 = [001110101110011000000010101001000]$$

$$c_1 = [100110110100101100000010101001000]$$

$$c_2 = [001110101110011001000000010111001]$$

③ 变异。根据变异率改变一个或多个基因。例如假设选择染色体 v_1 的第 16 个基因开始进行变异，部分基因进行 0、1 变换，则变异前后的染色体分别为

$$v_1 = [100110110100101101000000010111001]$$

$$c_1 = [100110110100101000000010101001000]$$

得到下一代：

$$v_1' = [100110110100101101000000010111001]$$

$$f(6.159951, 4.109598) = 29.406122$$

$$v_2' = [100110110100101101000000010111001]$$

$$f(6.159951, 4.109598) = 29.406122$$

$$v_3' = [001011010100001100010110011001100],$$

$$f(-0.330256, 4.694977) = 19.763190$$

$$v_4' = [111110001011101100011101000111101],$$

$$f(11.907206, 4.873501) = 5.702781$$

$$v_5' = [100110110100101101000000010111001],$$

$$f(8.024130, 4.170248) = 19.91025$$

$$v_6' = [110100010011111000100110011101101],$$

$$f(9.34067, 5.121702) = 17.958717$$

$$v_7' = [100110110100101101000000010111001],$$

$$f(6.159951, 4.109598) = 29.406122$$

$$v_8' = [100110110100101101000000010111001],$$

$$f(6.159951, 4.109598) = 29.406122$$

$$v_9' = [000001010100101001101111011111110],$$

$$f(-2.687069, 5.361653) = 19.805199$$

$$v_{10}' = [001110101110011000000010101001000],$$

$$f(0.474101, 4.170248) = 17.370896$$

最终结果：运行 1000 代后结束，在第 884 代得到最优染色体。

$$
\begin{aligned}
&\max f(x_1,x_2)=21.5+x_1\cdot\sin 4\pi x_1+x_2\cdot\sin 20\pi x_2\\
&\text{s.t.}\quad -3.0\leqslant x_1\leqslant 12.1\\
&\qquad\quad 4.1\leqslant x_2\leqslant 5.8\\
&\text{eval}(v^*)=f(11.622766,5.624329)\\
&\qquad\qquad =38.737524\\
&x_1^*=11.622766\\
&x_2^*=5.624329\\
&f(x_1^*,x_2^*)=38.737524
\end{aligned}
$$

一个常用做法是将到当代为止进化的最好个体单独存储起来，最终将此过程中发现的最好个体作为问题的最优解。

与传统搜索方法相比，遗传算法求解最优解具有如下优势：

（1）遗传算法同时进行解空间的多点搜索。传统优化算法从解空间的一个初始点开始单点搜索（point-to-point），渐进收敛，容易陷入局部极值点；遗传算法则是从许多点开始群体搜索（并行操作），可以有效防止搜索过程收敛于局部最优解。且在搜索过程中引入遗传运算，使群体不断进化，从而能够以较大的概率找到整体最优解。此外遗传算法具有并行计算的特点，可通过大规模并行计算来提高计算速度，更适合大规模复杂问题的优化。

（2）遗传算法以决策变量的编码作为运算对象。传统的优化算法往往直接利用决策变量的实际值本身进行优化计算；遗传算法则不是直接以决策变量的值，而是对决策变量的编码进行操作，这样提供的参数信息量大，可以很方便地引入和应用遗传操作算子，优化效果好，计算简单，功能强。

（3）遗传算法直接以目标函数值作为搜索信息。传统的优化算法往往根据目标函数的梯度来确定下一步搜索的方向（如牛顿法和共轭梯度法），因此它不仅需要目标函数值，还需要目标函数的导数等其他信息，即目标函数连续光滑及可微信息；遗传算法则是通过目标函数来计算适应值，而不需要其他推导和附加信息，对于待寻优的函数基本无限制，对问题的依赖性小，因而应用范围较广。

（4）遗传算法的寻优规则是由概率决定的，而非确定性的。传统搜索法中的随机搜索法，如模拟退火、禁忌搜索法以一定的概率改变搜索方向；遗传算法则属于一种自适应概率搜索技术，其选择、交叉、变异等运算都是以一种概率的方式来进行的，从而增加了其搜索过程的灵活性，在解空间进行高效启发式搜索，而非盲目地穷举或完全随机搜索。实践和理论都证明了在一定条件下遗传算法总是以概率 1 收敛于问题的最优解。

小　结

本章通过大量例子说明最优化问题的线性规划、整数规划、0-1 规划、动态规划模型及其求解方法，以及数学规划模型求解的智能优化算法。其中线性规划主要包括规划模型、图解法及其单纯形法；整数规划包括一般整数规划模型及其分支定界解法、0-1 规划模型及其隐枚举法、指派问题及匈牙利法；动态规划包括多阶段决策问题的描述、动态规划的基本概念和基本方程；智能优化算法主要介绍遗传算法。

习　题

1．总共只有 1200 发火箭弹的两个火箭发射组，A 组和 B 组每分钟各能发射 30 发和 40 发火箭弹；平均每组每发各能覆盖敌阵面积分别为 $1.2m^2$ 和 $0.8m^2$；战斗上要求两组同时发射，且时间分别不能超过 20min 和 35min。为了对敌阵达到尽可能大的覆盖，问 A、B 组各应该发射多长时间？

2．现有 A、B、C 三种兵器，数量分别为 32、42、48 具。甲种战斗车若配备 A 兵器 2 具，B 兵器 2 具，C 兵器 4 具，其最大杀伤力可达 95 个单位；乙种战斗车若配备 A 兵器 2 具，B 兵器 3 具，C 兵器 2 具，其最大杀伤力可达 76 个单位。试问应如何决定甲、乙战斗车的数量使总的杀伤威力达到最大？

3．3 个基地 A1、A2、A3 分别储备某种导弹 13、12、10 枚，准备打击目标 B1、B2、B3、B4。据分析，摧毁这些目标所需导弹数量分别为 6、6、15、8 枚。由各基地摧毁各目标每枚导弹所需费用见表 2.11，试写出使费用最省的导弹分配模型，并求出最优方案。

表 2.11　导弹摧毁目标费用表

基地	B1	B2	B3	B4	储量
A1	13	10	5	3	13
A2	2	4	5	9	12
A3	16	12	1	2	10
需量	6	6	15	8	

4．在反空袭作战中，为了抗击敌有护航战斗机掩护的机群，可以使用两种不同类型的歼击机进行截击。每架歼击机都装备有空空导弹、火箭弹和机关炮 3 种武器，其数量如表 2.12 所列。

表 2.12　歼击机装备武器数量表

武器类型	1	2
机关炮	200	50
火箭弹	4	20
空—空导弹	2	4

根据敌机群的情况，歼击机为完成战斗任务至少需要使用 40 枚空空导弹，100 枚火箭弹和 1000 发炮弹。由于对方抗击，会使歼击机造成损伤，歼击机执行任务也有各种消耗，把有关消耗综合成战斗消耗，第一种歼击机的平均战斗消耗为每架 2 个单位，第二种歼击机为每架 5 个单位。

试研究：应派出两种歼击机各多少架，才能在保证完成战斗任务的条件下，使总的战斗消耗最小。

5．某部增训预备队员，要替补 4 项工作：甲台长，乙报务员，丙侦察机操纵手，丁干扰机操纵手。现有 3 种培训方法，各种培训方法培训的战士能胜任的工作和所需经费如表 2.13 所列。上级要求，经培训后在我作战部队减员 m 个人的情况下，能从预备队得到及时补充。问如何制定培训计划，才能在保证完成任务的情况下，所需经费最少。

表 2.13　各种培训方法培训人员胜任工作及经费

培训方法	甲	乙	丙	丁	经费（元/人）
培训方法 1	能	能	能	否	C1
培训方法 2	否	能	能	能	C2
培训方法 3	能	能	否	能	C3

6. 新式坦克装备部队，要求每个排装载炮弹不少于 380 发，搭乘步兵不少于 30 人。已知该坦克通常有两种用法：（a）装 60 发炮弹，同时搭乘 10 名士兵；（b）只装 200 发炮弹。试问每排至少装备多少辆坦克，怎样使用才能满足要求？

7. 假设 5 个火力单位对 5 个目标射击的毁伤效果（面积）如表 2.14 所列，如果任意指定火力单位 1 射击敌目标 1，火力单位 2 射击敌目标 2，……，以此类推分配火力攻击目标。那么毁伤敌目标总面积为 8+7+3+8+4=30 公顷。但这组分配不是最优的，试给出对敌毁伤最大的方案，并且求出对敌最大毁伤面积。

表 2.14　火力单位对目标毁伤效果（公顷）

火力单位	目标 1	目标 2	目标 3	目标 4	目标 5
火力单位 1	8	4	3	8	9
火力单位 2	4	7	5	4	7
火力单位 3	6	8	3	5	9
火力单位 4	2	6	9	8	5
火力单位 5	9	4	2	2	4

8. 某航空兵部队接到命令，摧毁敌人的坦克生产基地，该基地有 4 个不同的生产点，生产方式为流水作业。此次任务分配到 48000 加仑[①]汽油，每架飞机需要的汽油除足够往返之外，还要有 100 加仑备用。该部队拥有的飞机种类、数量和耗油量如表 2.15 所列，机场到各生产点的距离及估计命中率如表 2.16 所列。设到每个生产点轰炸的飞机数不超过 30 架。要取得最大的成功，应如何分配轰炸任务，请给出相应的数学模型。

表 2.15　飞机种类、数量和单位油量飞行距离

飞机类型	每加仑油飞行千米数	架数
重型	2	48
中型	3	32

表 2.16　机场到各生产点的距离及估计命中率

敌生产点	到机场距离（千米）	命中率	
		重型	中型
1	450	0.10	0.08
2	480	0.20	0.16
3	540	0.15	0.12
4	600	0.25	0.20

① 1 加仑=3.78L。

第 3 章　随机性决策理论与方法

在现代高技术作战条件下，由于军队机动能力、远程打击能力的提高以及新作战方式方法的出现，使得战场情况变化更为急剧，用于反应的时间更加短暂。在这种情况下，军事领域中的很多决策活动都具有一定程度的不确定性。随机性决策理论就是考虑各种不确定因素的决策方法，本章内容包括随机性决策问题的基本描述，几种不确定型决策方法和风险型决策方法。

3.1　随机决策问题描述

从范围上看，决策的不确定性涉及不同决策方案结果的不确定性、约束条件的不确定性、技术参数的不确定性；从性质上看，有概率意义下的不确定性和区间意义下的不确定性，概率意义下的不确定性包括主观概率意义下的不确定性（也称可能性）和客观概率意义下的不确定性（也称随机性）。它们的区别在于，前者是指人们对可能发生事件的概率的一个主观估计，被估计的对象具有不能重复出现的偶然性；后者是指人们利用已有的历史数据对未来可能发生事件概率分布的一个客观估计，被估计的对象一般具有可重复出现的偶然性。随机性和可能性在决策分析中统称为风险性。区间意义下的不确定性一般是指人们不能给出可能发生事件的概率分布，只能对有关量取值的区间给出一个估计。

3.1.1　决策问题的基本要素

在随机性决策问题中，决策者采取任何行动的结果不仅仅由行动本身而且由大量外部不确定因素决定，这些外部因素是决策者无法控制的。我们假设，若决策者知道实际上出现的是哪一种自然状态，即知道外部因素的真实值，他就可以确定采取任何一种行动的后果；同时假设，虽然决策者并不知道自然界的真实状态，但他知道哪些状态可能出现。随机决策分析研究的就是决策者在面临较为复杂且不确定的决策环境时，在保持自身判断及偏好一致的条件下，应如何进行决策活动的理论和方法。其目的在于提供一种适于解决包括主观因素在内的复杂决策问题的方法，从而辅助决策，而不是代替决策者进行决策。

决策问题具有以下几个基本要素：

（1）决策目标（G）：实施决策方案后希望达到的结果。

（2）状态空间（Θ）：系统所有可能的自然状态（简称状态）或客观条件，用来描述决策者所面临的所有外部因素。

为了简单起见，假设只有有限种互不相容的可能的状态，并记为$\Theta=\{\theta_1,\theta_2,\cdots,\theta_n\}$，假设这些状态出现的概率为$P=\{P(\theta_1),P(\theta_2),\cdots,P(\theta_n)\}$，这些状态是不以人的意志为转移的。

（3）决策空间（A）：指所有备选方案的集合。

假设决策者可能采取有限种行动方案（下文简称行动或方案），记作$A=\{a_1,a_2,\cdots,a_m\}$。

（4）决策效益（O）：通过预测估算出的系统在不同自然状态下的益损值。

决策者在决策空间选定一种行动方案a_i，在真实状态为θ_j时，其后果可能是产生一定效益，也可能是造成一定的损失，这一得失大小可以用o_{ij}表示，称为益损值（效益值或风险值），它是a_i、θ_j的函数，记作$o_{ij}=F(a_i,\theta_j),i=1,2,\cdots,m,j=1,2,\cdots,n$。

决策问题就是按照某种准则，选定一种行动方案，使行动的效益值最大或使损失值最小。

3.1.2 决策问题的表示

在上述定义下，决策问题$D=\{G, \Theta, P, A, O\}$可以用如下矩阵法表示。

设方案向量为$\boldsymbol{A}=(a_1,a_2,\cdots,a_m)^{\mathrm{T}}$

状态向量为$\boldsymbol{\Theta}=(\theta_1,\theta_2,\cdots,\theta_n)^{\mathrm{T}}$，状态概率向量为$\boldsymbol{P}=(P(\theta_1),P(\theta_2),\cdots,P(\theta_n))^{\mathrm{T}}$

益损矩阵：$\boldsymbol{O}=\begin{bmatrix} o_{11} & o_{12} & \cdots & o_{1n} \\ o_{21} & o_{22} & \cdots & o_{2n} \\ \vdots & \vdots & & \vdots \\ o_{m1} & o_{m2} & \cdots & o_{mn} \end{bmatrix}$

也可用如表3.1所列的表格表示，这种表格称为决策表。

表3.1　决策表的一般形式

状态	θ_1	θ_2	…	θ_j	…	θ_n
	$P(\theta_1)$	$P(\theta_2)$		$P(\theta_j)$		$P(\theta_n)$
a_1	o_{11}	o_{12}	…	o_{1j}	…	o_{1n}
a_2	o_{21}	o_{22}	…	o_{2j}	…	o_{2n}
…	…	…	…	…	…	…
a_i	o_{i1}	o_{i2}	…	o_{ij}	…	o_{in}
…	…	…	…	…	…	…
a_m	o_{m1}	o_{m2}	…	o_{mj}	…	o_{mn}

表3.1中的符号$o_{ij},i=1,2,\cdots,m,j=1,2,\cdots,n$是所有方案在所有可能的自然状态下的所有可能后果的完全描述，它可能是数字，但通常不是。这里假设无论决策问题的后果o_{ij}是什么形式，都可以用实值效用函数u（或价值函数v）来评价。这时决策规则将如表3.2所列（在使用价值函数时用v_{ij}取代u_{ij}）。

表 3.2　以效用表示后果价值的决策表

状态	θ_1	θ_2	…	θ_j	…	θ_n
	$P(\theta_1)$	$P(\theta_2)$		$P(\theta_j)$		$P(\theta_n)$
a_1	u_{11}	u_{12}	…	u_{1j}	…	u_{1n}
a_2	u_{21}	u_{22}	…	u_{2j}	…	u_{2n}
…	…	…	…	…	…	…
a_i	u_{i1}	u_{i2}	…	u_{ij}	…	u_{in}
…	…	…	…	…	…	…
a_m	u_{m1}	u_{m2}	…	u_{mj}	…	u_{mn}

决策问题的后果常常用损失描述，用损失描述后果的决策表称为损失矩阵。在统计决策理论中，决策表通常采用转置的损失矩阵，如表 3.3 所列，其中的损失 l_{ji} 是表 3.2 中效用 u_{ij} 的负值，即 $l_{ji}=-u_{ij}$。

表 3.3　转置的损失矩阵

状态		a_1	a_2	…	a_i	…	a_m
θ_1	$P(\theta_1)$	l_{11}	l_{12}	…	l_{1i}	…	l_{1m}
θ_2	$P(\theta_2)$	l_{21}	l_{22}	…	l_{2i}	…	l_{2m}
…		…	…	…	…	…	…
θ_j	$P(\theta_j)$	l_{j1}	l_{j2}	…	l_{ji}	…	l_{jm}
…		…	…	…	…	…	…
θ_n	$P(\theta_n)$	l_{n1}	l_{n2}	…	l_{ni}	…	l_{nm}

上述决策矩阵和决策表形式只适用于表示没有观察值的决策问题，有观察值的决策问题采用决策树法为宜。如图 3.1 所示，决策树法将决策问题的自然状态、状态出现的概率、行动方案、益损值预测结果等用一个树状图表示出来，并利用该图反映决策者进行思考、预测、决策的全过程，既直观，又使问题条理清楚。

决策树的画法如下：

□——决策节点，从它引出的分支称为方案分支，分支数反映可供选择的方案数；

○——方案节点，其上方的数字表示该方案的效益期望值，从它引出的分支称为概率分支，每个分支上写明自然状态及其出现的概率；

△——结果节点，它旁边的数字是每一方案在相应状态下的益损值。

3.1.3　决策问题的分类

根据决策者对自然状况的掌握情况可以将随机决策问题分为确定型决策、风险型决策和不确定型决策 3 种类型。

1. 确定型决策问题

确定型决策问题的特点是决策者在进行方案选择之前了解真实的自然状态，即确定了某种状态 $P(\theta_i)=1$，并确切地知道各种行动的后果。在该情况下，从多个备选方案中，选择一个最有利的方案（根据在此条件下 m 个策略的益损值取最大或最小选优解）。

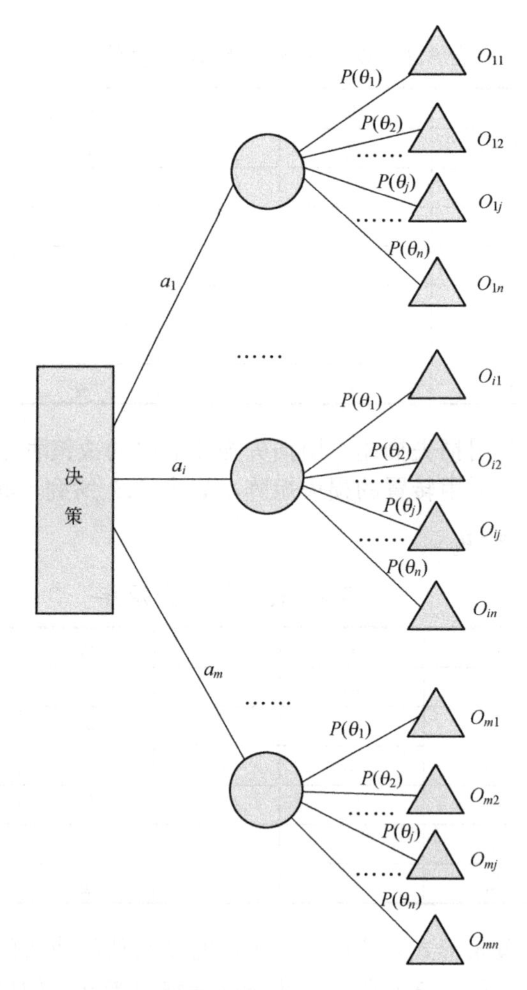

图 3.1　决策树

确定型决策问题具备如下条件：

（1）决策者希望达到一个明确的目标（效益最大或损失最小）。

（2）只存在一个确定的状态。

（3）存在两个或两个以上可供选择的行动方案。

（4）不同行动方案在各种状态下的益损值可以计算出来。

确定型决策看起来似乎很简单，但实际问题往往很复杂：一是可供选择的方案很多，有时甚至为无限多，益损值往往不易算出；二是有时求益损值的最大最小值常常也不是很容易，有时还要借助于最优化方法求解。

2. 不确定型决策问题

不确定型决策问题是指决策者只知道有哪些自然状态可能出现，但无法以任何方式量化这种不确定性，即只能给出各种可能状态 θ_1，θ_2，…，θ_n 的列表，而对各种状态出现的可能性的大小一无所知，也就是说各种自然状态出现的概率无法估计。

不确定型决策问题具备如下条件：

（1）决策者希望达到一个明确的目标（效益最大或损失最小）。

（2）存在两个或者两个以上的不以决策者主观意志为转移的状态，决策者不能确定哪种状态会出现，也无法预知各种状态出现的概率大小。

（3）存在两个或两个以上可供选择的行动方案。

（4）不同行动方案在不同状态下的益损值可以计算出来。

3．风险型决策问题

风险型决策是指决策者无法确知未来的真实自然状态，但他能够给出各种可能出现的自然状态 θ_1，θ_2，…，θ_n，以及各种状态出现的概率 $P(\theta_1),P(\theta_2),\cdots,P(\theta_n)$。这种不确定性决定了在选择单个最优行动方案时总会有风险。风险型决策一般具备以下条件：

（1）决策者希望达到一个明确的目标（效益最大或损失最小）。

（2）存在两个或者两个以上的不以决策者主观意志为转移的状态，决策者不能确定哪种状态会出现，但是知道各种状态出现的概率大小。

（3）存在两个或者两个以上可供选择的行动方案。

（4）不同行动方案在不同状态下的益损值可以计算出来。

无论是不确定型问题还是风险型问题，都需要根据某种准则来选择决策方案，使结果最优（或满意），这种准则称为决策准则，也即决策方法、策略。常用的不确定型决策准则包括等可能性准则、悲观准则、乐观准则、折中准则、后悔值极小化极大准则等；常用的风险型决策准则包括最大可能性准则、期望值准则、均值-方差准则、不完全信息情况下的决策准则、贝叶斯准则等。每种方法各有一定的适用场合，同一决策问题可采用多种方法来解决，由于决策准则的不同，可能得到的结果也不同。因此，在实际应用中，可采用不同方法分别计算，然后综合分析，以减小决策的风险。

以下讨论不确定型决策问题和风险型决策问题的决策准则，确定型决策问题可视为风险型决策问题的特例。

3.2 不确定型决策准则

本节给出几种严格不确定性情况下的决策准则。严格不确定性的含义是指决策问题可能出现的状态已知，但对各种自然状态发生的概率（可能性）一无所知。下面介绍的这些准则并不能产生特别令人满意的决策，只是舍此别无良策。

3.2.1 等可能性准则

也称为等概率准则。拉普拉斯于 1825 年在“无充分理由原则”一文中指出：对真实的自然状态一无所知“等价于”所有自然状态具有相同的概率。因此可以根据各方案在不同状态下的均值进行决策，例如平均损失 $\sum_{j=1}^{n}\frac{1}{n}l_{ji}$ 极小，即选择 a_k 使

$$\sum_{j=1}^{n}\left(\frac{1}{n}\times l_{jk}\right)=\min_{i=1}^{m}\left\{\sum_{j=1}^{n}\left(\frac{1}{n}\times l_{ji}\right)\right\} \tag{3.1}$$

例 3.1 侦察机在海上搜索，假设有 4 种搜索方案 a_1、a_2、a_3 和 a_4，可能出现的气象条件有 3 种：θ_1（能见度大于 35km）、θ_2（能见度在 10～5km）和 θ_3（能见度小于

10km）。可以估计出各个搜索方案在各种气象条件下搜索目标的发现概率，如表 3.4 所列。试用等可能性准则确定搜索方案使搜索目标的发现概率最大。

表 3.4　侦察机搜索目标的发现概率

搜索方案	气象条件		
	θ_1	θ_2	θ_3
a_1	0.9	0.4	0.1
a_2	0.7	0.5	0.4
a_3	0.8	0.7	0.2
a_4	0.5	0.5	0.5

解　根据题设可知，有 3 种气象条件（状态）θ_1、θ_2 和 θ_3，求得各个搜索方案 $a_i(i=1,2,3,4)$ 发现概率的平均值分别为

$$E(a_1)=(0.9+0.4+0.1)\times\frac{1}{3}=0.46$$

$$E(a_2)=(0.7+0.5+0.4)\times\frac{1}{3}=0.53$$

$$E(a_3)=(0.8+0.7+0.2)\times\frac{1}{3}=0.57$$

$$E(a_4)=(0.5+0.5+0.5)\times\frac{1}{3}=0.5$$

易于看出：max{0.46，0.53，0.57，0.5}=0.57，从而可知，a_3 是最优搜索方案。

3.2.2　悲观准则

悲观准则是 Wald 于 1950 年提出的，其思路是考察采取行动方案 $a_i(i=1,2,\cdots,m)$ 时可能出现的最坏后果，即最大的损失 s_i：

$$s_i=\max_{j=1}^{n} l(\theta_j,a_i) \tag{3.2}$$

决策者应选择行动 a_k 使最大的损失 s_i 尽可能小，即选择 a_k 使

$$s_k=\min_{i=1}^{m}\{s_i\}=\min_{i=1}^{m}\max_{j=1}^{n}\{l_{ji}\} \tag{3.3}$$

由式（3.3）可见该准则也称为（使损失）极小化极大准则。

当决策表中的元素是效用值 u_{ij} 或价值函数 v_{ij} 时，悲观准则是使各方案的最小效用（价值）最大化，即极大化极小效用，即选择 a_k 使

$$s'_k=\max_{i=1}^{m}\{s'_i\}=\max_{i=1}^{m}\min_{j=1}^{n}\{u_{ij}\} \tag{3.4}$$

采用该原则者极端保守，是悲观主义者，总是假设最糟的情况会发生并且被自己遇上。

例 3.2　试用悲观准则确定例 3.1 中的搜索方案使搜索目标的发现概率最大。

解　根据表 3.4，可计算得到各个搜索方案 $a_i\{i=1,2,3,4\}$ 搜索目标的最小发现概率分别为：min{0.9，0.4，0.1}=0.1，min{0.7，0.5，0.4}=0.4，min{0.8，0.7，0.2}=0.2，min{0.5，0.5，0.5}=0.5。如表 3.5 所列。

表 3.5　悲观准则确定的最优搜索方案

搜索方案	气象条件			最小发现概率
	θ_1	θ_2	θ_3	
a_1	0.9	0.4	0.1	0.1
a_2	0.7	0.5	0.4	0.4
a_3	0.8	0.7	0.2	0.2
a_4	0.5	0.5	0.5	0.5

从表 3.5 中易于看出：max{0.1，0.4，0.2，0.5}=0.5。根据悲观准则可知，a_4为最优搜索方案，相应的最大发现概率为 0.5。

3.2.3　乐观准则

乐观准则与悲观准则正相反，它只考虑行动方案中各种可能的后果中最好的（损失最小的）后果，即最小的损失o_i：

$$o_i = \min_{j=1}^{n}\{l_{ji}\} \tag{3.5}$$

决策者选择行动a_k使最小的损失o_i尽可能小，即选择a_k使

$$o_k = \min_{i=1}^{m}\{o_i\} = \min_{i=1}^{m}\min_{j=1}^{n}\{l_{ji}\} \tag{3.6}$$

由式（3.6)，乐观准则也称（使损失）极小化极小准则。这种准则的实质是在损失矩阵中找出损失最小的元素l_{hk}，决策者选择l_{hk}所对应的行动a_k。

当决策表中的元素是效用值u_{ij}或价值函数v_{ij}时，乐观准则是使各行动的最大效用（价值）最大化，称为（使效用值）极大化极大准则，即选择a_k使

$$o'_k = \max_{i=1}^{m}\{o'_i\} = \max_{i=1}^{m}\max_{j=1}^{n}\{u_{ij}\}$$

例 3.3　在例 3.1 中，试用乐观准则确定搜索方案使搜索目标的发现概率最大。

解　根据表 3.4，可计算得到各个搜索方案$a_i\{i=1,2,3,4\}$搜索目标的最大发现概率分别为：max{0.9，0.4，0.1}=0.9，max{0.7，0.5，0.4}=0.7，max{0.8，0.7，0.2}=0.8，max{0.5，0.5，0.51=0.5，如表 3.6 所列。

表 3.6　乐观准则确定的最优搜索方案

搜索方案	气象条件			最大发现概率
	θ_1	θ_2	θ_3	
a_1	0.9	0.4	0.1	0.9
a_2	0.7	0.5	0.4	0.7
a_3	0.8	0.7	0.2	0.8
a_4	0.5	0.5	0.5	0.5

易于看出：max{0.9，0.8，0.7，0.5}=0.9。根据乐观准则可知，搜索方案a_1可使搜

索目标的发现概率最大，称为最优搜索方案，其相应的最大发现概率为 0.9。

3.2.4 折中准则

乐观准则与悲观准则是两种极端情况的决策准则，在现实生活中很少有人像悲观准则那么悲观，也很少有人像乐观准则那么乐观，大多数决策介于这两者之间。因此提出一种折中：决策者应根据这两种准则的加权平均值来排列行动的优劣次序。为此，把 α 与 $1-\alpha$ 看作权重，对乐观准则与悲观准则获得的决策结果做加权平均，从而得到作战行动方案 $a_i(i=1,2,\cdots,m)$ 的加权平均值为

$$f_i(\alpha)=\alpha\cdot\max_{1\leqslant j\leqslant n}\{f_{ij}\}+(1-\alpha)\cdot\min_{1\leqslant j\leqslant n}\{f_{ij}\} \tag{3.7}$$

式中：$\alpha\in[0,1]$ 为折中系数，用来反映偏向乐观的程度。对不同的决策者可以选择不同的折中系数 α。当 $\alpha=1$ 时，表示决策者敢于冒险；当 $\alpha=0$ 时，表示决策者不敢冒险即保守；当 $\alpha=1/2$ 时，表示决策者保持中立态度。于是，所有方案中加权平均值 $f_i(\alpha)(i=1,2,\cdots,m)$ 最大的方案即为最优方案。

例 3.4 试用折中准则确定例 3.1 中的搜索方案使搜索目标的发现概率最大。

解 选取折中系数 $\alpha=0.8$，可得各个搜索方案 $a_i(i=1,2,3,4)$ 的加权平均值分别为

$$f_1(0.8)=0.8\times0.9+(1-0.8)\times0.1=0.74$$
$$f_2(0.8)=0.8\times0.7+(1-0.8)\times0.4=0.64$$
$$f_3(0.8)=0.8\times0.8+(1-0.8)\times0.2=0.68$$
$$f_4(0.8)=0.8\times0.5+(1-0.8)\times0.5=0.5$$

如表 3.7 所列。

表 3.7 折中准则确定的最优搜索方案

搜索方案	气象条件			加权平均值
	θ_1	θ_2	θ_3	
a_1	0.9	0.4	0.1	0.74
a_2	0.7	0.5	0.4	0.64
a_3	0.8	0.7	0.2	0.68
a_4	0.5	0.5	0.5	0.5

从表中易于看出：max{0.74，0.64，0.68，0.5}=0.74。根据折中准则可知，在折中系数取为 0.8 的情况下，a_1 是最优搜索方案。

类似地，可对折中系数 α 选取其他值的情况进行计算、求解。

3.2.5 后悔值极小化极大准则

Savage（1951）认为，真实的自然状态是决策者所无法控制的，在用损失矩阵 $(l_{ji})_{n\times m}$ 来作决策时，决策者会把采用一种行动 a_i 在某一自然状态 θ_j 下的结果与同样的自然状态下采用不同的行动的结果 $l_{ji},i=1,2,\cdots,m$ 加以比较。因此 Savage 定义了一个后果的后悔值 r_{ji}，它是采取行动 a_i 状态 θ_j 时的损失 l_{ji} 与状态为 θ_j 采用不同的行动的最佳结果（最小

损失）$\min\limits_{i=1}^{m}\{l_{ji}\}$之差，即

$$r_{ji}=l_{ji}-\min_{i=1}^{m}\{l_{ji}\} \tag{3.8}$$

Savage 认为，应该用由 r_{ji} 构成的后悔值表 $(r_{ji})_{n\times m}$ 取代由 l_{ji} 构成的决策表，再用 Wald 的悲观准则来求解。他提出每种行动的优劣用最大后悔值 p_i 作为指标来衡量。

$$p_i=\max_{j=1}^{n}\{r_{ji}\} \tag{3.9}$$

p_i 即采取行动 a_i 时的最大后悔值，然后再选择使 p_i 极小化的行动。也就是说，选择 a_k 使

$$p_k=\min_{i=1}^{m}\{p_i\}=\min_{i=1}^{m}\left\{\max_{j=1}^{n}\{r_{ji}\}\right\} \tag{3.10}$$

例 3.5 试用后悔值准则确定例 3.1 中的搜索方案使搜索目标的发现概率最大。

解 首先，求得各种气象条件 $\theta_j(j=1,2,3)$ 下的最大发现概率分别为

max{0.9，0.7，0.8，0.5}=0.9

max{0.4，0.5，0.7，0.5}=0.7

max{0.1，0.4，0.2，0.5}=0.5

然后，计算所有搜索方案在各种气象条件下的后悔值，如表 3.8 所列。

表 3.8 搜索方案的后悔值

搜索方案	气象条件			最大后悔值
	θ_1	θ_2	θ_3	
a_1	0	0.3	0.4	0.4
a_2	0.2	0.2	0.1	0.2
a_3	0.1	0	0.3	0.3
a_4	0.4	0.2	0	0.4

最后，根据表 3.8，可得各个搜索方案 $a_i(i=1,2,3,4)$ 的最大后悔值分别为

max{0，0.3，0.4}=0.4，max{0.2，0.2，0.1}=0.2

max{0.1，0，0.3}=0.3，max{0.4，0.2，0}=0.4

易于看出

min{0.4，0.2，0.3，0.4}=0.2

根据后悔值准则可知，a_2 是最优搜索方案。

从上述例子可以看出，由于采用的决策准则不同，所得的决策结果也不完全相同。在实际决策过程中，要根据决策的不同情况选取不同的决策准则，以便获得满意的决策结果。上面介绍的 5 种决策准则都可以用来求解不确定型问题，单独地看，这些准则都合理而实用，但是，有些问题用不同的准则求解会导致不同的选择，因此这 5 种准则不可能都是指导做决策的完美准则。

例 3.6 为了对上述准则进行比较，Milnor（1954）给出了一个有 4 种状态 4 种行动

方案的决策问题的例子。设决策问题的损失矩阵 l_{ji} 如表 3.9 所列。

表 3.9　决策问题的损失矩阵

	a_1	a_2	a_3	a_4	$\min_i\{l_{ji}\}$
θ_1	2	3	4	3	2
θ_2	2	3	0	1	0
θ_3	4	3	4	4	3
θ_4	3	3	4	4	3
o_i	2	3	0	1	
s_i	4	3	4	4	
$\alpha o_i+(1-\alpha)s_i$	$4-2\alpha$	3	$4-4\alpha$	$4-3\alpha$	
$\sum_{j=1}^{n}\left(\frac{1}{n}\times l_{jk}\right)$	2.75	3	3	3	

用乐观准则求解时，各行动最小损失 o_i 分别是各列中的最小值 2、3、0 和 1，把它们列入表 3.9 中。其中最小的损失对应于行动 a_3，即决策者应选择行动方案 a_3。

用悲观准则求解时，各行动最大损失 s_i 分别是各列中的最大值 4、3、4 和 4，把它们列入表 3.9 中。其中最小的损失对应于行动 a_2，即决策者应选择行动方案 a_2。

用折中准则求解时，计算 $\alpha o_i+(1-\alpha)s_i$ 并列入表 3.9 中。当 $\alpha \leqslant 0.25$ 时 a_2 最优；$\alpha \geqslant 0.25$ 时 a_3 最优。

用拉普拉斯的等概率准则求解时，计算 $\sum_{j=1}^{n}\left(\frac{1}{n}\times l_{jk}\right)$ 的值如表 3.9 最后一行，显然，a_1 的损失最小，决策者应该选择行动 a_1。

用 Savage 的后悔值极小化极大准则求解时，首先在原始的损失矩阵最右侧添加一列 $\min_i\{l_{ji}\}$，得后悔值矩阵如表 3.10 所列。

表 3.10　后悔值矩阵 r_{ji}

	a_1	a_2	a_3	a_4
θ_1	0	1	2	1
θ_2	2	3	0	1
θ_3	1	0	1	1
θ_4	0	0	1	1
p_i	2	3	2	1

各行动的最大后悔值 p_i 列入表 3.10 最下面一行，其中行动 a_4 的最大后悔值最小，所以根据 Savage 的后悔值极小化极大准则，决策人应选择 a_4。

同样一个问题，采用拉普拉斯准则时应选择行动 a_1；根据悲观准则，应选 a_2；由折中准则，$\lambda \leqslant 0.25$ 时应选 a_2，$\lambda \geqslant 0.25$ 时应选 a_3；用后悔值极小化极大准则应选择 a_4。因此，采用不同的准则有可能选择不同的行动。

前面介绍的5种决策准则，只要不把它们放在一起，选用每一种准则的理由都相当有说服力。然而这些有说服力的方法又会导致完全不同的选择，因此它们之间一定存在某种矛盾；至少这5种准则看来并不是同样好。

3.3 风险型决策准则

风险型决策问题的特点：决策者虽然无法确知将来的真实自然状态，但他不仅能给出各种可能出现的自然状态 θ_1，θ_2，…，θ_n，还可以给出各种状态出现的可能性，即通过设定各种状态的（主观）概率 $P(\theta_1),P(\theta_2),\cdots,P(\theta_n)$ 来量化不确定性。风险型决策问题是所有决策问题中最重要的一类，它的求解方法也是决策理论中最核心的内容。可以说决策理论，尤其是早期的统计决策理论，是围绕风险型决策问题的求解而发展起来的。

3.3.1 最大可能性准则

最大可能性准则以行动方案 a_i 的各种可能的后果中出现的可能性最大的后果，作为评价 a_i 优劣的数值指标 v_i。

对后果为效用的决策表，最大可能性准则是：$P(\theta_t)=\max\limits_{j=1}^{n}P(\theta_j)$，$v_i=u_{it}=u(a_i,\theta_t)$，则应该选 a_k 使

$$v_k=\max_{i=1}^{m}v_i=\max_{i=1}^{m}u_{it} \tag{3.11}$$

对后果为损失的决策表，则有 $P(\theta_t)=\max\limits_{j=1}^{n}P(\theta_j)$，$v_i=l_{ti}=l(\theta_t,a_i)$，应该选 a_k 使

$$v_k=\min_{i=1}^{m}v_i=\min_{i=1}^{m}l_{ti} \tag{3.12}$$

例 3.7 决策问题的损失矩阵如表3.11所列，试用最大可能性准则进行决策。

表3.11 决策问题的损失矩阵

θ_j	$P(\theta_j)$	a_1	a_2	a_3
θ_1	0.2	7	6.5	6
θ_2	0.5	3	4	5
θ_3	0.3	4	1	0

根据最大可能性准则，$P(\theta_2)=\max\limits_{j=1}^{n}P(\theta_j)$，即 $P(\theta_2)$ 概率最大，对应这种状态的各方案 $a_i,i=1,2,3$ 的指标 v_i 分别为3，4，5，其中 v_1 的值最小，所以决策者应该选行动方案 a_1。

由于这种准则只考察出现概率最大的状态 θ_t 时各行动的损失，因此该准则过于片面。在本例中，采取行动 $a_i,i=1,2,3$ 的损失的均值分别是4.1，3.6和3.7，以 a_1 为最差；在除了 θ_2 以外的状态下 a_1 的损失都大于 a_2 和 a_3。所以从总体上考察，选择 a_1 并不明智。在自然状态数较多、各种状态出现的可能性 $P(\theta_j)$ 相差不大时，这种方法尤其不合理。

例 3.8 登陆点选择问题。假设在某次登陆作战中有 3 个登陆点 A_1、A_2和 A_3可供选择；在登陆时刻出现涨潮、正常和退潮的可能性（或概率）分别为 0.2、0.3 和 0.5。根据统计资料可得各种潮汐条件下在各个登陆点成功登陆的可能性如表 3.12 所列。试用最大可能准则确定登陆点使其成功登陆的可能性最大。

解 利用最大可能准则可知，出现退潮的可能性最大。在此潮汐条件下，在登陆点 A_2 成功登陆的可能性最大。因此，选择 A_2 作为登陆点可使成功登陆的可能性达到最大值 1。

表 3.12 登陆点选择问题的成功可能性

各潮汐条件出现的可能性	涨潮	正常	退潮
	0.2	0.3	0.5
A_1	0.65	0.65	0.65
A_2	0.35	0.35	1
A_3	0.2	0.55	0.8

3.3.2 期望值准则

期望值准则以后果的期望效用（或者期望损失）作为评价行动优劣的数值指标。具体来说，当以效用表示后果时，应该用期望效用 $E_i(u_{ij})$ 作为评价行动 a_i 优劣的数值指标，即

$$v_i = E_i(u_{ij}) = \sum_{j=1}^{n} u_{ij} P(\theta_j) \tag{3.13}$$

决策者应该选择行动 a_k，使期望效用极大，即

$$E_k = \max_{i=1}^{m}\{v_i\} = \max_{i=1}^{m}\{E_i(u_{ij})\} = \max_{i=1}^{m}\left\{\sum_{j=1}^{n} u_{ij} P(\theta_j)\right\} \tag{3.14}$$

当以损失表示后果时，则用期望损失 $E_i(l_{ji})$ 评价 a_i 的优劣，即

$$v_i = E_i(l_{ji}) = \sum_{j=1}^{n} l_{ji} P(\theta_j) \tag{3.15}$$

决策者应该选择行动 a_k，使期望损失极小，即

$$E_k = \min_{i=1}^{m}\{v_i\} = \min_{i=1}^{m}\{E_i(l_{ji})\} = \min_{i=1}^{m}\left\{\sum_{j=1}^{n} l_{ji} P(\theta_j)\right\} \tag{3.16}$$

例 3.9 试用期望值准则确定例 3.8 中的登陆点使其成功登陆的可能性最大。

解 可算得在登陆点 $A_i, i = 1,2,3$ 成功登陆的期望值分别为

$$E(A_1)=0.65\times 0.2+0.65\times 0.3+0.65\times 0.5=0.65$$
$$E(A_2)=0.35\times 0.2+0.35\times 0.3+1\times 0.5=0.675$$
$$E(A_3)=0.2\times 0.2+0.55\times 0.3+0.8\times 0.5=0.605$$

显然，在登陆点 A_2 成功登陆的期望值最大。因此，应选择 A_2 作为登陆点。

为便于直观分析决策过程，期望值准则也可采用决策树形式描述。决策树仍然按照最大期望效益值或最小期望损失值准则进行决策。只是把决策问题用决策树画出来，之

后从右向左计算每个方案的期望益损值，并标在方案节点的上方，最后比较各方案的期望益损值进行决策。

例 3.10 侦察机在海上搜索，假设有 4 种搜索方案 a_1、a_2、a_3和 a_4，可能出现的气象条件有 3 种：θ_1（能见度大于 35km）、θ_2（能见度为 10～35km）和 θ_3（能见度小于 10km）。各个搜索方案在各种气象条件下搜索目标的发现概率如表 3.13 所列。

表 3.13 侦察机搜索目标的发现概率

状态	海况 θ_1	海况 θ_2	海况 θ_3
	$P(\theta_1)=0.4$	$P(\theta_2)=0.5$	$P(\theta_3)=0.1$
a_1	0.9	0.4	0.1
a_2	0.7	0.5	0.4
a_3	0.8	0.7	0.2
a_4	0.5	0.5	0.5

按照最大期望效益值进行决策，各方案对敌舰队期望发现概率值分别为 0.57，0.57，0.69，0.5。最大期望概率值对应方案为 a_3，故选取方案 a_3。

该例子的决策树如图 3.2 所示。

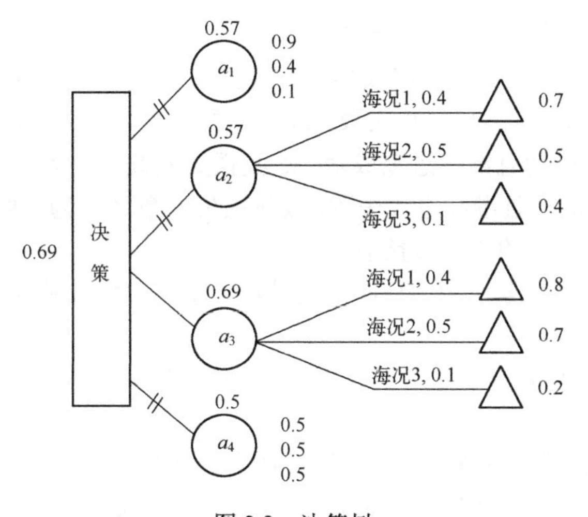

图 3.2 决策树

其中为简化，方案 1、4 的状态分支没有列出，与方案 2、3 状态分支类似。求出各方案的最大期望效益值标于方案节点上方，并据此进行决策。显然对敌舰队最大期望发现概率值为 0.69，故选取方案 a_3。

以上的例子只包括一次决策，称为单级决策。有些决策问题包括两次以上的决策，称为多级决策。此时采用决策树更为方便。下面给出一个多级决策的例子。

例 3.11 某师指挥员要定下是否单独组织反冲击的决心。如命令二梯队团组织反冲击，可能损失 200 人，反冲击有 60%的可能性会成功。如果反冲击成功，则第二步有两种打法：一是原地待援，巩固阵地，成功概率有 50%，如果成功，可能损失 180 人；如果不成功，可能损失 330 人。二是继续进攻，成功概率有 80%，如果成功，可能损失 280 人；如果不成功，可能损失 430 人。如果第二步成功则敌人损失 700 人；如果不成功，敌人仅损失 100 人。假设以敌我损失人数之差作为评价准则，问是否应当组织反冲击？若组织反冲击，则成功后是否应继续进攻？

解 根据问题描述做出如图 3.3 所示的多级决策树。

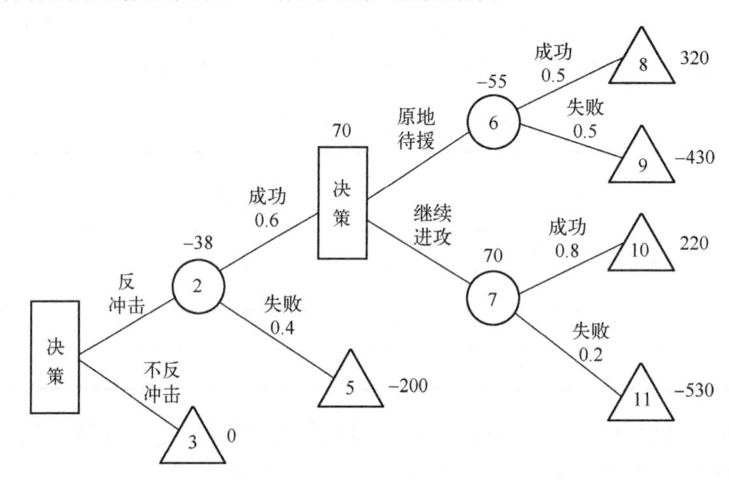

图 3.3 多级决策树

其中，结果节点上的效益值如下给出。

节点 8：反冲击成功且原地待援成功，敌我损失人数之差为 700−180−200=320（人）

节点 9：反冲击成功且原地待援失败，敌我损失人数之差为 100−330−200=−430（人）

节点 10：反冲击成功且继续进攻成功，敌我损失人数之差为 700−280−200=220（人）

节点 11：反冲击成功且继续进攻失败，敌我损失人数之差为 100−430−200=−530（人）

计算各个方案节点上的期望效益值：

节点 6：反冲击成功且原地待援情况下，平均敌我损失人数之差为 320×0.5−430×0.5=−55（人）

节点 7：反冲击成功且继续进攻情况下，平均敌我损失人数之差 220×0.8−530×0.2=70（人）

比较节点 6、7 的期望效益，显然如果反冲击成功的话，第二步应选择继续进攻。

节点 2：如果反冲击，则平均敌我损失人数之差为 70×0.6−200×0.4=−38（人）

节点 3：不反冲击，平均敌我损失人数之差为 0

故选择不组织反冲击。

3.3.3 均值−方差准则

期望值准则用后果的均值即期望损失 $E_i(l)$ 作为评价行动 a_i 优劣的数值指标。只根据后果均值的大小做决策，显然忽略了风险因素；为了兼顾风险，可以采用均值−方差准则（E-V 准则）。

设自然状态 θ_j 的概率分布为 $P(\theta_j)$，行动 $a_i, i=1,2,\cdots,m$ 的期望损失为

$$E_i(l_{ji})=\sum_{j=1}^{n} l_{ji}P(\theta_j) \tag{3.17}$$

方差为

$$\sigma_i^2 = \sum_{j=1}^{n}(l_{ji} - E_i(l_{ji}))^2 P(\theta_j) \tag{3.18}$$

若行动 a_k 的损失的均值和方差均不大于 a_i：$E_k(l_{jk}) \leqslant E_i(l_{ji})$ 且 $\sigma_k^2 \leqslant \sigma_i^2$ 至少有一个严格不等式成立（即不包括等于），则 a_k 优于 a_i。

通常不一定存在这样的 a_k，此时可以用评价函数 $f(E,V)$ 的值来判断。常见的评价函数有 $f_i(E,V) = E_i + \alpha\sigma$，$f_i(E,V) = E_i + \alpha\sigma^2$，$f_i(E,V) = E_i + \alpha(E_i^2 + \sigma^2)$，$f_i(E,V)$ 的值越小，行动 a_i 越优。在上述 3 个评价函数中，α 反映了决策者的风险态度：$\alpha > 0$ 时决策者是风险厌恶的；$\alpha = 0$ 决策者是风险中立的；$\alpha < 0$ 时决策者是风险追求的。

例 3.12 决策问题的损失矩阵如表 3.14 所列，试用均值-方差准则进行决策。

表 3.14 决策问题的损失矩阵

θ_j	$P(\theta_j)$	a_1	a_2	a_3
θ_1	0.2	7	6.5	6
θ_2	0.5	3	4	5
θ_3	0.3	4	1	0

解 各行动的 *E*-*V* 值如表 3.15 所列。

表 3.15 各行动的 *E*-*V* 值

E-*V* 值	a_1	a_2	a_3
E_i	4.1	3.6	3.7
σ_i^2	2.29	3.79	6.01

其中不存在符合 *E*-*V* 准则的优势行动。取 $\alpha = 0$ 时，$f_1(E,V) = 4.1$，$f_2(E,V) = 3.6$，$f_3(E,V) = 3.7$，其中 $f_2(E,V)$ 的值最小，所以决策者应该选行动方案 a_2。

3.3.4 不完全信息情况下的决策准则

上述给出的 4 种求解风险型决策问题的决策准则都是以自然状态的主观概率 $P(\theta_j)$ 为基础的，这也正是风险型决策问题与不确定型决策问题的区别之所在。但是在实际求解决策问题时，决策者会发现自然状态的概率虽然不像不确定型问题那样一无所知，却也很难准确设定主观概率，这时可以采取以下准则。

1. 期望值准则与悲观准则的线性组合

Hodges 提出，在状态概率分布的估计不可靠时，可采用下式作为评价行动 a_i 优劣的数值指标：

$$v_i = \lambda E_i + (1-\lambda)s_i = \lambda\sum_{j=1}^{n} l_{ji}P(\theta_j) + (1-\lambda)\max_{j=1}^{n}\{l_{ji}\} \tag{3.19}$$

式中：$\lambda(0 \leqslant \lambda \leqslant 1)$ 为所估计的状态概率分布的可靠系数。v_i 越小，行动 a_i 越优。

该准则实际上是期望值准则（$v_i = E_i$）与不确定型决策问题的悲观准则（$v_i = s_i$）的线性组合，对自然状态 θ_j 估计可靠的部分作为风险型问题采用期望值准则（λE_i）估计，不可靠的部分作为不确定型问题用悲观准则（$v_i=(1-\lambda)s_i$）求解。

2．优势原则

例 3.13 设某个决策问题的损失矩阵如表 3.16 所列。注意该表与典型的风险型决策问题的损失矩阵的区别：由于决策者不能给出准确的主观概率，表中没有 $P(\theta_j)$ 那一列。其中任何两个行动之间都不存在按状态优于关系。以下用优势原则进行决策。

表 3.16 决策问题的损失矩阵

θ_j	a_1	a_2	a_3
θ_1	1	4	5
θ_2	7	5	1

解 显然，根据期望值准则，当且仅当

$$1\times P(\theta_1)+7\times P(\theta_2)\leqslant 4\times P(\theta_1)+5\times P(\theta_2)$$

且

$$1\times P(\theta_1)+7\times P(\theta_2)\leqslant 5\times P(\theta_1)+1\times P(\theta_2)$$

同时成立时，表中的 a_1 是决策者的最优选择。

由于只有两种自然状态，所以 $P(\theta_2)=1-P(\theta_1)$，代入上两式中，可以解得 $P(\theta_1)\geqslant 0.6$。也就是说，即使决策者无法准确设定状态的概率，只要能够判定第一种自然状态发生的可能性 $P(\theta_1)$ 不小于 0.6，则 a_1 就是最优选择。

类似地，a_3 是决策者的最优选择，当且仅当

$$5\times P(\theta_1)+1\times P(\theta_2)\leqslant 1\times P(\theta_1)+7\times P(\theta_2)$$

且

$$5\times P(\theta_1)+1\times P(\theta_2)\leqslant 4\times P(\theta_1)+5\times P(\theta_2)$$

同时成立。求得 $P(\theta_1)\leqslant 0.6$，即决策者若能判定第一种自然状态发生的可能性小于或等于 0.6，则 a_3 就是最优选择。

要使 a_2 是决策者的最优选择，当且仅当

$$4\times P(\theta_1)+5\times P(\theta_2)\leqslant 1\times P(\theta_1)+7\times P(\theta_2)$$

且

$$4\times P(\theta_1)+5\times P(\theta_2)\leqslant 5\times P(\theta_1)+1\times P(\theta_2)$$

同时成立。由于不存在同时满足上两个不等式的 $P(\theta_1)$，所以无论决策者关于自然状态的主观判断如何，a_2 都不可能是最优选择。像 a_2 这种对任何主观概率分布都不可能是最优选择的行动称作强劣的，或称为被强优超。

以上介绍的优势原则是用于后果的损失（效用）确知而主观概率无法设定的情况。而有些决策问题概率分布已知，但是效用函数难以设定，这种情况下的决策规则另外讨论。

3．随机策略

判断表 3.16 所列决策矩阵中的行动 a_2 是劣解的另一种方法是采用随机策略。随机策略，就是方案集 A 上的一个概率分布 ρ，以概率 p_i 采取行动 $a_i,i=1,2,\cdots,m$。如果决策者

以 0.5 的概率选 a_1，0.5 的概率选 a_3，这样的随机策略记作 $\rho=\{0.5,a_1;0,a_2;0.5,a_3\}$。在真实的自然状态为 θ_1 时，采用随机策略 ρ 的期望损失为 $0.5\times1+0.5\times5=3$，小于行动 a_2 的损失；真实的自然状态为 θ_2 时，采用随机策略 ρ 的期望损失为 $0.5\times7+0.5\times1=4$，也小于行动 a_2 的损失。因此无论自然状态是什么，随机策略 $\rho=\{0.5,a_1;0,a_2;0.5,a_3\}$ 的期望损失均严格小于 a_2，因此选择 a_2 是不可取的。

一般地，状态为 θ_j 采取随机策略 ρ 的期望损失为 $\sum_{i=1}^{m}p_i l(\theta_j,a_i)$。

我们称行动 $a_k\in A$ 为因随机策略 ρ 而强劣，当且仅当 $\forall j$ 有

$$\sum_{i=1}^{m}p_i l(\theta_j,a_i)<l(\theta_j,a_k) \tag{3.20}$$

若上式为 $\sum_{i=1}^{m}p_i l(\theta_j,a_i)\leqslant l(\theta_j,a_k)$，且至少存在某个状态使严格不等式成立，则称 $a_k\in A$ 因随机策略 ρ 而弱劣。

只要 $a_k\in A$ 因随机策略 ρ 而弱（强）劣，a_k 就是劣的选择，可以从行动集中删除 a_k。

3.3.5 贝叶斯准则

求解随机性决策问题的基础是设定自然状态的概率分布和后果的损失函数（或效用函数）。设定比较准确的状态的概率分布是很困难的事。一般情况下，决策分析的结果往往对状态的概率分布比较敏感，即自然状态概率分布的小的变化会显著地改变分析结果，因此要提高决策分析的精度就必须设法提高状态概率分布的估计精度。显然，仅仅依靠决策者的经验做主观的估计，所设定的自然状态的先验分布的精度不可能有很大的改进，因此需要通过随机试验去收集有关自然状态的信息，以便改进所设定的自然状态概率分布的准确性，从而改善决策分析的质量。上面所说的随机试验是广义的，它包括了获取有关信息的一切可能的手段，只要这些信息有助于提高状态概率分布的准确性。在决策分析中，如何设计随机试验去获取有效信息，如何利用新的信息改进状态概率分布，是非常实际而又重要的环节。利用新的信息，或者说通过信息处理修正原有的观点，是人类最重要的智力活动之一。

实际生产生活中的决策问题，决策者经常无法掌握充分的信息，所以需要通过调查、试验等途径去获得更多、更确切的信息，以便更准确地把握各状态发生的概率，降低决策的风险。贝叶斯分析是决策分析的最重要的方法，而贝叶斯定理可以利用随机试验中获得的新信息去修正自然状态的先验分布，得到更接近实际状态、更准确的后验概率分布，这对于提高贝叶斯分析的精度具有重要的实际价值。

设有两组事件 $A=A_1,A_2,\cdots A_m$，$B=B_1,B_2,\cdots,B_n$，它们为因果关系，即事件 $A_i\ (i=1,2,\cdots,m)$ 为观察到的结果，事件 $B_j\ (j=1,2,\cdots,n)$ 为其发生的原因。那么由条件概率公式，在事件 A_i 发生的条件下，某一影响因素 B_j 发生的概率为

$$P(B_j/A_i)=\frac{P(B_j)\cdot P(A_i/B_j)}{P(A_i)} \tag{3.21}$$

又由全概率公式，得

$$P(A_i)=\sum_{j=1}^{n}P(B_j)\cdot P(A_i/B_j) \tag{3.22}$$

所以

$$P(B_j/A_i)=\frac{P(B_j)\cdot P(A_i/B_j)}{\sum_{j=1}^{n}P(B_j)\cdot P(A_i/B_j)} \tag{3.23}$$

上式称为贝叶斯公式。

如果已知$P(B_j)$和$P(A_i/B_j)$，则可根据贝叶斯公式计算出后验概率$P(B_j/A_i)$，它是在先验概率$P(B_j)$的基础上，通过追加信息$P(A_i/B_j)$得到的，所以，它比先验概率$P(B_j)$更为准确。

贝叶斯准则的思想是以风险型决策中状态的后验概率代替先验概率进行决策，具体步骤如图 3.4 所示。

（1）先由过去的经验或专家估计获得将发生事件的先验概率$P(B_j)$。

（2）根据调查或试验得到条件概率$P(A_i/B_j)$。

（3）利用式(3-4)计算出各事件的后验概率$P(B_j/A_i)$。

（4）利用贝叶斯公式计算出后验概率后，运用后验概率进行决策分析。

（5）决策准则为后验期望损失极小化或期望效用极大化。

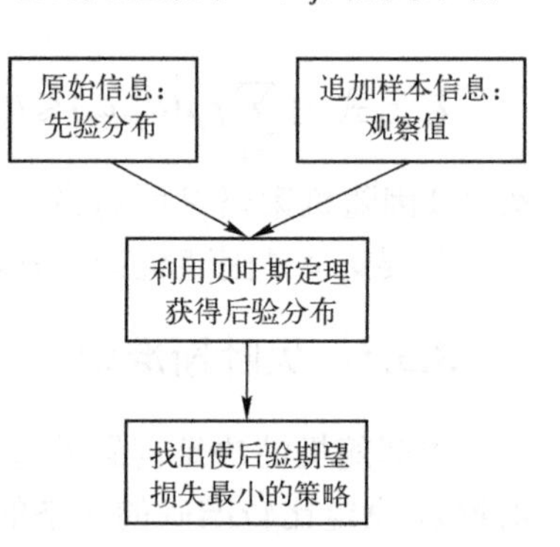

图 3.4　贝叶斯准则的简单流程

例 3.14　某采油计划，如果钻井后成功出油则可收益 1000 万元，钻井失败无油则损失 400 万元。估计钻井成功的机会为 30%，若事先做一次地质测量，需花费 60 万元，但地质测量也有误差。根据历史资料，当实际情况为有油时，地质测量结果有油的概率 75%，无油的概率为 25%；当实际情况为无油时，地质测量结果无油的概率 60%，有油的概率 40%。根据这些数据，确定是否应当钻井？

解　在此例中，钻井后有两种状态：成功和失败。钻井成功的收益很高，但风险也很大（70%），在这种情况下，决策者一般不会冒很大的风险去选择收益较大的方案。决策者可以通过获得新资料的途径（做地质测量）来减小决策的风险。地质测量的结果也有两种状态：有油和无油。准确的概率与以往的经验有关系。可见，这类决策问题涉及两组状态，并且它们的发生概率互为影响。贝叶斯决策法是解决此类问题的一种有效方法。

假设事件 A=（地质试验有油，地质试验无油），事件 B=（实际有油，实际无油）。

① 确定先验概率$P(B_j)$。

实际有油：$P(B_1)=0.3$

实际无油：$P(B_2)=0.7$

② 确定条件概率$P(A_i/B_j)$。

实际有油，试验有油：$P(A_1/B_1)=0.75$

实际有油，试验无油：$P(A_2/B_1)=0.25$

实际无油，试验有油：$P(A_1/B_2)=0.4$

实际无油，试验无油：$P(A_2/B_2)=0.6$

③ 计算事件 A 的全概率 $P(A_i)$。

试验有油：

$$P(A_1)=P(B_1)\cdot P(A_1/B_1)+P(B_2)\cdot P(A_1/B_2)=0.3\times0.75+0.7\times0.4=0.505$$

试验无油：

$$P(A_2)=P(B_1)\cdot P(A_2/B_1)+P(B_2)\cdot P(A_2/B_2)=0.3\times0.25+0.7\times0.6=0.495$$

④ 计算后验概率 $P(B_j/A_i)$。

试验有油，实际有油：

$$P(B_1/A_1)=\frac{P(B_1)\cdot P(A_1/B_1)}{P(A_1)}=\frac{0.3\times0.75}{0.505}=0.446$$

试验有油，实际无油：

$$P(B_2/A_1)=\frac{P(B_2)\cdot P(A_1/B_2)}{P(A_1)}=\frac{0.7\times0.4}{0.505}=0.554$$

试验无油，实际有油：

$$P(B_1/A_2)=\frac{P(B_1)\cdot P(A_2/B_1)}{P(A_2)}=\frac{0.3\times0.25}{0.495}=0.152$$

试验无油，实际无油：

$$P(B_2/A_2)=\frac{P(B_2)\cdot P(A_2/B_2)}{P(A_2)}=\frac{0.7\times0.6}{0.495}=0.848$$

⑤ 进行二级决策，首先确定是否做地质试验，状态有两种（试验有油，试验无油）；然后确定是否进行钻井，状态有两种（实际有油，实际无油）。根据题目中给出和前面计算的数据，画出决策树，如图 3.5 所示，并计算各状态节点和决策点的益损期望值。

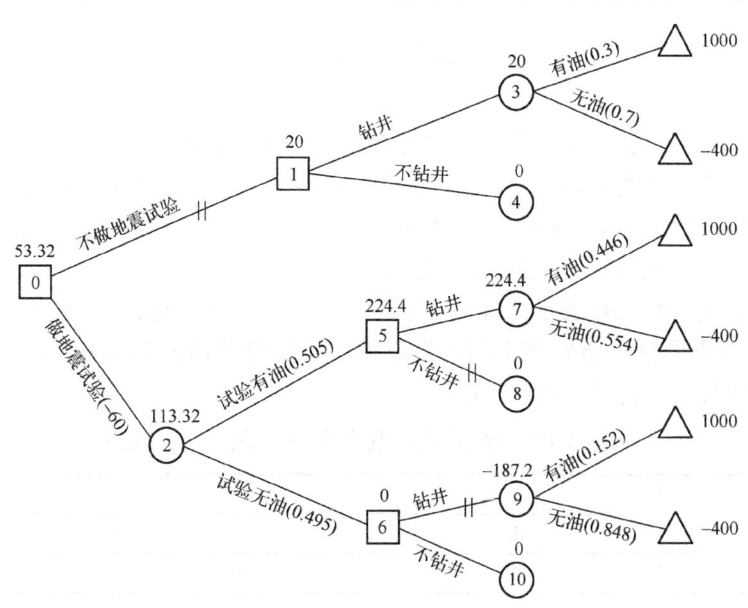

图 3.5　决策树

状态节点 7：$[1000\times0.446+(-400)\times0.554]=224.4$ 万元

决策点 5：$\max\{224.4,0\}=224.4$ 万元

状态节点 9：$[1000\times0.152+(-400)\times0.848]=-187.2$ 万元

决策点 6：$\max\{-187.2,0\}=0$ 万元

状态节点 2：$(224.4\times0.505+0\times0.495)=113.32$ 万元

状态节点 3：$[1000\times0.3+(-400)\times0.7]$ 万元=20 万元

决策点 1：$\max\{20,0\}=20$ 万元

决策点 0：$\max\{20,113.32,-60\}=53.32$ 万元

经过剪枝得到最优方案为：做地质试验；若试验有油，则钻井，若试验无油，则不钻井。

常用的风险型决策技术有期望值决策法、决策树分析法、矩阵决策法、贝叶斯决策法、效用分析决策法等。每种方法各有一定的适用场合，同一决策问题可应用多种方法来解决，由于随机性或决策准则的不同，可能得到的结果也不同。因此，在实际应用中，可应用不同方法分别计算，然后综合分析，以减小决策的风险。

小　结

军事领域中的很多决策活动都具有一定程度的不确定性，为解决这类问题，可以采用随机性决策方法选取决策方案。根据决策问题的基本要素可以将随机性决策问题分为确定型决策、风险型决策和不确定型决策。随机决策问题可以用决策表、决策矩阵和决策树方法来表示。不确定型决策方法可以采用等可能性准则、悲观准则、乐观准则、折中准则、后悔值极小化极大准则进行求解；风险型决策方法可以采用最大可能性准则、期望值准则、均值-方差准则、不完全信息情况下的决策准则、贝叶斯准则进行求解。

习　题

1．考虑团指挥员定下战斗决心的问题。假定有两个作战方案 A 和 B。顺利情况的概率为 0.7，意外情况的概率为 0.3。方案 A 在顺利情况下可推进 8km，而意外情况下将后退 3km；方案 B 在顺利情况下可推进 5km，而意外情况下将原地不动。试用最大可能性准则、期望值准则分别辅助团指挥员进行决策。

2．设 A_1、A_2、A_3、A_4 表示指挥员可能采取的行动方案，θ_1、θ_2、θ_3 表示行动时可能发生的情况，在不同情况下实施不同方案取得的作战效益如表 3.17 所列，分别按照悲观准则、乐观准则、后悔值准则进行决策。

表 3.17　指挥员采取各种方案的作战效益表

方案	情况		
	θ_1	θ_2	θ_3
A_1	9	4	3
A_2	7	5	5

（续）

方案	情况		
	θ_1	θ_2	θ_3
A_3	8	6	2
A_4	4	7	1

3．表 3.18 所列为某决策问题的代价矩阵，分别按照等可能性准则、悲观准则、乐观准则、后悔值准则进行决策。

表 3.18　决策问题的代价矩阵

方案	状态		
	θ_1	θ_2	θ_3
A_1	3	4	2
A_2	7	5	4
A_3	8	7	2
A_4	5	5	5

4．设某决策问题的决策收益表如表 3.19 所列，依据后悔值准则就此问题进行决策。

表 3.19　决策问题的决策收益表

方案	状态			
	S_1	S_2	S_3	S_4
A_1	4	5	6	7
A_2	2	4	6	9
A_3	5	7	3	5
A_4	3	5	6	8
A_5	3	5	5	5

5．为了生产某种产品，设计了两个建厂方案：一是建大厂，二是建小厂。建大厂要投资 300 万元，建小厂要投资 160 万元，两者使用期均为 10 年。根据市场预测前 3 年销路好的概率为 0.7，如果前 3 年销路好，则后 7 年销路好的概率为 0.9；如果前 3 年销路不好，则后 7 年销路肯定不好。各方案在各状态下年度效益值如表 3.20 所列。

（1）在这种情况下，建大厂和建小厂哪个方案好？

（2）先建小厂，若销路好，则 3 年以后再考虑扩建。扩建需要投资 140 万元，扩建后可使用 7 年，每年的效益值与大厂相同。试做出最优决策。

表 3.20　投资建厂方案年度效益表

方案	状态	
	销路好	销路不好
建大厂	100	−20
建小厂	40	10

6．我海洋科考船对某海域内可能含有石油的海底进行考察。该海域根据可能出油的

数量可划分为 4 类：θ_1（出油 50 万桶）、θ_2（出油 20 万桶）、θ_3（出油 5 万桶）和 θ_4（无油）。根据过去勘探经验，该海域对应 4 种类型的可能性分别为 10%、15%、25%、50%。对该海域的石油开采可供选择的方案有 3 种：a_1（自行钻井）、a_2（无条件出租）和 a_3（有条件出租）。对该海域进行石油开发可能的利润收益如表 3.21 所列。

表 3.21　石油开发收益表　　　　（单位：千元）

方案	θ_1	θ_2	θ_3	θ_4
	$P(\theta_1)=0.1$	$P(\theta_2)=0.15$	$P(\theta_3)=0.25$	$P(\theta_4)=0.5$
a_1	650	200	−25	−75
a_2	45	45	45	45
a_3	250	100	0	0

在先验知识的基础上，假设在方案选择前进行一次试验，以进一步弄清该海域的地质构造。已知试验的费用 12000 元，试验可能的结果是：I_1（地质构造很好）、I_2（较好）、I_3（一般）和较差（I_4）。根据经验，地质构造与油井出油量关系如表 3.22 所列。问：

（1）是否需要进行试验？

（2）如何根据试验结果进行决策？

表 3.22　地质构造与油井出油量关系表

$P(l_i \vert \theta_j)$	l_1	l_2	l_3	l_4
θ_1	0.58	0.33	0.09	0.0
θ_2	0.56	0.19	0.125	0.125
θ_3	0.46	0.25	0.125	0.165
θ_4	0.19	0.27	0.31	0.23

第 4 章　多准则决策理论与方法

在军事指挥决策中，决策的依据往往是多方面的，对决策方案的评价往往需要考虑多方面的要求，按多个目标或多项准则进行综合衡量，这就需要解决多准则决策问题。本章介绍多准则决策问题的理论与方法，内容包括多准则决策问题的数学描述、多属性决策问题属性值的预处理方法、多属性决策的加权和法、层次分析法和 TOPSIS 法。

4.1　多准则决策问题的数学描述

多准则决策问题具有如下特点：

（1）决策问题的目标多于一个，且各目标间具有不可公度性，即各目标没有统一的衡量标准或度量单位，因而相互间难以进行比较。

（2）各目标间具有矛盾性，即一个目标值的改进，会导致其他目标值的下降。例如定下对海攻击作战方案决心，既要给敌以最大杀伤，还要自己损失最少；作战飞机的设计，要使攻击能力增强，则负载的武器弹药量就应该大，从而飞机的机动性能就会降低；要使机动性能增强，则负载就不能过重，攻击能力就会降低。因此，决策者必须要考虑如何在这些目标间进行折中，从而达到一个满意解（注意，不是最优解）。

由于这些特点，不能把多个目标简单地归并为单个目标，因此不能用求解单目标决策问题的方法求解多目标决策问题。而且正是由于决策准则的多目标性带来方案间的冲突，因此才有必要应用各种决策辅助方法进行科学有效的决策。

第 3 章介绍的随机性决策问题是指单目标决策问题。多目标决策和单目标决策的根本区别在于目标函数的数量不同，由此带来多目标决策问题在问题描述、解的概念和求解方法上的不同。

按照决策问题中备选方案的数量，可以将多准则决策问题分为多目标决策和多属性决策两种类型。多属性决策问题中，决策变量是离散型的，备选方案数量为有限个，因此，有些文献也称为有限方案多目标决策问题。多属性决策问题求解的核心，是对各备选方案进行评价后排定各方案的优劣次序，再从中择优。另一类是多目标决策问题，这一类决策问题中的决策变量是连续型的，即备选方案数有无限多个，因此，有些文献也称为无限方案多目标决策问题。求解这类问题的关键是向量优化，即数学规划问题。

无论是多属性决策问题还是多目标决策问题，都可通称多准则决策问题。群决策问题也可以归入多准则决策问题之中。多准则决策问题也可以像单目标决策问题那样，按广义的自然状态分类，一类是确定型多准则决策问题，另一类是非确定型多准则决策问题。由于求解手段的限制，现有的求解方法最多只涉及风险型多准则决策问题，本书只涉及确定型多准则决策问题。

例如，以下为一个多目标决策问题的数学描述的例子：

目标函数为

$$\begin{aligned} \max y_1 &= f_1(x_1, x_2, \cdots, x_n) \\ \min y_2 &= f_2(x_1, x_2, \cdots, x_n) \\ \max y_3 &= f_3(x_1, x_2, \cdots, x_n) \end{aligned} \tag{4.1}$$

约束条件为

$$\begin{cases} a_{11}x_1 + a_{12}x_2 + \cdots + a_{1n}x_n \leqslant b_1 \\ a_{21}x_1 + a_{22}x_2 + \cdots + a_{2n}x_n \geqslant b_2 \\ \vdots \\ a_{m1}x_1 + a_{m2}x_2 + \cdots + a_{mn}x_n = b_m \end{cases} \tag{4.2}$$

该多目标决策问题描述为数学规划形式，其中 3 个决策目标分别求最大或求最小。约束条件有大于、等于、小于等形式。

在实际作战应用中，多属性决策问题占多数，因此下面着重介绍多属性决策问题。它的数学描述如下：

（1）方案集：假设决策备选方案集为 $A = \{A_1, A_2, \cdots, A_m\}$，其中 $A_i, i = 1,2,\cdots,m$ 表示方案。

（2）属性集（目标集）：评价决策方案的属性集为 $f = \{f_1, f_2, \cdots, f_n\}$，属性 f_j 常常也称为目标。

（3）设第 i 个方案 A_i 的第 j 个属性值为 $x_{ij} = f_j(A_i)$，则各方案的属性值可列成如下决策矩阵

$$\boldsymbol{X} = \{x_{ij}\} = \begin{bmatrix} x_{11} & x_{12} & \dots & x_{1n} \\ x_{21} & x_{22} & \dots & x_{2n} \\ \vdots & \vdots & & \vdots \\ x_{m1} & x_{m2} & \dots & x_{mn} \end{bmatrix}$$

或如表 4.1 所列的决策表（也称为属性值表）。

表 4.1　决策表

属性	f_1	f_2	…	f_n
A_1	x_{11}	x_{12}	…	x_{1n}
A_2	x_{21}	x_{22}	…	x_{2n}
…	…	…	…	…
A_m	x_{m1}	x_{m2}	…	x_{mn}

例 4.1　某飞机采购问题的决策表如表 4.2 所列。

表 4.2　某飞机采购问题的决策表

属性	最大速度（马赫数）	航程/n mile	最大荷载/磅[①]	购买价格/百万美元	可靠性（高–中–低）	机动性（高–中–低）
A_1	2	1500	20000	5.5	中	很高
A_2	2.5	2700	18000	6.5	低	中

① 1 磅=0.45kg。

（续）

属性	最大速度（马赫数）	航程/n mile	最大荷载/磅[①]	购买价格/百万美元	可靠性（高-中-低）	机动性（高-中-低）
A_3	1.8	2000	21000	4.5	高	高
A_4	2.2	1800	2000	5.0	中	中

多准则决策问题解的概念：多准则决策的任务是选取 A，使属性向量的各分量取得最优值，此时的解称为最优解。但是由于各属性分量通常没有共同的量纲，而且相互之间可能产生冲突，有利于属性 i 的方案可能不利于属性 j，因而多属性决策不一定能够得到最优决策解。此时可以求选好解（又称满意解）。

多准则决策中属性值有的可能越大越好，有的可能越小越好，即相对于最优解的这些属性值有的取最大，有的取最小。为了说明解的概念，假设所有属性值越大越好，则可得到以下几个解的概念。

（1）最优解。问题的最优解 A^* 是指对所有的 $i=1,2,\cdots,m; j=1,2,\cdots,n$，都有 $f_j(A^*)\geqslant f_j(A_i)$。

（2）非劣解（又称有效解）。问题的非劣解 A^* 是指不存在另外一个 $A_i, i=1,2,\cdots,m$，使得

- 对于所有的 $j=1,2,\cdots,n$，都有 $f_j(A_i)\geqslant f_j(A^*)$；
- 至少存在一个 $A_i, i=1,2,\cdots,m$，使得 $f_j(A_i)\neq f_j(A^*)$。该条件是为了防止当问题有两个非劣解（准则相同）时，将其中一个错判为不是非劣解而设的。

（3）劣解。问题的劣解 A_i 是指存在某个 A^*，使得对于所有的 $i=1,2,\cdots,n$，都有 $f_j(A_i)\leqslant f_j(A^*)$。其中，$A^*$ 为最优解或某个非劣解。显然劣解是通过比较可直接舍弃的方案。

（4）选好解（又称满意解）。选好解是非劣解中按某一属性来说较好的解。

例 4.2 某决策问题有两个属性：x_1 和 x_2，其属性值越大越好。假设有 5 个解，即有 5 个决策方案，判断该决策问题有无劣解、非劣解。

解 问题的解对应于 x_1, x_2 坐标平面上的点，如图 4.1 所示。

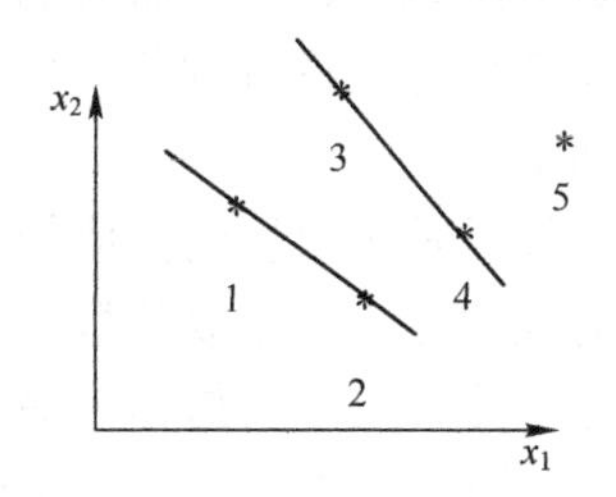

图 4.1 两属性决策问题解的概念

可见，方案 1 和方案 2 在属性值上互有高低，是等价的；类似地，方案 3、4 在满意程度上是等价的；但是方案 1、2 和 4 的所有属性值都低于方案 5 的属性值，所以是劣解，可以直接舍弃。方案 3 和 5 在满意程度上是等价的，为非劣解。

从上面的例子可以看出，处理多属性决策问题时，先要寻求最优解；如果没有最优解，就设法找出非劣解，然后再从非劣解中找出一个按某一属性来说较好的解，这个解就称为选好解。

在处理多属性决策问题的过程中，从备选方案中找出非劣方案的工作属于“辨优”，通常由分析人员完成，而从非劣解中找出选好解要用“权衡”的方法，由决策者和分析人员交换意见，最终按决策者的偏好确定。军事指挥决策过程时间紧迫，决策者无暇与分析人员进行持续对话，所以，采用先验偏好信息的方法比较适用。为了获取先验偏好

信息，分析人员在分析前需进行大量调查研究并和决策者对话，例如通过问答测算决策者的效用函数，利用专家调查法确定目标相对重要性等。

4.2　多准则决策问题的预处理

在具体求解多属性决策问题之前，先要进行求解的前期准备工作，包括决策问题的描述、相关信息的采集（形成决策矩阵）、决策数据的预处理和方案的初选（或称为筛选）。本节介绍决策数据的预处理和方案的初选过程。

4.2.1　数据预处理

数据的预处理又称属性值的规范化，主要有如下 4 个作用：

首先是定性属性值的量化。在多属性决策表中，有些属性是由专家或评估人员给出的定性评价，如高-中-低，优良中差，在进行多属性决策前首先要进行定性指标的量化。定性指标的量化常常采用九级标度法，即采用 1～9 之间的数值。

其次是属性值的去量纲化。多目标决策与评估的困难之一是各属性间的不可公度性，即属性值表中的每一列具有不同的单位（量纲）；即使对同一属性，采用不同的计量单位，表中的数值也有所不同。因此在用各种多属性决策方法进行分析评价时，需要排除量纲的选用对决策或评估结果的影响，这就是去量纲化，仅用数值的大小来反映属性值的优劣。

再次是属性值的归一化。原属性值表中不同指标的属性值的数值大小差别很大，有的数量级是千、万，而有的是个位数或小数。为了直观，更为了便于采用各种多属性决策与评估方法进行评价，需要把属性值表中的数值归一化，即将表中数据变换到[0，1]区间上。

最后是区间型属性值的处理。有些指标的属性值越大越好，如武器攻击能力、舰艇机动能力等，称作效益型指标；有些指标的值越小越好，如通信延迟时间、目标跟踪误差等，称作成本型指标；另有一些指标的属性值既非效益型又非成本型，属于区间型属性值，例如生师比，一个指导教师指导 4～6 名研究生既可保证教师满工作量，也能使导师有充分的科研时间和研究生的指导时间；生师比值过高，学生的培养质量就难以保证；比值过低，教师的工作量不饱满。这几类属性放在同一个表中不便于直接从数值大小判断方案的优劣，因此有时需要对决策表中的数据进行预处理，使表中所有属性下性能越优的方案变换后的属性值越大。

此外，还可在数据预处理时用非线性变换或其他办法，来解决或部分解决某些目标的达到程度与属性值之间的非线性关系，以及目标间的不完全补偿性。在大部分情况下，数据预处理的本质是要给出某个指标的属性值在决策者评价方案优劣时的实际价值。常用的数据预处理方法有以下几种。

1．线性变换法

原始的决策矩阵为 $\boldsymbol{X}=\{x_{ij}\}$，变换后的决策矩阵记为 $\boldsymbol{Z}=\{z_{ij}\}, i=1,\cdots,m;\ j=1,\cdots,n$。设 $x_j^{\max}$ 是决策矩阵第 j 列中的最大值，即 $x_j^{\max}=\max\limits_{1\leqslant i\leqslant m}(x_{ij})$； $x_j^{\min}$ 是决策矩阵第 j 列中的最

小值。若 j 为效益型属性，则

$$z_{ij}=x_{ij}/x_j^{\max} \tag{4.3}$$

采用上式进行数据预处理时，经过变换的最差属性值不一定为 0，最佳属性值为 1。

若 j 为成本型属性，可以令

$$z_{ij}=1-x_{ij}/x_j^{\max} \tag{4.4}$$

经式（4.4）变换后的最佳属性值不一定为 1，最差为 0。成本型属性也可以用下式进行变换：

$$z'_{ij}=x_j^{\min}/x_{ij} \tag{4.5}$$

用式（4.5）变换后的属性值最差不一定为 0，最佳为 1，且是非线性变换。

例 4.3 表 4.2 中某飞机采购问题的决策表经九级标度法定性指标量化后的决策表如表 4.3 所列。进一步经线性变换后所得的决策表如表 4.4 所列。

表 4.3 经定性指标量化后的飞机采购问题的决策表

属性	最大速度（马赫数）	航程/n mile	最大荷载/磅	购买价格/百万美元	可靠性（高-中-低）	机动性（高-中-低）
A_1	2	1500	20000	5.5	5（中）	9（很高）
A_2	2.5	2700	18000	6.5	3（低）	5（中）
A_3	1.8	2000	21000	4.5	7（高）	7（高）
A_4	2.2	1800	2000	5.0	5（中）	5（中）

表 4.4 经线性变换后的飞机采购问题的决策表

属性	最大速度（马赫数）	航程/n mile	最大荷载/磅	购买价格/百万美元	可靠性（高-中-低）	机动性（高-中-低）
A_1	0.8	0.5555	0.9524	0.8182	0.7143	1.0
A_2	1.0	1.0	0.8571	0.6923	0.4286	0.5555
A_3	0.72	0.7407	1.0	1.0	1.0	0.7778
A_4	0.88	0.6667	0.0952	0.9	0.7143	0.5555

2．标准 0-1 变换法（也称为极差变换法）

线性变换后的属性 j 的最优值为 1，则最差值一般不为 0；若最差值为 0，最优值就往往不为 1。为了使每个属性变换后的最优值为 1 且最差值为 0，可以进行标准 0-1 变换。对效益型属性 j，令

$$z_{ij}=\frac{x_{ij}-x_j^{\min}}{x_j^{\max}-x_j^{\min}} \tag{4.6}$$

j 为成本型属性时，令

$$z_{ij}=\frac{x_j^{\max}-x_{ij}}{x_j^{\max}-x_j^{\min}} \tag{4.7}$$

表 4.3 所列的属性值表经标准 0-1 变换后所得的属性值表如表 4.5 所列。其中每一属性最佳值为 1，最差值为 0，而且这种变换是线性的。

表 4.5　经标准 0-1 变换后的飞机采购问题的决策表

属性	最大速度（马赫数）	航程/n mile	最大荷载/磅	购买价格/百万美元	可靠性（高-中-低）	机动性（高-中-低）
A_1	0.2857	0.0	0.9474	0.5	0.5	1.0
A_2	1.0	1.0	0.8421	0.0	0.0	0.0
A_3	0.0	0.4167	1.0	1.0	1.0	0.5
A_4	0.5714	0.25	0.0	0.75	0.5	0.0

3. 向量规范化

无论成本型属性还是效益型属性，向量规范化可用以下两个公式进行变换：

$$z_{ij} = x_{ij} / \sqrt{\sum_{i=1}^{m} x_{ij}^{2}} \tag{4.8a}$$

或

$$z_{ij} = x_{ij} / \sum_{i=1}^{m} x_{ij} \tag{4.8b}$$

这种变换也是线性的，但是它与前面介绍的几种变换不同，从变换后属性值的大小上无法分辨属性值的优劣。它的最大特点是，规范化后，各方案的同一属性值的平方和为 1 或同一属性值的和为 1，因此常用于计算各方案与某种虚拟方案（如理想点或负理想点）的欧几里得距离的场合。表 4.6 为经两种向量规范化方法变换后的决策表。

表 4.6（a）　经式（4.8a）向量规范化后的飞机采购问题的决策表

属性	最大速度（马赫数）	航程/n mile	最大荷载/磅	购买价格/百万美元	可靠性（高-中-低）	机动性（高-中-低）
A_1	0.4671	0.3662	0.5849	0.5069	0.4811	0.6708
A_2	0.5839	0.6591	0.5265	0.5990	0.2887	0.3727
A_3	0.4204	0.4882	0.6142	0.4147	0.6736	0.5217
A_4	0.5139	0.4394	0.0585	0.4608	0.4811	0.3727

表 4.6（b）　经式（4.8b）向量规范化后的飞机采购问题的决策表

属性	最大速度（马赫数）	航程/n mile	最大荷载/磅	购买价格/百万美元	可靠性（高-中-低）	机动性（高-中-低）
A_1	0.2353	0.1875	0.3279	0.2558	0.25	0.3462
A_2	0.2941	0.3375	0.2951	0.3023	0.15	0.1923
A_3	0.2118	0.25	0.3443	0.2093	0.35	0.2692
A_4	0.2588	0.225	0.0328	0.2326	0.25	0.1923

4. 区间型属性值变换

前面提到，有些属性既非效益型又非成本型，如生师比。显然这种属性不能采用前面介绍的两种方法处理。

设给定的最优属性区间为$[x_j^0, x_j^*]$，x_j'为无法容忍下限，x_j''为无法容忍上限，则变换后的属性值z_{ij}与原属性值x_{ij}之间的关系如下式，函数图形为梯形，如图 4.2 所示，当属性值最优区间的上下限相等时，最优区间退化为一个点，函数图像退化为三角形。

$$z_{ij}=\begin{cases}1-(x_j^{\ 0}-x_{ij})/(x_j^{\ 0}-x_j'), & x_j'<x_{ij}<x_j^{\ 0}\\ 1, & x_j^{\ 0}\leqslant x_{ij}\leqslant x_j^{\ *}\\ 1-(x_{ij}-x_j^{\ *})/(x_j''-x_j^{\ *}), & x_j^{\ *}<x_{ij}<x_j''\\ 0, & 其他\end{cases}\tag{4.9}$$

例如，设研究生院的生师比最佳区间为[5，6]，$x_j'=2, x_j''=12$，则函数图像如图 4.3 所示。表 4.7 为某研究生院生师比属性值及其预处理后的属性值。

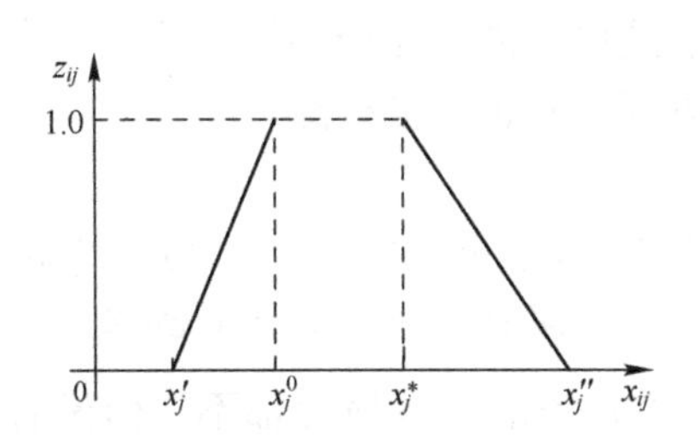

图 4.2　最优属性为区间时的数据处理

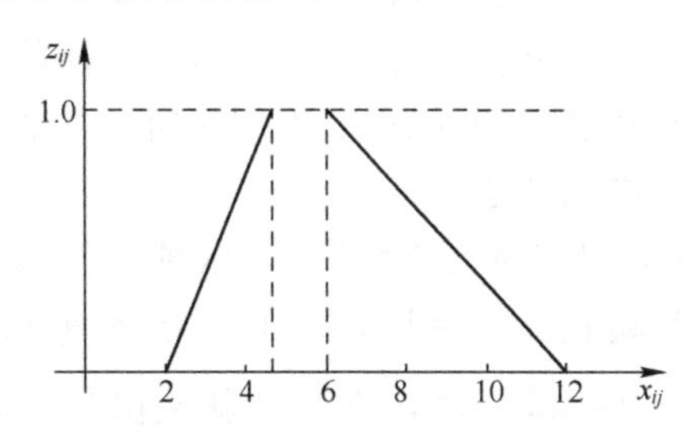

图 4.3　最优属性为区间时的数据处理

表 4.7　最优值为给定区间时的变换

方案	生师比 x_j	处理后 z_j
1	5	1.0000
2	7	0.8333
3	10	0.3333
4	4	0.6666
5	2	0.0000

4.2.2　方案筛选

当方案集 A 中方案的数量太多时，在使用多属性决策或评价方法进行正式评价之前应当尽可能筛除一些性能较差的方案，以减少评价的工作量。常用的方案预筛选方法有如下 3 种。

1．选优法

选优法又称优势法，是利用非劣解的概念（亦即优势原则）淘汰一批劣解：若方案集 $A=\{A_1,A_2,\cdots,A_m\}$ 中方案 A_i 与方案 A_k 相比时，方案 A_i 至少有一个属性值严格优于方案 A_k，而且方案 A_i 的其余所有属性值均不劣于方案 A_k，则称方案 A_i 比方案 A_k 占优势，或称方案 A_k 与方案 A_i 相比处于劣势；处于劣势的方案 A_k 可以从方案集 A 中删除。在从大批方案中选取少量方案时，可以先用选优法淘汰掉全部劣解。

用 $A_i \succ_{(j)} A_k$ 表示根据属性 f_j，方案 A_i 严格优于方案 A_k；$A_i \geqslant_{(j)} A_k$ 表示根据属性 f_j，方案 A_i 不劣于方案 A_k；$J=\{1,2,\cdots,n\}$ 为属性序号集。选优法可以用符号表述如下：

$A_i, A_j\in A$，若 $A_i \geqslant_{(j)} A_k$，$\forall j\in J$，且 $\exists j\in J$，使 $A_i \succ_{(j)} A_k$，则可删除 A_k

在用选优法淘汰劣解时，不必在各目标或属性之间进行权衡，不用对各方案的属性值进行预处理，也不必考虑各属性的权重。

2．满意值法

满意值法又称逻辑乘法（与门）。不失一般性，设各属性均为效益型。这种方法对每个属性都提供一个能够被接受的最低值，称为切除值，记作 $f_j^0(j=1,2,\cdots,n)$，只有当方案 A_i 的各属性值 x_{ij} 均不低于相应的切除值时，即 $x_{ij} \geqslant f_j^0, j=1,2,\cdots,n$ 均满足时，方案 A_i 才被保留；只要有一个属性值 $x_{ik} < f_j^0$，方案 A_i 就被删除。

使用该法的关键在于切除值的确定，切除值太高，可能被淘汰的方案太多；切除值太低，又会保留太多的方案。这种方法的主要缺点是属性之间完全不能补偿，一个方案的某个属性值只要稍稍低于切除值，其他属性值再好，它也会被删除。

3．逻辑和法

逻辑和法意为“或门”，这种方法与满意值法的思路正好相反，它为每个属性规定一个阈值 $f_j^*(j=1,2,\cdots,n)$，方案 A_i 只要有某一个属性的值 x_{ij} 优于阈值 f_j^*，即 $x_{ij} \geqslant f_j^*, j=1,2,\cdots,n$，方案 A_i 就被保留。显然这种方法不利于各属性都不错但没有特长的方案，但是可以用来保留某个方面特别出色的方案。逻辑和法往往作为满意值法的补充，两者结合使用。例如先用满意值法删除一批方案；在被删除的方案中再用逻辑和法挑选出若干方案参加综合评价。

上面介绍的这些方法可以用于初始方案的预选，但是都不能用于方案排序，因为它们都无法量化方案的优先程度。以下介绍的多属性决策方法可以对各方案进行排序，从而便于决策者优选满意解。

4.3　多属性权值的确定

多属性决策问题的特点也是求解的难点，在于目标间的矛盾性和各目标的属性值不可公度，求解多属性决策问题时需要解决这两个难点。其中不可公度性可通过属性矩阵的规范化得到部分解决，但这些规范化方法无法反映目标的重要性。为解决各目标之间的矛盾性需要引入权（weight）这一概念。权是目标重要性的度量，即衡量目标重要性的手段，它反映以下几个因素：①决策者对目标的重视程度；②各目标属性值的差异程度；③各目标属性值的可靠程度。权应当综合反映 3 种因素的作用，而且利用权，可以通过各种方法将多目标决策问题转化为单目标决策问题来求解。

4.3.1　构建比较判断矩阵

在目标较多时，决策者往往难以直接确定每个目标的权重。因此，通常的做法首先由决策者对目标的重要性进行成对比较（两两目标比较），设有 n 个目标，则需比较 $C_n^2=\frac{1}{2}n(n-1)$ 次。把第 i 个目标对第 j 个目标的相对重要性记为 σ_{ij}，$\sigma_{ij} \approx w_i / w_j$，表示目标 i 的权 w_i 和目标 j 的权值 w_j 之比的近似值，n 个目标成对比较的结果为矩阵 $\boldsymbol{A}$。

$$\boldsymbol{A}=\begin{pmatrix} a_{11} & a_{12} & \cdots & a_{1n} \\ a_{21} & a_{22} & \cdots & a_{2n} \\ \vdots & \vdots & & \vdots \\ a_{n1} & a_{n2} & \cdots & a_{nn} \end{pmatrix} \approx \begin{pmatrix} w_1/w_1 & w_1/w_2 & \cdots & w_1/w_n \\ w_2/w_1 & w_2/w_2 & \cdots & w_2/w_n \\ \vdots & \vdots & & \vdots \\ w_n/w_1 & w_n/w_2 & \cdots & w_n/w_n \end{pmatrix} \tag{4.10}$$

为了便于比较第 i 个目标相对第 j 个目标的重要性，即给出 a_{ij} 的值，Saaty 于 1980 年根据人们的认知习惯和判断能力给出了属性间相对重要性等级表，如表 4.8 所列，利用该表取 a_{ij} 的值，方法虽然粗略，但有一定的实用价值。

该比较判断矩阵 $\boldsymbol{A}$ 具有如下性质：① $a_{ij}>0$；② $a_{ij}=1/a_{ji}, i,j=1,2,\cdots,n$；③ $a_{ii}=1$。称 $\boldsymbol{A}$ 为正互反矩阵。

表 4.8　目标重要性判断矩阵 $\boldsymbol{A}$ 中元素的取值

标度 a_{ij}	定　义
1	i 目标与 j 目标同等重要
2	i 目标比 j 目标略微重要
5	i 目标比 j 目标重要
7	i 目标比 j 目标明显重要
9	i 目标比 j 目标绝对重要
2,4,6,8	以上两判断之间的中间状态对应的标度值

4.3.2　特征向量法权值确定

设各目标的权值向量为 $\boldsymbol{w}=[w_1 \quad w_2 \quad \cdots \quad w_n]^{\mathrm{T}}$，则由式（4.10），得

$$\boldsymbol{A}\boldsymbol{w} \approx \begin{pmatrix} w_1/w_1 & w_1/w_2 & \cdots & w_1/w_n \\ w_2/w_1 & w_2/w_2 & \cdots & w_2/w_n \\ \vdots & \vdots & & \vdots \\ w_n/w_1 & w_n/w_2 & \cdots & w_n/w_n \end{pmatrix} \begin{bmatrix} w_1 \\ w_2 \\ \vdots \\ w_n \end{bmatrix} \approx n \begin{bmatrix} w_1 \\ w_2 \\ \vdots \\ w_n \end{bmatrix} \tag{4.11}$$

即

$$(\boldsymbol{A}-n\boldsymbol{I})\boldsymbol{w} \approx \boldsymbol{0} \tag{4.12}$$

式中：$\boldsymbol{I}$ 为单位矩阵，如果目标重要性判断矩阵 $\boldsymbol{A}$ 中的值估计准确，上式严格等于 0（n 维零向量），$\boldsymbol{A}\boldsymbol{w}=n\boldsymbol{w}$，矩阵 $\boldsymbol{A}$ 的最大特征值 $\lambda_{\max}=n$；如果 $\boldsymbol{A}$ 的估计不够准确，则 $\boldsymbol{A}$ 中元素小的摄动意味着特征值的小的摄动，从而有

$$\boldsymbol{A}\boldsymbol{w}=\lambda_{\max}\boldsymbol{w} \tag{4.13}$$

由式（4.13）可以求得特征向量即权向量 $\boldsymbol{w}=[w_1,w_2,\cdots w_n]^{\mathrm{T}}$，这种方法称为特征向量法。

但是，利用上式需要解 n 次方程，当 $n\geqslant3$ 时计算比较麻烦，可以利用 Saaty 给出的下面两种近似方法计算特征根 $\lambda_{\max}$ 和特征向量 $\boldsymbol{w}$。这种近似算法的精度相当高，误差在 10^{-3} 数量级。

1．和法

$\boldsymbol{A}$ 中每一列元素归一化并按行相加：

$$w_i^* = \sum_{j=1}^{n}\left(\frac{a_{ij}}{\sum_{k=1}^{n} a_{kj}}\right), \quad i=1,2,\cdots,n \tag{4.14}$$

归一化后得到权重：

$$w_i = w_i^* / \sum_{i=1}^{n} w_i^*, i = 1,2,\cdots,n \tag{4.15}$$

$\boldsymbol{A}$ 中每列元素求和：

$$s_j = \sum_{i=1}^{n} a_{ij}, j = 1,2,\cdots,n \tag{4.16}$$

计算 $\lambda_{\max}$ 的值：

$$\lambda_{\max} = \sum_{i=1}^{n} w_i s_i \tag{4.17}$$

2．方根法

$\boldsymbol{A}$ 中每行元素连乘并开 n 次方：

$$w_i^* = \sqrt[n]{\prod_{j=1}^{n} a_{ij}}, i = 1,2,\cdots,n \tag{4.18}$$

归一化后得到权重：

$$w_i = w_i^* / \sum_{i=1}^{n} w_i^*, i = 1,2,\cdots,n \tag{4.19}$$

$\boldsymbol{A}$ 中每列元素求和：

$$s_j = \sum_{i=1}^{n} a_{ij}, j = 1,2,\cdots,n \tag{4.20}$$

计算 $\lambda_{\max}$ 的值：

$$\lambda_{\max} = \sum_{i=1}^{n} w_i s_i \tag{4.21}$$

4.3.3 一致性检验

上述由两两比较得到的比较判断矩阵 $\boldsymbol{A}$ 是根据决策者的主观判断得到的，这种比较可能不准确，也可能不一致。例如，决策者虽然认为第一个目标的重要性是第二个目标重要性的 3 倍，第二个目标的重要性是第三个目标的 2 倍，但他并不一定认为第一个目标的重要性是第三个目标的 6 倍。也就是说矩阵 $\boldsymbol{A}$ 的元素不一定具有传递性，即未必有：$a_{ij} \cdot a_{jk} = a_{ik}, i,j,k = 1,2,\cdots,n$，这将导致特征值及特征向量也有偏差。

若决策者能够准确估计，则 $a_{ij} \cdot a_{jk} = a_{ik}, i,j,k = 1,2,\cdots,n$ 成立，则称 $\boldsymbol{A}$ 为一致性矩阵。一致性矩阵的含义是：假设 a_1 与 a_2 之比为 1∶2，a_1 与 a_3 之比为 4∶1，那么 a_2 与 a_3 之比应为 8∶1 而不是 7∶1，才能说明成对比较是一致的，但是 n 个因素要作 $\frac{n(n-1)}{2}$ 次成对比较，全部一致的要求太苛刻了，因此不必过于强求这种一致性。但是若出现 a_1 比 a_2 强，a_2 比 a_3 强，而 a_3 又比 a_1 强这样的判断是违反常识的，因此又要求比较判断大体上的一致性，所以需要进行一致性检验。

可以证明 n 阶矩阵 $\boldsymbol{A}$ 的最大特征根 $\lambda_{\max} \geqslant n$，而当 $\lambda_{\max} = n$ 时 $\boldsymbol{A}$ 是一致性矩阵，这意

味着矩阵 $\boldsymbol{A}$ 是一致性矩阵的充要条件是 $\boldsymbol{A}$ 的最大特征值 $\lambda_{\max}=n$，$\lambda_{\max}$ 比 n 越大，$\boldsymbol{A}$ 的不一致性程度就越严重，用特征向量作为权向量引起的偏差也就越大。因而可以用 $\lambda_{\max}-n$ 数值的大小来衡量 $\boldsymbol{A}$ 的不一致程度。由此定义一致性指标

$$\mathrm{CI}=\frac{\lambda_{\max}-n}{n-1} \tag{4.22}$$

$\mathrm{CI}=0$ 时，$\boldsymbol{A}$ 为一致性矩阵；CI 越大 $\boldsymbol{A}$ 的不一致程度越严重。

一般说来，成对比较的因素越多，保持所有成对比较的一致性就越困难，即 CI 的值与阶数 n 有关，因此单纯用 CI 定义一致性的满意程度是不严格的，不足以给出一个与 n 无关的关于 $\boldsymbol{A}$ 的不一致程度的度量。为了确定 $\boldsymbol{A}$ 的不一致程度的容许范围，需要找出衡量 $\boldsymbol{A}$ 的一致性指标 CI 的标准，故引入随机一致性指标 RI，数值如表 4.9 所列。

表 4.9　n 阶矩阵的随机指标 m 和相应的临界特征值

n	2	3	4	5	6	7	8	9	10
RI	0.00	0.58	0.90	1.12	1.24	1.32	1.41	1.45	1.49
$\lambda'_{\max}$		3.116	4.27	5.45	6.62	7.79	8.99	10.16	11.34

表中 $n=1,2$ 时，RI=0，因为 1，2 阶的正互反阵总是一致阵。对于 $m\geqslant 3$ 的成对比较矩阵 $\boldsymbol{A}$，定义一致性比率 CR，当

$$\mathrm{CR}=\frac{\mathrm{CI}}{\mathrm{RI}}<0.1 \tag{4.23}$$

时可认为 $\boldsymbol{A}$ 中 $a_{ij}(i,j=1,2,\cdots,n)$ 的估计基本一致，这时用特征向量法求得的 $\boldsymbol{w}$ 可以作为 n 个目标的权。否则必须重新进行成对比较，对 $\boldsymbol{A}$ 加以调整，直到具有满意的一致性为止。由 CR＝0.1 和表 4.9 中的 RI 值，用式（4.18）和式（4.19）可以求得与 n 相应的临界特征值：

$$\lambda'_{\max}=\mathrm{CI}\cdot(n-1)+n=\mathrm{CR}\cdot\mathrm{RI}(n-1)+n=0.1\cdot\mathrm{RI}\cdot(n-1)+n \tag{4.24}$$

由式（4.24）算得的 $\lambda'_{\max}$ 见表 4.9 最后一行。一旦从矩阵 $\boldsymbol{A}$ 求得的最大特征值 $\lambda_{\max}$ 大于 $\lambda'_{\max}$，说明决策者所给出的矩阵 $\boldsymbol{A}$ 中各元素的 a_{ij} 一致性太差，不能通过一致性检验，需要决策者仔细斟酌，调整矩阵 $\boldsymbol{A}$ 中元素 a_{ij} 的值后重新计算 $\lambda_{\max}$，直到 $\lambda_{\max}$ 小于 $\lambda'_{\max}$ 为止。

4.4　多属性决策方法

4.4.1　一般加权和法

利用 4.3 节介绍的方法确定多属性权值后，可以利用加权和法求解多属性决策问题，即求取各方案的优劣次序，基本步骤如下：

（1）属性表规范化，得 $z_{ij},i=1,\cdots,m;\ j=1,\cdots,n$。

（2）确定各指标的权系数 $w_j,j=1,\cdots,n$。

（3）令

$$C_i = \sum_{j=1}^{n} w_j z_{ij} \tag{4.25}$$

根据指标 C_i 的大小排出方案 $A_i\ (i=1,\cdots,m)$ 的优劣。

例 4.4 用加权和法求解表 4.10 所列的决策表，设决策者设定的各属性权重分别为 0.2，0.3，0.4，0.1，则可得各属性的处理结果及加权和 $C_i = \sum_{j=1}^{n} w_j z_{ij}$，如表 4.11 最后一列所列。

表 4.10 决策表

方案	$z_1(y_1)$	$z_2(y_2)$	$z_3(y_3)$	$z_4(y_4)$
1	0.0357	1.0000	1.0000	0.0000
2	0.0714	0.8333	0.8000	0.5319
3	0.2143	0.3333	0.2520	0.3617
4	0.1071	0.6666	0.6000	0.1702
5	1.0000	0.0000	0.0568	0.7447

表 4.11 加权和法的求解结果

i \ j	$z_1(y_1)$	$z_2(y_2)$	$z_3(y_3)$	$z_4(y_4)$	C_i
1	0.0357	1.0000	1.0000	0.0000	0.7071
2	0.0714	0.8333	0.8000	0.5319	0.6375
3	0.2143	0.3333	0.2520	0.3617	0.2797
4	0.1071	0.6666	0.6000	0.1702	0.4784
5	1.0000	0.0000	0.0568	0.7447	0.2972

由表 4.11 可知，方案集 X 中各方案的排序为 $x_1 \succ x_2 \succ x_4 \succ x_5 \succ x_3$。而方案 x_5 之所以比 x_3 优，是因为方案 x_5 的属性 1 远比方案 x_3 的优。

例 4.5 假设有 6 批目标 P1～P6 对舰艇编队进行空袭，空袭目标属性见表 4.12，试对这些空中目标对舰艇编队的威胁程度进行评估排序。

表 4.12 空袭目标属性表

属性	P1	P2	P3	P4	P5	P6
类型	空地导弹	轰炸机	武装直升机	战术导弹	轰炸机	武装直升机
速度/（m/s）	1200	420	100	2000	480	80
相对方位角/（°）	30	130	45	3	18	9
距离/km	200	290	120	300	200	100
高度/km	180	100	120	40	90	130

（1）目标类型威胁量化值。对于目标类型威胁定性属性采用如表 4.13 所列的 9 级量化理论进行量化。

表 4.13　目标类型威胁量化表

目标类型	量化值	威胁程度
不明机、假目标、诱饵	1	极小
	2	非常小
小型机、直升机、侦察机	3	较小
	4	小
歼轰机、指挥机	5	中
巡航导弹、隐身飞机、大轰炸机	6	大
	7	较大
空地导弹、反辐射导弹为	8	非常大
战术弹道导弹（TBM）	9	极大

假设众多来袭目标可以分为 M 个，第 M 个目标的类型威胁程度记为 y_{m1}，$m=1,\cdots,M$。y_{m1}的取值范围为 1～9，得其属性矩阵为$(y_{11},y_{21},\cdots,y_{M1})$，利用式

$$Z_{m1}=y_{m1}/y_{m1\max}\quad(m=1,2,\cdots,M) \tag{4.26}$$

进行归一化处理得到其决策矩阵。

（2）目标速度、高度、距离威胁量化值。

假设第 m 个目标的速度为 y_{m2}，高度为 y_{m3}，距离为 $y_{m4}(m=1,\cdots,M)$，y_{m2}、y_{m3}、y_{m4}的取值由雷达实测得到，所有目标属性矩阵分别为$(y_{12},y_{22},\cdots,y_{M2})$、$(y_{13},y_{23},\cdots,y_{M3})$、$(y_{14},y_{24},\cdots,y_{M4})$，分别利用

$$\begin{cases}Z_{m2}=y_{m2}/y_{m2\max}\quad(m=1,2,\cdots,M)\\Z_{m3}=y_{m3\min}/y_{m3}\quad(m=1,2,\cdots,M)\\Z_{m4}=y_{m4\min}/y_{m4}\quad(m=1,2,\cdots,M)\end{cases} \tag{4.27}$$

进行归一化处理得到其决策矩阵。

（3）目标相对方位角威胁量化值。

假设第 m 个目标的相对方位角为 y_{m5}，这里规定

$$y_{m5}=\begin{cases}9 & 0^\circ\leqslant\beta\leqslant5^\circ\\8 & 5^\circ<\beta\leqslant10^\circ\\7 & 10^\circ<\beta\leqslant40^\circ\\6 & 40^\circ<\beta\leqslant60^\circ\\5 & 60^\circ<\beta\leqslant80^\circ\\4 & 80^\circ<\beta\leqslant90^\circ\\3 & 90^\circ<\beta\leqslant120^\circ\\2 & 120^\circ<\beta\leqslant150^\circ\\1 & 150^\circ<\beta\leqslant180^\circ\end{cases} \tag{4.28}$$

得其属性矩阵为$(y_{15},y_{25},\cdots,y_{M5})$，利用式

$$Z_{m5}=y_{m5}/y_{m5\max}\quad(m=1,2,\cdots,M) \tag{4.29}$$

进行归一化处理得到其决策矩阵。

经过上述步骤，对表 4.12 中属性数据进行归一化处理得表 4.14。

表 4.14 属性数据归一化值

属性	P1	P2	P3	P4	P5	P6
类型	0.89	0.57	0.33	1	0.57	0.33
速度	0.6	0.21	0.05	1	0.24	0.04
相对方位角	0.72	0.22	0.67	1	0.79	0.89
距离	0.5	0.34	0.83	0.3	0.5	1
高度	0.22	0.4	0.3	1	0.44	0.31

确定各属性权值

$$\boldsymbol{A}=\begin{pmatrix} 1.0000 & 4.0000 & 5.0000 & 9.0000 & 8.0000 \\ 0.2500 & 1.0000 & 4.0000 & 5.0000 & 5.0000 \\ 0.2000 & 0.2500 & 1.0000 & 0.3333 & 1.0000 \\ 0.1111 & 0.2000 & 3.0000 & 1.0000 & 2.0000 \\ 0.1250 & 0.2000 & 1.0000 & 0.5000 & 1.0000 \end{pmatrix}$$

得 $\lambda_{\max}$=5.3757，满足一致性要求。可得权重为

$$(0.9014 \quad 0.3903 \quad 0.0928 \quad 0.1413 \quad 0.0809)$$

对决策矩阵进行加权求和得：1.192，0.697，0.521，1.508，0.787，0.562。所以 P4>P1>P5>P2>P6>P3。

采用多属性决策方法进行目标威胁程度估计并排序，考虑了影响威胁程度的各种因素，所得的排序结果解决了目标威胁程度估计问题，为目标分配决策提供了依据。

加权和法由于其简单、明了、直观，是人们最常使用的多属性决策方法。采用加权和法的关键在于确定指标体系并设定各最低层指标的权系数，有了指标体系就可以设法利用统计数据或专家打分给出属性值表；有了权系数，具体的计算和排序就十分简单了。正因如此，以往的各种实际评估过程中总是把相当大的精力和时间用在确定指标体系和设定权上。

加权和法常常被人们不适当地使用，这是因为许多人并不清楚：使用加权和法意味着承认如下假设：

（1）指标体系为树状结构，即每个下级指标只与一个上级指标相关联。

（2）每个属性的边际价值是线性的（优劣与属性值大小成比例），每两个属性都是相互价值独立的。

（3）属性间的完全可补偿性，即一个方案的某属性无论多差都可用其他属性来补偿。

事实上，这些假设往往都不成立。首先，指标体系通常是网状的，即至少有一个下级指标同时与两个或两个以上的上级指标相关联，也就是说某个属性可同时反映两个上级目标达到的程度；其次，属性的边际价值的线性常常是局部的，甚至有最优值为给定区间或点的情况存在，属性间的价值独立性条件也极难满足，至少是极难验证其满足；至于属性间的可补偿性通常只是部分的、有条件的。因此，使用加权和法要十分小心。不过，对网状指标体系，可以用层次分析法中的权重设定和网状指标的权重递推法设定

最低层权重；当属性的边际价值函数为非线性时可以用适当的数学方法进行数据预处理；属性间的不完全补偿性也可通过适当处理，例如用逻辑乘法预先删除具有不可补偿属性的方案等。只要认识到加权和法本身存在的种种局限性并采取相应的补救措施，则加权和法仍不失为一种简明而有效的多属性评价方法。

4.4.2 层次分析法

层次分析法（analytic hierarchy process，AHP）是由美国著名运筹学家 T.L.Saaty 等于 20 世纪 70 年代中期提出的，它是一种定性、定量分析相结合的多属性决策分析方法，能够将决策者的经验判断给予量化，特别适合于目标结构复杂且缺乏必要数据的情况。

AHP 解决多属性决策问题的基本思想是首先找到评价决策方案的准则（属性），并建立起一个递阶层次结构，然后通过两两比较判断的方式确定每一层次的各要素之间相对于上层某要素的相对重要性，给出相应的比较标度，构造比较判断矩阵。然后在递阶层次结构内进行合成以得到各要素相对于顶层总目标的重要性总排序。最后根据排序结果进行决策。一般可分为 4 个基本步骤：①建立递阶层次结构模型；②构造比较判断矩阵；③层次单排序及其一致性检验；④层次总排序及其一致性检验。AHP 的整个过程本质上体现了人的决策思维的基本特征，即分解、判断和综合。下面对每一步骤进行分析和说明。

1．建立递阶层次结构模型

首先把系统中需要考虑的各因素或问题按其属性分为若干个组。每一组作为一个层次，同一层次的元素作为准则对下一层次的某些因素起支配作用，这种由上而下的支配关系构造了一个递阶层次结构，这种递阶层次结构通常可划分为 3 个层次：

（1）目标层，表示解决问题的目标或理想结果。

（2）准则层，表示为实现预定目标所涉及的中间环节，它可以由衡量目标能否实现的评价准则及子准则组成。

（3）方案层，表示为实现目标可供选择的各项方案或措施。

图 4.4 所示为一种递阶层次结构模型，其准则层分为两个层次。

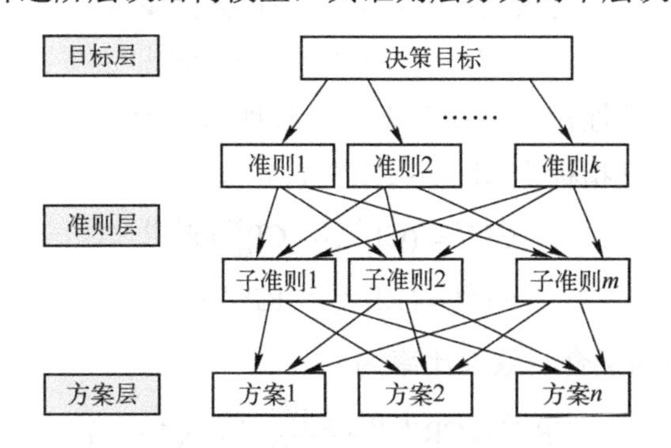

图 4.4　递阶层次结构模型

2．构造比较判断矩阵

建立递阶层次结构以后，上下层次之间因素的隶属关系就被确定了。以某一层次的

因素 C_k 作为准则，度量下一层次各个因素之间的重要性权重。由决策者利用表 4.8 构造矩阵 $\boldsymbol{A}$。设 a_{ij} 为因素 A_i 与因素 A_j 相对于准则 C_k 的重要性之比，则 n 个被比较的因素构成了一个两两成对比较判断矩阵 $\boldsymbol{A}=(a_{ij})_{n\times n}$。

3．求出层次单排序的权值向量，并进行一致性检验

（1）计算层次单排序的权值向量。用特征向量法求 $\lambda_{\max}$ 和 w。即利用 $\boldsymbol{Aw}=\lambda_{\max}\boldsymbol{w}$ 求得矩阵 $\boldsymbol{A}$ 的最大特征值和特征向量，分别表示 $\lambda_{\max}$ 以及权向量 $\boldsymbol{w}=[w_1,w_2,\cdots,w_n]^{\mathrm{T}}$。

（2）矩阵 $\boldsymbol{A}$ 的一致性检验。若最大特征值 $\lambda_{\max}$ 大于表 4.9 中给出的同阶矩阵相应的 $\lambda'_{\max}$ 时不能通过一致性检验，应该重新估计矩阵 $\boldsymbol{A}$，直到 $\lambda_{\max}$ 小于 $\lambda'_{\max}$ 通过一致性检验时，求得的 $\boldsymbol{w}$ 有效。

4．层次总排序及其一致性检验

AHP 最终要计算出最低层中各方案对于最高层（总目标）的相对重要性的排序权值，这个过程即为层次总排序。为了得到递阶层次结构中每层次中所有因素相对于总目标的排序权重向量，需把前一步计算的结果进行适当组合，以计算出总排序的相对权重向量，并进行层次（某一层）和结构（整个递阶层次结构）的一致性检验。在此，要由上而下逐层进行，最终得出最低层次因素即决策方案优先顺序的相对权重和整个递阶层次模型的判断一致性。

（1）组合权重计算：设第 k 层所有因素为 $A_1,A_2,\cdots,A_m$，该层相对于总目标的组合排序权值向量为 $\boldsymbol{a}^{(k)}=(a_1^{(k)},\cdots,a_m^{(k)})^T$，第 k+1 层所有因素为 $B_1,B_2,\cdots,B_n$，它们对于 $A_j,j=1,2,\cdots,m$ 的层次单排序权值向量为 $(W_{1j},\cdots,W_{nj})^{\mathrm{T}}$，记第 k+1 层所有因素相对于第 k 层所有因素的相对权值矩阵为 $\boldsymbol{W}^{(k+1)}=(W_{ij})_{n\times m}^{(k+1)}$（当第 k+1 层某因素与第 k 层某因素无关时，其相应的权值为零），则第 k+1 层相对于总目标的组合排序权值向量为

$$\boldsymbol{a}^{(k+1)}=\boldsymbol{W}^{(k+1)}\boldsymbol{a}^{(k)} \tag{4.30}$$

或

$$\boldsymbol{a}^{(k+1)}=\boldsymbol{W}^{(k+1)}\boldsymbol{W}^{(k)}\cdots\boldsymbol{W}^{(3)}\boldsymbol{a}^{(2)} \tag{4.31}$$

式中：$\boldsymbol{a}^{(2)}$ 为第 2 层因素相对于总目标的组合排序权值向量，$1\leqslant k\leqslant h-1$，$h$ 为层次数。

于是最低层（第 h 层）对最高层的组合排序权值向量为

$$\boldsymbol{a}^{(h)}=\boldsymbol{W}^{(h)}\boldsymbol{W}^{(h-1)}\cdots\boldsymbol{W}^{(3)}\boldsymbol{a}^{(2)} \tag{4.32}$$

（2）组合判断的一致性检验：设第 k 层一致性指标为 $\mathrm{CI}_1^{(k)},\cdots,\mathrm{CI}_m^{(k)}$，$m$ 是第 $k-1$ 层因素的数目，随机一致性指标为 $\mathrm{RI}_1^{(k)},\cdots,\mathrm{RI}_m^{(k)}$，定义

$$\mathrm{CI}^{(k)}=(\mathrm{CI}_1^{(k)},\cdots,\mathrm{CI}_m^{(k)})\boldsymbol{a}^{(k-1)} \tag{4.33}$$

$$\mathrm{RI}^{(k)}=(\mathrm{RI}_1^{(k)},\cdots,\mathrm{RI}_m^{(k)})\boldsymbol{a}^{(k-1)} \tag{4.34}$$

则第 k 层对第 1 层的组合一致性比率为

$$\mathrm{CR}^{(k)}=\mathrm{CR}^{(k-1)}+\frac{\mathrm{CI}^{(k)}}{\mathrm{RI}^{(k)}},k=3,4,\cdots,h \tag{4.35}$$

最后，当最低层对最高层的组合一致性比率 $\mathrm{CR}^{(h)}<0.1$ 时，认为整个层次结构的比较判断通过一致性检验。

AHP 的最终结果是得到各决策方案相对于总目标的优先顺序权重，并可给出这一组合权重所依据的整个递阶层次结构所有判断的总的一致性指标，据此做出决策分析。

例 4.6 层次分析法在 C^3I 系统总体方案选优中的应用。假设我们对某指挥控制系统设计了 3 个总体方案，并要从中找出较优的方案，选择这些方案的准则即决策目标有两类：一类是表示系统性能好坏的目标，称为性能目标；另一类是表示系统实现可能性的目标，称为实现目标。性能目标和实现目标对于方案选优同等重要，它们分别体现了系统性能优劣和实现的难易程度。其中性能目标包括 6 个：功能、可用性、可靠性、生存能力、可扩充性、设备利用情况；实现目标有 4 个：价格、进度、技术难易、设备进口还是国产。

解 利用层次分析法进行 C^3I 系统总体方案选优的步骤如下：

（1）确定系统的层次结构。根据上述情况与要求，可建立如图 4.5 所示的系统层次结构。

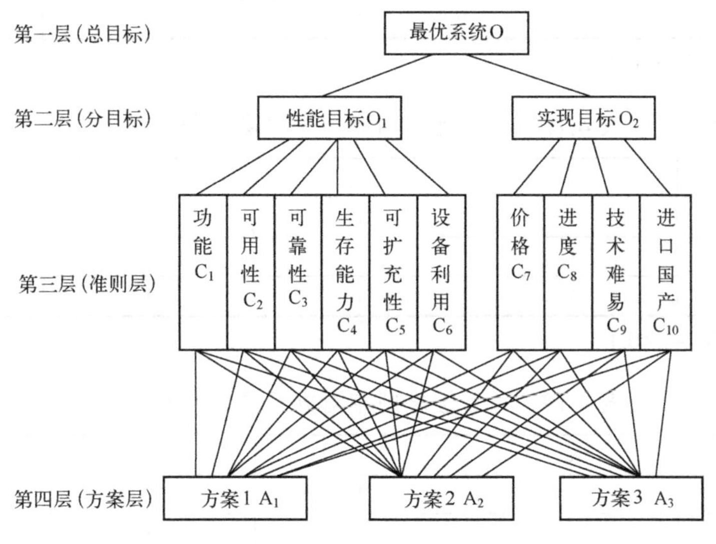

图 4.5 系统层次结构

（2）构造比较判断矩阵。假设性能目标和实现目标在 3 种方案中的评价结果如表 4.15、表 4.16 所列。

表 4.15 性能目标在 3 种方案中的评价结果

属性	方案 1	方案 2	方案 3
功能	能满足功能要求	能满足功能要求	能满足功能要求
可用性	能满足使用要求	能满足使用要求	能满足使用要求
可靠性/h	MTBF=460	MTBF=350	MTBF=270
生存能力	平均不瘫痪间隔时间 5 年	平均不瘫痪间隔时间 5 年	平均不瘫痪间隔时间 2.5 年
可扩充性	扩充很方便	扩充比较方便	扩充不方便
设备利用	不完全合理	合理	合理

表 4.16 实现目标在 3 种方案中的评价结果

属性	方案 1	方案 2	方案 3
价格/万元	1000	880	780
进度/年	3.5	3	4.5
技术难易	关键设备有技术难点	无特殊技术难点	技术较复杂
进口/国产	多数设备靠进口	关键设备靠进口	设备国产化

根据表 4.15 及表 4.16，以第三层（准则层）的要素为依据，对第四层（方案层）要素建立如表 4.17～表 4.26 所列的一组判断矩阵。

表 4.17 功能准则相对方案层的判断矩阵

C_1（功能）	A_1	A_2	A_3	W_i
A_1	1	1	1	1/3
A_2	1	1	1	1/3
A_3	1	1	1	1/3

CI=0，CI/RI=0<0.1

表 4.18 可用性准则相对方案层的判断矩阵

C_2（可用性）	A_1	A_2	A_3	W_i
A_1	1	1	1	1/3
A_2	1	1	1	1/3
A_3	1	1	1	1/3

CI=0，CI/RI=0<0.1

表 4.19 可靠性准则相对方案层的判断矩阵

C_3（可靠性）	A_1	A_2	A_3	W_i
A_1	1	3	5	0.637
A_2	1/3	1	3	0.258
A_3	1/5	1/3	1	0.105

CI=0.018333，RI=0.58，CI/RI=0.0316<0.1

表 4.20 生存能力准则相对方案层的判断矩阵

C_4（生存能力）	A_1	A_2	A_3	W_i
A_1	1	1	2	0.4
A_2	1	1	2	0.4
A_3	1/2	1/2	1	0.2

CI=0，CI/RI=0<0.1

表 4.21 可扩充性准则相对方案层的判断矩阵

C_5（可扩充性）	A_1	A_2	A_3	W_i
A_1	1	3	5	0.637

（续）

C_5（可扩充性）	A_1	A_2	A_3	W_i
A_2	1/3	1	3	0.258
A_3	1/5	1/3	1	0.105

CI=0.018333，RI=0.58，CI/RI=0.0316<0.1

表 4.22　设备利用准则相对方案层的判断矩阵

C_6（设备利用）	A_1	A_2	A_3	W_i
A_1	1	1/3	1/3	0.144
A_2	3	1	1	0.428
A_3	3	1	1	0.428

CI=0.0000286，RI=0.58，CI/RI<0.1

表 4.23　价格准则相对方案层的判断矩阵

C_7（价格）	A_1	A_2	A_3	W_i
A_1	1	1/2	1/3	0.163
A_2	2	1	1/2	0.297
A_3	3	2	1	0.54

CI=0.0046，RI=0.58，CI/RI=0.008<0.1

表 4.24　进度准则相对方案层的判断矩阵

C_8（进度）	A_1	A_2	A_3	W_i
A_1	1	1/2	3	0.31
A_2	2	1	5	0.58
A_3	1/3	1/5	1	0.11

CI=0.00186，RI =0.58，CI/ RI =0.00316<0.1

表 4.25　技术难易准则相对方案层的判断矩阵

C_9（技术难易）	A_1	A_2	A_3	W_i
A_1	1	1/5	1/3	0.105
A_2	5	1	3	0.637
A_3	3	1/3	1	0.258

CI=0.019，RI =0.58，CI/ RI =0.0332<0.1

表 4.26　进口/国产准则相对方案层的判断矩阵

C_{10}（进口/国产）	A_1	A_2	A_3	W_i
A_1	1	1/3	1/5	0.105
A_2	3	1	1/3	0.258
A_3	5	3	1	0.637

CI=0.019，RI =0.58，CI/ RI =0.0332<0.1

以下分析第三层（准则层）诸要素对第二层（分目标）的重要程度，建立判断矩阵。假设准则层诸要素对分目标的重要程度如表 4.27、表 4.28 所列。

表 4.27　准则层诸要素对性能目标的重要性排队等级

性能目标	功能 C_1	可用性 C_2	可靠性 C_3	生存能力 C_4	可扩充性 C_5	设备利用 C_6
排队等级	1	1	1	2	3	4

表 4.28　准则层诸要素对实现目标的重要性排队等级

实现目标	价格 C_7	进度 C_8	技术难易 C_9	进口/国产 C_{10}
排队等级	1	2	3	4

据此可以得到准则层诸要素相对于分目标的判断矩阵，如表 4.29、表 4.30 所列。

表 4.29　准则层诸要素相对于性能分目标的判断矩阵

O_1（性能目标）	C_1	C_2	C_3	C_4	C_5	C_6	W_i
C_1	1	1	1	3	5	7	0.2678
C_2	1	1	1	3	5	7	0.2678
C_3	1	1	1	3	5	7	0.2678
C_4	1/3	1/3	1/3	1	3	5	0.1118
C_5	1/5	1/5	1/5	1/3	1	3	0.055
C_6	1/7	1/7	1/7	1/5	1/3	1	0.03

CI=0.027，RI=1.24，CI/RI=0.022<0.1

表 4.30　准则层诸要素相对于实现分目标的判断矩阵

O_2（实现目标）	C_7	C_8	C_9	C_{10}	W_i
C_7	1	3	5	7	0.563
C_8	1/3	1	3	5	0.264
C_9	1/5	1/3	1	3	0.118
C_{10}	1/7	1/5	1/3	1	0.055

CI=0.0388，RI=1.24，CI/RI=0.0313<0.1

第二层（分目标）诸要素对第一层（总目标）来说同等重要，因此其权重为 0.5，0.5。

（3）计算权系数，进行一致性检验，检验结果满足一致性要求。

$$\mathrm{CR}^{(k)} = \mathrm{CR}^{(k-1)} + \frac{\mathrm{CI}^{(k)}}{\mathrm{RI}^{(k)}},\quad k = 3,4,\cdots,h$$

式中

$$\mathrm{CI}^{(k)} = (\mathrm{CI}_1^{(k)},\cdots,\mathrm{CI}_m^{(k)})a^{(k-1)},\quad \mathrm{RI}^{(k)} = (\mathrm{RI}_1^{(k)},\cdots,\mathrm{RI}_m^{(k)})\boldsymbol{a}^{(k-1)}$$

$$\boldsymbol{a}^{(k+1)} = \boldsymbol{W}^{(k+1)}\boldsymbol{a}^{(k)} = \boldsymbol{W}^{(k+1)}\boldsymbol{W}^{(k)}\cdots\boldsymbol{W}^{(3)}\boldsymbol{a}^{(2)}$$

$$\boldsymbol{a}^{(h)} = \boldsymbol{W}^{(h)}\boldsymbol{W}^{(h-1)}\cdots\boldsymbol{W}^{(3)}\boldsymbol{a}^{(2)}$$

第三层权重矩阵及一致性检验：

$$
\boldsymbol{W}^{(3)}=\begin{bmatrix}0.2678 & 0\\ 0.2678 & 0\\ 0.2678 & 0\\ 0.1118 & 0\\ 0.055 & 0\\ 0.03 & 0\\ 0 & 0.563\\ 0 & 0.264\\ 0 & 0.118\\ 0 & 0.055\end{bmatrix},\quad
\begin{aligned}
&\mathrm{CI}^{(3)}=[\mathrm{CI}_1^{(3)}\ \ \mathrm{CI}_2^{(3)}]\boldsymbol{a}^{(2)}=[0.027\quad 0.0388]\begin{bmatrix}0.5\\ 0.5\end{bmatrix}=0.0329\\
&\mathrm{RI}^{(3)}=[\mathrm{RI}_1^{(3)}\ \ \mathrm{RI}_2^{(3)}]\boldsymbol{a}^{(2)}=[1.24\quad 0.90]\begin{bmatrix}0.5\\ 0.5\end{bmatrix}=1.07\\
&\mathrm{CR}^{(3)}=\mathrm{CR}^{(2)}+\frac{0.0329}{1.07}=0.0307<0.1
\end{aligned}
$$

$$
\boldsymbol{a}^{(3)}=\boldsymbol{W}^{(3)}\cdot\boldsymbol{a}^{(2)}
$$

第四层权重矩阵及一致性检验：

$$
\boldsymbol{W}^{(4)}=\begin{bmatrix}1/3 & 1/3 & 0.637 & 0.455 & 0.637 & 0.144 & 0.163 & 0.31 & 0.105 & 0.105\\ 1/3 & 1/3 & 0.258 & 0455 & 0.258 & 0.428 & 0.297 & 0.58 & 0.637 & 0.258\\ 1/3 & 1/3 & 0.105 & 0.09 & 0.105 & 0.428 & 0.54 & 0.11 & 0.258 & 0.637\end{bmatrix}
$$

$$
\begin{aligned}
\mathrm{CI}^{(4)}&=[\mathrm{CI}_1^{(4)},\mathrm{CI}_2^{(4)},\cdots,\mathrm{CI}_{10}^{(4)}]\boldsymbol{a}^{(3)}\\
&=[0,0,\cdots,0.019][0.1389,0.1389,\cdots,0.0275]^{\mathrm{T}}=0.00622
\end{aligned}
$$

$$
\begin{aligned}
\mathrm{RI}^{(4)}&=[\mathrm{RI}_1^{(4)},\mathrm{RI}_2^{(4)},\cdots,\mathrm{RI}_{10}^{(4)}]\boldsymbol{a}^{(3)}\\
&=[0.58,0.58,\cdots,0.58][0.1389,0.1389,\cdots,0.0275]^{\mathrm{T}}=0.5887
\end{aligned}
$$

$$
\mathrm{CR}^{(4)}=\mathrm{CR}^{(3)}+\frac{\mathrm{CI}^{(4)}}{\mathrm{RI}^{(4)}}=0.0307+\frac{0.00622}{0.05887}=0.04<0.1
$$

（4）确定总体优先级，分析结果，做出评价和决策。

以下是方案层诸方案 A_i 经过准则层对分目标 O_j 的权重系数的计算结果。

$$
\boldsymbol{a}^{(4)}=\boldsymbol{W}^{(4)}\times\boldsymbol{W}^{(3)}\times\boldsymbol{a}^{(2)}=\begin{bmatrix}0.315\\ 0.3675\\ 0.3175\end{bmatrix}
$$

可见，最优方案为方案 2。

4.4.3 TOPSIS 法

TOPSIS（technique for order preference by similarity to ideal solution）是逼近理想解的排序方法。它借助多属性问题的理想解和负理想解对方案集中的各方案排序。

设一个多属性决策问题的备选方案集为 $\boldsymbol{X}=\{x_1,x_2,\cdots,x_m\}$，衡量方案优劣的属性向量为 $\boldsymbol{Y}=\{y_1,y_2,\cdots,y_n\}$；这时方案集 $\boldsymbol{X}$ 中的每个方案 $x_i(i=1,2,\cdots,m)$ 的 n 个属性值构成的向量是 $\boldsymbol{Y}_i=\{y_{i1},y_{i2},\cdots,y_{in}\}$，它作为 n 维空间中的一个点，能唯一地表征方案 x_i。

理想解 X^* 是一个方案集 $\boldsymbol{X}$ 中并不存在的虚拟的最佳方案，它的每个属性值都是决策矩阵中该属性的最好的值；而负理想解 x^0 则是虚拟的最差方案，它的每个属性值都是决策矩阵中该属性的最差的值。在 n 维空间中，将方案集 $\boldsymbol{X}$ 中的各备选方案 x_i 与理想解

X^*和负理想解x^0的距离进行比较，既靠近理想解又远离负理想解的方案就是方案集 X 中的最佳方案；并可以据此排定方案集X中各备选方案的优先次序。

用理想解求解多属性决策问题的概念简单，只要在属性空间定义适当的距离测度就能计算备选方案与理想解。TOPSIS 法所用的是欧几里得距离。至于既用理想解又用负理想解是因为在仅仅使用理想解时有时会出现某两个备选方案与理想解的距离相同的情况，为了区分这两个方案的优劣，引入负理想解并计算这两个方案与负理想解的距离，与理想解的距离相同的方案离负理想解远者为优。TOPSIS 法的思路可以用图 4.6 所示的两属性决策问题来说明，其中f_1和f_2为加权的规范化属性，均为效益型；方案集中有 6 个方案x_1到x_6，根据它们的加权规范化属性值标注在图中，并确定理想解X^*和负理想解x^0。图中的x_4与x_5与理想解X^*的距离相同，引入它们与负理想解x^0的距离后，由于x_4比x_5离负理想解x^0远，就可以区分两者的优劣了。

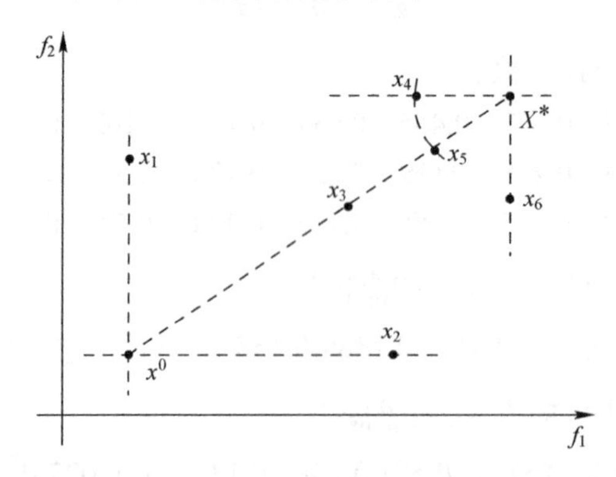

图 4.6　理想解和负理想解示意图

TOPSIS 法的具体算法如下：

步骤一，用向量规范化的方法求得规范决策矩阵。

设多属性决策问题的决策矩阵$\boldsymbol{Y}=\{y_{ij}\}$，规范化决策矩阵$\boldsymbol{Z}=\{z_{ij}\}$，则

$$z_{ij}=y_{ij}\Big/\sqrt{\sum_{i=1}^{m}y_{ij}^2},i=1,2,\cdots,m,j=1,2,\cdots,n \tag{4.36}$$

步骤二，构成加权规范阵$\boldsymbol{X}=\{x_{ij}\}$。

设由决策者给定$\boldsymbol{w}=\{w_1,w_2,\cdots,w_n\}^{\mathrm{T}}$，则

$$x_{ij}=w_j\cdot z_{ij}\ ,\quad i=1,2,\cdots,m,j=1,2,\cdots,n \tag{4.37}$$

步骤三，确定理想解X^*和负理想解x^0。

设理想解X^*的第j个属性值为x_j^*，负理想解x^0第j个属性值为x_j^0，则

$$\text{理想解}\ x_j^*=\begin{cases}\max\limits_i x_{ij}, & j\text{为效益型属性}\\ \min\limits_i x_{ij}, & j\text{为成本型属性}\end{cases}\quad j=1,2,\cdots,n$$

$$\text{负理想解}\ x_j^0=\begin{cases}\max\limits_i x_{ij}, & j\text{为成本型属性}\\ \min\limits_i x_{ij}, & j\text{为效益型属性}\end{cases}\quad j=1,2,\cdots,n$$

步骤四，计算各方案到理想解与负理想解的距离。

备选方案 x_i 到理想解的距离为

$$d_i^* = \sqrt{\sum_{j=1}^{n}(x_{ij} - x_j^*)^2}, i = 1,2,\cdots,m \tag{4.38}$$

备选方案 x_i 到负理想解的距离为

$$d_i^0 = \sqrt{\sum_{j=1}^{n}(x_{ij} - x_j^0)^2}, i = 1,2,\cdots,m \tag{4.39}$$

步骤五，计算各方案的排队指示值（综合评价指数）。

$$C_i^* = d_i^0 / (d_i^0 + d_i^*), i = 1,2,\cdots,m \tag{4.40}$$

步骤六，按 C_i^* 由大到小排列方案的优劣次序。

例 4.7 根据表 4.31 给出的某向量规范化属性矩阵，前 3 个属性为效益型，第 4 个属性为成本型，对 5 个方案进行排序。

表 4.31 经向量规范化后的属性矩阵

方案	$z_1(y_1)$	$z_2(y_2)$	$z_3(y_3)$	$z_4(y_4)$
1	0.0346	0.6666	0.6956	0.6482
2	0.0693	0.5555	0.5565	0.3034
3	0.2078	0.2222	0.1753	0.4137
4	0.1039	0.4444	0.4174	0.5378
5	0.9695	0.0000	0.0398	0.1655

解 第一步已完成。

第二步，设权向量为 $\boldsymbol{w} = \{0.2, 0.3, 0.4, 0.1\}$，得加权的向量规范化属性矩阵如表 4.32 所列。

表 4.32 加权的向量规范化属性矩阵

方案	z_1'	z_2'	z_3'	z_4'
1	0.00692	0.20000	0.27824	0.06482
2	0.01386	0.16667	0.22260	0.03034
3	0.04156	0.66667	0.07012	0.04137
4	0.02079	0.13333	0.16696	0.05378
5	0.19390	0.00000	0.15920	0.01655

第三步，得

理想解 X^* 为：（0.1939，0.2000，0.2782，0.01655）

负理想解 x^0 为：（0.00692，0.0000，0.01592，0.06482）

第四步，求各方案到理想点的距离 d_i^* 和负理想点的距离 d_i^0，如表 4.33 所列。

表 4.33 各方案到理想点和负理想点的距离

方案	d_i^*	d_i^0	C_i^*
1	0.1931	0.3298	0.6307
2	0.1918	0.4354	0.6577
3	0.2914	0.2528	0.4645
4	0.2197	0.2022	0.4793
5	0.6543	0.1931	0.2254

第五步，计算排队指示值 C_i^*（见表 4.33），由 C_i^* 值的大小可确定各方案的排序为

$$x_2 > x_1 > x_4 > x_3 > x_5$$

例 4.8 空中加油机驻地分配选择问题。空中加油机驻地分配选择，是指根据作战飞机或机群的需要，运用某种方法综合考虑各种影响因素，在诸多备选加油机驻地中选择一个或多个实施空中加油，从而合理使用空中加油兵力，提高空中加油效率。假定某空域内的战机需要空中加油。现有 4 个加油机驻地可供选择。应用 TOPSIS 法按 5 个指标：加油机驻地和加油点的距离 f_1，加油机可供油量 f_2，加油机的防卫能力 f_3，加油成功率 f_4，消耗费用 f_5（数据见表 4.34 和表 4.35）对不同驻地进行综合评价，以确定由哪一驻地实施空中加油任务。

表 4.34 空中加油机驻地分配选择原始数据

驻地编号	f_1	f_2	f_3	f_4	f_5
1	2000	20	高	一般	5.5
2	2500	25	低	高	6.5
3	2200	27	一般	很高	4.5
4	3000	25	一般	低	5.0

表 4.35 定性指标等级量化标准

指标类型	很低	低	一般	高	很高
正向指标	1	3	5	7	9
负向指标	9	7	5	3	1

解 设在空中加油机驻地分配选择决策中，有 m 个驻地方案和 n 种评价指标。w_j 是第 $j, j=1,2,\cdots,n$ 个指标的权重值（$0 \leqslant w_j \leqslant 1$ 且 $\sum_{n=1}^{n} w_j = 1$），$x_{ij}(i=1,2,\cdots,m; j=1,2,\cdots,n)$ 表示第 i 个驻地方案的第 j 个指标的评价值，则此问题的初始决策矩阵为 $(x_{ij})_{m\times n}$。

利用 TOPSIS 法对空中加油机驻地分配选择的步骤如下：

步骤一：用向量规范化的方法求得规范决策矩阵。

在决策指标中，f_2，f_3，f_4 是正向指标，f_1，f_5 是逆向指标，按表 4.35 的定性指标量化标准，将定性指标 f_3，f_4 进行量化处理，得到初始决策矩阵：

$$X=(x_{ij})_{m\times n}=\begin{pmatrix}2000 & 20 & 7 & 5 & 5.5\\ 2500 & 25 & 3 & 7 & 6.5\\ 2200 & 27 & 5 & 9 & 4.5\\ 3000 & 25 & 5 & 3 & 5.0\end{pmatrix}$$

采用向量规范化方法得到规范化决策矩阵为

$$Y=(y_{ij})_{m\times n}=\begin{pmatrix}0.4075 & 0.4100 & 0.6736 & 0.3904 & 0.5069\\ 0.5094 & 0.5126 & 0.2887 & 0.5466 & 0.5990\\ 0.4482 & 0.5536 & 0.4811 & 0.7028 & 0.4147\\ 0.6112 & 0.5126 & 0.4811 & 0.2343 & 0.4608\end{pmatrix}$$

由专家评价给出各指标的权重为

$$w=(0.2\quad 0.3\quad 0.1\quad 0.3\quad 0.1)$$

计算加权标准化矩阵，得

$$V=(v_{ij})_{m\times n}=(y_{ij}\times w_j)_{m\times n}=\begin{pmatrix}0.0815 & 0.1230 & 0.0674 & 0.1171 & 0.0507\\ 0.1019 & 0.1538 & 0.0289 & 0.1640 & 0.0599\\ 0.0896 & 0.1661 & 0.0481 & 0.2108 & 0.0415\\ 0.1222 & 0.1538 & 0.0481 & 0.0703 & 0.0461\end{pmatrix}$$

步骤二：求各方案到理想解和负理想解的距离。

由加权标准化矩阵确定理想解和负理想解分别为

$$V^+=\{v_1^+,v_2^+,v_3^+,v_4^+,v_5^+\}=\{0.0815,0.1661,0.0674,0.2108,0.0415\}$$

$$V^-=\{v_1^-,v_2^-,v_3^-,v_4^-,v_5^-\}=\{0.1222,0.1230,0.0289,0.0703,0.0599\}$$

计算各方案到理想解和负理想解的距离分别为

$$S_1^+=0.1035，\quad S_2^+=0.0677，\quad S_3^+=0.0209，\quad S_4^+=0.1482，$$

$$S_1^-=0.0736，\quad S_2^-=0.01007，\quad S_3^-=0.01529，\quad S_4^-=0.0388，$$

步骤三：计算相对贴近度并排序。

各方案的相对贴近度为

$$C_1^+=0.4156，\quad C_2^+=0.05980，\quad C_3^+=0.08798，\quad C_4^+=0.2076$$

所以各方案的排序结果为$C_3^+>C_2^+>C_1^+>C_4^+$，由排序结果知，应由驻地 3 实施空中加油任务，驻地 2 次之。

小　结

军事决策中往往决策目标需要考虑的决策因素有很多，这种情况下需要采用多准则决策方法。本章首先概要介绍多准则决策问题，包括多准则决策问题的特点、分类，多准则决策问题的数学描述；之后介绍几种多属性决策问题属性值的预处理方法，包括线性变换、标准 0-1 变换（极差变换）、向量规范化、最优值为给定区间时的变换，以及选优法、满意值法、逻辑和法 3 种方案筛选方法；接着介绍确定权值的两种常用方法：最小二乘法、特征向量法；最后介绍多属性决策的一般加权和法、层次分析法和 TOPSIS 法。

习　题

1．学校扩建问题。设某地区现有 6 所学校，由于无法完全容纳该地区适龄儿童，需要扩建其中的一所。在扩建时既要满足学生就近入学的要求，又要使扩建的费用尽可能低。经过调研，获得如表 4.36 所列的决策矩阵。试分别采用线性变换、标准 0-1 变换（极差变换）、向量规范化法对其进行规范化处理。

表 4.36　学校扩建问题的决策矩阵

学校序号	费用/（万元）	平均就读距离/km
1	60	1.0
2	50	0.8
3	44	1.2
4	36	2.0
5	44	1.5
6	30	2.4

2．研究生院评估问题。为了客观地评价我国研究生教育的实际状况和各研究生院的教学质量，国务院学位委员会办公室组织过一次研究生院的评估。为了取得经验，先选 5 所研究生院，收集有关数据资料进行了试评估。表 4.37 中给出几种典型属性和评估数据。设研究生院的生师比最佳区间为[5，6]，试分别采用线性变换、标准 0-1 变换（极差变换）、向量规范化、最优值为给定区间时的变换法对其进行规范化处理。

表 4.37　研究生院评估问题的决策矩阵

研究生院	人均专著/（本/人）	生师比	科研经费/万元	预期毕业率/%
1	0.1	5	5000	4.7
2	0.2	7	4000	2.2
3	0.6	10	1260	3.0
4	0.3	4	3000	3.9
5	2.8	2	284	1.2

3．用层次分析法分析摩步团选择主要突破口的决策问题，其层次结构如图 4.7 所示。

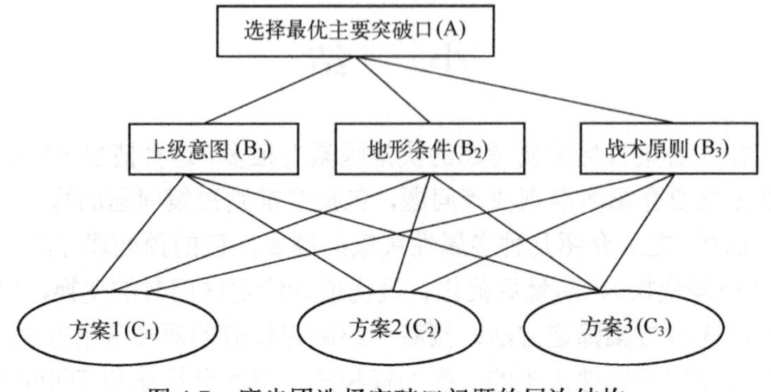

图 4.7　摩步团选择突破口问题的层次结构

（1）假设各方案（C_1，C_2，C_3）关于上级意图（准则 B_1）的比较判断矩阵如表 4.38 所列，求各方案（C_1，C_2，C_3）关于上级意图（准则 B_1）的权值。并进行一致性检验。

表 4.38　上级意图准则相对方案层的判断矩阵

上级意图（B1）	方案 1	方案 2	方案 3
方案 1	1	1/2	1/4
方案 2	2	1	1/2
方案 3	3	2	1

（2）假设第二层、第三层各因素的相对权重如表 4.39、表 4.40 所列，求各方案（C_1，C_2，C_3）关于第一层的组合权重值，并给出选择主要突破口的最优方案。

表 4.39　第三层各因素相对权重

因素	方案 1	方案 2	方案 3
上级意图	0.14	0.29	0.57
地形条件	0.2	0.3	0.5
战术原则	0.2	0.1	0.7

表 4.40　第二层各因素相对权重

目标	上级意图	地形条件	战术原则
选主要突破口	0.5	0.2	0.3

4. 用层次分析法分析阵地战中防御阵地的稳定性。设第一梯队阵地，纵深阵地，后方地域为阵地编成的主要阵地单元。设其递阶层次结构模型如图 4.8 所示。它们在阵地编成中的地位和对防御阵地稳定性的影响是不相同的，用层次分析法分析它们在阵地编成中的作用和对防御阵地稳定性的影响的相对重要性。

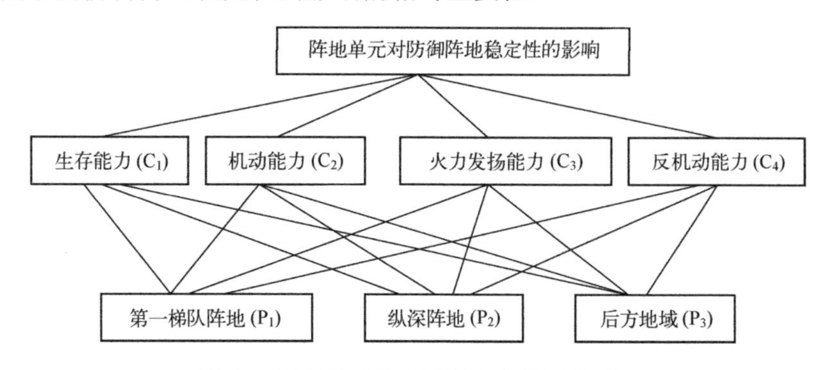

图 4.8　阵地战中防御阵地稳定性层次结构

设 O-C 层次的比较判断矩阵如表 4.41 所列。

表 4.41　O-C 层次的比较判断矩阵

O	C_1	C_2	C_3	C_4
C_1	1	3	3	7
C_2	1/3	1	1	2

（续）

O	C_1	C_2	C_3	C_4
C_3	1/3	1	1	2
C_4	1/7	1/2	1/2	1

C-P 层次的比较判断矩阵如表 4.42～表 4.45 所列。

表 4.42　C_1-P 层比较判断矩阵

C_1	P_1	P_2	P_3
P_1	1	3	5
P_2	1/3	1	3
P_3	1/5	1/3	1

表 4.43　C_2-P 层比较判断矩阵

C_2	P_1	P_2	P_3
P_1	1	1/5	1/3
P_2	5	1	3
P_3	3	1/3	1

表 4.44　C_3-P 层比较判断矩阵

C_3	P_1	P_2	P_3
P_1	1	1/5	7
P_2	5	1	9
P_3	1/7	1/9	1

表 4.45　C_4-P 层比较判断矩阵

C_4	P_1	P_2	P_3
P_1	1	3	5
P_2	1/3	1	3
P_3	1/5	1/3	1

计算各成对比较矩阵的最大特征根及对应的特征向量，并对它们的一致性进行检验。

第 5 章　冲突型决策理论与方法

随机性决策理论和方法只考虑客观存在的自然环境，自然环境即使有不确定性，往往也有一定的规律性，而在军事指挥决策领域中，决策者面对的不仅有客观存在的自然环境，而且往往面对活生生的竞争对手，对方会不断变化自己的策略，甚至会抓住己方的错误不放，还会对自己的行动意图时时保密，因此需要解决冲突环境下的决策问题。本章介绍冲突型决策问题的理论和方法，包括冲突型决策问题的数学描述，求解最优纯策略和最优混合策略的方法，最后介绍矩阵对策的一般解法。

5.1　冲突型决策问题的数学描述

对策论是军事运筹学中的重要理论方法，对于解决冲突决策问题具有优势，以下介绍对策论用于解决冲突型决策问题的理论和方法。

5.1.1　冲突型决策问题

对策论（game theory）也称为博弈论，研究的是两个以上存在利害冲突的决策者在冲突局势（或者竞争场合，以下同）中的决策行为，其在冲突中的得与失由各个决策者的决策联合确定。冲突局势是指抱有不同目的的双方或多方发生冲突时形成的局势。此时，每一方任何行动的结果均依赖于对方选取的行动方案，而每一方通常都不完全明了对方的行动和意图。对策是指决策者在竞争场合下作出的决策，或者说是参加竞争的各方为了使自己获胜而采取的对付另一方的策略。

对策论的奠基性著作是 1944 年出版并于 1947 年再版的冯·诺依曼（Von Neumann）与摩根斯特恩（Morgenstern）合著的《对策论与经济行为》一书，该书系统地建立了对策论的数学模型和理论体系，从而确立了这门新学科。

在军事、政治、经济、体育比赛中广泛存在竞争，因此对策论的应用非常广泛。如著名的“齐王田忌赛马”故事中就蕴含着深刻的对策论思想。《史记·孙子吴起列传》载：战国时期，齐威王与齐将田忌赛马，双方约定：各自出上、中、下 3 个等级的马，每匹马都要参赛一次且只赛一次，一共比赛 3 次，每次比赛后负者要付给胜者一千金。当时的形势是，齐王各等级的马均略优于田忌同等级的马，如依次按同等级的马对赛，田忌必连负三局。但孙膑给田忌谋划：以下马对齐王的上马，用中马对齐王的下马，用上马对齐王的中马。结果田忌二胜一负得一千金。这反映了在总的劣势条件下，以己之长击敌之短，以最小的代价换取最大胜利的古典运筹思想，也是对策论的最早渊源。

在军事领域中，对策论的应用价值从其一出现就受到高度重视。第二次世界大战期间，对策论被应用于飞机侦察潜水艇的活动、美军对日作战中作战方案的选定等战争实践中。美国著名的“思想库”兰德公司于 20 世纪 50 年代成立了强有力的对策论研究部门，利用对策论解决大规模杀伤武器出现后所带来的军事难题——核武器杀伤力太大以致不能用于达到所有传统战争的目的。他们应用对策论研究如何从政治、军事综合角度使用核武器的问题，曾对形成美国核政策的核心——发展打击军事力量的核武器起到很大作用。

以下给出对策论在第二次世界大战中的两个应用案例。

案例 5.1 美军活用对策论，巧选航线炸舰队

1943 年 2 月，美军得到情报，获悉日军将从新不列颠岛东岸的拉包尔港派出大型护航舰队驶往新几内亚莱城。美国西南太平洋空军司令肯尼将军奉命率部拦截轰炸这支日本舰队。从新不列颠岛到新几内亚有南北两条航线，航程都是 3 天。美军通过气象预报得知，近 3 天内北航线是阴雨天气，南航线则天气晴朗。在这种情况下，日本舰队会选择哪条航线呢？为此，美军准备派出侦察机进行搜索，力争尽早发现日本舰队。而参谋人员则运用运筹学原理，对搜索方案进行了预测。

设想一：日本舰队走北航线，搜索力量主要集中在北线。北线虽然天气差，但搜索力量集中，有可能在 1 天内发现日本舰队。从而争取 2 天的轰炸时间。

设想二：日本舰队走南航线，搜索力量仍主要集中在北线。南线天气虽好，便于搜索，但因主要力量集中在北线，南线只有很少飞机，要发现日本舰队也需要花费 1 天时间。轰炸时间仍是 2 天。

设想三：搜索力量主要集中在南航线，而日本舰队走北线。这样，由于北线只有很少飞机在很差的天气中搜索日本舰队，要发现目标得花费 2 天时间，轰炸时间则只剩下 1 天。

设想四：搜索力量集中在南航线，日本舰队也走南航线。这样，搜索飞机多，天气好，很快就能发现日本舰队，可争取到 3 天轰炸时间。

从美方来说，第四种设想情况最有利。就日本舰队来看，走北航线最适宜。但战争不是一厢情愿的事，双方都想趋利避害，应善料敌情，以敌之利来确定自己的对策，于是肯尼将军决定，把主要搜索力量集中使用在北航线上。

实际作战结果是，1943 年 3 月 1 日，日本舰队出现在北线，美军集中侦察兵力于北线，利用一天时间发现了敌人。3 月 2 日、3 日两天，美军对日军舰队进行了轰炸，日军 8 艘运输船、4 艘驱逐舰被击沉，运送的 7300 人中 3700 人丧生，火炮、车辆、军需物资全部损失，史称“俾斯麦海海战”。

案例 5.2 日军自杀机逞狂，美舰寻对策智避

1945 年初的太平洋战争中，日军为了挽救败局，由敢死队员驾驶一种装满炸弹或炸药的“神风”自杀飞机直撞美国军舰。美军舰船虽然加大了空中警戒和防空火力，但仍然损失了大批舰船，给美军舰队造成很大威胁。

为了寻求对付“神风”自杀飞机的对策，美国海军运筹人员搜集了 365 个战例，进行了统计分析，得到表 5.1。

表 5.1 日军自杀机攻击战例统计

美军舰船		大型舰船	小型舰船	总数
作机动	攻击次数	36	144	180
	舰船被击中百分比	22	36	33
	防空炮火击中飞机百分比	77	59	63

（续）

美军舰船		大型舰船	小型舰船	总数
不作机动	攻击次数	61	124	185
	舰船被击中百分比	49	26	34
	防空炮火击中飞机百分比	74	66	69

由统计分析结果可见：美军舰船有两个对策：一种是军舰机动，作急剧摆动和回避，以降低被冲撞率；另一种是不作机动，进行防空炮火主动攻击。对大型舰船，作机动时舰船被击中的百分比大幅下降，而机动与否基本上不影响防空效力。而对小型舰船，作机动时舰船被击中的百分比反而高于不作机动时，且机动会影响防空效力。因此美国海军采取以下措施：遇到自杀飞机时，大舰采取急剧的转向动作，小船缓慢地转向。

此外，他们进一步进行分析，以日机为对策一方，美舰为另一方：以高空和低空两种俯冲方式作为日机采取的两种策略，以作急剧摆动和不作急剧摆动为美舰可选择的两种对策，以日机冲撞成功率作为衡量各种策略的对策值，从而形成了一个对策矩阵。

从这一矩阵中发现日机由高空俯冲，美舰做急剧摆动时被击中率为 20%，不作急剧摆动则为 100%；日机由低空俯冲，美舰作急剧摆动和不作急剧摆动，冲撞的成功率基本上都是 57%。

对策结果表明：日机的最优策略是采取低空俯冲，因为无论美舰是否摆动，它都能取得 57%的冲撞成功率；作为美舰，它的最优策略是作急剧摆动，当日机从低空来袭，最多只有 57%的被击中率。而一旦日机攻击角度增大，就可能把冲撞成功率降低到 20%。

后来，美军运筹人员又用对策论进一步分析，发现小型军舰应缓慢地转弯，作“之”字形运动，而不应该急剧摆动以免影响防空武器射击精度；大型舰只横向发挥火力要比纵向好得多，因此应以横向迎战为好，但当日机低空来犯时，由于受日机攻击的横截面很大，因而此时应改为纵向迎战。美舰在以后作战中采用了运筹人员提出的这些最优对策，使日本自杀飞机对美舰的俯冲成功率很快下降到 27%。日军自杀飞机再没有一开始那样威风了。

5.1.2 对策问题的三要素

冲突型决策问题也称为对策问题，包含如下 3 个要素：

1．局中人

局中人是一场竞争中有决策权的参加者。如案例中的美军和日军，“齐王田忌赛马”中的齐王和田忌都是局中人。但要注意，无决策权、竞争结局的得失与其无关的不是局中人，如孙膑不是局中人。

局中人还可以理解为集体，竞争中利益完全一致的参加者可以看作一个局中人，如打桥牌虽有四人参加，但只能算两个局中人。

只有两个局中人的对策称为二人对策，多于两个局中人的对策称为多人对策。

2．策略

一局对策中，每个局中人为达到获胜的目的，都可采取多种不同的行动方案。我们把局中人的一个可行的、自始至终通盘筹划的行动方案，称为该局中人的一个策略。把局中人所有可能策略的全体称为该局中人的策略集合。

如果所有局中人可采取的策略都只有有限个，则此对策问题为有限对策；否则称为无限对策。对于有限对策，可以用如下形式表示局中人的策略集：

如果局中人甲有 m 个策略，构成策略集 $S_1=\{\alpha_1,\alpha_2,\cdots,\alpha_m\}$；

局中人乙有 n 个策略，构成策略集 $S_2=\{\beta_1,\beta_2,\cdots,\beta_n\}$。

注意，一个策略必须是自始至终贯穿全局的行动方案，并且能导致最终的胜负。如下象棋时的“当头炮”只是一个策略的组成部分，而不是一个策略。“齐王田忌赛马”中，齐王和田忌各自将三匹马排出一个比赛的先后次序就构成了一个策略，齐王有 6 个策略：α_1（上中下），α_2（上下中），α_3（中上下），α_4（中下上），α_5（下上中），α_6（下中上）。田忌也有类似的六个策略 $\beta_1,\beta_2,\cdots,\beta_6$。

3. 对策结果

对策结果一般用对策结束后每个局中人的支付或赢得表示。每个局中人从自己的策略集合里选出一个策略，组成的策略组，称为一个“局势”。对应于这个局势，局中人之间会有输赢得失，如甲选策略 α_i，乙选策略 β_j，得局势 (α_i,β_j)，这时判定甲赢得为 a_{ij}，或乙输 a_{ij}。这样，甲方的 m 个策略和乙方的 n 个策略之间的全部得失构成了一个矩阵 $\boldsymbol{A}=[a_{ij}]_{m\times n}$，此矩阵称为甲的赢得矩阵或乙的支付矩阵。

在很多情形下，若甲的赢得矩阵为 $\boldsymbol{A}=[a_{ij}]_{m\times n}$，则乙的赢得矩阵为 $[-a_{ij}]_{m\times n}$，甲乙双方的赢得之和为零，这种对策称为零和对策，否则称为非零和对策。

在上述三要素中，如果某个对策问题只有两个局中人甲和乙，且双方都只有有限个策略，它们的赢得之和为零，则称此对策问题为二人有限零和对策，也称为矩阵对策。矩阵对策是对策论的基础部分，也是目前理论系统较完善、有广泛应用的一部分，在军事应用中较为常见，因此下面介绍这类矩阵对策问题。

5.1.3 矩阵对策

矩阵对策问题可以用如下模型表示：其基本要素构成集合 $G=\{S_1,S_2,\boldsymbol{A}\}$，其中：$S_1=\{\alpha_1,\alpha_2,\cdots,\alpha_m\}$ 为局中人甲的策略集合，$S_2=\{\beta_1,\beta_2,\cdots,\beta_n\}$ 为局中人乙的策略集合，

$$\boldsymbol{A}=\begin{pmatrix} a_{11} & a_{12} & \cdots & a_{1n} \\ a_{21} & a_{22} & \cdots & a_{2n} \\ \vdots & \vdots & & \vdots \\ a_{m1} & a_{m2} & \cdots & a_{mn} \end{pmatrix}$$

为局中人甲的赢得矩阵（局中人乙的支付矩阵）。

矩阵对策可以用一张对策表或矩阵形式表示出来。

例 5.1 上述案例 5.1 的对策表如表 5.2 所列。

表 5.2 案例 5.1 的对策表

轰炸天数		日军策略	
		β_1（走北航线）	β_2（走南航线）
美军策略	α_1（北线侦察）	2 天	2 天
	α_2（南线侦察）	1 天	3 天

其矩阵对策模型为：$G=\{S_1,S_2,\boldsymbol{A}\}$，其中：美军的策略集为 $S_1=\{\alpha_1,\alpha_2\}$，日军的策

略集为$S_2=\{\beta_1,\beta_2\}$，美军的赢得矩阵（日军的支付矩阵）为

$$\begin{array}{c} \\ \alpha_1 \\ \alpha_2 \end{array}\begin{array}{c} \begin{array}{cc} \beta_1 & \beta_2 \end{array} \\ \begin{bmatrix} 2 & 2 \\ 1 & 3 \end{bmatrix} \end{array}$$

可见矩阵对策模型的建立，关键是两个局中人策略集的寻找及赢得矩阵的建立。

例 5.2 红方派出两架轰炸机 H_1 和 H_2 袭击蓝方阵地。轰炸机 H_1 在前面，H_2 在后面。两架轰炸机中，一架携带炸弹，执行轰炸任务，另一架执行护航任务。轰炸机在飞往目标的途中，将受到蓝方歼击机的攻击。如果歼击机对飞在前面的轰炸机 H_1 进行攻击，则歼击机将同时受到两架轰炸机的还击。如果歼击机对飞在后面的轰炸机 H_2 进行攻击，则歼击机将只遭到飞在后面的轰炸机 H_2 的还击。两架轰炸机的火炮装置是一样的，每架轰炸机的火炮击毁歼击机的概率为 $p_1=0.4$，歼击机在未被击毁的条件下击毁轰炸机的概率为 $p_2=0.9$。两架轰炸机的总任务是将炸弹携带到目标区，进行轰炸；歼击机的任务是击毁带炸弹的轰炸机。求红、蓝双方的最优策略及对策的值。

解 红方有两个策略：

α_1：轰炸机 H_1 携带炸弹；α_2：轰炸机 H_2 携带炸弹。

蓝方有两个策略：

β_1：歼击机攻击轰炸机 H_1；β_2：歼击机攻击轰炸机 H_2。

红方的赢得为携带炸弹的轰炸机不被击毁的概率。根据作战双方各种可能的策略组合，可以写出该冲突型决策问题的赢得矩阵为

$$\begin{array}{c} \\ \alpha_1 \\ \alpha_2 \end{array}\begin{array}{c} \begin{array}{cc} \beta_1 & \qquad\beta_2 \end{array} \\ \begin{bmatrix} 0.676 & 1 \\ 1 & 0.46 \end{bmatrix} \end{array}$$

其中

$$a_{11}=[1-(1-p_1)^2]+(1-p_1)^2(1-p_2)=0.676$$

表示红方命中蓝方（两架轰炸机之一或两架轰炸机都命中），或没有命中蓝方且蓝方也没有命中红方。

$$a_{22}=p_1+(1-p_1)(1-p_2)=0.46$$

表示红方 H_2 命中蓝方，或没有命中蓝方且蓝方也没有命中红方。

以上为冲突型决策问题的模型建立。研究对策论的目的是根据给定赢得矩阵求取最优策略及期望赢得，因此下面分几种情况介绍各个局中人最优策略的求取方法。

5.2 最优纯策略

5.2.1 最优纯策略的概念

当局中人只取自己策略集中的某个策略而不取其他策略时，这时的决策称为该局中人的一个纯策略。甲乙双方各取一个纯策略，构成的策略组称为一个纯局势。

在矩阵对策中，双方的利益完全对立。各方自己是有理性的，而且有理由认为对方

也是有理性的，那么理智的行为应当是采取一种不图侥幸、稳中求胜的策略，而不能指望敌人会犯错误。双方的最优纯策略即为这种考虑下得到的结果。

例 5.3 我军一个陆军师组织野战阵地防御，准备抗击敌一个加强摩步师的进攻。敌一个摩步师加强一个坦克团共有坦克 366 辆，准备在行进间对我师防御阵地发起进攻。我炮兵参谋根据首长决心提出 3 种方案供指挥员选择：

α_1：用主要火力打击敌坦克行进纵队，在远距离上消耗和迟滞敌人；

α_2：用主要火力打击敌榴弹炮，破坏敌炮火准备；

α_3：用主要火力首先歼灭敌火箭炮，破坏敌炮火准备，提高我反坦克兵器的生存能力。

另外，我炮兵参谋根据敌军炮兵火力运用原则．提出了对方可能采取的 3 种方案：

β_1：以 50%的火力压制我炮兵．以另外 50%的火力压制我前沿支撑点反坦克兵器；

β_2：以 30%的火力压制我炮兵，以另外 70%的火力压制我前沿支撑点反坦克兵器；

β_3：以全部火力压制我前沿支撑点反坦克兵器。

解 设矩阵对策 $G=\{S_1,S_2,\boldsymbol{A}\}$，我方的策略集为：$S_1=\{\alpha_1,\alpha_2,\alpha_3\}$；敌方的策略集为：$S_2=\{\beta_1,\beta_2,\beta_3\}$。

考虑战场态势，利用射击理论，算得炮火准备期间我方击毁敌军坦克数，作为我方赢得矩阵：

$$\begin{pmatrix} 53.99 & 49 & 41.7 \\ 55.9 & 52 & 46.2 \\ 58.7 & 56 & 51.9 \end{pmatrix}$$

双方稳中求胜的考虑为：

（1）若我选策略 α_1，考虑到最不利的情况，即敌选策略 β_3，此时我的赢得最少，为 41.7；

（2）若我选策略 α_2，考虑到最不利的情况，即敌选策略 β_3，此时我的赢得最少，为 46.2；

（3）若我选策略 α_3，考虑到最不利的情况，即敌选策略 β_3，此时我的赢得最少，为 51.9。

在 3 种最不利的情况中，相对来说，对我最有利的情况是选择 α_3，此时可以赢得 51.9。即双方的最优策略是（α_3，β_3），我方击毁敌坦克 V=51.9 辆。

对双方来说，就是在所有最不利的情况中，找出相对最有利的策略。具体地，对于甲方来说，就是在所有最少赢得中找出最大的赢得，此时他所采取的策略称为最大最小策略。显然最大最小策略是通过行中取小，各行取大得到的。记

$$\underline{V}=\max_i\left(\min_j a_{ij}\right) \tag{5.1}$$

称 $\underline{V}$ 为对策的最大最小值，当甲采用最大最小策略时，他的赢得不少于 $\underline{V}$。

同理，对于乙方来说，就是在所有最大支付中找出最小的支付，此时的策略称为最小最大策略，是通过列中取大，各列取小得到的。记

$$\overline{V}=\min_j\left(\max_i a_{ij}\right) \tag{5.2}$$

称$\overline{V}$为对策的最小最大值，当乙采用最小最大策略时，他的支付不多于$\overline{V}$。

总之，最大最小策略对甲方来说，是一个稳妥理智的策略；而最小最大策略对乙方来说，是一个稳妥理智的策略。

可以证明$\underline{V}\leqslant\overline{V}$，即甲的最小赢得小于或等于乙的最大支付，从道理上这是很容易理解的。当$\underline{V}=\overline{V}=a_{i^*j^*}$时，甲的最小赢得等于乙的最大支付。$a_{i^*j^*}$称为支付矩阵的一个鞍点，而纯局势$(\alpha_{i^*},\beta_{j^*})$称为对策$G$的鞍点，$V=\underline{V}=\overline{V}$称为对策的值，此时$\alpha_{i^*}$，$\beta_{j^*}$分别是局中人甲和乙的最优纯策略。

5.2.2 圈框法求最优纯策略

下面介绍一种搜索矩阵鞍点，从而求出最优纯策略或判断鞍点不存在的方法——圈框法。具体做法是：将支付矩阵中每一行的最小元素用“圆圈”圈住；对每一列的最大元素用“方框”框住。当“圆圈”、“方框”重合在一个元素上时，这个元素就是矩阵的鞍点，它也是矩阵对策的值V。该元素所在的行、列所对应的纯策略，分别是甲、乙双方的最优纯策略。

例 5.4 案例 5.1 中，美军的赢得矩阵（日军的支付矩阵）为

$$\begin{array}{c} \\ \alpha_1 \\ \alpha_2 \end{array}\begin{array}{c} \begin{array}{cc}\beta_1 & \beta_2\end{array} \\ \begin{bmatrix} 2 & 2 \\ 1 & 3 \end{bmatrix} \end{array}$$

判断双方是否有最优纯策略?

解 第一行的最小元素 2 用“圆圈”圈住；第二行的最小元素 1 用“圆圈”圈住；第一列的最大元素 2 用“方框”框住；第二列的最大元素 3 用“方框”框住。即

$$\begin{bmatrix} \boxed{\textcircled{2}} & \textcircled{2} \\ \textcircled{1} & \boxed{3} \end{bmatrix}$$

显然矩阵对策的值$V=2$，双方的最优纯策略分别为α_1和β_1，即日本舰队走北线，美军集中侦察兵力于北线，美军赢得 2 天的轰炸时间。这恰恰与历史上的实际作战结果相符合。

例 5.5 设矩阵对策$G=\{S_1,S_2,\boldsymbol{A}\}$，$S_1=\{\alpha_1,\alpha_2,\alpha_3,\alpha_4\}$，$S_2=\{\beta_1,\beta_2,\beta_3,\beta_4\}$，甲方赢得矩阵为

$$\boldsymbol{A}=\begin{bmatrix} 7 & \boxed{\textcircled{3}} & 5 & \boxed{\textcircled{3}} \\ \textcircled{0} & 1 & 6 & 2 \\ 4 & \boxed{\textcircled{3}} & \boxed{8} & \boxed{\textcircled{3}} \\ \textcircled{9} & 2 & \textcircled{0} & 1 \end{bmatrix}$$

解 显然该矩阵对策有鞍点，且鞍点不唯一，此时双方的最优纯策略不唯一。

对策值为$\underline{V}=\overline{V}=a_{12}=a_{14}=a_{32}=a_{34}=3$，$\alpha_1,\alpha_3$都是局中人甲的最优纯策略，$\beta_2,\beta_4$都是局中人乙的最优纯策略。

这个例子说明矩阵对策的鞍点不唯一，具有如下性质：

（1）无差别性：若$(\alpha_{i_1},\beta_{j_1})$、$(\alpha_{i_2},\beta_{j_2})$都是矩阵对策的鞍点，则必有$a_{i_1j_1}=a_{i_2j_2}=V$；

（2）可交换性：若$(\alpha_{i_1},\beta_{j_1})$、$(\alpha_{i_2},\beta_{j_2})$都是矩阵对策的鞍点，则$(\alpha_{i_1},\beta_{j_2})$、$(\alpha_{i_2},\beta_{j_1})$也一定是矩阵对策的鞍点。

需要注意的是，当矩阵对策存在鞍点时，双方既知道己方的最优策略，也知道对方的最优策略，此时任何一方都不能图侥幸而不使用自己的最优纯策略，这样做只会使自己遭受更大的损失。所以双方必须使用自己的最优纯策略，且无需保密。当然，在实际对抗中，如果一方已经知道对方的策略，则可有针对性地选择自己的策略，而不必拘泥于最优纯策略。

当$\underline{V}<\overline{V}$时，鞍点不存在，冲突型决策问题在纯策略意义下无解，此时需要考虑最优混合策略。

5.3 最优混合策略

5.3.1 最优混合策略的概念

例 5.6 假情报（伪装）问题。为了隐蔽我方目标，构筑两个相同的阵地 A_1 和 A_2，其中一个阵地配置了真目标，另一个为假目标。敌方不掌握何处是真目标的情报，因而可能向阵地 A_1 实施突击（以 B_1 表示），也可能向阵地 A_2 实施突击（以 B_2 表示）。我方任务是保存自己的目标，敌人的任务是毁伤我方目标。试给出关于合理选择阵地的建议，以保证保存我方目标的问题得到最好解决。

解 假设当敌方向某阵地实施突击时，位于该阵地的我方目标未被毁伤的概率由如下支付矩阵给出：

$$\begin{bmatrix} \textcircled{0.608} & \boxed{1} \\ \boxed{1} & \textcircled{0.44} \end{bmatrix}$$

利用上节介绍的求解最优纯策略的“圈框法”，发现该对策没有鞍点。

我方的最大最小值为$\underline{V}$=0.608；敌方的最小最大值为 1。此时$\underline{V}<\overline{V}$，不存在鞍点。

需要说明的是，当鞍点不存在时，双方都不存在最优纯策略，双方应交替地、不暴露行动计划地、随机地采用各种策略，才有可能得到最佳结果。这时双方存在最优混合策略。

定义 5.1（混合策略） 对于矩阵对策$G=\{S_1,S_2,\boldsymbol{A}\}$，$S_1=\{\alpha_1,\alpha_2,\cdots,\alpha_m\}$，$S_2=\{\beta_1,\beta_2,\cdots,\beta_n\}$，$\boldsymbol{A}=[a_{ij}]_{m\times n}$：

当局中人甲以概率 $x_1,x_2,\cdots,x_m\left(x_i\geqslant 0,i=1,2,\cdots,m,\sum_{i=1}^{m}x_i=1\right)$ 取策略集中的策略 $\alpha_1,\alpha_2,\cdots,\alpha_m$时，称这时的决策为局中人甲的一个混合策略，记为向量$\boldsymbol{X}=(x_1,x_2,\cdots,x_m)^{\mathrm{T}}$；

同理，当局中人乙以概率$y_1,y_2,\cdots,y_n\left(y_i\geqslant 0,i=1,2,\cdots,n,\sum_{i=1}^{n}y_i=1\right)$取策略集中的策略

$\beta_1,\beta_2,\cdots,\beta_n$时，称这时的决策为局中人乙的一个混合策略，记为向量$\boldsymbol{Y}=(y_1,y_2,\cdots,y_n)^{\mathrm{T}}$。

定义 5.2（混合策略集） 甲乙双方混合策略的全体，称为甲乙双方的混合策略集，记为S_1^*、S_2^*，即

$$S_1^*=\left\{\boldsymbol{X}\mid\boldsymbol{X}=(x_1,x_2,\cdots,x_m)^{\mathrm{T}},\sum_{i=1}^{m}x_i=1,x_i\geqslant 0,i=1,2,\cdots,m\right\} \tag{5.3}$$

$$S_2^*=\left\{\boldsymbol{Y}\mid\boldsymbol{Y}=(y_1,y_2,\cdots,y_n)^{\mathrm{T}},\sum_{j=1}^{n}y_i=1,y_i\geqslant 0,j=1,2,\cdots,n\right\} \tag{5.4}$$

定义 5.3（混合局势） 混合策略组$(\boldsymbol{X},\boldsymbol{Y})$称为一个混合局势，此时的支付变为一个随机变量，甲方赢得（或乙方支付）的数学期望为甲方赢得（或乙方支付），即

$$E(\boldsymbol{X},\boldsymbol{Y})=\sum_{i=1}^{m}\sum_{j=1}^{n}a_{ij}x_iy_j=\boldsymbol{X}^{\mathrm{T}}\boldsymbol{A}\boldsymbol{Y} \tag{5.5}$$

定义 5.4（混合扩充） 给定矩阵对策$G=\{S_1,S_2,\boldsymbol{A}\}$，则$G^*=\{S_1^*,S_2^*,E\}$称为$G$的混合扩充。

策略和支付的概念扩充以后，在理智的情况下，甲的选择为

$$V_1=\max_{X\in S_1^*}\left(\min_{Y\in S_2^*}E(\boldsymbol{X},\boldsymbol{Y})\right) \tag{5.6}$$

这时甲的期望赢得不少于V_1。同理，乙的选择为

$$V_2=\min_{Y\in S_2^*}\left(\max_{X\in S_1^*}E(\boldsymbol{X},\boldsymbol{Y})\right) \tag{5.7}$$

这时乙的期望支付不多于V_2。

定理 5.1（冯·诺依曼） 任何一个矩阵对策在混合扩充中一定有解。

这个定理说明：

（1）$V_1=V_2$一定成立，记为$V=V_1=V_2$；

（2）一定存在$\boldsymbol{X}^*\in S_1^*$，$\boldsymbol{Y}^*\in S_2^*$，使得$E(X^*,Y^*)=V$。

上述$\boldsymbol{X}^*\in S_1^*$、$\boldsymbol{Y}^*\in S_2^*$分别称为甲、乙的最优混合策略。

5.3.2 最优混合策略的性质

设$\boldsymbol{X}^*=(x_1^*,x_2^*,\cdots,x_m^*)^{\mathrm{T}}$，$\boldsymbol{Y}^*=(y_1^*,y_2^*,\cdots,y_n^*)^{\mathrm{T}}$分别是局中人甲和乙的最优混合策略，$V$是对策的值。矩阵对策的最优混合策略$\boldsymbol{X}^*,\boldsymbol{Y}^*$需要从以下最优混合策略的性质得到。

性质 5.1 $\sum_{i=1}^{m}\sum_{j=1}^{n}a_{ij}x_i^*y_j\geqslant V$，对一切$\boldsymbol{Y}\in S_2^*$成立。

该性质表示当局中人甲采用其最优混合策略$\boldsymbol{X}^*$时，不论局中人乙采用何种策略，甲的期望赢得都不少于V。

性质 5.2 $\sum_{i=1}^{m}\sum_{j=1}^{n}a_{ij}x_iy_j^*\leqslant V$对一切$\boldsymbol{X}\in S_1^*$成立。

该性质表示当局中人乙采用其最优混合策略$\boldsymbol{Y}^*$时，不论局中人甲采用何种策略，乙的期望支付都不多于V。

性质 5.3 $\sum_{i=1}^{m} a_{ij}x_i^* \geqslant V, j=1,2,\cdots,n$。

在性质 5.1 中，令 $\boldsymbol{Y}$ 为局中人乙的某个纯策略，得到本性质。说明当局中人甲采用其最优混合策略 $\boldsymbol{X}^*$ 时，无论乙采用其哪一个纯策略，甲的期望赢得都不少于 V。

性质 5.4 $\sum_{j=1}^{n} a_{ij}y_j^* \leqslant V, i=1,2,\cdots,m$。

在性质 5.2 中，令 $\boldsymbol{X}$ 为局中人甲的某个纯策略得到本性质。说明当局中人乙采用其最优混合策略 $\boldsymbol{Y}^*$ 时，无论甲采用其哪一个纯策略，乙的期望支付都不多于 V。

性质 5.5 若 $x_i^* \neq 0$，则 $\sum_{j=1}^{n} a_{ij}y_j^* = V$。

性质 5.6 若 $y_j^* \neq 0$，则 $\sum_{i=1}^{m} a_{ij}x_i^* = V$。

性质 5.7 若 $\sum_{j=1}^{n} a_{ij}y_j^* < V$，则 $x_i^* = 0$。

性质 5.8 若 $\sum_{i=1}^{m} a_{ij}x_i^* > V$，则 $y_j^* = 0$。

5.3.3 最优混合策略的求解

利用上述最优混合策略的性质 5.5 和性质 5.6，可以得到如下特殊情形下的最优混合策略求解方法。

1．2×2 矩阵对策的解法

可以证明，对于 2×2 矩阵对策，当局中人的支付矩阵不存在鞍点时，各局中人的最优混合策略中的 x_i^* 和 y_j^* 均大于零，因此可以利用性质 5.5 和性质 5.6。

给定矩阵对策 $G=\{S_1,S_2,\boldsymbol{A}\}$，$S_1=\{\alpha_1,\alpha_2\}$，$S_2=\{\beta_1,\beta_2\}$，$\boldsymbol{A}=\begin{bmatrix} a_{11} & a_{12} \\ a_{21} & a_{22} \end{bmatrix}$，首先考察其是否有鞍点，若有鞍点，则可以求出最优纯策略解；若无鞍点，则无最优纯策略解

设甲乙双方的最优混合策略为

$$\boldsymbol{X}^*=\begin{pmatrix} x_1^* \\ x_2^* \end{pmatrix},\quad \boldsymbol{Y}^*=\begin{pmatrix} y_1^* \\ y_2^* \end{pmatrix}$$

由于 $x_i^* \neq 0$，$y_i^* \neq 0$，$i=1,2$，则由性质 5.5 和性质 5.6，以及最优混合策略的概率之和等于 1，得

$$\begin{cases} a_{11}y_1^* + a_{12}y_2^* = V \\ a_{21}y_1^* + a_{22}y_2^* = V \\ y_1^* + y_2^* = 1 \end{cases} \tag{5.8}$$

和

$$\begin{cases} a_{11}x_1^* + a_{21}x_2^* = V \\ a_{12}x_1^* + a_{22}x_2^* = V \\ x_1^* + x_2^* = 1 \end{cases} \tag{5.9}$$

求解，得

$$V = \frac{a_{11}a_{22} - a_{12}a_{21}}{(a_{11} + a_{22}) - (a_{12} + a_{21})} \tag{5.10}$$

$$x_1^* = \frac{a_{22} - a_{21}}{(a_{11} + a_{22}) - (a_{12} + a_{21})} \tag{5.11}$$

$$x_2^* = \frac{a_{11} - a_{12}}{(a_{11} + a_{22}) - (a_{12} + a_{21})} \tag{5.12}$$

$$y_1^* = \frac{a_{22} - a_{12}}{(a_{11} + a_{22}) - (a_{12} + a_{21})} \tag{5.13}$$

$$y_2^* = \frac{a_{11} - a_{21}}{(a_{11} + a_{22}) - (a_{12} + a_{21})} \tag{5.14}$$

最优混合策略为

$$\boldsymbol{X}^* = \begin{pmatrix} x_1^* \\ x_2^* \end{pmatrix}, \quad \boldsymbol{Y}^* = \begin{pmatrix} y_1^* \\ y_2^* \end{pmatrix} \tag{5.15}$$

例 5.7 对于例 5.6 的矩阵对策

$$\begin{bmatrix} 0.608 & 1 \\ 1 & 0.44 \end{bmatrix}$$

利用上式得出：我方的最优混合策略：$\boldsymbol{X}^*=(0.588,0.412)^{\mathrm{T}}$，敌方的最优混合策略：$\boldsymbol{Y}^*=(0.588,0.412)^{\mathrm{T}}$，对策值 $V=0.768$。

上述解表明，阵地 A_1（58.8%）比阵地 A_2 具有优势（相对重要性）。所得到的这种或那种方法的优势在实际采取策略时应予重视。在没有其他补充资料（除了用于计算的条件外）的情况下，可以采用随机选择的方式（或利用专门的随机选择机器）选择行动方法。

2．可降阶为 2×2 的矩阵对策的解法

有些矩阵对策的阶数大于 2×2，但可以利用“优势”的概念将其降阶为 2×2 对策，这样就可以按上面 2×2 矩阵对策的解法来求解。

定义 5.5 （优势的概念）

行优势：在支付矩阵中，若 $a_{ij} \geqslant a_{kj}, j=1,2,\cdots,n$，即第 i 行的所有元素都不小于第 k 行的对应元素，则称第 i 行比第 k 行具有优势，即局中人甲的第 i 个策略优于其第 k 个策略。

列优势：在支付矩阵中，若 $a_{ij} \leqslant a_{ik}, i=1,2,\cdots,m$，即第 j 列的所有元素都不大于第 k 列的对应元素，则称第 j 列比第 k 列具有优势，即局中人乙的第 j 个策略优于其第 k 个策略。

若支付矩阵中某行（列）较另一行（列）具有优势，则可以划去处于劣势的行（列）。即局中人不会选择其处于劣势的策略。

例 5.8 攻防对策：普林斯顿大学的对策论练习题。如果给你两个师的兵力，你来当司令，任务是攻克“敌人”占据的一座城市。而敌人的守备是 3 个师，规定双方的兵力只可整师调动，通往城市的道路有甲、乙两条，当你发起攻击时，若你的兵力超过敌人你就获胜；若你的兵力比敌人守备部队兵力少或者相等，你就失败。你如何制定攻城方案？

解 乍一看来，你可能要说：“为什么给敌人三个师的兵力而只给我两个师？这太不公平。兵力已经吃亏，居然还要规定兵力相等则敌胜我败，连规则都不公平，完全偏袒敌人。”

在这个游戏中，假设守方的兵力比进攻方多，而且同等兵力也较强是有道理的，因为防守方确实要占一些便宜，比如以逸待劳、依托工事等，另外，进攻方集结兵力、投入战场，都不如守方那样方便（比如空投、渡河作战，都要受制于交通工具的运载能力）；而且面对坚固防御，至少在战斗开始的时候，攻方总要承受很大的牺牲。模拟作战中规定若攻守双方兵力相等则失败，就体现了这个意思。

我军有两个师的攻击兵力，可以有三套作战方案：

A_1：集中全部两个师的兵力从甲线路实施攻击行动；

A_2：兵分两路，一个师从甲线路，一个师从乙线路进城；

A_3：集中全部兵力从乙线路进城。

同样，敌军有 3 个师，它有 4 套作战方案：

B_1：3 个师均守在线路甲；

B_2：2 个师守甲线路，1 个师守乙线路；

B_3：1 个师守甲线路，2 个师守乙线路；

B_4：3 个师均驻守乙线路。

由此构成攻守双方得失表（表 5.3），其中(x,y)表示在甲线路 x 个师，乙线路 y 个师。

表 5.3 攻守双方得失表

守 攻	B_1：(3,0)	B_2：(2,1)	B_3：(1,2)	B_4：(0,3)
A_1：(2,0)	−1	−1	1	1
A_2：(1,1)	1	−1	−1	1
A_3：(0,2)	1	1	−1	−1

看看敌人在 3 个师的情况下会如何布防。注意：敌人不可能采取用 3 个师全力防守甲或乙的方案（即 B_1 和 B_4），因为布置 3 个师和 2 个师的效果是完全一样的。所以敌军必取 B_2 或 B_3 那样的二一布防，一路两个师，另一路一个师。也就是说，敌军的选择其实只有两个。既然如此，你就不可能采取分兵进攻的策略，因为那样一定失败。所以，你的选择其实也只有两个：全力进攻甲或乙。

情况最终就是这样：我军必集中兵力于某一路出击。这样，你若攻在敌军的薄弱之处，你就获胜，你若攻在敌人兵力较多的地方，你就失败。总之，敌我双方获胜的可能性还是一样大。

以上是直观分析结果，以下采用对策论方法求解，看看结果是否一致。在该问题的支付矩阵中，第一列和第四列处于劣势，划去；第二行处于劣势，划去，从而得到

$$
\begin{array}{c}
 \\ (2,0) \\ (1,1) \\ (0,2)
\end{array}
\begin{array}{c}
\begin{matrix} (3,0) & (2,1) & (1,2) & (0,3) \end{matrix} \\
\begin{bmatrix} -1 & -1 & 1 & 1 \\ 1 & -1 & -1 & 1 \\ 1 & 1 & -1 & -1 \end{bmatrix}
\end{array}
\longrightarrow
\begin{array}{c}
 \\ (2,0) \\ (1,1) \\ (0,2)
\end{array}
\begin{array}{c}
\begin{matrix} (2,1) & (1,2) \end{matrix} \\
\begin{bmatrix} -1 & 1 \\ -1 & -1 \\ 1 & -1 \end{bmatrix}
\end{array}
\longrightarrow
\begin{array}{c}
 \\ (2,0) \\ \\ (0,2)
\end{array}
\begin{array}{c}
\begin{matrix} (2,1) & (1,2) \end{matrix} \\
\begin{bmatrix} -1 & 1 \\ & \\ 1 & -1 \end{bmatrix}
\end{array}
$$

这是一个2×2矩阵对策，利用公式计算得到：$\boldsymbol{X}^*=(0.5，0，0.5)^{\mathrm{T}}$，$\boldsymbol{Y}^*=(0，0.5，0.5，0)^{\mathrm{T}}$，$V=0$。显然结果与上面分析的一致。

定义 5.6（凸组合的概念） 若存在 p 个非负数 $\lambda_i \geqslant 0, i=1,2,\cdots,p$，满足 $\sum_{i=1}^{p}\lambda_i=1$，则 p 个 n 维向量 $\boldsymbol{A}_1,\boldsymbol{A}_2,\cdots,\boldsymbol{A}_p$ 的线性组合 $\sum_{i=1}^{p}\lambda_i\boldsymbol{A}_i$ 称为 $\boldsymbol{A}_1,\boldsymbol{A}_2,\cdots,\boldsymbol{A}_p$ 的一个凸组合，它实际上是向量组的一个加权平均。

利用凸组合可以将优势的概念加以推广。若矩阵对策支付矩阵的若干行（列）的凸组合优于另一行（列），则处于劣势的一行（列）可以划去，即不必考虑该策略。

例 5.9 已知矩阵对策 $G=\{S_1,S_2,\boldsymbol{A}\}$，其中

$$
\boldsymbol{A}=\begin{bmatrix} 2 & 4 \\ 5 & 1 \\ 3 & 2 \end{bmatrix}
$$

解 第一、二行加权平均得到

$\frac{1}{2}\times$(第一行)$+\frac{1}{2}\times$(第二行)>第三行，故第三行处于劣势，可划去。

例 5.10 选择武器种类的问题。我方有2种类型的武器：A_1，A_2，A_3；敌方有3类目标：B_1，B_2，B_3。需要预先计划用何种武器（飞机、舰艇、坦克）毁伤目标。我们的任务是以最大可能概率毁伤目标。敌方的任务是在最小可能被毁伤概率的条件下保存自己。第 i 类武器毁伤第 j 类目标的概率 p_{ij} 由支付矩阵（表5.4）给出。

表 5.4 选择武器种类问题支付矩阵

	B_1	B_2	B_3
A_1	0.0	0.5	0.83
A_2	1.0	0.75	0.5

需要提出关于合理选择武器类型的建议，这些建议应能保证在缺乏敌方选择何种目标的资料的条件下最好地解决战斗任务。

解 该问题的支付矩阵为

$$
\begin{bmatrix} 0 & 0.5 & 0.83 \\ 1 & 0.75 & 0.5 \end{bmatrix}
$$

第一列和第三列凸组合，$\frac{1}{2}\times$(第一列)$+\frac{1}{2}\times$（第三列）<第二列，故第二列处于劣势，可划去，得到

$$
\begin{bmatrix} 0 & 0.83 \\ 1 & 0.5 \end{bmatrix}
$$

这是一个2×2矩阵对策，利用公式计算得到：$\boldsymbol{X}^*=(0.376,0.624)^{\mathrm{T}}$，$\boldsymbol{Y}^*=(0.248,0,0.752)^{\mathrm{T}}$，

V=0.624。

问题的解表明，对抗武器 A_2（62.4%）比对抗武器 A_1（37.6%）具有优势（相对重要性）。在本情况中实现混合策略下的解可采用策略的物理混合来实现，即按照组成混合策略的比例配备武器，即武器 A_1：37.6%，武器 A_2：62.4%。

3．线性方程组法

在特殊情况下，若事先能确定 x_i^* 和 y_j^* 都不为零，则可以利用性质 5.5 和性质 5.6 求解线性方程组。

例 5.11 “齐王田忌赛马”冲突型决策问题中

$$
\boldsymbol{A}=\begin{array}{c}\\ \alpha_1\\ \alpha_2\\ \alpha_3\\ \alpha_4\\ \alpha_5\\ \alpha_6\end{array}\begin{array}{c}\begin{array}{cccccc}\beta_1 & \beta_2 & \beta_3 & \beta_4 & \beta_5 & \beta_6\end{array}\\ \begin{bmatrix}3 & 1 & 1 & 1 & -1 & 1\\ 1 & 3 & 1 & 1 & 1 & -1\\ 1 & -1 & 3 & 1 & 1 & 1\\ -1 & 1 & 1 & 3 & 1 & 1\\ 1 & 1 & 1 & -1 & 3 & 1\\ 1 & 1 & -1 & 1 & 1 & 3\end{bmatrix}\end{array}
$$

解 齐王、田忌各有 6 个策略，由对称性，每一个策略被选取的可能性都存在，有理由认为 $x_i, y_j \neq 0, i=1,2,\cdots,6; j=1,2,\cdots,6$。于是利用性质 5.5 可得到如下线性方程组：

$$
\begin{cases}
3y_1^* + y_2^* + y_3^* + y_4^* - y_5^* + y_6^* = V\\
y_1^* + 3y_2^* + y_3^* + y_4^* + y_5^* - y_6^* = V\\
y_1^* - y_2^* + 3y_3^* + y_4^* + y_5^* + y_6^* = V\\
-y_1^* + y_2^* + y_3^* + 3y_4^* + y_5^* + y_6^* = V\\
y_1^* + y_2^* + y_3^* - y_4^* + 3y_5^* + y_6^* = V\\
y_1^* + y_2^* - y_3^* + y_4^* + y_5^* + 3y_6^* = V\\
y_1^* + y_2^* + y_3^* + y_4^* + y_5^* + y_6^* = 1
\end{cases}
$$

解得

$$
\boldsymbol{Y}^* = \left(\frac{1}{6},\frac{1}{6},\frac{1}{6},\frac{1}{6},\frac{1}{6},\frac{1}{6}\right)^{\mathrm{T}}, V=1
$$

同理利用性质 5.6 可得到如下线性方程组

$$
\begin{cases}
3x_1^* + x_2^* + x_3^* - x_4^* + x_5^* + x_6^* = V\\
x_1^* + 3x_2^* - x_3^* + x_4^* + x_5^* + x_6^* = V\\
x_1^* + x_2^* + 3x_3^* + x_4^* + x_5^* - x_6^* = V\\
x_1^* + x_2^* + x_3^* + 3x_4^* - x_5^* + x_6^* = V\\
-x_1^* + x_2^* + x_3^* + x_4^* + 3x_5^* + x_6^* = V\\
x_1^* - x_2^* + x_3^* + x_4^* + x_5^* + 3x_6^* = V\\
x_1^* + x_2^* + x_3^* + x_4^* + x_5^* + x_6^* = 1
\end{cases}
$$

解得

$$
\boldsymbol{X}^* = \left(\frac{1}{6},\frac{1}{6},\frac{1}{6},\frac{1}{6},\frac{1}{6},\frac{1}{6}\right)^{\mathrm{T}}, V=1
$$

这个结果表明，双方应等概率随机选择自己的每个策略，而不能对某一策略有所偏爱，这样经过多次比赛后，齐王平均每次能够赢得一千金，这是因为齐王的实力较强。但若某一方不采用这一最优混合策略，而表现了对某一策略的偏爱，对方就会采取相应的有针对性的策略，自己一方就会吃更大的亏。

从以上两节可以看出，一个矩阵对策有鞍点时，局中人对自己的最优纯策略无需保密。一个矩阵对策无鞍点时，局中人的行动一定要互相保密，不保密的一方必然要吃大亏。如在“齐王田忌赛马”故事中，齐王之所以失败，就是因为他没有对自己将要采取的策略保密，使得田忌采取了有针对性的策略。

5.4 矩阵对策的一般解法

上一节介绍的最优混合策略的求解方法只适合于满足性质 5.5、性质 5.6 条件的矩阵对策，因此，这种方法有其局限性。

例 5.12 已知矩阵对策 $G=\{S_1,S_2,\boldsymbol{A}\}$，其中

$$\boldsymbol{A}=\begin{bmatrix}3 & -4 & 2\\ -3 & 2 & 0\\ 0 & 3 & 1\end{bmatrix}$$

解 如果按照性质 5.5 列出如下方程组

$$\begin{cases}3y_1^*-4y_2^*+2y_3^*=V\\ -3y_1^*+2y_2^*=V\\ 3y_2^*+y_3^*=V\\ y_1^*+y_2^*+y_3^*=1\end{cases}$$

解得 $y_1^*=-\dfrac{1}{2},y_2^*=0,y_3^*=\dfrac{3}{2},V=\dfrac{3}{2}$

显然这个结果是不合理的，因为 y_1^*,y_2^*,y_3^* 的含义是概率，不应为负。之所以出现这个结果，就是因为通过分析原支付矩阵，发现第三行优于第二行，所以方程组中第二个方程是不成立的，不满足性质 5.5 的条件。

以下给出矩阵对策的一般解法，它们适用于求解任意 $m\times n$ 阶矩阵对策。

5.4.1 线性规划解法

对于任意 $m\times n$ 阶矩阵对策，可以把它化成相应的线性规划问题来求解，其依据是矩阵对策的性质 5.3 和性质 5.4。

对局中人甲，设其最优混合策略为 $\boldsymbol{X}^*=(x_1^*,x_2^*,\cdots x_m^*)^{\mathrm{T}}$，则由性质 5.3，其最优混合策略满足

$$\sum_{i=1}^{m}a_{ij}x_i^*\geqslant V,\ j=1,2,\cdots,n \qquad (5.16)$$

又由于概率之和为 1，即满足

$$\sum_{i=1}^{m} x_1^* = 1, x_i^* \geqslant 0 \tag{5.17}$$

设$V > 0$，令

$$\frac{x_i^*}{V} = x_i', i = 1,2,\cdots,m$$

则上述关系变为

$$\sum_{i=1}^{m} a_{ij} x_i' \geqslant 1, j = 1,2,\cdots,n \tag{5.18}$$

$$\sum_{i=1}^{m} x_i' = \frac{1}{V}, x_i' \geqslant 0, i = 1,2,\cdots,m \tag{5.19}$$

甲希望赢得V最大，因此甲的最优混合策略$\boldsymbol{X}^*$应使$\frac{1}{V} = \sum_{i=1}^{m} x_i'$取最小值，从而，求解局中人甲的最优混合策略就转化为求解下述线性规划问题：

$$\min z = \sum_{i=1}^{m} x_i'$$

$$\text{s.t.} \begin{cases} \sum_{i=1}^{m} a_{ij} x_i' \geqslant 1, j = 1,2,\cdots,n \\ x_i' \geqslant 0, i = 1,2,\cdots,m \end{cases} \tag{5.20}$$

解此线性规划，得最优解和最优目标函数值

$$\boldsymbol{X}' = (x_1', x_2', \cdots, x_n')^{\mathrm{T}},\ z^* \tag{5.21}$$

则原矩阵对策的解为

$$V = \frac{1}{z^*},\ x_i^* = V x_i' \quad i = 1,2,\cdots,m \tag{5.22}$$

同理，求局中人乙的最优混合策略，可以转化为以下的线性规划问题：

$$\max w = \sum_{j=1}^{n} y_j'$$

$$\text{s.t.} \begin{cases} \sum_{j=1}^{n} a_{ij} y_j' \leqslant 1, i = 1,2,\cdots,m \\ y_j' \geqslant 0, j = 1,2,\cdots,n \end{cases} \tag{5.23}$$

解出

$$\boldsymbol{Y}' = (y_1', y_2', \cdots, y_m')^{\mathrm{T}},\ w^* \tag{5.24}$$

则原矩阵对策的解为

$$V = \frac{1}{w^*},\ y_j^* = V y_j', \quad j = 1,2,\cdots,n \tag{5.25}$$

说明：上述求解是在$V > 0$的条件下进行的。一般若$\boldsymbol{A}$的元素全为正，则必有$V > 0$；若$\boldsymbol{A}$的元素中有负值，则有可能$V \leqslant 0$，此时，将其全部元素都加上同一个足够大的常

数 $c>0$，得到新的矩阵 $\boldsymbol{A}'$，$\boldsymbol{A}'$ 的元素全为正。可以证明：$\boldsymbol{A}$ 和 $\boldsymbol{A}'$ 的最优策略相同，而对策值 $V'=V+c$，即 $V=V'-c$。

例 5.13 利用线性规划方法求解矩阵对策

$$\begin{bmatrix} 7 & 2 & 9 \\ 2 & 9 & 0 \\ 9 & 0 & 11 \end{bmatrix}$$

解 求解问题可转化为两个互为对偶的线性规划问题（Ⅰ）：

$$\min z=(x_1'+x_2'+x_3')$$

$$\text{s.t.}\begin{cases} 7x_1'+2x_2'+9x_3'\geqslant 1 \\ 2x_1'+9x_2'\geqslant 1 \\ 9x_1'+11x_3'\geqslant 1 \\ x_1',x_2',x_3'\geqslant 0 \end{cases} \tag{Ⅰ}$$

及其对偶问题（Ⅱ）

$$\max w=(y_1'+y_2'+y_3')$$

$$\text{s.t.}\begin{cases} 7y_1'+2y_2'+9y_3'\leqslant 1 \\ 2y_1'+9y_2'\leqslant 1 \\ 9y_1'+11y_3'\leqslant 1 \\ y_1',y_2',y_3'\geqslant 0 \end{cases} \tag{Ⅱ}$$

利用单纯形法求解问题得出

$$\boldsymbol{X}'=\left(\frac{1}{20},\frac{1}{10},\frac{1}{20}\right)^{\mathrm{T}},\ z^*=\frac{1}{5}$$

$$\boldsymbol{Y}'=\left(\frac{1}{20},\frac{1}{10},\frac{1}{20}\right)^{\mathrm{T}},\ w^*=\frac{1}{5}$$

从而有

$$V=\frac{1}{z^*}=\frac{1}{w^*}=5$$

$$\boldsymbol{X}^*=V\boldsymbol{X}'=\left(\frac{1}{4},\frac{1}{2},\frac{1}{4}\right)^{\mathrm{T}},\ \boldsymbol{Y}^*=V\boldsymbol{Y}'=\left(\frac{1}{4},\frac{1}{2},\frac{1}{4}\right)^{\mathrm{T}}$$

例 5.14 利用线性规划方法求解矩阵对策

$$\boldsymbol{A}=\begin{bmatrix} 1 & -2 & 3 \\ 1 & 3 & -2 \\ 4 & 2 & 1 \end{bmatrix}$$

解 矩阵的部分元素为负，故首先将其全部元素都加上同一个常数 3，得到新的矩阵 $\boldsymbol{A}'$，$\boldsymbol{A}'$ 的元素全为正。

$$\boldsymbol{A}'=\begin{bmatrix} 4 & 1 & 6 \\ 4 & 6 & 1 \\ 7 & 5 & 4 \end{bmatrix}$$

设甲乙双方的最优混合策略为

$$\boldsymbol{X}^* = (x_1^*, x_2^*, x_3^*)^{\mathrm{T}}, \ \boldsymbol{Y}^* = (y_1^*, y_2^*, y_3^*)^{\mathrm{T}}$$

求解问题可转化为两个互为对偶的线性规划问题（Ⅰ）：

$$\min z = (x_1' + x_2' + x_3')$$

$$\text{s.t.}\begin{cases} 4x_1' + 4x_2' + 7x_3' \geqslant 1 \\ x_1' + 6x_2' + 5x_3' \geqslant 1 \\ 6x_1' + x_2' + 4x_3' \geqslant 1 \\ x_1', x_2', x_3' \geqslant 0 \end{cases} \tag{Ⅰ}$$

及其对偶问题（Ⅱ）

$$\max w = (y_1' + y_2' + y_3')$$

$$\text{s.t.}\begin{cases} 4y_1' + y_2' + 6y_3' \leqslant 1 \\ 4y_1' + 6y_2' + y_3' \leqslant 1 \\ 7y_1' + 5y_2' + 4y_3' \leqslant 1 \\ y_1', y_2', y_3' \geqslant 0 \end{cases} \tag{Ⅱ}$$

利用单纯形法求解问题得出

$$\boldsymbol{X}' = \left(\frac{1}{26}, 0, \frac{5}{26}\right)^{\mathrm{T}}, \ z^* = \frac{3}{13}$$

$$\boldsymbol{Y}' = \left(0, \frac{1}{13}, \frac{2}{13}\right)^{\mathrm{T}}, \ w^* = \frac{3}{13}$$

从而有

$$V' = \frac{1}{z^*} = \frac{1}{w^*} = \frac{13}{3}$$

$$\boldsymbol{X}^* = V'\boldsymbol{X}' = \left(\frac{1}{6}, 0, \frac{5}{6}\right)^{\mathrm{T}}, \ \boldsymbol{Y}^* = V'\boldsymbol{Y}' = \left(0, \frac{1}{3}, \frac{2}{3}\right)^{\mathrm{T}}$$

注意对策值等于$V = V' - 3 = \dfrac{4}{3}$。

5.4.2 布朗算法

求解大型$m \times n$阶矩阵对策的一种最实用、最易于计算机执行的算法是布朗（Brown）算法，这是一种迭代法，简单易行，只要迭代次数足够大，可以达到任意需要的精确度。这种方法思路很简单，类似于下棋，双方都很明智，它们根据对方所采取的步骤交替作出自己的决策。

例 5.15 求解矩阵对策

$$\boldsymbol{A} = \begin{pmatrix} 1 & -2 & 3 \\ 1 & 3 & -2 \\ 4 & 2 & 1 \end{pmatrix}$$

解 双方交替采取步骤如下，我们同时在图 5.1 中记录这些步骤，记号（0）、（1）、（2）…代表迭代步骤。

（0）甲先任选一个策略，例如第二个策略，在图 5.1 中的（0）行后记下该行元素（1，3，−2）。

（1）乙根据甲的行动，选择对自己最有利（输得最少）的第三个策略，在“−2”上画框，将支付矩阵的第三列$(3,-2,1)^{\mathrm{T}}$记在图 5.1 中（1）列下。

（2）甲根据乙的行动，选表中（1）列下对自己最有利（赢得最多）的第一个策略，在“3”上画框，将支付矩阵的第一行(1,−2,3)与甲上次选的第（0）行元素(1,3,−2)对应相加，将得到的(2,1,1)记在图 5.1 中第（2）行；

（3）乙根据甲两次行动的赢得，即表中第（2）行元素，选择对自己最有利的第二个策略，在“1”上画框，将支付矩阵的第二列$(-2,3,2)^{\mathrm{T}}$与乙上次选的第（1）列元素$(3,-2,1)^{\mathrm{T}}$对应相加，将得到的$(1,1,3)^{\mathrm{T}}$记在图 5.1 中第（3）列。

				(1)	(3)	(5)	(7)	(9)	(11)	(13)	(15)	(17)	(19)
	1	−2	3	[3]	1	4	[7]	5	3	1	4	7	10
	1	3	−2	−2	1	−1	−3	0	3	6	4	2	0
	4	2	1	1	[3]	[4]	5	[7]	[9]	[11]	[12]	[13]	[14]
(0)	1	3	[−2]										
(2)	2	[1]	1										
(4)	6	3	[2]										
(6)	10	5	[3]										
(8)	11	[3]	6										
(10)	15	[5]	7										
(12)	19	[7]	8										
(14)	23	9	[9]										
(16)	27	11	[10]										
(18)	31	13	[11]										

图 5.1 布朗算法求解步骤

如此不断迭代下去，双方各取 10 步，结果记录在表中。可以看到，经双方 10 次对策的较量后，甲方最少赢得为 11，乙方最大支付为 14，平均后得到对策值为

$$\frac{11}{10}\leqslant v\leqslant\frac{14}{10}，\ 即1.1\leqslant v\leqslant 1.4$$

将甲方选中各策略的频率近似作为甲的最优混合策略，有

$$\boldsymbol{X}^{*}=(0.2,0,0.8)^{\mathrm{T}}，\ \boldsymbol{Y}^{*}=(0,0.4,0.6)^{\mathrm{T}}$$

与例 5.14 中线性规划求得的结果相比

$$\boldsymbol{X}^{*}=\left(\frac{1}{6},0,\frac{5}{6}\right)^{\mathrm{T}}，\ \boldsymbol{Y}^{*}=\left(0,\frac{1}{3},\frac{2}{3}\right)^{\mathrm{T}}，\ v=\frac{4}{3}\approx 1.33$$

可见，仅 10 次迭代已经得到较好的近似解，为了更精确起见，可以取更大的迭代次数。

小　结

由于军事斗争的对抗性，作战指挥决策一般是冲突局势下的决策，因此可采用以对

策论为主要方法的冲突型决策理论和方法进行决策。冲突型决策问题可以描述为对策矩阵、对策表，归属于最优纯策略或最优混合策略。最优纯策略采用最大最小准则的圈框法寻找最优策略。最优混合策略可以采用布朗算法、线性规划法求解。

习　题

1．甲、乙两个游戏者同时伸出一、二、三、四、五 5 个指头中的一种，若两人指数之和 K 为奇数，则甲赢得 K 元；若两人指数之和 K 为偶数，则乙赢得 K 元。试写出甲的赢得矩阵。

2．A、B 两名游戏者双方各持一枚硬币，同时展开硬币的一面．如均为正面，A 赢 2/3 元，均为反面，A 赢 1/3 元，如为一正一反，A 输 1/2 元，写出 A 的赢得矩阵，A、B 双方各自的最优策略，并回答这种游戏是否公平合理?

3．我某部火炮担负支援步兵任务，弹药可放在阵地上或掩体内。在敌未发现我方阵地的情况下，若弹药放在阵地上，可圆满完成任务；若放在掩体内，因影响发射速度，完成任务的概率为 0.8；在敌发现我方阵地的情况下，若弹药放在掩体内，完成任务的概率为 0.6，若放在阵地上，被敌方击中的概率为 0.4；试写出这个对策问题中我方的赢得矩阵。

4．战斗开始前，红方火炮有 4 种目标分配方案 A_1，A_2，A_3，A_4，都以摧毁蓝方目标为目的，蓝方兵力有 4 种配置方案 B_1、B_2、B_3、B_4，以减少己方损失为目的。红方炮火毁伤蓝方目标数如表 5.5 所列，试求该矩阵对策的解。

表 5.5　红方炮火毁伤蓝方目标数

红方＼蓝方	B_1	B_2	B_3	B_4
A_1	50	60	90	40
A_2	90	50	40	70
A_3	80	30	50	70
A_4	90	70	90	90

5．科洛奈对策问题。科洛奈和他的敌人都企图夺取两个战略位置，科洛奈和敌人可利用的兵团分别是 2 个和 3 个，双方都将把他们的兵团配置在两个战略位置附近。设 n_1 和 n_2 是科洛奈分配到位置 1 和 2 处的兵团数，m_1 和 m_2 是敌人分配到位置 1 和 2 处的兵团数。科洛奈的损益计算如下：如果 $n_1<m_1$，他将失去 n_1+1，同样，如果 $n_2<m_2$，他将失去 n_2+1；反之，如果 $n_1>m_1$，则他将赢得 m_1+1，如果 $n_2>m_2$，他将赢得 m_2+1；如果双方在某位置处的兵团数相等，则在该处为平局。试求该矩阵对策的解。

6．设红方有两种类型的防空导弹，红方的行动策略有两种：A_1—采用对高空目标射击效率高的防空导弹；A_2—采用对低空目标射击效率高的防空导弹。蓝方在空袭中可以采用高空飞行和低空飞行两种行动策略 B_1 和 B_2，红方的赢得是击毁蓝方飞机的概率，赢得矩阵为

$$\boldsymbol{A}=\begin{bmatrix}0.4 & 0.2\\0.2 & 0.6\end{bmatrix}$$

试确定红方两种防空导弹的最优组合和蓝方空袭时飞机高低空的最优编队。

7．给定矩阵对策 G={S_1,S_2,$\boldsymbol{A}$)，试决定下列对策 C 是否有鞍点？若有鞍点，试确定双方最优纯策略和对策值，若无鞍点，试确定最大最小和最小最大纯策略以及最大最小和最小最大值。

（1）$\boldsymbol{A}=\begin{bmatrix}1 & -1 & -1\\ 3 & -2 & 0\\ 0 & 1 & 0\end{bmatrix}$　　（2）$\boldsymbol{A}=\begin{bmatrix}0 & 1 & 2\\ 2 & 0 & 1\\ 1 & 2 & 0\end{bmatrix}$

（3）$\boldsymbol{A}=\begin{bmatrix}-6 & 1 & 8\\ 3 & 2 & 4\\ 9 & -1 & 10\\ -3 & 0 & 8\end{bmatrix}$　　（4）$\boldsymbol{A}=\begin{bmatrix}-7 & 1 & -8\\ 3 & 2 & 4\\ 16 & -1 & -3\\ -3 & 0 & 5\end{bmatrix}$

（5）$\boldsymbol{A}=\begin{bmatrix}3 & 4 & 3\\ -3 & 1 & -2\\ 2 & 2 & 3\end{bmatrix}$　　（6）$\boldsymbol{A}=\begin{bmatrix}3 & 1 & 0\\ 1 & 2 & 3\\ 2 & 7 & 1\end{bmatrix}$

8．用正确的方法求解下列矩阵对策 G=(S_1,S_2,$\boldsymbol{A}$)。

（1）$\boldsymbol{A}=\begin{bmatrix}2 & 1\\ 1 & 2\end{bmatrix}$　　（2）$\boldsymbol{A}=\begin{bmatrix}1 & 5\\ 4 & 1\end{bmatrix}$　　（3）$\boldsymbol{A}=\begin{bmatrix}3 & 2\\ 5 & 1\end{bmatrix}$　　（4）$\boldsymbol{A}=\begin{bmatrix}-2 & 6\\ 4 & -2\end{bmatrix}$

9．对下列矩阵对策化简再求解。

（1）$\boldsymbol{A}=\begin{bmatrix}3 & 4 & 3\\ -3 & 1 & 2\\ 4 & 2 & 5\end{bmatrix}$　　（2）$\boldsymbol{A}=\begin{bmatrix}3 & 1 & 3 & 5 & 4\\ 3 & 4 & 5 & 4 & 1\end{bmatrix}$

（3）$\boldsymbol{A}=\begin{bmatrix}0 & 3 & 2 & 1\\ 1 & 2 & 1 & 6\\ 2 & 3 & 4 & 5\\ 3 & 0 & 1 & 2\end{bmatrix}$　　（4）$\boldsymbol{A}=\begin{bmatrix}1 & 4 & 2 & 2 & 4\\ 3 & 3 & 4 & 2 & 5\\ 4 & 5 & 3 & 1 & 2\\ 5 & 6 & 1 & 5 & 2\end{bmatrix}$

10．用线性规划法求解下列矩阵对策 G=(S_1,S_2,$\boldsymbol{A}$)。

（1）$\boldsymbol{A}=\begin{bmatrix}1 & 3 & 3\\ 4 & 2 & 1\\ 3 & 2 & 2\end{bmatrix}$　　（2）$\boldsymbol{A}=\begin{bmatrix}-1 & 2 & 1\\ 1 & -2 & 2\\ 3 & 4 & -3\end{bmatrix}$

第 6 章　群决策理论与方法

在军事指挥决策中，往往需要组成一个决策群体进行参谋决策。本章介绍群决策理论与方法，内容包括群决策的基本概念，常用求解方法投票表决法和 Delphi 法，其中投票表决法包括非排序式选举、排序式选举和其他投票规则，Delphi 法包括 Delphi 法的主要特征、一般程式和调查结果的统计分析，最后介绍群决策的效用函数法。

6.1　群决策概述

1. 群决策理论的概念

群决策（group decision making）是指以群体为决策主体所进行的决策活动，即在一定的决策准则下将群体成员的偏好集结成单一的群体偏好的过程。群决策理论是决策理论的一个分支，按照决策主体划分，决策问题可分为群决策和个体决策问题，简单地说，个体决策是由单个决策者做出决策，群决策是为充分发挥集体的智慧，由多人共同参与决策分析并制定决策的整体过程。目前，群决策已经成为决策活动的主要形式，在现代政治、管理、军事和科技等重大决策问题中起到了越来越重要的作用。在现实生活中，决策往往是群体行为，是由多人参加进行方案选择的活动，其中，参与决策的人组成决策群体。如各种委员会、董事会、代表大会等就是这样的群决策机构，这些组织的成员、代表就是群决策者中的一员。

群决策理论是随着西方国家福利经济学的发展而发展起来的，由个人决策过渡到群决策是人类社会决策活动的一大进步。因为现代人类的决策活动涉及的信息面广、影响因素多，要想实现决策的科学化，单凭某一个人的能力是不可能很好地完成的，越来越多的决策要靠群体来制定。同时，群决策的方式也能给选择过程带来一些好处：更广泛的知识和经验、更多样化的视角、潜在的协作行为等。以群体行为所做的决策，在决策程序、决策评价标准上与单个决策者的决策有很大的差异，在决策原则、方法等许多方面都有新的内容，因而应用单个决策者的决策方法进行群决策在许多方面都受到了限制。当前群决策已成为数学、政治学、经济学、社会心理学、行为科学、管理学和决策科学等多门学科研究的共同交叉点。由于群决策问题所具有的内在复杂性、不同学科对群决策研究侧重点的不同，导致形成了群决策复杂多变的名词术语和各种各样的研究模型。因此，群决策至今仍没有被广泛接受的统一严格定义。

作为一个明确的概念，群决策最早是由 Black 于 1948 年提出的，其后，国外学者 Hwang 于 1987 年对群决策给出了如下定义：群决策是把不同成员的关于方案集合中方案的偏好按照某种规则集结为决策群体的一致或妥协的群体偏好序。该定义实际上更多地刻画出规范性群体决策的一些特征，即需要寻找一种对决策群体公平的规则对个体决策者的偏好进行集结。这一定义强调了群体决策过程是寻找每一个决策个体都能够认可的群体效应函数。这个过程看起来是一个静态过程，而实际上，个体决策者形成最终的一致或妥协群体决策的过程是一个非常复杂的过程，有可能这个过程需要反复进行直至决策者群体的一致性偏好最终得以形成。

2．群决策理论的特点

群决策理论是建立在个体决策理论基础上的，因此具有个体决策理论的特点，同时，群决策是多个决策者共同对问题做出决策，又具有自己的特点，因此一般具有以下特点：

（1）群决策的主体是由两个或两个以上的成员组成的群体，每一个成员拥有一定的决策权力（成员决策权的大小可以不等），这是群决策区别于个体决策的根本所在，由于决策者需要共同进行决策，决策者的数量和决策者之间的相互联系直接影响到群决策的决策过程、决策机理以及决策结果的质量。

（2）决策者面对的是共同的问题，而且往往是非结构化的复杂决策问题，该问题庞大而复杂，单个决策者的知识和经验有限，难以做出令人满意的决策，需要集中决策群体的智慧才能创造性地加以解决。

（3）决策者试图达成群体决策结果，这个结果将能反映决策群体中每个决策者的意见，即群体所做出的必然是所有参与者一致能接受的方案。

（4）群决策的效果受到所采用的决策规则影响。如果给定群决策的其他因素不变，所采用的决策规则不同会得出不同的决策结果。当采用不同的决策规则时，每个被选择方案都有机会成为最终的方案。

（5）决策群体中的任何个体决策者都难以做出完美决策。因此，决策充满着风险和不确定性。

（6）群决策的结果是个体决策者的偏好形成一致或妥协之后得出的，群体的决策结果依赖于其成员给出的偏好信息。群体的决策结果不要求所有的个体决策者做出完全一致的选择或判断，只有满足集结规则时才可以将其确定为最终的决策结果。

（7）群决策中的任意成员具有独立性。决策群体中的每个成员都有其对问题的独立的理解、态度、决策动机以及个性等，各自独立地做出其选择和判断，但不排除成员之间存在相互影响。并且，为了达到选择的一致性，得出最终一致的决策结果，常常需要决策者相互沟通，弥补个体掌握偏好信息的不足。

3．群决策过程

群决策过程（图 6.1）可描述如下：首先由各个决策者针对共同的决策问题给出自己的意见（偏好信息），然后对决策群体的偏好信息的一致性进行分析，如果满足某种集结规则就进入意见的集结与方案的选择过程，即按照某种集结规则集结为群的偏好，然后根据群的偏好对决策方案进行排序，从中选择决策群体最偏好的方案。若群决策分析结果未达成意见一致，则需要协调各个决策者重新给出决策意见。

群决策过程一般包括建立可行方案、方案评价、信息一致性分析、信息集结和方案选择与排序等基本步骤。

（1）建立可行方案。主要包括框架设想、方案预测和详细设计。框架设想是根据领域内的特定相关知识，从不同的角度和途径，大胆设想各种可行方案，以确保其多样性；方案预测是对框架设想提出的方案从可行性、有效性等方面作出科学的预测和判断；详细设计是对可行方案的充实和完善。

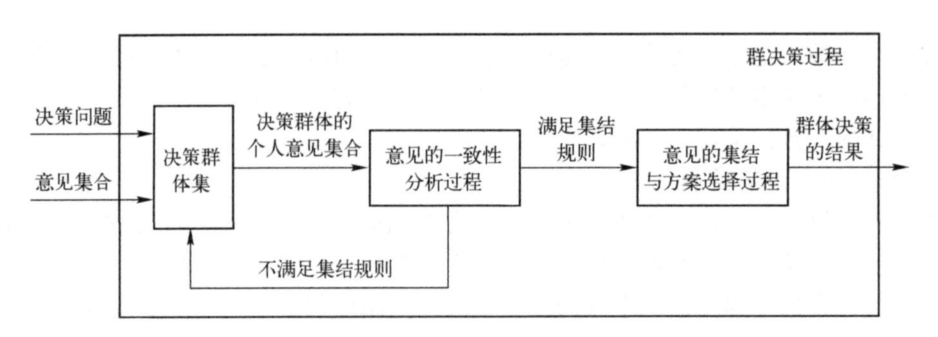

图 6.1 群决策过程

（2）方案评价。利用决策者给出的偏好信息，对决策方案进行可行性研究。偏好信息主要包括效用值、互反判断矩阵和互补判断矩阵 3 种类型。

（3）信息一致性分析。一致性分析包括决策者个体的一致性分析和决策者群体之间的一致性分析。决策者个体的一致性分析是指决策者在对方案评价后给出的偏好信息不能相互矛盾；决策者群体之间的一致性分析则是由于决策问题本身的复杂性和在主、客观因素的影响下，决策群体的意见达成一致的过程。

（4）信息集结。由于决策群体给出的偏好信息较为分散，为便于对其进行分析，需要采用一定的集结方法对信息进行集合，并为方案选择和排序提供依据。信息集结主要包括互反判断矩阵和互补判断矩阵两种方法。

（5）方案选择与排序。方案选择是整个群决策过程的中心环节，它从决策方案中选出排序效用值最高的一个作为最终的决策结果。选择的方法主要有定性分析、经验方法、数学方法和试验方法等。

总之，群决策将特定规模的群体作为决策的主体，在对决策问题进行全面、综合分析的基础上，根据各种规则、标准，运用各种技术手段，按照某种决策机制对决策问题做出最优的或满意的抉择，形成群体对方案的一致接受或多数接受的决策过程，以实现整体大于部分之和的群体增效潜力。群决策的依据是群体中各成员的意见或偏好，包括成员的效用、概率、评价值、评判、预测、估计、行为等；群决策必须要有一个集结规则，用以将群体各成员的偏好加以集结，也称为准则、机制，不同的决策机制可能带来不同的决策结果，决策机制必须预先确定。

4．群决策问题分类

群决策问题可分为社会选择（social choice）和专家判断/群体参与（expert judgement/group participation）两类：

（1）社会选择问题是根据社会中各成员的价值观和对不同方案的选择产生社会的决策，即要把社会中各成员对各种状况的偏好模式集结成为单一的社会偏好模式。该决策问题有两个基本特点：一是有现成的备选方案，各成员给出对方案的评价意见，由决策者集结各成员的偏好以形成群的偏好，得到最终决策，即从方案集中选出最优的或令人满意的一个方案；二是群中成员的地位平等，每个成员都是决策者。该问题的解决重点是应该用什么方法把群成员的偏好公平合理地集结成群的排序，即社会的选择。社会选择理论包括投票表决法、社会选择函数和社会福利函数等方法。

（2）专家判断/群体参与问题。现实生活中有许多群决策问题开始时并无现成方案可供选择，方案的产生也绝非某个人所能完成，而是需要依靠各有关方面的专家，发挥众人的才智，在决策问题的求解过程中逐步形成各种方案，并在方案的评价过程中不断改进方案，最终做出选择。在这类问题的求解过程中，专家组成的群通常只是上级主管部门或主管人员的参谋班子、咨询机构或智囊团，其作用是为主管部门或主管人员决策和判断提供咨询意见。因此，各成员的权力虽然平等，但其主要用于提供经验、知识和信息，帮助决策者做出价值判断，真正的最终决策由决策者做出，决策方案要在研究问题的过程中形成。Delphi 法是解决专家判断/群体参与问题的方法之一。

6.2 群决策的投票表决法

投票表决法是一种最古老的群决策方法，投票表决主要存在两个基本问题：①对同一个选举问题，不同投票表决方法得到的结果可能会完全不同；②投票人通过谎报自己的真实偏好使投票结果发生有利于自己的变化。这两方面的内容统称为社会选择的防操纵性。常用的投票表决方法有“非排序式选举”和“排序式选举”两种。在选票上不反映投票人对候选人偏好的投票表决称为非排序式选举，而在选票上反映投票人偏好的投票表决称为排序式选举。

6.2.1 非排序式选举

1. 只有一人当选的情况

对两个候选人进行投票表决时最常采用的计票方法是“简单多数票”法则，由获票较多的候选人当选。它适用于只有两个候选人（或备选方案）竞争的场合。当候选人（方案）数目超过两个时，这种方法并不可靠，即它不适用于两个以上候选人（方案）的决策情形。当候选人（备选方案）多于两个时，有两种办法可以采用：①按得票多少，即票数最多者获胜，称为“简单多数制”或“相对多数制”；②得票超过半数才能当选，称为“过半数代表制”或“绝对多数制”。若第一次投票后有某个候选人获得半数以上选票，则该候选人将被选择，选举结束；否则，就要采取二次投票或反复投票表决等方法来产生获得过半数选票的候选人。“二次投票法”规定，在第一次投票后若无任何候选人获得过半数选票，则应对在第一次投票中得票最多的两个候选人进行第二次投票，从中选出一个得票超过半数的候选人。“反复投票表决法”对每次投票表决中候选人的个数不作硬性规定，而希望得票太少的候选人自动退出竞选，使选票逐步向少数候选人集中。投票反复进行，直到产生某个得票超过半数的候选人为止。与反复投票表决相类似的还有“取舍表决法”，它规定在第一次投票后若无过半数票获得者，则将得票数最少的候选人淘汰掉，对其余候选人进行下一轮投票；如此继续，直到产生过半数候选人为止。表 6.1 概括总结了一人当选的各种非排序式选举方法。在这些方法中，过半数或简单多数票是一种被实际普遍采用的选举方法，也是最直观、最简单方便的选举方法。

表 6.1　一人当选的各种非排序式选举方法

投票法	二次投票法	表决法
简单多数制（相对多数制）	不进行二次投票	简单多数
过半数代表制（绝对多数制）	二次投票法 反复投票表决法 取舍表决法	过半数 过半数 过半数

但是对简单多数票法则以及过半数票当选原则作进一步研究，就会发现这些方法有时并不公平。Dodgson 早在 1573 年就提出了如下的这个例子来说明这个问题。如：有 11 个投票人，4 个候选人（a，b，c，d），每个投票人对各候选人的偏好次序如表 6.2 所列。

表 6.2　每个投票人对各候选人的偏好次序表

投票人编号	1	2	3	4	5	6	7	8	9	10	11
第 1 位	b	b	b	b	b	b	a	a	a	a	a
第 2 位	a	a	a	a	a	a	c	c	c	d	d
第 3 位	c	c	c	d	d	d	d	d	d	c	c
第 4 位	d	d	d	c	c	c	b	b	b	b	b

在这个由 11 人组成的群中，有近半数的投票人（5 位成员）认为 a 最好，另 6 人认为 a 是第二位的，而 b 在 5 位成员心目中是最差的。看来由 a 当选是比较合适的，而无论按简单多数票法则还是按过半数票法则，都将是 b 当选，这是因为无论是简单多数还是过半数票原则都是非排序式选举，没有充分考虑投票人的偏好序。

M.De.Condorcet 于 18 世纪提出一个原则（称为 Condorcet 原则）：当存在 2 个以上的候选人时，只有一种办法能严格而真实地反映群中多数成员的意愿，这就是对候选人进行成对比较，若存在某个候选人，他能按过半数决策规则击败其他所有候选人，则他被称为 Condorcet 候选人，应由此人当选。

2．同时有两人或多人当选的情况

按简单多数票法则同时选出两个或多个备选方案的投票表决有多种方法，这些方法都可用于在某一选区中一次选出多个当选者。

1）一次性非转移式投票表决

这种方法规定每个投票人只有一票，用无记名方式投票，按简单多数法确定当选者。

2）复式投票表决

这种投票方法规定，在选举中要产生多少当选者，每个投票人就可以投多少张票，但对每个候选人只能投一票。这种表决法的最大缺陷是，如果选举涉及激烈的党派斗争或路线斗争，则有可能使所有职位都集中于实力稍强的某个党派，即使它的实力只强一点儿。因此，这种投票表决法的效果极差，只有在存在共同利益的团体或组织内部方可使用。

3）受限的投票表决法

这种方法是为了避免复式投票中某个党派独占全部席位而提出的。它规定每个投票人可以投的票数必须小于当选人数。例如某一选举要选出 3 个代表，但规定每个投票人只能投两票，且对每个候选人至多投一票。

4）累加式投票表决

这种投票方式规定每个投票人拥有的选票数等于待选席位数，且这些选票可以任意支配，既可以全部投给某一候选人，也可以随意分配给若干候选人。这种方法能给少数派以某种切实的保护。

5）名单制

这种方法不是对候选人投票，而是由各党派或组织提出它的候选人名单，再由投票人对这些名单投票，即投票支持某个政党或组织。最后根据各党派的名单的得票数来分配席位，并按各名单应得席位与名单上候选人的次序确定具体人选。常用的分配席位的方法有“最大均值法”和“最大余额法”两种。最大均值法的基本原则是逐一分配席位，每次都把席位分配给平均每个席位得票数最多的名单。最大余额法的分配步骤是求总票数 n 与总席位数 m 的商 $Q=n/m$，首先按各名单得票数中包含商 Q 的数量分配席位，在有席位多余时，根据余数来分配多余席位。

例 6.1 某选区有 24000 位选民，4 个党派各自提出了竞选名单 A，B，C，D，竞争 5 个席位。设投票的结果是：A——8700 票，B——6800 票，C——5200 票，D——3300 票。分别采用最大均值法和最大余额法进行投票表决，给出表决结果。

最大均值法的基本原则是逐一分配席位，每次都把席位分配给平均每个席位得票数最多的名单。具体步骤是先分第一个席位，在分配前将每个名单的得票数除以 1，这时各名单的每个席位平均得票数就是上述得票数，由于名单 A 的得票数 8700 最大，所以 A 赢得第一席。在分配第二席时，A 已获得了 1 席，若第二席还分给 A，其除数为 2；其余名单除数仍取 1，由此得到表 6.3。

表 6.3　最大均值法投票表决结果 1

名单	得票总数	除数	平均值
A	8700	2	4350
B	6800	1	6800
C	5200	1	5200
D	3300	1	3300

此时名单 B 的平均值最大，B 获得第二个席位。分配第三个席位时，A，B 的除数均取 2，C，D 的除数仍为 1，这时有表 6.4 所列结果。

表 6.4　最大均值法投票表决结果 2

名单	得票总数	除数	平均值
A	8700	2	4350
B	6800	2	3400
C	5200	1	5200
D	3300	1	3300

此时名单 C 的平均值最大，C 获得第三个席位。分配第四个席位时，A，B，C 的除数均取 2，D 的除数仍为 1，这时有表 6.5 所列结果。

表 6.5　最大均值法投票表决结果 3

名单	得票总数	除数	平均值
A	8700	2	4350
B	6800	2	3400
C	5200	2	2600
D	3300	1	3300

此时名单 A 的平均值最大，A 获得第四个席位，即 A 共获得 2 席。分配第五个席位时，A 的除数取 3，B，C 的除数均取 2，D 的除数仍为 1，这时有表 6.6 所列结果。

表 6.6　最大均值法投票表决结果 4

名单	得票总数	除数	平均值
A	8700	3	2900
B	6800	2	3400
C	5200	2	2600
D	3300	1	3300

此时名单 B 的平均值最大，B 获得第五个席位。于是，采用最大均值法分配席位的最终结果是：A，B 各获得两席，C 得 1 席，D 得 0 席。

最大余额法的分配步骤是求总票数 n 与总席位数 m 的商 $Q=n/m$，首先按各名单得票数中包含商 Q 的数量分配席位，在有席位多余时，根据余数来分配多余席位。本例中，Q=24000/5=4800，所以每获得 4800 票即可获得一个席位，因此有表 6.7。

表 6.7　最大余额法投票表决结果

名单	得票总数	Q	初始席位分配	余额
A	8700	4800	1	3900
B	6800	4800	1	2000
C	5200	4800	1	400
D	3300	4800	0	3300

此时，名单 A，B，C 各得 1 席，还剩余 2 席。由于 A，D 的余额最大，各得 1 席。所以采用最大余额法分配的结果是 A 得 2 席，B，C，D 各得 1 席。

该例表明，同样的投票结果，席位的分配结果将因使用的方法而不同。最高均值法对大党派有利，最大余额法对小党派有利。

6）可转移式投票

是用于多席位选举的投票表决方法中较著名的方法。它通常用在 3～6 个席位的选区，其选举程序较为复杂。该法规定，在每一轮投票中，每个选民只有一票，第一轮投票后统计各候选人 a_j 的得票数 n_j，以及现况值 $Q=n/(m+1)$（其中 n 为投票总数，m 为该选区要产生的席位数），凡是得票数 $n_j>Q$ 的候选人均可当选，而得票数最少者被淘汰；如有剩余席位，则由未当选的候选人在下一轮投票中竞争。如此继续，直到选出全部席位的当选人为止。在采用这种选举方法时，第一轮已入选候选人的支持者在第二轮中的投票方向对第二轮谁能当选有着决定性的影响。

7）认可选举

这种选举方法规定，只要投票人愿意，他可以投票给尽可能多的候选人，但对每个候选人最多只能投一票。由得票最多的候选人当选。但这种方法还只是一种建议，尚未在实际的选举中使用。但可以证明这种方法比简单多数制和二次投票制更优越。当投票人都能真实地表达自己的意愿时，若存在 Condorcet 候选人，则它是在非排序式选举中唯一的一定能选出 Condorcet 候选人的选举方法。

表 6.8 概括总结了一人当选的各种非排序式选举方法，这些方法都可用于在某一选区中一次选出多个当选者。

表 6.8　两人或多人当选的各种非排序式选举方法

投票法	表决法
一次性非转移式	简单多数
复式投票法	简单多数
受限的投票法	简单多数
累加式投票法	简单多数
名单制	最大均值，最大余额
可转移式投票	$Q=n/(m+l)$
认可选举	简单多数

6.2.2　排序式选举

非排序式选举方法，并不能可靠地解决两个以上候选人竞争单一职位的问题。它有可能导致并不受大部分群中成员欢迎的候选人当选。因此在投票时，不仅要让投票人表达他最希望看到多个候选人中的哪一个被选上，还应该让投票人说明他是以何种方式对这些候选人排序的，即在投票时表达他对各候选人的偏好次序，这就是排序式选举，又称“偏好选举”。偏好选举很容易实施。只要投票人在无记名选票上对各候选人排序，给他最满意的候选人名字前标上 1，排名第二位的候选人名字前标 2，如此继续。在投票完成之后计数即可。

为了讨论方便，引入如下符号：设群由 n 个成员构成，用 $N=\{1,2,\cdots,n\}$表示群中成员的集合，$i=1,2,\cdots,n$ 表示成员个体；以小写字母 a，b，c 或 x，y，z 等表示候选人或备选方案，所有方案的集合记为 A。

用$\succ_i$，$\sim_i$表示群中的成员 i 的偏好：$x\succ_i y$ 表示群中第 i 个成员认为候选人 x 优于 y；$x\sim_i y$ 表示群中第 i 个成员认为 x 与 y 无差异，即 x 与 y 同样好；$x\succ_G y$ 表示群体认为 x 优于 y，$x\succ_G y$ 表示群体认为 x 与 y 无差异；$N(x\succ_i y)$ 表示群中认为 x 优于 y 的成员的数目。

采用这些符号，过半数决策规则可定义如下：对 $x,y\in A$，①若 $N(x\succ_i y)>N(y\succ_i x)$，则 $x\succ_G y$；②若 $N(x\succ_i y)=N(y\succ_i x)$，则 $x\succ_G y$。

前面提到的 Condorcet 原则也可以表示成：若 $N(x\succ_i y)>N(y\succ_i x)$，$\forall y\in A\setminus\{x\}$，则 x 获胜。其中 $A\setminus\{x\}$ 表示方案集 A 去掉方案 x 以后的集合。

例 6.2　一个群有 60 个成员，要从 a，b，c 三个备选决策方案中选出一个方案，这 60 个成员的态度是：

23 人认为$a\succ c\succ b$（即 a 优于 c，c 优于 b，a 也优于 b）

19 人认为$b\succ c\succ a$

16 人认为$c\succ b\succ a$

2 人认为$c\succ a\succ b$

根据 Condorcet 原则，a 与 b 相比时，有 23+2=25 个成员认为$a\succ b$，另外的 19+16=35

个成员认为$b \succ a$，因为$N(b \succ_i a) > N(a \succ_i b)$，按过半数票决策规则有$b \succ_G a$。同理可得$c \succ_G a$，$c \succ_G b$。两两比较及判决结果如表 6.9 所列。

表 6.9 两两比较及判决结果

(a,b)	(b,c)	(a,c)
$N(a \succ_i b) = 23 + 2 = 25$	$N(b \succ_i c) = 19$	$N(a \succ_i c) = 23$
$N(b \succ_i a) = 19 + 16 = 35$	$N(c \succ_i b) = 23 + 16 + 2 = 41$	$N(c \succ_i a) = 19 + 16 + 2 = 37$
过半数票决策规则：$b \succ_G a$	过半数票决策规则：$c \succ_G b$	过半数票决策规则：$c \succ_G a$

综上分析结果$b \succ_G a$，$c \succ_G b$，$c \succ_G a$，按过半数票决策规则，群决策结果为：$c \succ_G b \succ_G a$，如果选择一个方案，则选择结果为c。

由于简单过半数决策规则的合理性与简明性，它被广泛用于从两个候选人（或备选方案）中选择一人的投票表决。但在从多个候选人中选择一个时，这一规则有可能会遇到麻烦。Condoreet 发现，在对多个候选人作两两比较时，有时会出现多数票的循环。如果对上例稍作变动，就有如下情况。

例 6.3 一个群有 60 个成员，要从a，b，c三个备选决策方案中选出一个方案，这 60 个成员的态度是：

23 人认为$a \succ b \succ c$（即a优于c，c优于b，a也优于b）

17 人认为$b \succ c \succ a$

2 人认为$b \succ a \succ c$

8 人认为$c \succ b \succ a$

10 人认为$c \succ a \succ b$

两两比较及判决结果如表 6.10 所列。

表 6.10 两两比较及判决结果

(a,b)	(b,c)	(a,c)
$N(a \succ_i b) = 23 + 10 = 33$	$N(b \succ_i c) = 23 + 17 + 2 = 42$	$N(a \succ_i c) = 23 + 2 = 25$
$N(b \succ_i a) = 17 + 2 + 8 = 27$	$N(c \succ_i b) = 8 + 10 = 18$	$N(c \succ_i a) = 17 + 8 + 10 = 35$
过半数票决策规则：$a \succ_G b$	过半数票决策规则：$b \succ_G c$	过半数票决策规则：$c \succ_G a$

综上分析结果，$a \succ_G b$，$b \succ_G c$，$c \succ_G a$，这表明，虽然群中每个成员的偏好（对候选人优劣的排序）是传递的，但用 Condorcet 原则对候选人两两比较，按过半数票决策规则得出的群的排序是a优于b，b优于c，c又优于a这种互不相容的结果，即群的排序不再具有传递性而是出现多数票的循环。这种现象称为 Condorcet 效应，又称投票悖论。可以证明，在用过半数规则进行社会选择时，产生多数票循环即投票悖论是不可避免的。

6.2.3 其他投票规则

1．资格认定

在前面介绍的投票表决法中都有一个共同点，这就是候选人总数m严格大于当选人数。在现实生活中的某些投票表决问题中，候选人数与应当选人数k相同（不存在竞争或不允许竞争)，或者当选人数无确定的限额。这种投票表决带有对备选对象是否具备某种资格的审核与认定性质，它不是在方案间排序并做集体选择，而是按照某种公认的标准来衡量备选对象。认为备选对象符合标准时投给赞成票；认为不符合标准则投反对票；无法确定备选对象是否符合标准可以弃权，再根据群中大部分成员的意见做出集体的选择。

2．非过半数决策规则

在投票表决时除了采用过半票的决策规则以外，根据实际情况的需要还可采用其他决策规则。例如，常用的 2/3 多数规则规定得票超过投票人数或法定人数的 2/3 方可当选或通过。在某些资格认定的投票表决中，还有过半数赞成且反对票少于 1/3 的规则。

6.3 群决策的 Delphi 法

美国兰德公司在 20 世纪 50 年代与道格拉斯公司协作，研究如何通过有控制的反馈更为可靠地收集专家意见的方法时，以“德尔菲（Delphi）”为代号，Delphi 法由此而得名。

6.3.1 Delphi 法的主要特征

Delphi 法是决策、预测和技术咨询的一种有效且广为适用的方法，它是系统分析方法在意见和价值判断领域内的一种有益延伸。Delphi 突破了传统的数量分析限制，为更科学地制定决策开阔了思路。由于能够对未来发展中的各种“可能出现”和“期待出现”的前景作出概率估计，Delphi 就为决策者提供了多方案选择的可能性。其主要特征如下：

（1）匿名性。由主持 Delphi 法的组织者采取保密方式与其选定的若干名专家（通常是 20 名左右）沟通。选定了哪些专家，不外泄，也不让他们彼此知道。在进行德尔菲法的过程中，向专家小组成员每人分发一份意见咨询表，从他们那儿得到匿名的反馈。匿名的目的是使他们的意见仅按其本身的价值去评价，不受提意见的人的声誉、地位的影响。

（2）信息反馈沟通。组织者精密设计沟通的内容，以询问的形式传送。在收到专家们的回答以后，组织者进行关于意见集中程度的统计，纳入下一次沟通的内容。沟通——统计——再沟通——再统计，反复多次，直到前后两次统计的内容无明显差别时为止。经过这种信息反馈，专家小组成员的意见将逐步集中。

（3）预测结果的统计特性。对预测结果采用统计评定回答的方法，能够包括整个专家小组的意见，根据专家小组的回答可以提出中位数和上下四分位点。中位数代表专家小组的评价意见，上下四分位点之间的间隔代表意见的偏差。这种定量处理是 Delphi 法的一个重要特征。

6.3.2 Delphi 法的一般程式

使用 Delphi 法进行预测通常分为 4 轮进行。

第一轮：主持 Delphi 法的组织者首先提出要作出决策、进行预测或技术咨询的主题。其次，选择和确定专家小组的成员，这是能否获得正确结果的关键。对成员的要求主要有：①代表性应相当广泛；②有较丰富的知识与经验和较高的权威性；③对提出的问题深感兴趣并有时间参加 Delphi 法的全过程；④成员人数要适当。

然后，组织者把第一个咨询表散发给专家小组成员。这个咨询表只提出决策或预测的问题，包括要达到的目标。由专家小组成员提出要达到目标的各种可能的方案或各种可能发生的事件；最后，组织者收回第一个咨询表并进行分析。这需要把成员们提出的那些决策方法或预测事件进行筛选、分类、归纳和整理，归并相似的，删除不重要的，并且理清方案或事件之间的关系，以准确的技术语言、简洁的方式制订一份方案或事件的一览表，使成员容易阅读，这就完成了 Delphi 法的第一轮。

第二轮：组织者首先把第一轮整理的一览表（第二个咨询表）再散发给专家小组的成员，开始第二轮咨询。这一轮除了要求每一位成员对第二个咨询表中列的条目（方案或事件）继续发表补充或修改的意见外，更主要的是要求他们对表中的每个方案或事件做出评估。对于决策问题，一般要求选择最优方案，或者列出所有方案的优劣排序。对于预测问题，则要求对事件发生的时间做出估计等。成员的评估意见应以最简单的方式表示，并要求每个成员简单明了地说明做出自己选择或估计的理由。

其次，组织者对再次返回来的第二个咨询表进行数据统计处理，常采用的统计方法有四分位法和平均值—方差法，再制定第三个咨询表。在第三个咨询表中除了返回统计的结果以外，还应当把对成员提出的意见所做的说明作一小结。这个小结既要简洁便于阅读，又要能充分反映成员们分歧的意见。这样，这个表就高度概括了专家小组成员在第二轮反馈的信息。至此，完成了 Delphi 法的第二轮。

第三轮：组织者把反映专家小组成员意见和论据的综合统计报告的第三个咨询表散发给小组每一个成员，要求他们审阅统计的结果，了解分歧的意见及各种意见的主要理由，再对方案或事件作出新的评估。每一成员可以根据总体意见的倾向（以平均值表示）、分散程度（以方差表示）和评估的各种意见及其主要理由修改自己前一轮的评估。采用平均值—方差法对方案择优或排队。专家小组各成员的重新评价和论证随第三个咨询表再次返回给组织者，组织者把收集到的意见进行处理，重新计算方案或事件的平均值、方差和四分位点，对成员间的辩论做出小结。至此，完成了 Delphi 法的第三轮。

第四轮：该轮是第三轮的重复。首先准备第四个咨询表，在此基础上，专家们进行最终的判断和预测。并在该轮末收集和整理第四个咨询表的结果。

Delphi 法的最终结果是组织者草拟一份报告，其中包括成员的一致意见和不能达成一致的意见，一致意见主要体现在方案或事件的一览表，方案排队或事件发生日期的平均值、方差和四分位点等方面。

需要注意的是，在预测过程中，组织者的意见不应强加于咨询表中。否则会出现诱导现象，使专家的评价向组织者意图靠拢。由此得到的预测结果，其可靠性是值得怀疑的。

6.3.3 调查结果的统计分析

在 Delphi 法中，每一轮评估的结果都需要作数据处理。在数据处理之前，要将定性评估结果进行量化。最常用的量化方法是将各种评估意见分成程度不同的等级，或者将不同的方案用不同的数字表示，然后求得各种评估意见的概率分布。由概率分布可计算评估意见的平均值和方差。专家成员们根据平均值和方差就可以了解专家小组的意见的趋向和分散程度，以便做出下一轮评估。此处数据统计处理常用的方法有四分位法和平均值—方差法。

1．四分位法

评估事件发生的时间，一般采用四分位法去处理评估结果。四分位法就是用中位数反映专家预测的集中意见，用上、下四分位数描述专家意见的离散程度。

中位数是一排有序数字中位于中间的数。具体地说，就是将专家给出的数值由小到大（从左到右）排列，位于中间的一个（或中间两个的平均数）就是中位数。中位数左边的一半数字中也有一个中位数，叫下四分位数，右边一半数字中的中位数叫上四分位数。上、下四分位数之间叫四分位区间。

例 6.4 13 名预测专家对服务器在部队装备的年份的评估值按顺序排列如下：

2007，2008，2009，2010，2011，2013，2014，2014，2014，2015，2016，2019，2019。

（A）（B）（C）

数据处理时，由中位数和四分位点的定义可知，B 为中分位点，它所对应的年份 2014 为中位数。A 为下四分位点，C 为上四分位点，上、下四分位数分别是 2015 年和 2010 年，四分位区间为 2010 年到 2015 年。如果在下一轮评估中，将中位数和上、下四分位点数据反馈给专家，那么，预测年代为 2007，2008，2009，2016，2017 和 2019 的几位专家就有较大的可能放弃和修改原来的评估意见，自动向中位数靠拢，使评估结果更加集中。否则，他们应说明坚持自己原来意见的理由，并可对别人的意见给予评论。经过几轮咨询后，可以得到协调程度较高的结果。第一轮评估意见的处理结果可用图 6.2 所示的四分位图表示。

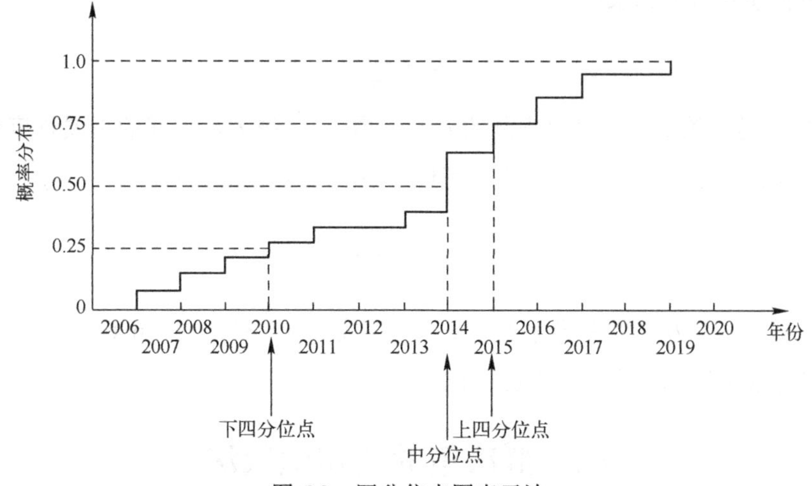

图 6.2　四分位点图表示法

2．平均值—方差法

方案择优的数据处理可用各方案优先程度的顺序号作为量化值进行数据处理，有时也可采用评分值表示优先程度，处理数据时就直接用评分值。在等级评估中，计算某个方案的平均值 E_d 和方差 σ_d^2 的公式分别为

$$E_d = \frac{\sum_{i=1}^{N} \alpha_i m_i}{\sum_{i=1}^{N} m_i} \tag{6.1}$$

$$\sigma_d^2 = \frac{\sum_{i=1}^{N}(\alpha_i - E_d)^2 m_i}{\sum_{i=1}^{N} m_i - 1} \tag{6.2}$$

式中：N 为评估等级数目（所有方案评估时可划分 N 个等级）；α_i 为对应等级序号 $(1,2,\cdots,N)$ 中第 i 等的等级赋值；m_i 是把该方案评为第 i 等的专家人数。显见 $\sum_{i=1}^{N} m_i$ 是专家小组成员总人数。

在采用评分值评估时，计算某方案的平均值 E_f 和方差 σ_f^2 的公式分别为

$$E_f = \frac{\sum_{i=1}^{N} f_i}{m} \tag{6.3}$$

$$\sigma_f^2 = \frac{1}{m-1}\sum_{i=1}^{m}(f_i - E_f)^2 \tag{6.4}$$

式中：m 为专家小组成员总人数；f_i 为第 i 个成员对该方案的评分值。

方案的平均得分 E_f 越大，该方案的重要性越高。此时还可以计算几个补充指标，即满分率、变异系数等。

方案的满分率由下式求得

$$K_j = \frac{m_j}{m} \tag{6.5}$$

式中的 m_j 是对第 j 个方案给满分的专家人数。K_j 越大，方案的重要程度越高。

对某一方案的专家意见协调程度，可以用变异系数表示，即

$$V_j = \frac{\sqrt{\sigma_j^2}}{E_j} \tag{6.6}$$

式中 V_j 是第 j 个方案的变异系数，E_j、σ_j 按式（6.3）、式（6.4）进行计算。V_j 越小，专家们对第 j 个方案的意见的协调程度越好。

6.4 群决策的效用函数法

群决策过程往往是一个多准则决策过程。例如，在作战中确定攻击目标时，目标的攻击价值由多个评价准则来判断。这种决策问题有两种收缩方式，即向单人多准则和多人单准则转化，对应着两种求解思路：先寻求每个决策者相对多个准则的最优（满意）解，将其转化为多人单准则的决策问题，再集结成群体的最优（满意）解，即先协调多个准则，再协调多个决策者；另一种思路是先寻求群的偏好集结，然后在群体偏好结构下，求出对多个指标的最优（满意）解，即先协调多个决策者，后协调多个准则。

多准则群决策的效用函数法是各决策成员根据多个准则对候选方案进行综合评判，形成一个价值函数或效用函数，群体再根据各成员的效用函数综合得到群决策结果。设

群体有 n 个决策成员，要从一组方案中做出群体选择，评价准则有 m 种，评价后果 $x=(x_1,x_2,\cdots,x_m)$ 是后果空间 $X=\{X_1,X_2,\cdots,X_m\}$ 上的一个点，$x\in X$，X_a 是第 a 个指标的可行后果集合。

设 $u_i,i=1,2,\cdots,n$ 是个体 i 的效用，u_G 是群体的效用，当个体存在一定偏好冲突时，群体的效用函数应该参考个体的效用函数，即群体效用函数应该是个体效用函数的函数。

设个体有加性效用函数，则群体效用函数可以表示成个体效用函数的加权和，即

$$u_G(x)=w_1u_1(x)+w_2u_2(x)+\cdots+w_nu_n(x) \tag{6.7}$$

$w_i,i=1,2,\cdots,n$ 是权重，当决策人的地位相同时，$w_1=w_2=\cdots=w_n=1/n$。

设 x^0 是最劣后果，x^* 是最优后果，即 $u_i(x^0)=0$，$u_i(x^*)=1$，$i=1,2,\cdots,n$。设群体只有 i 和 j 两个决策成员，当满足 Pareto 准则时，个体 i 和 j 通过协商得到两两一致效用 u_{ij}：

$$u_{ij}=\alpha_i^j u_i+(1-\alpha_i^j)u_j \tag{6.8}$$

其中，权重 $\alpha_i^j\in(0,1)$，这个结论同样可以推广到两个联盟 A 和 B 的情况：

$$u_{A\cup B}=\alpha u_A+(1-\alpha)u_B \tag{6.9}$$

一般而言，对任意 x，$u_i(x)\neq u_j(x)$。不失一般性，设 $u_i(x)<u_j(x)$，且 $u_i(x)=p_i$，$u_j(x)=p_j$，采用概率当量法，根据无差异性求得效用值。寻找一个概率 $p_{ij}\in(p_i,p_j)$，使 $u_{ij}(x)$ 与 $p_{ij}u_{ij}(x^*)+(1-p_{ij})u_{ij}(x^0)$ 无差异，i 和 j 需要对无差异概率达成妥协，设 $p_{ij}\neq p_i,p_{ij}\neq p_j$，则

$$p_{ij}=u_{ij}(x)=\alpha_i^j u_i(x)+(1-\alpha_i^j)u_j(x)=\alpha_i^j p_i+(1-\alpha_i^j)p_j \tag{6.10}$$

所以有

$$\alpha_i^j=\frac{p_j-p_{ij}}{p_j-p_i} \tag{6.11}$$

记 $\delta_i^j=\dfrac{1-\alpha_i^j}{\alpha_i^j}$，$\delta_i^j$ 为成员 i 和 j 之间的效用比率，即 δ_i^j 个单位 i 的效用可以表示成 1 个单位 j 的效用，且 $\delta_i^j\in(0,\infty),\delta_i^j=1/\delta_j^i$，则有

$$\delta_i^j=\frac{p_{ij}-p_i}{p_j-p_{ij}} \tag{6.12}$$

两成员 i，j 的一致效用 u_{ij} 为

$$u_{ij}=(u_i+\delta_i^j u_j)/(1+\delta_i^j) \tag{6.13}$$

当群体中有 3 个决策成员时，群体可以分成两个联盟 A 和 B，$A=1\cup 2$，$B=2\cup 3$，群体效用 u_G 从 u_A 和 u_B 的组合得到，如图 6.3 所示，u_{12},u_{23} 分别是 u_1 和 u_2，u_2 和 u_3 的凸组合，群体效用 u_G 在两条直线 $\overline{u_{12}u_3}$ 和 $\overline{u_1u_{23}}$ 的交点上。

设 u_{12},u_{23} 分别有效用比率 δ_1^2 和 δ_2^3，如果满足 Pareto 准则，群体有完全偏好，则群体效用 u_G 为

$$u_G=u_{123}=(u_1+\delta_1^2u_2+\delta_1^3u_3)/(1+\delta_1^2+\delta_1^3) \tag{6.14}$$

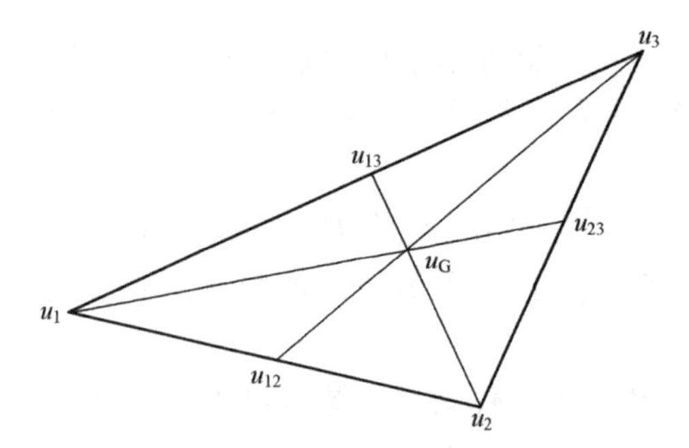

图 6.3　3 个成员的群体效用函数

其中，效用比率

$$\delta_1^3 = \delta_1^2 \delta_2^3,\quad u_{13} = (u_1 + \delta_1^3 u_3)/(1 + \delta_1^3) \tag{6.15}$$

当然，群体也可以划分成 $A=1 \cup 2$，$B=1 \cup 3$，或者 $A=1 \cup 3$，$B=2 \cup 3$。当群体决策成员数为 n 时，会有（$n-1$）个两两协商一致，例如，$u_{12}, u_{13}, \cdots, u_{1n}$，则群体效用 u_G 为

$$u_G = (u_1 + \delta_1^2 u_2 + \cdots + \delta_1^n u_n)/(1 + \delta_1^2 + \cdots + \delta_1^n) \tag{6.16}$$

其中效用比率 $\delta_1^2, \cdots, \delta_1^n$ 可从效用比率的树形结构递推得出：

$$\delta_1^i = \delta_1^2 \times \delta_2^3 \times \cdots \times \delta_{i-1}^i, i = 1, 2, \cdots, n \tag{6.17}$$

群体成员协商一致可以形成双方一致意见，但是在一些情况下要达成双方一致很困难，这时必须放松双方一致的完全性假设条件。在组织决策中，当不能达成妥协一致时，常常需要更高级别的决策者或仲裁者参与。在群体多准则决策中，群体效用函数是从指标权重和指标评价函数中得出，假设多指标效用函数有可加性，对不可加性的效用函数，理论上需要做进一步的研究。当群体效用表示成群体指标评价函数的加权和时，从（$n-1$）对个体的两两协商中可以得出群体效用函数。

小　　结

在军事指挥决策中，往往需要组成一个决策群体进行参谋决策。本章介绍群决策理论与方法，首先概要介绍群决策的基本概念；之后介绍社会选择和专家判断/群体参与两类问题的常用求解方法：投票表决法和 Delphi 法，其中投票表决法包括非排序式选举、排序式选举和其他投票规则，Delphi 法包括 Delphi 法的主要特征、一般程式和调查结果的统计分析；最后介绍群决策的效用函数法。

习　　题

1．简述社会选择和专家判断/群体参与两类群决策问题的区别。

2．群决策的投票表决法有哪些？试分别概述各种投票表决法的原理。

3．某选区有 24000 位选民，4 个党派各自提出了竞选名单 A，B，C，D，竞争 5 个席位。设投票的结果是：A—8700 票，B—6800 票，C—5200 票，D—3300 票。采用各种非排序式选举方法进行投票表决，给出表决结果。

中篇　技　术　篇

第 7 章 基于模型的辅助决策技术

基于模型的辅助决策系统是最早期、最传统的辅助决策系统，主要利用系统模型库中的模型来为决策者提供方案选择和问题分析，从而求得决策结果。其中，模型库是系统的核心部分，用于存储各种决策模型；模型库管理系统则用于管理模型库中模型的建立、存储、运行和维护。本章介绍基于模型的辅助决策技术，内容包括模型的基本概念，基于模型的决策支持，以及基于模型的辅助决策系统示例。

7.1 模型的基本概念

7.1.1 模型定义及分类

模型是人们研究客观事物的一种手段。人们认识和研究客观世界一般有 3 种方法，即逻辑推理法、实验法和模型法，模型法是人们了解和探索客观世界最方便、最有效的方法之一。

1．模型的定义

模型是客观世界的描述和体现，同时又是客观事物的抽象和概括，即模型是对于现实世界的事物、现象、过程或系统的一种简化描述和抽象，它往往是前人对问题本质的描述，反映了实际问题最本质的特征和量的规律，描述了现实世界中有显著影响的因素和相互关系。人类认识世界和改造世界的过程首先是建立模型和分析模型，然后根据分析的结论去指导人类的行动。其中，建立模型是通过对客观事物建立一种抽象的表示方法，用来表征事物并获得对事物本身的理解；分析模型是依据模型进行计算，求解验证，通过考察模型的分析结果，建立对客观事物的分析结论。所以，模型是人类认识世界的途径，也是实现辅助决策的重要手段。

2．模型的分类

模型是以某种形式对一个系统的本质属性进行描述，以揭示系统的功能、行为及其变化规律。使用模型的好处是使现实世界中的事物简单化、抽象化，使用简单，便于人们利用模型来辅助决策。按照不同的分类方法可以将模型划分为以下几类：

1）按照模型的表现形式分类

（1）物理模型。也称为实体模型，可分为实物模型和类比模型。图 7.1 所示为一个舰船物理模型。

图 7.1 物理模型

（2）数学模型。用数学语言描述的模型，如下式为一个整数规划的数学模型。

$$
\min Z = x_1 + x_1
$$

$$
\text{s.t.}\begin{cases} 60x_1 + 200x_2 \geqslant 380 \\ 10x_1 \geqslant 30 \\ x_1, x_2 \geqslant 0, \text{为整数} \end{cases} \tag{7.1}
$$

（3）结构模型。反映系统的结构组成和多要素之间的关系，图 7.2 所示为一个武器选择决策的影响图模型，它属于结构模型。

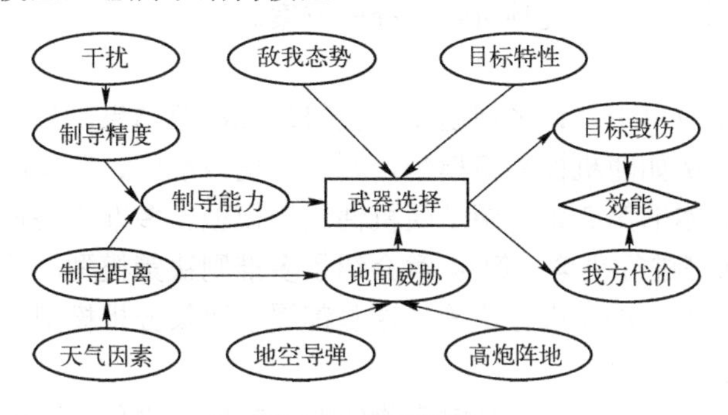

图 7.2　结构模型

（4）仿真模型。通过计算机仿真进行表达的模型，图 7.3 所示为一个无人机群对战的仿真模型。

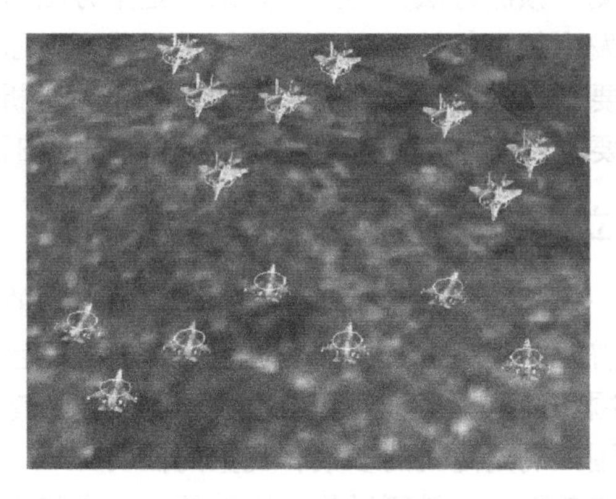

图 7.3　仿真模型

2）按照模型的功能分类

（1）数值计算模型。用于数值计算的模型，其表示方法为：方程、算法和程序。计算机中采用模型的程序形式，用数值计算语言（如 Matlab、Python、C 语言等）编制。

（2）数据处理模型。用于对数据表、数据库中的数据进行处理，如数据的选择、投影、旋转、排序和运算等。用数据库语言（如 SQL、FoxPro 等）编制。

（3）图形、图像模型。主要用于人机交互，图形模型表示为向量数据形式或绘图程序形式；图像模型表示为点阵数据形式。

（4）报表模型。是人机交互的输出形式，在计算机中表示为程序形式。

（5）智能模型。主要用于人工智能系统中，通过知识推理达到解决问题的能力。用递归能力很强的程序语言（如 Prolog 语言）编制。

3. 军事指挥决策中常用的模型

1）最优化模型

在作战指挥决策应用中的许多问题都属于最优化问题，因此优化模型应用很广泛。本书第 2 章介绍了最优化模型。它是以数学规划模型为基础，用于进行各种工程问题的优化决策，研究合理使用有限资源以取得最好效果的决策问题。规划问题大致可分为两类：①用一定数量的资源去完成最大可能实现的任务；②用尽量少的资源去完成给定的任务。解决这些问题一般都有几种可供选择的方案。

2）决策分析模型

在作战指挥决策应用中，许多问题无法获得最优决策结果，只能为决策人员提供满意解以供辅助决策。例如随机性决策模型，利用期望值准则、悲观准则、乐观准则、折中准则等进行决策，本书第 3 章介绍了随机性决策模型。多准则决策模型则是利用层次分析法、TOPSIS 法等进行决策，第 4 章介绍了多准则决策模型。冲突型决策模型是利用线性规划算法、布朗算法等进行决策。这些都属于决策分析模型。

3）决策预测模型

预测模型用于决策预测活动，是对事物的发展方向、进程和可能导致的结果进行推断或测算。预测对象可以是一项科学技术、一种产品、一项工程、一种需求、一个社会经济系统或者是一项发展战略，它涉及社会、政治、军事、经济、科学技术、管理等各个领域，如战场态势预测。预测方法分为定性方法和定量方法两类。定性预测大都侧重于质变方面，回答事件发生的可能性。定量预测侧重于量变方面，回答事件发展的可能程度。定性预测方法主要有：德尔菲法（专家调查法）、情景分析法、主观概率法和对比法等。定量预测方法主要有：趋势法、因素相关分析法（如回归预测方法）和平滑法等。

7.1.2 模型的建立

模型的建立过程是一种创造、描述、评估和存储决策模型的过程，可以以不同的方式进行，仿真是一种很普遍的建模方法。一个典型的建模过程包括以下步骤：

（1）定义问题的范围和规范。模型建立者需要通过确定关键参数和与决策问题相关的变量来确定模型的范围，确定定义的参数和变量的性质。

（2）确定变量的取值范围。变量可以是确定性的（具有特定值）或是概率（其值服从概率分布）。

（3）构造变量的数学关系。这种关系可以预先知道（如计算一个产品的总成本），或者需要通过数据分析确定（如回归分析）。

（4）在计算机环境中实现数学模型，变成程序，并验证程序是否遵循相关规范。

（5）用经验数据或逻辑推理验证计算机模型。

（6）重复上述步骤直至该模型准确地反映现实问题。

这里通过线性规划模型来说明模型的建立过程。线性规划是用来处理线性目标函数和线性约束条件的一种颇有成效的最优化方法。在系统优化及经营管理中常有两类问题：一类是给出一定的人力、物力和财力的条件下，如何合理利用它们完成最多的任务或得到最大的效益；另一类是在完成预定目标的过程中如何以最少的人力、物力和财力等资源去实现目标。线性规划是解决这两类问题应用最为普遍的方法，广泛应用于经济分析、经营管理、军事作战和工程技术等方面，为合理地利用有限的人力、物力和财力等资源做出最优决策提供科学的依据。

线性规划数学模型的一般形式在第2章已有描述。建立线性规划模型的步骤一般包括：

（1）明确问题的目标和划定决策实施的范围，并将目标表达成决策变量的线性函数，称为目标函数。

（2）选定决策变量和参数。决策变量就是待决策问题的未知量，一组决策变量的取值即构成一个决策方案。

（3）建立约束条件。问题的各种限制条件称为约束条件。每一个约束条件均需表达成决策变量线性函数应满足的等式或不等式。约束条件往往不止一个，通常表达成一组线性等式或不等式。

建立起线性规划模型后，就可以利用决策支持系统对其进行求解，得到最优决策。

例 7.1 美国海军陆战队解决过一个难题，这个难题就是预测伊拉克战场燃油需求量。海军陆战队在伊拉克行动中每天要用上百万加仑燃油。因为无法精确预测战场上的需求量，而且为了保证人员安全，绝不能出现燃油耗尽的情况，因此物流计划运输的燃油量往往是最大估计用量的3～4倍，这就给后勤供给造成了巨大的负担。

他们按照燃油的去向分类，建立了3个模型，最大的模型是护送模型：在护送任务中，卡车消耗掉绝大部分燃油；另一个是战斗模型：武装的战斗车辆如M1坦克和轻型装甲车，在战斗中油耗较多；第三个是设备模型：发电机、泵和管理车辆等设备的油耗。

所有变量总共有52个，为了对战斗模型中的变量进行量化，分析人员采用专家咨询法，咨询了陆战一师的后勤指挥官，这些指挥官都有在伊拉克行动中的战斗经验，从而得出每种类型车辆的燃油消耗公式。

对于护送模型中的路况变量，分析人员在加利福尼亚作了一系列道路试验，获得不同路况下的50万个燃油消耗数据，包括铺好的路、越野路、水平路、山路、高速路以及不同海拔的道路。

利用这些模型，纳入所有变量后，每支陆战队远征部队每年至少可以节约5000万美元。

7.1.3 模型的管理

为了对模型库进行集中控制和管理，基于模型的决策支持系统必须有一个强有力的模型库管理系统（MBMS）来进行各项管理。模型库管理系统是为生成、存储和管理模型、数据提供工具和环境的一个软件系统，主要功能包括模型生成、模型利用和模型维护。用户可以通过模型库管理系统灵活地访问、更新、生成和运行模型。模型库管理系统是随着决策支持系统的需要而发展起来的，它使模型管理技术提高到一个新的水平，模型管理技术经历了3个阶段，即程序文件、模型软件包和模型库管理系统。模型库管理包括模型的存储管理、模型的运行管理和模型的组合管理，由模型语言体系实现。

1. 模型的存储管理

模型的存储管理包括模型的表示、模型存储组织结构、模型的查询和维护等内容。

1）模型的表示

模型的表示与模型自身特点有关，分为如下几个模型。

（1）数学模型。在计算机中以数值计算语言的程序形式表示，在给它传送数据后，执行程序就能得出结果。程序在计算机中的存储以文件形式存储，为区别其他形式的文件，称之为程序文件。

（2）数据处理模型。它对大量数据表或数据库数据进行选择、投影、旋转、排序、计算等处理，是数据库语言的程序形式，在计算机中的存储也是程序文件。

（3）图形、图像模型。它是利用大量点阵组成的由灰度、颜色数据组成的图像，是一个数据文件。

（4）报表模型。它有一定的方框结构，是由报表打印程序表示的，在接收到要输出的数据后，将数据和报表框架一起形成报表在打印机上输出，是一个程序文件。

以上不管哪种，在计算机中都是文件形式，具体表示为程序文件或者是数据文件。

2）模型存储的组织结构

模型表示为文件形式，如何组织存储是一个很重要的问题。1 个模型对应 2～4 个文件：源程序文件、目标程序文件、模型说明文件、数据描述文件。在模型数量少时，一般存放在计算机外存中，由操作系统中的文件系统进行管理。这种存储组织方式，以文件为单位，不过问文件的内容。这种方式不适合大量的模型文件的存储，这些文件混杂地存储在一起不利于单个系统中文件的独立管理。

模型库的组织存储结构形式可以借鉴数据库的组织形式，即建立模型字典库和模型文件库。模型字典库的作用是模型文件的索引，便于模型的分类，以及对模型的查询和修改。其组织结构形式可以采用文本形式——适用于单个模型，菜单形式——适用于模型软件包，数据库形式——适用于决策支持系统。模型文件库可以有多个，在一个库中存放同类型的模型或者经常在一起使用的模型，例如，预测模型库存储各种预测模型，优化模型库存储各种优化模型，这样便于查找和存取。

模型库的组织存储形式由两部分组成：第一部分是模型字典库，它类似于数据库的组织结构形式，但存储的内容不是数据而是模型文件名；第二部分是模型文件库，它是模型的主体，具有文件形式，按文件方式存储。在模型字典库中应该指明模型文件的存取路径。图 7.4 为模型存储组织结构示意图。

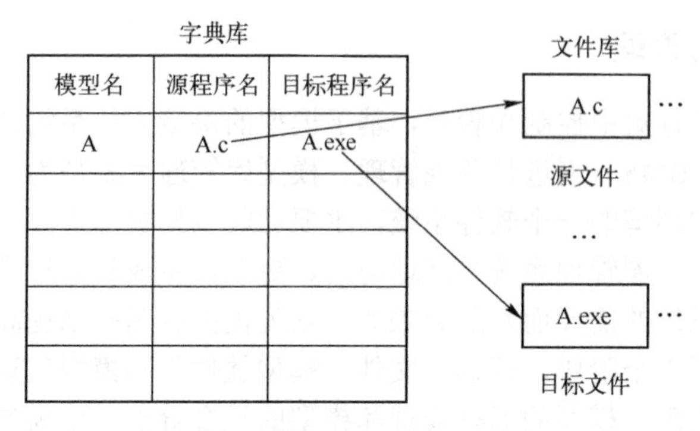

图 7.4　模型存储组织结构示意图

3）模型的查询和维护

模型库中存放着大量的模型，自然有查询和维护问题。根据模型库的组织存储结构形式，要查询模型，首先要查询模型字典库，查到需要的模型名，再沿着该模型文件的存取路径查到相应的模型文件。这个过程包含两部分内容：一个是模型字典库的查询，它类似于数据库的查询；另一个是模型文件的查询，它类似于操作系统文件的查询。因此，模型库的查询是数据库查询与操作系统文件查询的结合。

模型库的维护类似于数据库的维护，主要包括模型的增加、插入、删除、修改等工作。模型的增加可以是顺序增加到模型的后面，也可以插入到同类模型中去。当模型过时将被新模型取代时，需要删除旧模型。当模型需要部分进行修改时，要修改模型程序。这些维护工作的进行都要按照模型的存储组织结构形式进行，增加、插入、删除模型时，要先在模型字典库中增加、插入、删除模型记录，再沿着存取路径去增加、插入、删除模型文件。修改模型工作一般不修改模型字典，只修改模型文件。

2. 模型的运行管理

模型的运行管理包括模型程序的输入和编译、模型的运行控制和模型对数据的存取。

1）模型程序的输入和编译

模型程序的输入指程序的编辑，模型程序的编译完成源程序到目标程序的编译。模型程序的输入不同于数据的输入，它需要编辑系统才能完成。模型程序是利用计算机语言来编制的，不同的语言，程序的形式是不同的。编辑功能具有对程序输入、修改、增加、插入等功能，便于用户对模型程序的输入。这种输入的程序是源程序，用户编写、阅读和修改都很方便，但它不能直接运行。源程序需要通过相应语言的编译系统把它编译成目标程序，即机器代码程序，这是二进制表示的程序，虽不便于阅读，但适合于计算机的运行。

2）模型的运行控制

模型程序的运行是计算机执行模型的目标程序，按照模型的组织存储结构，先从模型字典库中找到该模型记录，再按模型文件的存取路径找到模型目标程序文件。运行该目标程序有两种方式：独立运行该目标程序，或者在总控制程序中运行该目标程序。前者只需在操作系统命令下，执行该目标程序文件名即可；后者需要利用总控制程序所使用语言中提供的调用执行语句来控制模型目标程序的运行。前者只能单独运行模型，后者可以组合模型运行。

3）模型对数据的存取

运行模型需要数据，原始的方法是各模型自带数据或数据文件，但数据不能共享。这种方法只适合于单模型的运行，不适合多模型的组合运行。按照决策支持系统的观点，所有数据都应放入数据库中，由数据库管理系统统一管理，这样便于数据库的输入、查询、修改和维护。为了能够在模型程序中存取数据库中的数据，需要建立模型和数据库之间的接口。利用接口，使模型能存取数据库的数据，使模型库和数据库形成统一整体。

3. 模型的组合管理

对于复杂的决策问题，单个模型往往难以胜任，这就需要将多个模型组合起来解决一个决策问题。模型的组合包含两个问题：一个是模型间的组合，另一个是模型间数据的共享和传递。

1）模型间的组合

它需要通过程序设计中 3 种组织结构方式来完成，即顺序结构、选择结构和循环结构。这 3 种结构形式又可以嵌套使用，从而形成任意复杂的系统结构。这种组合结构形式虽然与一般的计算机语言的程序设计结构形式相同，但含义是大不一样的。一般程序设计结构是在语句或子程序的基础上进行顺序、选择、循环的组合，完成单一问题的处理，而模型的组合是在模型的基础上进行顺序、选择、循环的组合。模型本身是辅助决策的基本单元，即它本身就能完成某种辅助决策，模型可以独立运行，又能作为组合模型的一部分。对模型组合，能完成多模型的组合决策或综合决策，达到对复杂问题进行辅助决策的作用。

模型库管理系统本身不进行模型的组合，而是能够支持模型的组合，模型的组合是通过问题处理集成来进行的。模型的组合有多种方式，用逻辑形式表示如下：

（1）模型间的关系为“与”（and）关系，如模型 1 and 模型 2。

（2）模型间的关系为“或”（or）关系，如模型 3 or 模型 4。

（3）模型间的关系为组合“闭包”（and|or）+ 关系，如“模型 1 and 模型 2”or“模型 3 and 模型 4”……。

在计算机程序设计语言中，有 3 种程序结构形式，即顺序、选择和循环，由此完成对语句、子程序和模块的组合。把模型组合的逻辑关系和程序结构形式结合起来，就形成了模型的三种基本组合方式，如图 7.5 所示。图中，p 是判别条件，满足条件时执行某一分支，不满足时执行另一分支。在程序设计中利用这 3 种组合方式的嵌套组合就形成了任意复杂的模型组合关系，如图 7.6 所示。

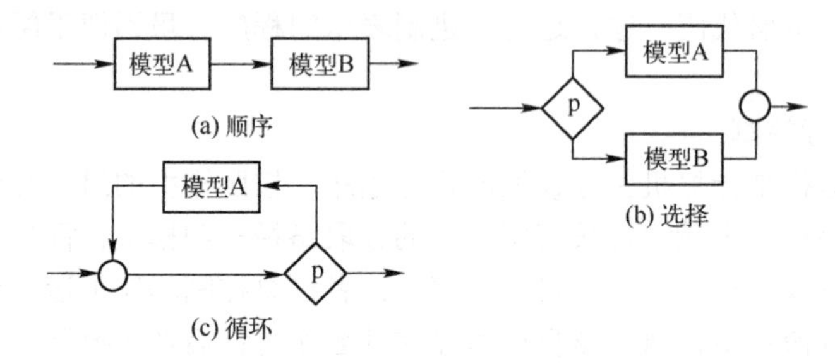

图 7.5 模型的 3 种基本组合方式

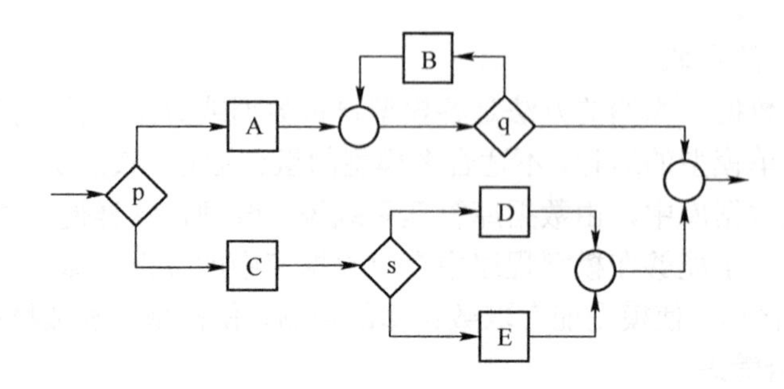

图 7.6 模型组合的嵌套方式

图 7.6 中，A、B、C、D、E 为不同模型，p、q、s 是判别条件，满足条件时执行某一分支，不满足条件时执行另一分支。这种模型组合嵌套方式表示在条件 p 下有两种选择，其一分支是模型 A 与（模型 B 的循环）的组合；另一分支是模型 C 与（模型 D 或者模型 E）的组合。以上模型组合的程序组合方式均满足单输入和单输出。由于它们满

足结构程序要求，从而这些模型组合程序能够保证其程序的正确性。

2）模型间数据的共享和传递

这是组合模型的配套要求，只有达到各模型间数据的共享和数据传递，才能使组合模型成为一个有机整体，而且也能减少数据的冗余和实现数据的统一管理。为实现模型间数据的共享和传递，要求：①所有的共享数据都应该存放在数据库中，由数据库管理系统进行统一管理；②为了实现模型对数据的有效存取，需要解决好模型存取数据库的数据接口问题。这个接口保证各模型可以存取和修改数据库中任意位置的大量数据。

4．模型管理语言体系

模型库管理系统各项功能的实现是由模型库管理系统语言体系来完成的，模型库管理系统语言体系分为模型管理语言、模型运行语言、数据接口语言和模型定义语言。

1）模型管理语言

模型管理语言完成对模型的存储管理以及对模型的查询和维护。模型库的组织是由模型字典库和模型文件库组成，因此对模型存储的管理需要同时完成对字典库和文件库的管理。对字典库的管理类似于对数据库的管理，不同点在于数据项中的内容不是数据而是模型文件名，对模型文件名的处理涉及该文件的存取路径和对该文件本身的处理。例如，增加一个模型，就必须在字典库中增加一个记录，输入模型文件名，并按字典库对文件的存取路径存入该模型文件。对字典库的管理语言类似于数据库管理语言，但又有所区别。它由一系列语句（或命令）组成，这些语句（或命令）可以单独执行，也可以作为应用系统程序中的语句来执行。

2）模型运行语言

模型运行语言要求完成对单模型的调用、运行以及支持模型的组合运行。对单模型的调用运行用命令来完成，对模型的组合运行则要求模型运行语言编制程序来实现。这种语言要比一般计算机语言有更高的要求。首先，它要组合模型，就必须具有调用和运行模型的能力。组合模型体现在程序设计的顺序、选择、循环 3 种结构的任意嵌套组合形式上。其次，需要与数据库连接，进行数据库操作。这样就要求语言既具有数值计算能力，也具有数据库处理能力。例如，C 语言适合于数值计算，不适合数据库处理。SQL 等语言适合于数据库处理，不适合数值计算。根据决策支持系统的需要，必须把它们统一在一个整体中。

3）数据库接口语言

模型对数据库操作需要接口，完成接口任务是由接口语言来实现的。一般模型程序是由数值计算语言来编写，不具有数据库操作功能，模型程序和接口语言相连接可以达到模型操作数据库的能力。接口语言软件如 ODBC、ADO 等，它们实现了数值计算语言对各种数据库语言的接口。

4）模型定义语言

模型定义语言可以对模型进行适当的描述，并保存在模型库中，它支持模型的执行。模型定义语言有两种方式支持模型的执行，即基于解释的方式和基于编译的方式。基于解释的方式类似于编制模型的脚本，由其他程序解释语义并执行；基于编译的方式要根据对应的语言，调用相应的编译器把程序编译成二进制代码来执行。目前，模型定义语言的主要策略包括面向对象、面向过程等。同时模型定义语言是不同形式的模型之间交互的基础。

7.2 基于模型的决策支持系统

在基于模型的决策支持系统中，决策者不是直接依靠数据库中的数据进行决策，而是依靠模型库的模型进行决策。数据库是为决策提供数据能力和资料能力，而模型库则是给决策提供分析问题的能力，通过使用人机交互语言使决策者能够方便地利用模型库中的各种模型进行科学的决策。在决策的各个阶段，模型都起着十分关键的作用。基于模型的决策支持系统分为基于单模型的决策支持和多模型组合的决策支持。

7.2.1 基于单模型的决策支持

基于单模型的决策支持是基础，例如第2～6章介绍的模型可以单独用于某个应用场合。基于单模型的辅助决策系统3个基本要素是模型、相关数据集、相关的求解器（算法）。“模型”通常指计算机程序，用来表示变量之间的关系，以帮助找到复杂问题的解决方案。也就是说，“模型”一般理解为包括可以处理问题的求解器，即算法。例如，武器最优分配辅助决策系统需要0-1分配问题的求解器，该求解器可以在给定任何武器和目标参数数据的情况下给出最佳分配方案。所以在很多情况下，把模型等同于求解器（算法），或者简单地理解为模型=求解器+数据。

基于模型的辅助决策系统旨在利用模型、数据和用户界面来帮助决策者解决问题。在这样的辅助决策系统中使用的大多数模型是数学模型，它包括目标输出、输入集和从输入转换到输出的操作。数学模型用变量的方式描述问题元素，这些元素是评估决策方案效果时必须要考虑的。决策支持数学模型结构如图7.7所示。

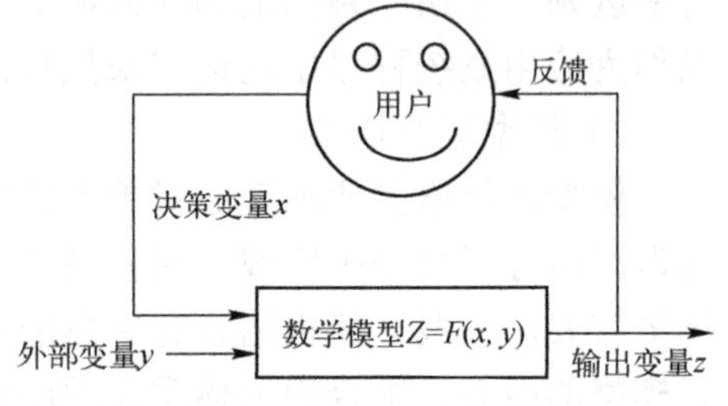

图7.7 决策支持的数学模型结构

图7.7中：

（1）决策变量（输入）x，由用户控制。

（2）外部变量（输入）y，不是由用户控制的参数（由环境和问题的内容决定）。

（3）结果变量（输出）z，用于衡量实施后的结果。

（4）数学模型$z=F(x,y)$表示输入x，y和结果z的关系。

辅助决策系统的目的是支持用户确定变量x的取值以得到问题的最优、至少较优的解决方案。每个数学模型都能够起到一定的辅助决策作用，在给出外部参数数据文件后，控制模型程序的运行，利用模型的计算结果辅助用户决策。

例7.2 海上编队各作战平台上可用的武器单元共计10座，敌方有8个来袭目标，通过指控系统获取的目标威胁度为

$$\boldsymbol{W}=[0.4,0.95,0.35,0.9,0.5,0.95,0.7,0.6]$$

火力单元$j(j=1,2,\cdots,10)$对目标$k(k=1,2,\cdots,8)$的单发毁伤概率为

$$
p_{10\times 8}\begin{bmatrix}
0.7 & 0.6 & 0.4 & 0.7 & 0.9 & 0.5 & 0.2 & 0.6 \\
0.8 & 0.7 & 0.5 & 0.1 & 0.4 & 0.6 & 0.8 & 0.3 \\
0.3 & 0.2 & 0.9 & 0.2 & 0.1 & 0.8 & 0.6 & 0.1 \\
0.7 & 0.9 & 0.2 & 0.8 & 0.1 & 0.3 & 0.4 & 0.5 \\
0.9 & 0.6 & 0.4 & 0.3 & 0.2 & 0.6 & 0.5 & 0.1 \\
0.2 & 0.7 & 0.3 & 0.4 & 0.6 & 0.5 & 0.9 & 0.6 \\
0.2 & 0.7 & 0.4 & 0.3 & 0.2 & 0.4 & 0.7 & 0.9 \\
0.1 & 0.7 & 0.4 & 0.2 & 0.3 & 0.9 & 0.2 & 0.5 \\
0.7 & 0.3 & 0.2 & 0.6 & 0.9 & 0.8 & 0.2 & 0.4 \\
0.8 & 0.9 & 0.2 & 0.3 & 0.4 & 0.4 & 0.7 & 0.2
\end{bmatrix}
$$

每个武器单元必须分配一个目标；每个目标至少分配一个武器单元，可以分配多个武器单元。即可以建立如下优化模型：

$$
\min\sum_{k=1}^{8}\left[w_k\cdot\prod_{j=1}^{10}(1-p_{jk})^{x_{jk}}\right] \tag{7.2}
$$

$$
\text{s.t.}\begin{cases}\sum_{j=1}^{10}x_{jk}\geqslant 1,k=1,2,\cdots,8\\ \sum_{k=1}^{8}x_{jk}=1,j=1,2,\cdots,10\\ x_{jk}=\{0,1\}\end{cases} \tag{7.3}
$$

利用智能优化算法所得最佳武器目标分配方案如表 7.1 所列。

表 7.1　GA 武器目标分配表

武器序号	1	2	3	4	5	6	7	8	9	10
目标序号	4	2	3	4	1	7	8	6	5	2

结果分析：从前述目标威胁度可以看出，目标 2、4、6 的威胁度分别为：0.95，0.9，0.95，在 8 个目标中威胁度最高，所以目标 2 和 4 分别分配了两部武器。而从武器对目标的单发毁伤概率可见，武器 8 对目标 6 的毁伤概率为 0.9，故分配武器 8 对目标 6 进行攻击。

7.2.2　多模型组合的决策支持

决策支持系统不仅仅是基于单个模型的辅助决策，它还具有存取和集成多个模型的能力，而且具有模型库和数据库集成的能力。决策支持系统将众多的模型按一定的结构形式组织起来，便于多模型的管理，也便于模型的运行和模型的组合运行；模型库管理系统的作用则是管理模型库。

从效果上看，多模型组合辅助决策比单模型辅助决策能起到更好的辅助决策效果，从而，决策支持系统的辅助决策效果比运筹学的辅助决策效果更强，决策支持系统是在运筹学的基础上发展起来的，又上升了一步。从技术上看，实现多模型辅助决策，既要采用模型库系统支持多模型的组合，又要将模型库系统和数据库系统有机结合起来，数据库是支持模型组合运行的桥梁。

7.1.3 节介绍了模型组合技术，由多个模型组合而成的决策支持系统可以选择不同的模型、相同的数据构成不同的决策支持系统方案；也可以选择相同模型、不同的数据构成不同的决策支持系统方案；还可以选择不同的模型和不同的数据构成不同的决策支持系统方案。决策支持系统要修改方案，只需修改综合部件中控制的模型名以及该模型调用的数据库名。

在决策支持系统中，模型存放在模型库中，数据存放在数据库中，而控制模型的运行则在综合部件中。在综合部件中由控制程序发出运行命令，并将运行权交给模型库中的模型进行运行。运行时调用数据库中的数据 1，模型运行完成后将数据送入数据库中数据 2，并将控制权交回给综合部件中控制程序的“下步操作”。决策支持系统模型组合程序运行图、模型顺序组合运行图、选择组合结构运行图和组合循环结构运行图如图 7.8～图 7.11 所示。

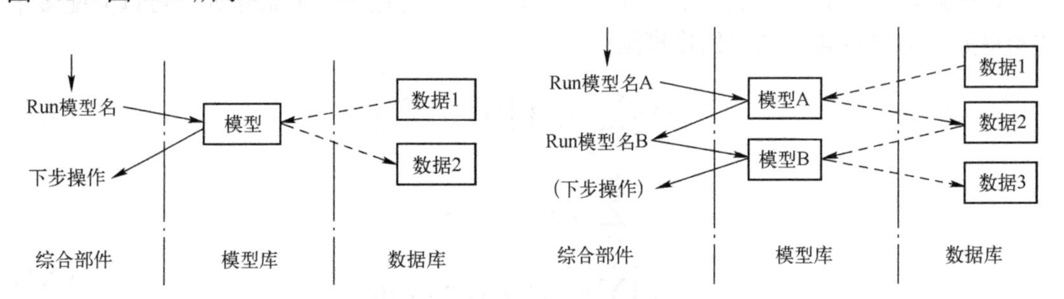

图 7.8　决策支持系统模型组合程序运行图　　图 7.9　模型组合顺序结构运行图

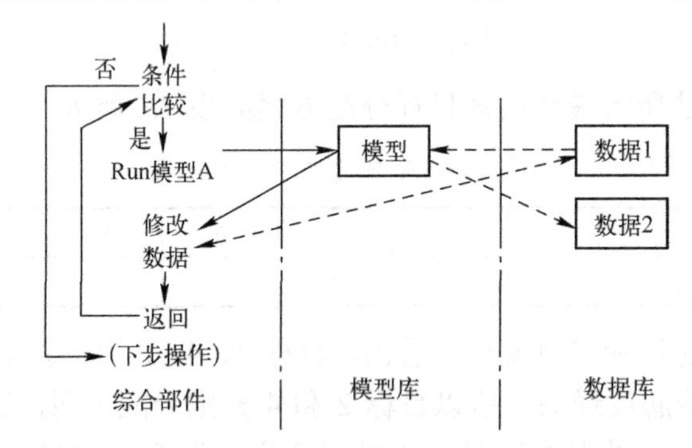

图 7.10　模型组合选择结构运行图

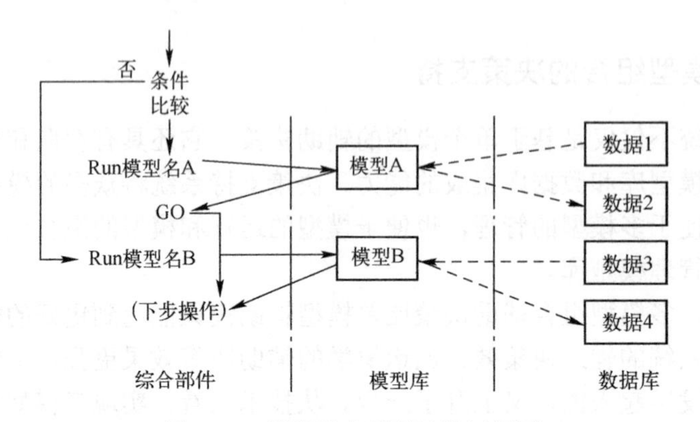

图 7.11　模型组合循环结构运行图

决策支持系统程序与一般系统程序的比较如下：

（1）相同处。决策支持系统的控制程序对模型的调用与一般系统主程序对子程序的调用在程序结构上是相似的。

（2）不同处。决策支持系统中的模型是共享资源，同一模型可以被不同决策支持系统程序调用。一般系统程序中的子程序（模块）只能被该系统主程序调用，并隶属于它，不能被别的系统主程序所调用；决策支持系统中模型程序所使用的语言可以不同于决策支持系统的控制程序，一般系统的子程序（模块）和主程序的语言是一致的。

总而言之，决策支持系统程序是利用模型程序和数据两个共享资源组建的。在本质上，决策支持系统程序与一般系统程序是不一样的。

辅助决策系统中主要是多模型组合的辅助决策方式，例如，在舰艇指挥控制系统中，有很多模型，它贯穿航渡、避碰、搜索、展开、对抗等舰艇运用的全过程，贯穿在目标识别、威胁估计、拦截目标提取、传感器-武器-目标通道合理组织和射击指挥的决策中。

例 7.3 通常物资分配调拨问题是典型的多模型组合及大量数据库的数据处理的决策问题，其流程见图 7.12。根据具体的问题背景，结合物资分配调拨流程给出各环节的数学模型，可以据此设计一个物资分配调拨决策支持系统。该问题涉及装备申请汇总模型、库存计划汇总模型、分配模型、调拨模型、运输模型等多个不同类型的模型。

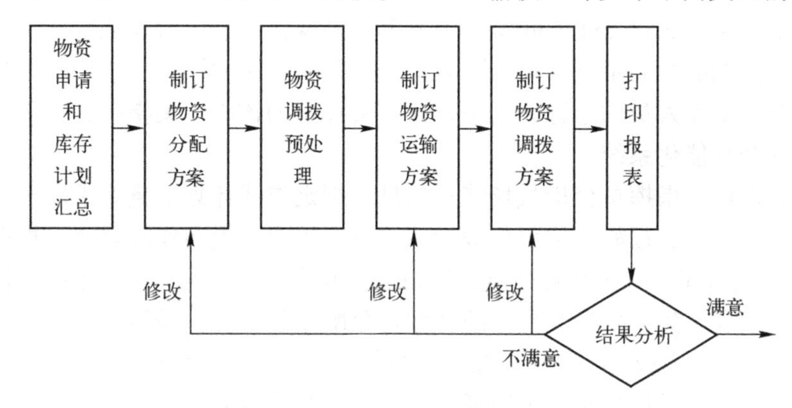

图 7.12 物资分配调拨问题流程图

7.2.3 模型支持决策的优点

基于模型的决策支持系统是以模型为核心且由模型驱动的，将解决问题的数学方法称为模型，它是决策支持系统的重要部件，为决策者提供决策分析的方法和途径，从而帮助决策者了解问题，并帮助他们做出决定。在决策支持系统中应用模型的作用有 3 个，即直接用于制定决策、对决策的制定提出建议和用来估计决策实施后可能产生的后果。

利用模型支持决策有如下优势：

（1）简单易行。通过简单的操作，设置决策变量或环境变量的数值、利用模型就可以对决策问题潜在的情况进行研究，这比在实际系统上操作更容易，而且模型的试验不影响决策者组织的日常运作。

（2）快速高效。在计算机上用几分钟或几秒的时间就可以模拟在实际中需要花费很长时间的操作。数学模型可以分析数量非常庞大、甚至是无穷多数量的决策方案。即使在简单的决策问题中，管理者也往往面临大量方案。通过计算机求解的决策模型可以大大简化这个分析过程。

（3）成本低廉。建模及模型分析的成本远远低于实际系统上进行类似的试验成本，反复试验犯错的成本也远远低于现实世界系统的试验成本。

（4）降低风险。利用模型可以帮助估计和减少风险，决策环境（如商业、军事等应用）具有高度不确定性。利用建模的方法，管理者可以估算具体行动造成的风险，并制订应急计划。

（5）知识积累。一些典型问题模型及求解算法随时可用。正确使用这些算法可以提高决策的性能。目前，在军事运筹学领域、管理学领域都积累了大量的数学模型来支持决策问题的求解，而且这是一个不断演进和知识积累的过程。

7.3 基于模型的作战辅助决策系统

上面介绍了基于模型的决策支持系统的一般原理，本节将其应用于军事领域。

7.3.1 指挥控制系统中的辅助决策技术

指挥控制（command and control，C2）系统是现代战争中对作战部队和武器平台实施高效指挥和控制的主要手段，是指挥员对部队进行指挥、实施管理所必需的软/硬件设备、处理程序及操作人员的总称。它是以计算机技术为核心，集指挥、控制、通信与情报为一体的综合智能化系统。

辅助决策是作战指挥员分析战场情报信息、制定作战计划的重要手段，作为指挥控制系统的核心，它能够很好地增强作战指挥信息化程度，提高作战效率。指挥控制系统基本遵循 OODA 模型：首先从传感器或情报人员获得作战数据，进行数据分析与融合处理，形成统一战场态势；然后制定作战计划，分配作战资源；最后执行作战计划，监控响应，确保任务顺利完成。随着指挥控制系统的发展，辅助决策技术的作用也日益突出，它主要为指挥员提供目标分析、威胁评估、火力分配等方面的支持。

（1）目标分析与威胁评估。辅助指挥员实时收集战场情报，优化配置情报力量，对采集的目标信息进行分析综合，预测敌方作战意图和行动方案，进行目标筛选和威胁评估，为指挥员决策提供可靠的依据。

（2）火力优化分配。根据预定目标和作战任务，从体系作战的角度，对作战人员、武器装备进行科学编组，使之发挥最大作战效能，如确定编制体制、人员配备、战斗编成、兵力划分、阵地布防和优化配置情报、通信等各种战斗实体和保障实体。

1．目标分析与威胁评估

准确的目标分析与威胁评估是实现高效、精确指挥控制的基础。目标分析的任务是明确目标的真实性，确定目标的属性和意图；威胁评估的任务是确定目标的威胁等级，完成威胁排序。目标分析与威胁评估辅助指挥员实时收集战场情报，优化配置情报力量，对采集的目标信息进行分析综合，预测敌方作战意图和行动方案，进行目标筛选和威胁评估，为指挥员决策提供可靠的依据。

1）作战目标分析

现代战争中目标种类繁多，不同类型的目标，其功能、所处环境、抗弹强度、机动性及大小等各不相同，主要有以下类型：

按照目标构成状况分为单个目标、集群目标和复合目标；按照机动能力分为固定目标、活动目标、运动目标；按照目标识别的程度分为可识别目标、部分识别目标、不可识别目标； 按照目标的范围分为点目标、线目标、带状目标、面状目标；按照目标的坚固程度分为软目标、硬目标、半硬目标；按照活动空间分为空中目标、地面目标、地下目标、海上目标。

除了分析目标类型外，还应对目标的数量、分布及活动区域、易损性及几何结构、防护能力、目标价值等特征参数进行确定。目标分析完成后，形成作战目标清单。

2）目标威胁估计

目标威胁估计是辅助决策的核心内容之一，威胁估计的结果将成为指挥员作战决策的重要依据。目标威胁估计是根据战场态势、目标信息属性和价值因子，计算目标对于我方的威胁程度，并为指挥员辅助制定打击顺序。

以采用多准则决策分析方法进行目标威胁估计为例，具体步骤如下：分析目标威胁评估的参数（包括目标特征参数和运动参数，如目标意图、目标类型、目标距离、目标速度、运动方向等）；根据提供的目标参数以及对威胁的影响程度确定各要素的权重；通过加权和法、层次分析法、TOPSIS 等方法综合评判目标威胁等级；最后进行目标威胁等级排序。

2．火力优化分配

火力优化分配是指挥控制系统中辅助决策的热点和难点问题，其本质是一种非线性多目标优化决策问题，其解空间随着武器系统火力单元和目标数量的增加呈现指数级增长。根据预定目标和作战任务，从体系作战的角度，对作战人员、武器装备进行科学编组，使之发挥最大作战效能，如确定编制体制、人员配备、战斗编成、兵力划分、阵地布防和优化配置情报、通信等各种战斗实体和保障实体。

1）武器需求分析

在火力优化分配前，需要对打击目标的武器需求情况进行分析，重点是根据武器与目标的匹配关系，以及目标毁伤等级要求，对武器弹药的需求数量进行测算。

（1）武器与目标匹配。它是根据所攻击的目标，正确选择武器的决策活动；能否正确选用武器，将直接影响目标打击效果。在选择武器时，需要考虑武器的毁伤效能，包括侵彻作用、爆破作用、杀伤作用和燃烧作用等。

（2）目标毁伤等级要求。通常，目标毁伤分为（完全、部分）丧失运动能力、打击能力、通信能力等。以作战飞机目标为例，毁伤等级分为损耗毁伤、任务放弃毁伤、迫降毁伤三大级别；损耗毁伤又定义为 KK 级毁伤、K 级毁伤、A 级毁伤、B 级毁伤。

（3）武器弹药需求测算。根据武器与目标的匹配性关系、目标毁伤等级、目标类型、目标数量等，测算武器弹药需求。对于特征参数不明确的目标，可以基于相似性等效方法，建立其与典型目标的换算关系，以此确定武器弹药需求。

2）目标火力分配

目标火力分配是根据目标当前位置、目标运动参数、火力单元的位置、状态等因素，分配适合打击目标的火力单元，并确定弹种和弹数。研究目标火力分配问题的基本方法和步骤如下：

（1）构建火力分配问题的目标函数。通常是以武器系统攻击效能最大化来构建目标函数，攻击效能可用目标毁伤概率、命中概率、突防概率等综合表示。

（2）设置火力分配问题的基本原则。例如：①上级制定的目标优先分配；②威胁等级高的目标优先分配；③重点目标优先分配；④先到达的目标优先分配等。

（3）建立火力分配问题的约束条件。例如：火力单元的威力作用范围（考虑地形遮蔽区）、火力单元的空间分布、火力单元一次可同时打击的目标数量、目标威胁等级、目标毁伤要求、火力单元的消耗总量等，避免火力重复打击。

（4）当目标数量、火力单元数量、分配约束条件较多时，求解变得非常困难。由于高技术战争条件下高时效性、高准确性的要求，传统由人工进行的火力分配已经不能满足作战指挥的需要，因此可引入整数规划、专家系统、多目标优化、人工智能算法（遗传算法、蚁群算法、粒子群算法、模拟退火算法、神经网络等）来提高火力分配问题的求解效率，使分配结果更合理、更科学。

辅助决策技术是军事指挥控制系统实现高度综合化、智能化和自动化的关键，目前已在作战目标分析、目标威胁评估和火力优化分配等方面发挥了重要的作用。未来，辅助决策技术的水平和运用程度，将直接影响和决定指挥控制系统的作战效率和信息化战争的进程。

随着军事指挥控制系统向着远程、精确化、网络化、指挥控制与火力控制一体化等方向发展，辅助决策技术必须更好地发挥其“决策优势”和“行动优势”，重点是从体系作战的角度，按需聚合战术互联网上的作战资源，利用分布的系统资源，相互协作形成系统的辅助决策功能。下面给出一个反舰导弹对海目标饱和攻击的辅助决策例子。

7.3.2 反舰导弹对海目标饱和攻击辅助决策系统

饱和攻击战术是攻击方为了达到战略战术目的，利用潜艇、舰艇及飞机携载的反舰导弹，采用大密度、连续进袭的突防手段，同时在极短时间内，从空中、水面和水下不同方向、不同层次向同一个目标发射超出其抗击能力的导弹数，使防空系统反导抗击能力在该时间段内处于无法应付的饱和状态，以达到提高导弹突防概率和摧毁目标的目的，包括数量饱和与方向饱和。反舰导弹对海目标饱和攻击的组织与实施是一项复杂的任务规划工作，指挥员要迅速做出有效的、合理的战术决策，需要先进的辅助决策系统支持，这是决定反舰导弹饱和攻击能否有效发挥其战术特性的关键因素之一。

1．反舰导弹饱和攻击及舰载防空武器系统防空特性

1）反舰导弹饱和攻击流程

饱和攻击辅助决策系统提供作战方案的过程是以反舰导弹饱和攻击流程为依据的，根据饱和攻击流程设计的辅助决策系统更为客观、合理。一般而言，反舰导弹对单舰实施饱和攻击流程如下：

（1）利用侦察卫星及雷达探测系统对敌方目标进行精确定位，保障指挥部门及发射平台统一的敌我态势显示。

（2）通过对战场环境的监测，分析可能影响反舰导弹发射的因素，保障导弹的战斗使用。

（3）根据搜集到的敌方典型水面舰艇情报资料，研究其整体的防空能力，计算一次饱和攻击所需发射反舰导弹的数量。

（4）综合上述研究结果，设定各枚反舰导弹的航路规划方案，协同各枚导弹以预定的攻击角度同时到达目标。

（5）在指挥员确定攻击方案后，对选定的发射平台下达预计发射时间的命令，各发射平台按照指定的时间节点发射反舰导弹。

2）舰载防空武器系统防空特性

针对不同的目标种类、数量、编队方式，发射反舰导弹的数量与反舰导弹的攻击方式是完全不同的，因此饱和攻击辅助决策系统必须根据舰载防空武器系统的防空特性设计模型。

目前，水面舰艇上配备的防空武器系统基本覆盖了远、中、近等各个层次，舰载雷达可以为水面舰艇提供早期预警及目标指示，电子干扰系统则可以对来袭反舰导弹实施干扰，提供“软杀伤”的拦截手段，舰载防空武器系统对来袭反舰导弹的抗击方式可以概括为以下两方面：

（1）在防御层次上采用区域防御与点防御相结合的分配方法。区域防御由防空导弹武器系统负责，对来袭反舰导弹进行远程和中程拦截。点防御主要由舰炮武器系统和近程防御系统负责，对来袭反舰导弹进行近程和末端拦截。不同的防空武器系统在各自的杀伤区内对来袭反舰导弹进行分层拦截，这样就形成了一个有效的拦截纵深，如图 7.13 所示。

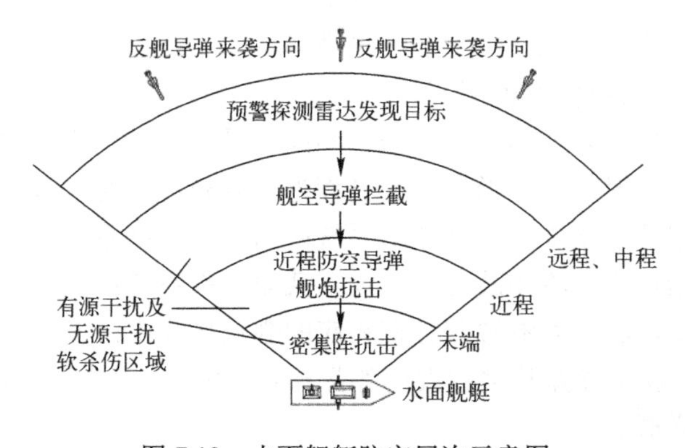

图 7.13　水面舰艇防空层次示意图

（2）在防御方式上采取“硬杀伤”与“软杀伤”相结合的抗击手段。水面舰艇的“硬杀伤”武器主要为防空导弹武器系统、舰炮武器系统和近程防御系统，“软杀伤”武器主要为电子战系统及箔条发射系统。在防空作战过程中，“硬杀伤”与“软杀伤”能够相互结合、互为补充，形成一个比较完整的防空体系。

综上所述，饱和攻击辅助决策系统需要构建舰载防空武器系统拦截、反舰导弹航路规划等多个模型。以下说明舰载防空武器系统拦截模型。

2．舰载防空武器系统拦截模型

舰载防空武器系统拦截模型主要包括：预警探测模型、舰空导弹武器系统拦截模型、舰炮武器系统拦截模型、近程防御系统拦截模型和电子干扰模型。

1）预警探测模型

对于水面舰艇的预警探测系统而言，最主要的组成部分就是舰载雷达，其主要任务是在尽可能远的距离上探测和发现目标，以便为防空武器系统提供足够的准备时间。因此，预警探测系统的最大探测距离以及对目标的发现概率是决定水面舰艇能否及时进行对空防御的关键因素。

（1）预警探测系统的最大探测距离。舰载雷达发现并检测到目标的最大距离是由雷达方程决定的，雷达方程描述了雷达的作用距离和雷达性能参数、环境影响之间的关系。因此，预警探测系统的最大探测距离可以采用雷达方程来描述：

$$R=\left[\frac{P_{\mathrm{t}}\cdot G^{2}\cdot\lambda^{2}\cdot\sigma\cdot D}{(4\pi)^{2}\cdot k\cdot T\cdot B\cdot L\cdot F\cdot(\mathrm{S/N})}\right]^{1/4} \tag{7.4}$$

式中：R 为雷达作用距离；P_{t} 为雷达发射机发射功率；G 为雷达天线增益；λ 为雷达波长；σ 为目标的雷达散射截面；D 为脉冲压缩雷达的脉冲压缩比（对非脉冲压缩雷达，$D=1$）；k 为玻耳兹曼常数；T 为系统噪声温度；B 为雷达接收机的带宽；L 为损耗因子；F 为传播因子；S/N 为雷达接收机的输出信噪比。

（2）预警探测系统对目标的发现概率。舰载雷达发现目标的概率与许多因素相关，如来袭目标的高度、距离、RCS 以及自然环境等。为了简化问题，在不考虑复杂电磁环境与舰载雷达信息处理能力的情况下，舰载雷达发现目标的概率为

$$P_{\mathrm{d}}\approx(P_{\mathrm{f}})^{\frac{1}{1+\mathrm{S/N}}} \tag{7.5}$$

式中：P_{d} 为雷达发现概率；P_{f} 为雷达的虚警概率。

2）舰空导弹武器系统拦截模型

舰空导弹是拦截反舰导弹的主要武器，不同型号的舰空导弹拦截反舰导弹的能力不同。舰空导弹武器系统对反舰导弹的拦截过程为：舰载雷达对来袭反舰导弹进行探测，并将目标的信息数据传送至舰空导弹武器系统内的决策指挥系统；在进行敌我识别、威胁评估之后，决策指挥系统将作战方案传递至武器控制系统；武器控制系统进行目标分配，并指定火力通道，将发射参数装订在相应的舰空导弹中；发射准备完成后，由指挥人员下达发射命令，舰空导弹升空拦截；完成一次拦截后，对本次拦截的效果进行评估，判断是否需要再次拦截。

根据对上述过程的分析，按照舰空导弹对反舰导弹“命中即毁伤”的原则，舰空导弹武器系统对反舰导弹的拦截概率 P_{jk} 为

$$P_{\mathrm{jk}}=1-(1-p_{\mathrm{jk}})^{i} \tag{7.6}$$

式中：p_{jk} 为舰空导弹的单发杀伤概率；i 为舰空导弹对反舰导弹的射击次数。

3）舰炮武器系统拦截模型

舰炮武器系统是水面舰艇抗击反舰导弹的第二层火力防御系统，通常由中、大口径舰炮作为主要防御武器，完成对中程或近程目标的射击任务。对于舰炮武器系统而言，

影响其抗饱和攻击的主要因素有舰炮武器系统的射击区和舰炮武器系统的射击时间与发射弹数。当有多枚反舰导弹来袭时，舰炮武器系统对反舰导弹拦截概率 P_{jp} 为

$$P_{\text{jp}} = 1 - \left(1 - \frac{p_{\text{jp}}}{\omega_{\text{jp}}}\right)^{N_1} \tag{7.7}$$

式中：p_{jp} 为单发炮弹对反舰导弹的毁伤概率；ω_{jp} 为舰炮拦截反舰导弹的平均必须命中数；N_1 为舰炮武器系统对目标进行射击时的实际发射弹数。

4）近程防御系统拦截模型

近程防御系统是水面舰艇抗击反舰导弹的最后一层火力防御系统，通常由小口径舰炮作为主要防御武器，完成对近程目标的拦截任务。当有多枚反舰导弹来袭时，“密集阵”武器系统对反舰导弹的拦截概率 P_{mj} 为

$$P_{\text{mj}} = 1 - \left(1 - \frac{p_{\text{mj}}}{\omega_{\text{mj}}}\right)^{N_2} \tag{7.8}$$

式中：p_{mj} 为弹丸对反舰导弹的单发命中概率；ω_{mj} 为近程防御系统拦截反舰导弹的平均必须命中数；N_2 为近程防御系统对目标进行射击时的实际发射弹数。

5）电子干扰模型

电子干扰是水面舰艇应对来袭反舰导弹的一种“软对抗”手段，它主要以有意识地发射、转发或反射特定性能的电磁波为手段，以扰乱、欺骗和压制敌方军事电子信息系统和武器制导控制系统正常工作为目的，是一种较为简单而又廉价的对抗措施。根据干扰来源划分，电子干扰一般可分为有源干扰和无源干扰两类。

在实际作战过程中，水面舰艇会依据作战态势，采用有源干扰和无源干扰相结合的手段，对反舰导弹实施干扰。因此，舰载电子干扰系统对反舰导弹的平均服务概率 P_{g} 可以表示为

$$P_{\text{g}} = 1 - (1 - P_{\text{y}})(1 - P_{\text{w}}) \tag{7.9}$$

式中：P_{y} 为有源干扰系统对反舰导弹的服务概率；P_{w} 为无源干扰系统对反舰导弹的作用概率。

根据舰载防空武器系统火力兼容的限制，舰载防空武器系统对反舰导弹的总拦截概率为

$$P_{\text{总}} = [1 - (1 - P_{\text{jk}})(1 - P_{\text{jp}})(1 - P_{\text{mj}})]^{n(1-P_{\text{g}})P_{\text{f}}} \times [1 - (1 - P_{\text{jp}})(1 - P_{\text{mj}})]^{n(1-P_{\text{g}})(1-P_{\text{f}})} \tag{7.10}$$

在讨论多枚反舰导弹对目标实施饱和攻击时，必须要计算理论上能够成功突防的反舰导弹数量，即突防期望数。当突防期望数大于或等于 1 时，表示本次饱和攻击在理论上至少有一枚反舰导弹能够成功突防，即可认为达到了饱和攻击的要求，此时所对应的 n 值即为饱和攻击时所需发射的反舰导弹数量。突防期望数的计算模型为

$$N_{\text{突防}} = n \times (1 - P_{\text{总}}) \tag{7.11}$$

式中：$N_{\text{突防}}$ 为反舰导弹对典型水面舰艇实施饱和攻击时反舰导弹的突防期望数。

3．饱和攻击辅助决策系统总体设计

反舰导弹对水面舰艇以及舰艇编队的饱和攻击是一个复杂的体系对抗过程，其中涉

及反舰导弹、水面舰艇以及其携载的预警探测系统、舰空导弹武器系统、舰炮武器系统和电子干扰系统等多种作战武器及设备，需要建立大型的数据库来支撑计算，采用模块化的思想进行设计，其仿真系统总体设计流程如图 7.14 所示。

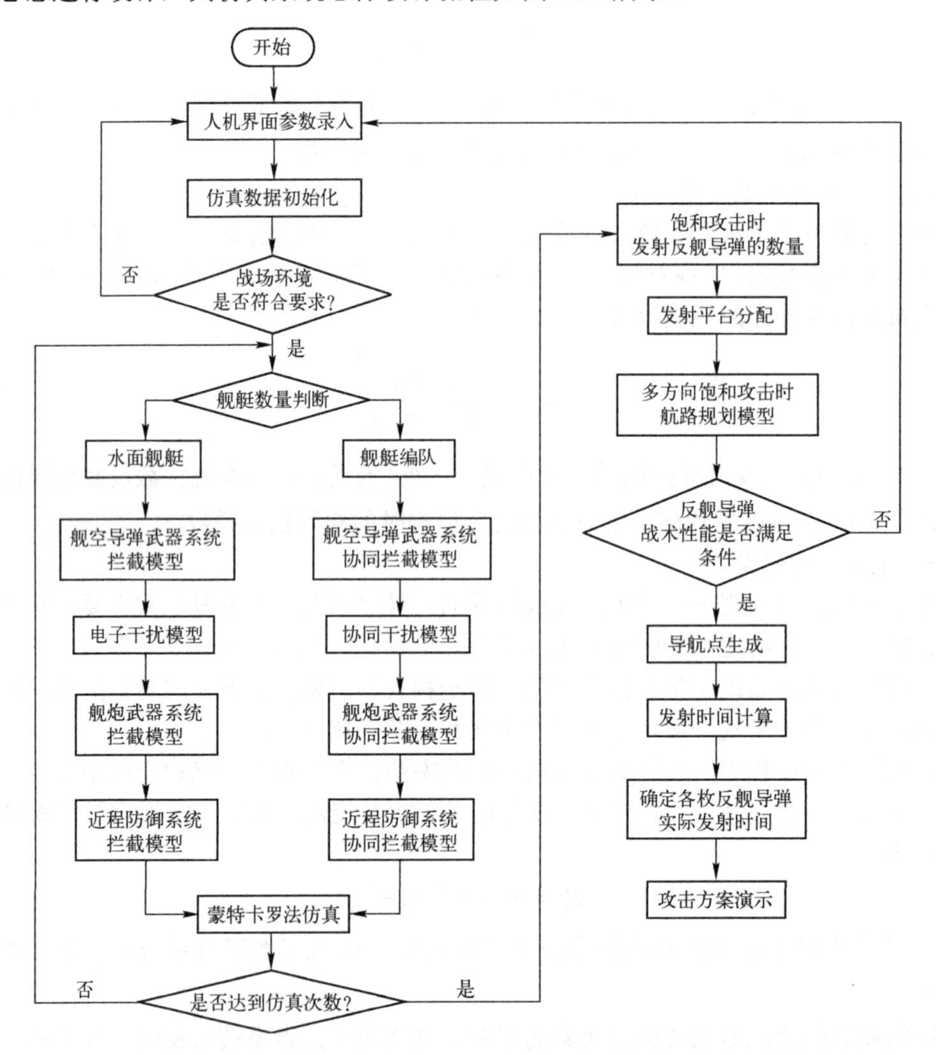

图 7.14　反舰导弹对海目标饱和攻击辅助决策系统总体设计流程图

系统的主要模块包括：

（1）数据库模块。用于存放典型水面舰艇的预警探测系统、防空武器系统、电子干扰系统等性能参数，以及目标位置信息和反舰导弹战术技术参数。

（2）饱和攻击数计算模块。通过对目标防空能力的综合分析，计算出饱和攻击时发射反舰导弹的数量。

（3）航路规划模块。通过对发射平台及目标位置信息的综合分析，计算各枚反舰导弹的导航点，为导弹设定合理的航迹。

（4）发射时间计算模块。根据设定的攻击时间，计算各枚反舰导弹的发射时间。

（5）攻击方案演示方案模块。综合全部计算结果，对完整的攻击方案进行演示。

小　结

模型是人类的认识对事物运动客观规律的某种反映，模型支持决策的主要技术手段是软件包和模型库技术。软件包和模型库中存储有各种数学模型，包括数据处理模型、作战对抗模型、运筹优化模型、决策评估模型等，其作用是帮助指挥人员在指挥决策过程中更有效地进行定量分析。客观事物千变万化、异常复杂，而模型总是会略去一些因素，这种模型的效果，由于当时条件、环境的变化，有可能失效。因此，模型是否能够真正反映客观事物的发展规律，是评价模型是否真正有效的关键。本章介绍基于模型的辅助决策技术，内容包括模型资源的定义和分类，军事指挥决策中常用的几类模型，模型的建立过程，模型的存储管理、运行管理和组合管理，最后以反舰导弹对海目标饱和攻击为例说明基于模型的辅助决策系统构成。

习　题

1. 模型资源的表现形式有哪些？
2. 模型的管理包含哪些内容？
3. 模型的存储管理、运行管理和组合管理涉及哪些内容？
4. 模型间的组合形式有哪几种？
5. 决策支持系统模型组合程序运行图是怎样的？
6. 模型组合的顺序结构、选择结构和循环结构运行图是怎样的？

第 8 章　基于知识的辅助决策技术

决策过程离不开知识，知识可以帮助分析理解问题、获得解决问题的方案。基于知识的决策支持技术是将知识与问题、知识与知识联系起来，通过检索和推理得出有意义的结论。利用知识推理形式解决定性分析问题，结合模型计算定量分析问题的特点，使二者有机结合，可以使得解决问题的能力和范围得到跨越式的发展，提高决策水平。本章介绍基于知识的辅助决策技术，内容包括知识的基本概念、几种典型的知识表示和推理方法。

8.1　知识的基本概念

8.1.1　知识的概念

知识（knowledge）是由人类的智力创造与发现的一种共享资源，与物质、能源一起构成了现代社会的三大支柱资源。早在 300 多年前，英国著名哲学家弗兰西斯·培根就曾说过“知识就是力量”，这句话被无数事实反复证明。

1．知识的定义

知识是人们在社会实践活动中所获得的对（自然的和人造的）客观事物及其规律的认识，包括对事物的现象、本质、状态、关系和运动等的认识。它是认知和经验的归纳结晶，又能指导新的实践。关于知识的确切定义至今尚未形成，一般认为知识是把有关信息关联在一起所形成的关于客观世界某种规律性认识的结构化的动态信息结构。比较有代表性的定义如下：

（1）E.A.Feigenbaum 的定义：知识是经过整理、加工、解释和转换的信息。

（2）F.Hayes-Roth 的定义：知识是事实、信念和启发式规则。从知识库的观点看，知识是某领域中所涉及的各有关方面的一种符号表示。

（3）Bernstein 的定义：知识是由特定领域的描述、关系和过程组成的。

经过人类思维整理过的信息、数据、形象、意象、价值标准以及社会的其他符号产物都可以称为知识，它不仅包括科学技术知识，还包括人文社科、商业活动、日常生活和工作中的经验和知识，人们获取、运用和创造知识的知识，以及面临问题做出判断和提出解决方法的知识等。

知识来源于信息和数据，它们之间的关系及层次结构如图 8.1 所示。

（1）信号处于层次结构中的最底层，是数据的电子或电磁编码，例如雷达信号、声纳信号。

（2）数据是对客观事物的记录，信号经过处理后得到数据，例如雷达信号经过处理后得到雷达目标数据，距离、方位、高度等。

（3）信息是数据所表示的含义，即信息是对数据的解释，数据是信息的载体。例如，“200”是用数字表示的数据，它本身没有意义，将它放在数据库中“探测距离”属性下，可以表示“200km”；将它放在速度属性下，可以表示“200km/h”。“200km”和“200km/h”就成为了信息。

（4）知识是结构化的信息，一般表示为关系、表达式或过程，它能指导行动、发挥作用。例如，“如果目标在雷达探测范围内，则雷达有一定的概率能够发现目标”。知识可以通过人工学习，也可通过机器学习获得。

（5）元知识是有关知识的知识，是知识库中的高层知识。包括怎样使用规则、解释规则、校验规则、解释程序结构等知识。

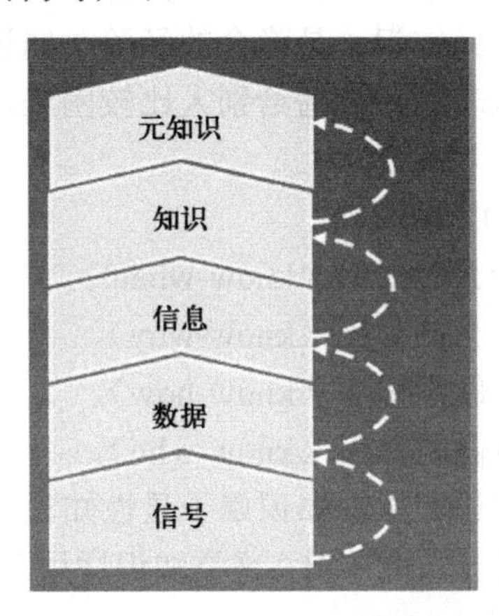

图 8.1　知识与信号、数据、信息之间的关系

2．知识的分类

知识可以按照多种方式进行分类。

1）按照知识的作用范围分类

（1）常识性知识：也称为通用性知识，适用于所有领域。如一年有 4 个季节。

（2）领域性知识：面向某个具体领域的知识，是专业性知识，如故障诊断的知识。

2）按照知识的表示方法分类

（1）描述性知识（事实性知识）：用于描述领域内的有关概念、事实、事物的属性及状态，常以“…是…”的形式出现。例如：航空母舰是一种作战舰艇。

（2）判断性知识（规则性知识）：用于描述事物之间因果关系的知识，常以“如果…那么…”的形式出现。例如：如果目标在雷达探测范围内，那么雷达就可能探测到该目标。

（3）过程性知识：用于描述与事物的动作、行为相关的动态知识，指出如何处理与问题相关的信息以及求得问题的解。例如：机器人踢足球。

（4）控制性知识：又称为深层知识及元知识，是关于如何运用已有的知识进行问题求解的知识，也称为关于知识的知识。如：问题求解过程中的处理方法、搜索策略、控制结构。

3）按照知识的确定性分类

（1）确定性知识：精确性知识，其逻辑值非真即假。例如：驱逐舰是舰艇。

（2）不确定性知识：不精确、不完全、模糊性的知识。

4）按照人类的思维及认识方法分类

（1）逻辑性知识：反映人类逻辑思维过程的知识，一般具有因果关系或难以精确描述的特点，是人类的经验性知识和直观感觉。例如：人的为人处世的经验与风格。

（2）形象性知识：通过事物的形象建立起来的知识。例如：舰艇图片说明什么是舰艇。

5）按照知识的获取方式分类

（1）显性知识：也称为理论知识，指可通过文字、语言、图形、声音等形式编码记录和传播的知识，便于交流、共享和转移。

（2）隐性知识：也称为实践知识，是隐含的经验类知识，指人们在长期实践中积累获得的知识，不易用显性知识表达，传播给别人比较困难。例如：每个人都有不同的审美观。

6）国际经合组织（OECD）的分类

（1）事实知识：知道是什么的知识（know-what）。

（2）原理知识：知道为什么的知识（know-why）。

（3）技能知识：知道怎样做的知识（know-how）。

（4）人力知识：知道谁能做的知识（know-who）。

以上 4 种知识中，事实知识和原理知识属于显性知识，这类知识适用范围广，通用性强；技能知识和人力知识属于隐性知识，这类知识适用范围小，一般针对具体的案例。

3．知识的属性

知识可作为一种资源，可以重复使用，也是一种共享资源。知识资源可以不断地再生出来，并与原有的知识资源重新组合，可以转化为物质财富。知识一般具有如下属性：

（1）真伪性。知识是客观事物及客观世界的反映，它具有真伪性，可以通过实践检验其真伪，或通过逻辑推理证明其真伪。

（2）相对性。一般知识不可能无条件地真，即绝对正确；也不可能无条件地假，即绝对谬误。知识的真假都是具有相对性的，在一定条件下或特定时刻为真的知识，当时间、条件或环境发生变化时可能变成假。

（3）不完全性。知识往往是不完全的，这里的不完全大致分为条件不完全和结论不完全两大类。

（4）模糊性和不精确性。现实中的知识的真与假，往往并不总是“非真即假”，可能处于某种中间状态，即所谓具有真与假之间的某个“真度”，即模糊度和不精确度。例如“高速目标威胁程度高”，所谓的“高速”是个模糊概念，具体速度多少为“高速”，在不同环境中可能定义不同。在知识处理中必须用模糊数学或统计方法等来处理模糊的或不精确的知识。

（5）可表示性。知识作为人类经验存在于人脑之中，虽然不是一种物质东西，但可以用各种方法表示出来。一般表示方法包括符号表示法、图形表示法和物理表示法。

（6）可存储性。既然知识可以表示出来，那么就可以把它存储起来。

（7）可传递性：知识既可以通过书本、电子文档等媒介来传递，也可以通过人类的讲授来传播，还可以通过计算机网络等来传输。

（8）可处理性：知识可以从一种表示形式转换为另一种表示形式，知识一旦表示出来，就可以同数据一样进行处理。

（9）相容性：相容性是关于知识集合的一个属性，是指存在于一个集合中的所有知识之间不能相互矛盾，即从这些知识出发，不能推出相互矛盾的命题。

8.1.2 知识的表示

本书研究的知识是计算机能够接受并进行处理的符号，它形式化地表示人类在改造客观世界中所获得的知识。不管从什么角度去划分知识，要用机器对知识进行处理，都必须以适当的形式对知识进行表示，这就是知识表示技术。

知识表示就是将人类知识形式化或者模型化，其实质是能够表示知识的数据结构，使知识能在计算机中有效地存储、检索、使用、推理和改进。知识表示方法具备两个功能：表达事实性的知识，表达这些事实间的关系。一般来说，对于同一种知识可以采用不同的表示方法，反之，一种知识表示模式可以表达多种不同的知识。然而，在解决某一问题时，不同的知识表示方法可能会产生完全不同的效果。迄今为止，人们还没有找到一种通用的、完善的知识表示模式。

知识表示的研究主要是追求表达能力强而又便于处理的知识表示模式，在构建决策支持系统时，选择知识表示方法应考虑以下几个因素：①能否有效表示问题领域的专门知识；②是否便于知识的获取和利用；③是否便于知识的组织和管理；④是否有利于运用知识进行推理；⑤是否便于理解和实现。

针对要解决的问题，究竟什么样的知识表示方法才是合适或有效的？如何评价一种知识表示方法的优劣？一种良好的知识表示应具有什么特点？从不同角度评价决策支持系统的人，对知识表示的合理性要求也有所不同。从决策支持系统用户的角度考虑，具有下面特点的知识表示才是合适的。

（1）可理解性。便于用户理解知识库中的知识。

（2）可访问性。能高效地利用知识库中的知识。

（3）可解释性。便于系统向用户解释其行为。

对于决策支持系统的构建者或知识工程师来说，知识表示方法应具有以下几个特点：

（1）完备性。具有表达问题领域所需各种知识的能力，具有语法和语义完备性。目前大多数知识表示方法都很难满足这一要求。

（2）一致性。要求知识库中的知识不能相互产生矛盾。由于许多知识属于启发性知识，具有不完全性和不确定性。因此，所采用的知识必须便于系统进行一致性检查，以便在使用中完善知识库，保证系统的求解质量。

（3）正确性。知识表示必须能真实地反映知识的实际内涵，而不允许有偏差。只有这样才能保证系统得出正确结论和合理建议。

（4）清晰性。知识表示模式必须有利于知识的检索和推理。知识的检索指根据问题求解状态确定已有知识的匹配，由于系统中知识的不确定性或不完全性，导致知识的检索并非直接的检查、比较和存取，而是具有某种程度的推理。知识的检索与推理是一种控制知识，一旦知识表示模式被选定，它们也就相应地被确定下来。如果一种知识表示模式的数据结构过于复杂，难于理解和实现，则必然给检索程序和推理程序的设计带来困难，影响系统的求解效率。因而，对知识的检索和推理来说，知识表示模式在数据结构上力求简单一致，即保持知识表示模式的清晰性。知识的清晰性便于知识库的正确性和一致性检查。

（5）可扩充性。一方面，高质量的知识库要求系统的数据结构和存取程序必须足够灵活，不需要做硬件上或控制结构上的修改就能对知识库进行扩充，即要求知识表示模式与运用知识的推理机制相互独立，在系统中一般采用知识库与推理机分离的手段来实现这一目的。另一方面，往往不能很快地把问题领域的所有知识定义为一个完整的知识库，通常先定义一个子集，不断增加、修改、删除来扩充和完善知识库，这种方法是将系统的知识作为一个开放集来处理，并尽可能模块化地存储知识条目，便于知识库的扩充。

（6）方便性。在一种程序语言或开发工具上实现一个知识库系统时，知识表示模式的选择会产生直接影响。如 PROLOG 语言适合于逻辑表示模式的实现，LISP 语言或 EMYCIN 工具易于基于规则的知识系统的开发，KRL 语言是专门用于基于框架表示模式的知识系统的开发。

8.1.3 知识的推理

推理是人脑的一个基本功能和重要功能，几乎所有的人工智能领域都与知识推理有关，因此，要实现人工智能，就必须将推理的功能赋予机器，实现机器推理。知识的推理是根据知识库中已知的知识，以及数据库中已知的事实，根据一定的原则（公理或规则）推断出新的或所需的事实的思维过程。由于系统中知识的不确定性或不完全性，推理不是直接的演绎推导，而是以一定的启发性为特征。一旦知识表示模式被选定，知识推理模式也就相应地被确定下来。

知识推理方式的分类如图 8.2 所示。按照思维模式分为演绎推理、归纳推理和类比推理：

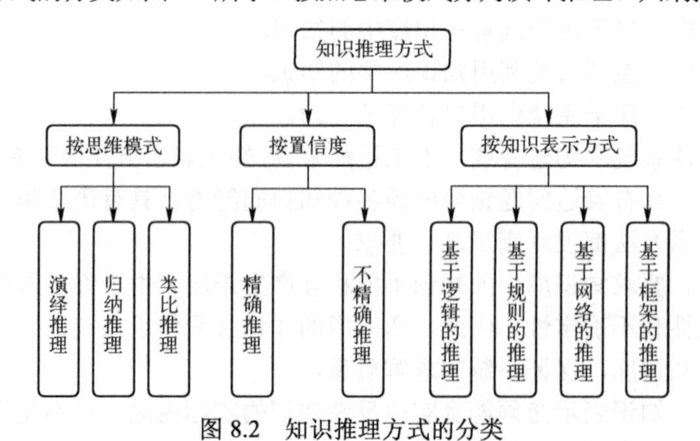

图 8.2 知识推理方式的分类

（1）演绎推理。从一般到特殊，即从一般性较大的前提推出一般性较小的结论，不产生新的知识。如三段论：

前提 1　　所有人都是要死的（知识）

前提 2　　苏格拉底是人（事实）

结论　　所以，苏格拉底是要死的。（结论）

（2）归纳推理。从特殊到一般，即从一般性较小的前提推出一般性较大的结论，通常能产生新的知识。具体又可分为完全归纳法（图 8.3）、简单枚举归纳法（图 8.4）和科学归纳法（图 8.5）。

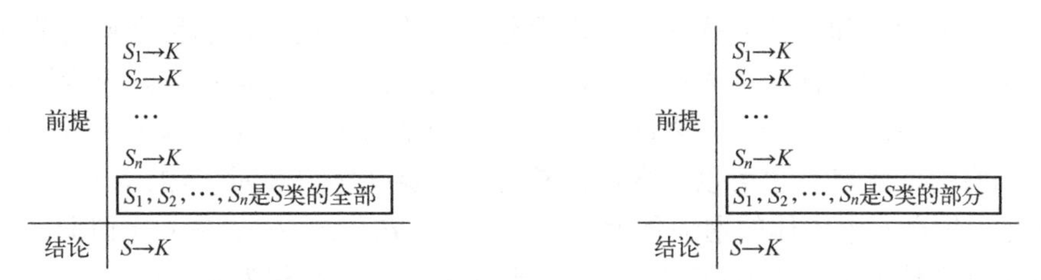

图 8.3　完全归纳法　　　　图 8.4　简单枚举归纳法

（3）类比推理。根据两个或两类对象有部分属性相同，从而推出它们的结论也相同。如图 8.6 所示。

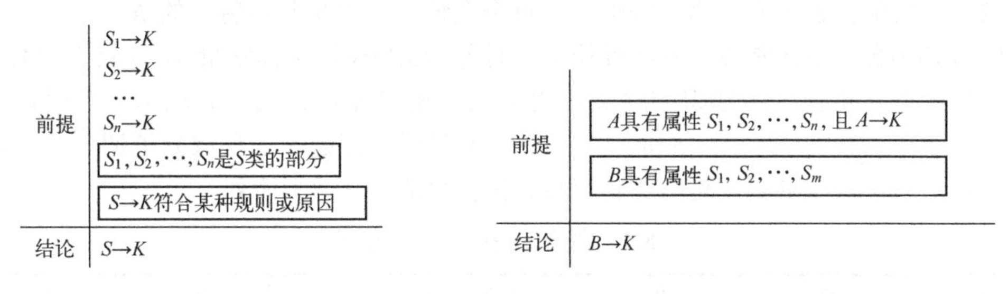

图 8.5　科学归纳法　　　　图 8.6　类比推理

按照置信度分类，知识推理方式分为精确推理和不精确推理；按照知识的表示方式分为基于逻辑的推理、基于规则的推理、基于网络的推理、基于框架的推理等。

8.2　逻辑表示和推理

8.2.1　逻辑表示法

逻辑表示法是指各种基于逻辑的知识表示法。逻辑系统是研究从已知为真的事实出发，根据一个公理系统和若干条推理规则推导新的事实的学科，它源于古代哲学和数学的研究。逻辑表示法是人工智能使用较多的知识表示方法，其中一阶谓词逻辑表示法是最早应用于人工智能中的知识表示方法。

1．一阶谓词逻辑

谓词逻辑表示法以数理逻辑为基础，是到目前为止能够表达人类思维活动规律的一种最精准的形式语言。它与人类的自然语言比较接近，又可方便地存储到计算机中并被计算机精确处理。这种方法主要用于自动定理证明、问题解答、机器人等领域。可以用 PROLOG（programming in logic）语言实现。

1）一阶谓词逻辑的基本组成

人类的一条知识一般可以由具有完整意义的一句话或几句话表示出来，而这些知识要用谓词逻辑表示出来，一般是一个谓词公式。所谓谓词公式就是用谓词连接符号将一些谓词连接起来所形成的公式，谓词逻辑的基本组成部分是谓词、变量、函数和常量，并用圆括号、方括号、花括号和逗号隔开，以表示论域内的关系。

只包含个体谓词和个体量词的谓词逻辑称为一阶谓词逻辑，也称为狭义谓词逻辑；包含高阶量词和高阶谓词的称为高阶谓词逻辑，也称为广义谓词逻辑。一阶谓词描述了个体所具有的性质或者若干个体之间的关系，谓词常用大写英文字母来表示。个体可以是常量，如雷达、舰艇；也可以是变量，常用小写英文字母表示，如 x，y。

一般地，包含 n 个个体的谓词称为 n 元谓词，如 $P(x_1,x_2,\cdots,x_n)$是 n 元谓词，$x_1,x_2,\cdots,x_n$ 是 n 个变量（个体变元，个体变项）。通常把 $P(x_1,x_2,\cdots,x_n)$ 称为原子谓词公式。

2）用谓词公式表示知识的步骤

（1）定义谓词及个体，确定每个谓词及个体的确切含义。

如用 $F(x)$表示个体变量 x 具有性质 F；而用 $F(x,y)$表示个体变量 x，y 具有关系 F。

（2）根据所要表达的事物或概念，为每个谓词中的变量赋以特定的值。

如用 $F(a)$表示个体常量 a 具有性质 F；而用 $F(a,b)$表示个体常量 a，b 具有关系 F。

（3）根据所要表达的知识的语义，用适当的逻辑连接词∧（合取）、∨（析取）、¬（非）、→（蕴含）、↔（等价）将各个原子谓词连接起来，形成分子谓词公式，用以表示复杂的知识和事实。这些逻辑连接词的真值表如表 8.1 所列。

表 8.1 逻辑连接词的真值表

P	Q	$\neg P$	$P\wedge Q$	$P\vee Q$	$P\to Q$	$P\leftrightarrow Q$
F	F	T	F	F	T	T
F	T	T	F	T	T	F
T	F	F	F	T	F	F
T	T	F	T	T	T	T

（4）有时还需要利用全称量词（∀）和存在量词（∃）组成合式公式，来分别表示“所有的……满足……”和“存在……满足……”。

全称量词$\forall x$：$\forall xF(x)$表示个体域中所有的 x 具有性质 F；$\forall x\forall yG(x,y)$表示个体域中所有的 x 和 y 具有关系 G。

存在量词$\exists x$：$\exists xF(x)$表示个体域中有一个 x 具有性质 F；$\exists x\forall yG(x,y)$表示个体域中存在一个 x，使得对所有 y，x 和 y 具有关系 G。

3）谓词合式公式的特点

逻辑表示法的表达能力是较强的，它所表达的范围依赖于原子谓词（不含任何连接词和量词的谓词）的种类和语义，形式上任一谓词合式公式都是由原子谓词经连接词的连接和两种量词的约束而构成的。谓词合式公式的特点可以归纳如下：

（1）原子谓词是谓词合式公式。

（2）若 A 是谓词合式公式，则$\neg A$也是谓词合式公式。

（3）若A和B都是谓词合式公式，则$A\wedge B$，$A\vee B$，$A\to B$，$A\leftrightarrow B$也是谓词合式公式。

（4）若 A 是谓词合式公式，x 是出现在 A 中的任何个体变元，则$\forall x(A(x))$和$\exists x(A(x))$也都是谓词合式公式。

（5）只有有限次使用（2）、（3）、（4）所得到的公式才是谓词合式公式。

2．知识的谓词逻辑表示法

如前所述，知识分为描述性知识（事实性知识）、判断性知识（启发性知识）和过程性知识，它们的谓词逻辑表示法如下：

1）描述性知识的表示

谓词逻辑表示法是指利用谓词逻辑公式描述客观事物的状态、属性及事物之间的关系。例如，“驱逐舰是一种舰艇”“2 加 3 等于 5”。在逻辑中，把这些具有“真”或“假”的描述性知识称为命题。一个命题是相应谓词个体变量取某个固定值得到的。如定义谓词 $P(x)$：x 是舰艇，则 P（驱逐舰）表示“驱逐舰是舰艇”这个命题；定义谓词 $R(x,y,z)$：$x+y=z$，则 $R(2,3,5)$表示“2 加 3 等于 5”。注意，定义 $Z(x)$：x 的年龄，则 $Z(x)$不是谓词，因为给 x 代入具体值后，如 Z（李四），它的值是一个数字，而不是“真”或“假”，以后用“T”(True)表示“真”，“F”(False)表示“假”。

对事实性知识，谓词逻辑的表示法通常是由以合取符号（∧）和析取符号（∨）连接形成的谓词公式来表示。例如，对事实性知识“驱逐舰是舰艇，航空母舰也是舰艇”，可以表示为：P（驱逐舰）$\wedge P$（航空母舰）。

例 8.1　用一阶谓词逻辑描述图 8.7。

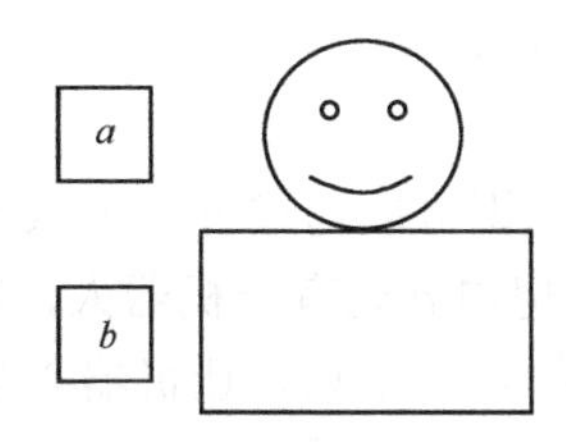

图 8.7　一阶谓词逻辑表示事实性知识示例

个体：a，b；

谓词：$C(x)$：x 是圆形笑脸；

　　　$B(y)$：y 是长方体；

　　　$S(x,y)$：x 被 y 支撑着。

命题：$C(a)$：a 是圆形笑脸；

　　　$B(b)$：b 是长方体；

　　　$S(a,b)$：a 被 b 支撑着。

进一步，可以用逻辑连接词表示成分子谓词公式 $C(x)\wedge B(y)\wedge S(x,y)$，简单命题组合成复合命题 $C(a)\wedge B(b)\wedge S(a,b)$。

2）判断性知识的表示

用谓词公式既可以表示事物的状态、属性和概念等事实性的知识，也可以表示事物间具有确定因果关系的规则性知识。对规则性知识，谓词逻辑表示法通常用以蕴含符号（→）连接形成的谓词公式来表示，即对于规则：如果 x，则 y，可以用谓词公式 $x\rightarrow y$ 来表示。

例 8.2　用一阶谓词逻辑表示“李渊是李世民的父亲，而李治是李世民的儿子，则李渊是李治的祖父”。

定义谓词：$A(x,y)$：x 是 y 的父亲；

$B(z,y)$：z 是 y 的儿子；

$C(x,z)$：x 是 z 的祖父。

个体：李渊，李世民，李治；

谓词逻辑表示：(A(李渊,李世民)∧B(李治,李世民))→C(李渊,李治)。

例 8.3 用一阶谓词逻辑表示

F1：自然数都是大于零的整数；

F2：所有整数不是偶数就是奇数。

定义谓词：

$N(x)$：x 是自然数；

$GZ(x)$：x 大于零；

$I(x)$：x 是整数；

$E(x)$：x 是偶数；

$O(x)$：x 是奇数；

得到谓词公式：

F1：$\forall x(N(x)\rightarrow(GZ(x)\wedge I(x))$

F2：$\forall x(I(x)\rightarrow(E(x)\vee O(x))$

3）过程性知识的表示

用一阶谓词逻辑描述过程性知识可以通过过程中状态的变化来体现。

例 8.4 如图 8.8 所示，设在房内 c 处有一机器人，在 a 及 b 处各有一张桌子，a 桌上有一个箱子，现要求制定一定的行动规划，让机器人从 c 处出发把箱子从 a 处拿到 b 处的桌上，然后再回到 c 处。用一阶谓词逻辑描述机器人的行动过程。

谓词的定义：

table(x)：x 是桌子

empty(y)：y 手中是空的

at(y,z)：y 在 z 处

hold(y,w)：y 拿着 w

on(w,x)：w 在 x 上面

其中，x 的个体域是$\{a,b\}$

y 的个体域是{robot}

z 的个体域是$\{a,b,c\}$

w 的个体域是{box}

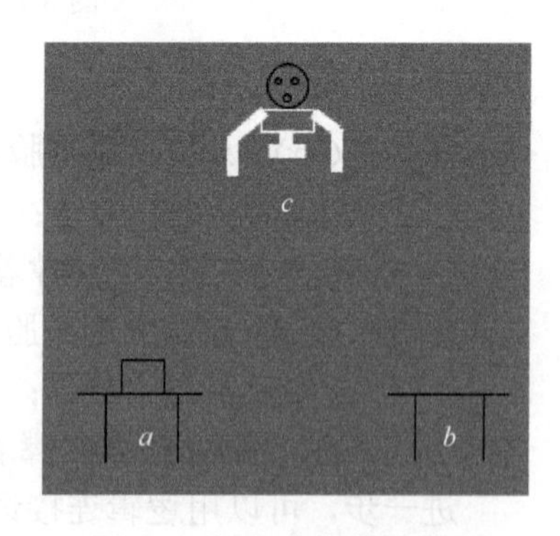

图 8.8 机器人搬箱子例子

问题的初始状态：

at(robot,c)

empty(robot)

on(box,a)

table(a)

table(b)

问题的目标状态：

at(robot,c)

empty(robot)

on(box,b)

table(a)

table(b)

机器人为了把箱子从 a 处拿到 b 处，应执行如下 3 个操作：

goto(x,y)：从 x 处走到 y 处；

pick_up(x)：在 x 处拿起箱子；

set_down(x)：在 x 处放下箱子。

这 3 个操作分别用条件和动作表示如下：

goto(x,y)

条件　at(robot,x)

动作　删除：at(robot,x)

增加：at(robot,y)

pick_up(x)

条件　on(box,x)$\wedge$table(x)$\wedge$empty(robot)

动作　删除：on(box,x)$\wedge$empty(robot)

增加：hold(robot,box)

set_down(x)

条件　at(robot,x)$\wedge$table(x)$\wedge$hold(robot,box)

动作　删除：hold(robot,box)

增加：empty(robot)$\wedge$on(box,x)

利用上述 3 种操作，可以从问题的初始状态到达目标状态，共经过以下 6 种状态变换：

at(robot,c)　　状态 1(初始状态)

empty(robot)

on(box,a)

table(a)

table(b)

$\Downarrow$　goto(c,a)

at(robot,a)　　状态 2

empty(robot)

on(box,a)

table(a)

table(b)

$\Downarrow$　pick_up(a)

at(robot,a)

hold(robot,box)　　状态 3

table(a)

table(b)

⇓　　goto(a,b)

at(robot,b)　　状态 4

hold(robot,box)

table(a)

table(b)

⇓　　set_down(b)

at(robot,b)　状态 5

empty(robot)

on(box,b)

table(a)

table(b)

⇓　　goto(b,c)

at(robot,c)　状态 6(目标状态)

empty(robot)

on(box,b)

table(a)

table(b)

例 8.5　汉诺塔（Hanoi）问题：在古印度神庙中有 3 根柱子，在柱 1 上自上而下、由小到大顺序放置着 64 个金盘。僧侣们每天移动金盘，目标是把柱 1 上的金盘全部移动到柱 3 上，并仍按原顺序叠放好所有金盘。操作规则是每次只能移动一个盘子，在移动过程中必须始终保持小盘在上、大盘在下。操作过程中盘子可以置于任何一根柱子上。

下面采用谓词逻辑法描述 3 个盘子情况下的状态和移动过程，如图 8.9 所示。

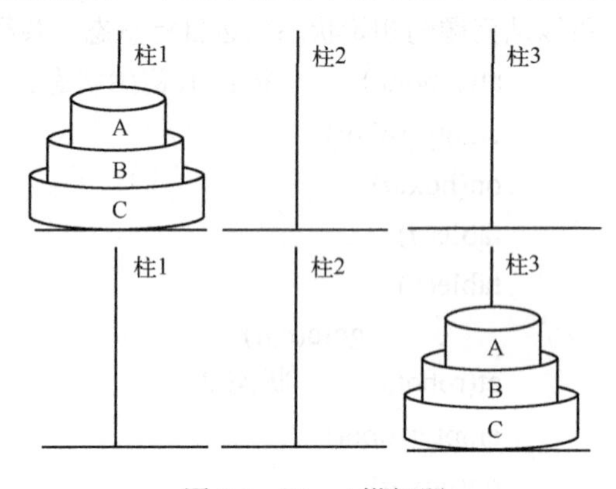

图 8.9　Hanoi 塔问题

（1）用谓词描述状态。

个体：

　　盘子：A,B,C

　　柱子：1,2,3

谓词：Disk(x)：x 是一个盘子；

Peg(z)：z 是一根柱子；

Smaller(x,y)：x 比 y 小；

On(x,y,z)：x 在 y 上，且都在柱子 z 上；

Free(x,z)：x 在柱子 z 上，且为最顶上盘子。

（2）用谓词描述操作。

操作函数：Move($x1,z1$；$x2,z2$)

条件：

Disk($x1$),Disk($x2$),Peg($z1$),Peg($z2$)

Free($x1,z1$)，Free($x2,z2$)，Smaller($x1,x2$)

动作：

删除：Free($x1,z1$)，Free($x2,z2$)

增加：On($x1,x2,z2$)

8.2.2 逻辑推理法

谓词逻辑中的形式演绎推理是利用一阶谓词推理规则的符号表示形式，把关于自然语言的逻辑推理问题转化为符号表达式的推演变换。这种推理十分类似于人们用自然语言推理的思维过程，因而称为自然演绎推理。

推理是指从前提推出结论的思维过程，其中前提是事先给定（或假定）的条件，结论是一个断言，是推理的目标。谓词逻辑中的推理是指在谓词逻辑系统中从前提推出结论的过程，前提是给定的若干个谓词公式，结论是一个谓词公式。

谓词逻辑中推理的形式结构（推理的符号化）为

$$A_1 \wedge A_2 \wedge \cdots \wedge A_n \rightarrow B$$

式中：$A_1, A_2, \cdots, A_n$ 和 B 都是谓词公式。

谓词逻辑系统中推理的表示（记号）记作：

$$\{A_1, A_2, \cdots, A_n\} \mid\!- B$$

或

前提：$A_1, A_2, \cdots, A_n$

结论：B

式中：$A_1, A_2, \cdots, A_n$ 和 B 都是谓词公式。

谓词逻辑推理可以采用假言推理，它是根据假言命题的逻辑性质进行的推理，分为充分条件假言推理、必要条件假言推理和充分必要条件假言推理。

1）充分条件假言推理

两条规则：（1）肯定前件，就要肯定后件；否定前件，不能否定后件；

（2）肯定后件，不能肯定前件；否定后件，就要否定前件。

例如：如果降落的物体没有受到外力的影响（前件），它就不会改变降落的方向（后件）。

降落的苹果没有受到外力的影响，所以它不会改变降落的方向（肯定前件，肯定后件，符合推理规则，正确推理）；

降落的苹果受到外力的影响，所以它会改变降落的方向（否定前件，否定后件，错误推理）；

降落的苹果没有改变降落的方向，所以没有受到外力的影响（肯定后件，肯定前件，错误推理）；

降落的苹果改变了降落的方向，所以它受到了外力的影响（否定后件，否定前件，符合推理规则，正确推理）。

2）必要条件假言推理

两条规则：（1）否定前件，就要否定后件；肯定前件，不能肯定后件；

（2）肯定后件，就要肯定前件；否定后件，不能否定前件。

例如：只有电子侦察设备开机，才可能发现雷达信号。

电子侦察设备没有开机，所以不会发现雷达信号（否定前件，否定后件，正确推理）；

电子侦察设备开机了，所以一定会发现雷达信号（肯定前件，肯定后件，错误推理）；

发现雷达信号，所以电子侦察设备开机了（肯定后件，肯定前件，正确推理）；

没有发现雷达信号，所以电子侦察设备没有开机（否定后件，否定前件，错误推理）。

3）充分必要条件假言推理

两条规则：（1）肯定前件，就要肯定后件；肯定后件，就要肯定前件；

（2）否定前件，就要否定后件；否定后件，就要否定前件。

例如：如果目标高度大于 0，则目标为空中目标。

如果目标高度大于 0，则目标为空中目标（肯定前件，肯定后件，正确推理）；

如果目标为空中目标，则目标高度大于 0（肯定后件，肯定前件，正确推理）；

如果目标高度不大于 0，则目标不是空中目标（否定前件，否定后件，正确推理）；

如果目标不是空中目标，则目标高度不大于 0（否定后件，否定前件，正确推理）。

例 8.6 所有的人总是要死的；苏格拉底是人，所以苏格拉底是会死的。

定义：谓词 $P(x)$：x 是人

$D(x)$：x 会死的

个体 a：苏格拉底

前提：$\forall x(P(x)\rightarrow D(x))$； $P(a)$

结论：$D(a)$

证明：

$\forall x(P(x)\rightarrow D(x))$；	前提引入
$P(a)\rightarrow D(a)$	量词消去
$P(a)$	前提引入
$(P(a)\rightarrow D(a))\wedge(a)\Rightarrow D(a)$	充分条件假言推理

8.2.3 逻辑系统

一阶谓词逻辑是一种形式语言系统，在这种方法中，知识库可以看作一组逻辑公式的集合，知识库的修改是增加或删除逻辑公式。使用逻辑法表示知识，需要将以自然语言描述的知识通过引入谓词、函数来加以形式描述，获得有关的逻辑公式，进而以机器内部代码表示。在用谓词逻辑对问题进行表示以后，求解问题就是以此为基础进行相应的推理。基于逻辑表示法的系统主要是采用归结方法进行推理的，归结法是目前逻辑推理中最为有效的方法。PROLOG 语言就是基于谓词逻辑和归结法的一种语言。

逻辑表示法用数理逻辑的方法研究推理的规律，即条件与结论之间的蕴涵关系，具有以下一些优点。

（1）自然性。逻辑表示法表示问题领域的事实和操作符合人类的直观理解，易于被人们理解和接受。谓词逻辑是一种接近于自然语言的形式语言，人们可以很方便地用谓词表示知识，因而知识的整理与形式化比较容易实现。

（2）明确性。逻辑表示法以一阶谓词逻辑为基础，有明确的语法和语义规定，人们可以按统一的规定进行表达和解释。

（3）模块性。在逻辑表示法中，各条知识相对独立，它们之间不直接发生联系，所以增加、删除、修改知识可以较独立地实现，便于知识的扩充；另一方面，知识表示与逻辑推理相对独立，单个语句、关系表示无须考虑推理方式。

（4）准确性。逻辑系统的推理过程是以严密的演绎结构实现的，这种演绎结构保证了求解过程的正确性。另外，演绎过程可以形式化并在计算机中实现，这些在其他几种表示模式中还没有得到解决。

（5）易实现性。用谓词逻辑法表示的知识可以比较容易地转换为计算机的内部形式，易于模块化，便于对知识的添加、删除和修改。

逻辑表示法的不足在于：

（1）组合爆炸。谓词逻辑法推理效率很低，当事实的数目增大时，可能产生组合爆炸。逻辑系统采用形式化的表示方式和推理结构，保证了知识表达的正确性和求解过程的准确性。但从另一方面来看，完全形式化的推理方法会给处理问题带来不便。在解决复杂的不良结构问题时，人类往往采用启发性知识来控制求解问题的过程，以减少中间步骤和不必要的多余步骤，达到快速求解问题的目的。而在完全形式化的推理中无法使用这些启发性知识，所以这种方法有浪费时间和空间的趋势。当问题比较复杂时，求解问题状态空间较大，操作数目多，当前数据库的事实和知识库中的知识的匹配以及操作序列的确定会出现时空方面的膨胀，导致组合爆炸的危险。

（2）不适于表示具有不确定性和模糊性的知识。谓词逻辑适合表示事物的状态、属性、概念等事实性的知识，以及事物间确定的因果关系，适宜于精确性知识的表示。但是谓词公式的逻辑值只有“真”和“假”两种结果，因此不适于表示具有不确定性和模糊性的知识。

8.3 产生式规则

8.3.1 产生式表示法

1972 年，纽厄尔和西蒙在研究人类的认知模型中开发了基于规则的产生式系统。此后产生式规则表示法成为人工智能中应用最为广泛的一种知识表示模式，尤其是在专家系统中。

1．产生式规则的基本表示形式

产生式规则的基本表示形式为：$P \to Q$ 或者 IF P THEN Q，P 是前提，也称为前件，它给出了该产生式规则可否使用的先决条件，由事实的逻辑组合构成；Q 是一组结论或操作，也称为后件，它指出当前提 P 满足时，应该推出的结论或应该执行的动作。产生式规则的含义是"如果前提 P 满足，则可推出结论 Q 或执行 Q 所规定的操作"。例如，"如果某型飞机载弹量超过 20t，则它必为轰炸机"。

产生式规则与谓词逻辑中蕴涵式的主要区别：①谓词逻辑中蕴涵式表示的知识只能是精确的，而产生式规则表示的知识可以是不确定的；②谓词逻辑中蕴含式的推理一定要求是精确的，而产生式规则的推理可以是不确定的。

产生式规则知识具有如下特点：

（1）相同的条件可以得出不同的结论：

如 $A \to B$，$A \to C$

（2）相同的结论可以由不同的条件来得到：

如 $A \to G$，$B \to G$

（3）条件之间可以是"与"（AND）连接和"或"（OR）连接：

如 $A \wedge B \to G$，$A \vee B \to G$（相当于 $A \to G$，$B \to G$）

（4）一条规则中的结论，可以是另一条规则中的条件：

如 $C \wedge D \to F$，$F \wedge B \to Z$

由以上特点，规则集能够描述和解决各种不同的灵活的实际问题（由前 3 个特点形成），这些规则集之间是有关联的（由后两个特点形成）。

2．产生式规则的"与或树"表示

一组产生式规则可以用"与或树"来形象地表示，把规则库所含的总目标（它是某些规则的结论）作为根节点，按规则的前提和结论把规则库中的规则连接起来。由于连接时有"与"关系和"或"关系，从而构成了"与或"推理树（知识树）。带圆弧的分支表示逻辑合取∧（与）关系，不带圆弧的分支表示逻辑析取∨（或）关系。

例 8.7 如下产生式规则集

$$B \wedge C \to A$$
$$D \wedge E \wedge F \to A$$
$$G \wedge H \to B$$
$$I \to C$$
$$J \wedge K \wedge L \to D$$
$$M \to E$$
$$N \to E$$
$$O \wedge P \to F$$

可以用图 8.10 的"与或树"来形象地表示。

8.3.2 产生式规则推理

根据产生式规则推理的方向，分为正向推理、反向推理和双向推理 3 种方式；按照置信度分类，可分为确定性推理和不确定性推理。

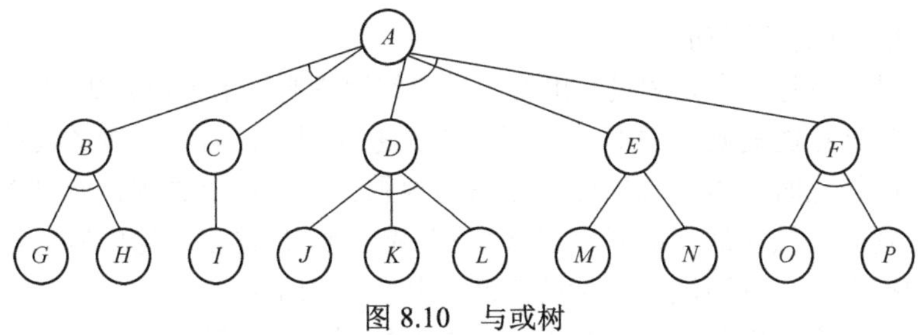

图 8.10　与或树

1．产生式规则的确定性推理过程

1）正向推理（条件驱动）

正向推理过程也称为条件驱动，它是从已知数据信息出发，正向使用规则（让规则的前提与数据库匹配）求解待解的问题。它要求用户首先输入有关当前问题的信息作为数据库中的事实，然后逐条搜索规则库，对每一条规则的前提条件，检查事实库中是否存在：若前提条件中各子项在事实库中不是全部存在，则放弃该条规则；若在事实库中全部存在，则执行该条规则，把结论放入事实库中。反复循环执行上述过程，直至推出目标，并存入事实库中为止（有时推理无法结束）。其步骤如下：

（1）将初始事实数据置入动态数据库。

（2）用动态数据库中的事实数据来匹配目标，若目标满足，则推理成功，结束。

（3）用规则库中各规则的前提匹配动态数据库中的事实、数据，将匹配成功的规则组成待用规则集。

（4）若待用规则集为空，则运行失败，退出。

（5）将待用规则集中各规则的结论加入动态数据库，或者执行其动作，转步骤（2）。

例如，数据库中含有事实 A，而规则库中有规则 $A \rightarrow B$，那么这条规则便是匹配规则，进而将后件 B 送入数据库中。这样可不断扩大数据库直至包含目标便成功结束。如有多条匹配规则，需从中选一条作为使用规则，不同的选择方法直接影响着求解效率，选择规则的问题称为控制策略。正向推理会得出一些与目标无直接关系的事实，是有浪费的。

可以看出，随着推理的进行，动态数据库的内容或者状态在不断变化。如果把动态数据库中每一个事实数据作为一个节点的话，则上述推理过程就是一个“反向”（自底向上）“与或树”搜索过程，如图 8.11 所示。

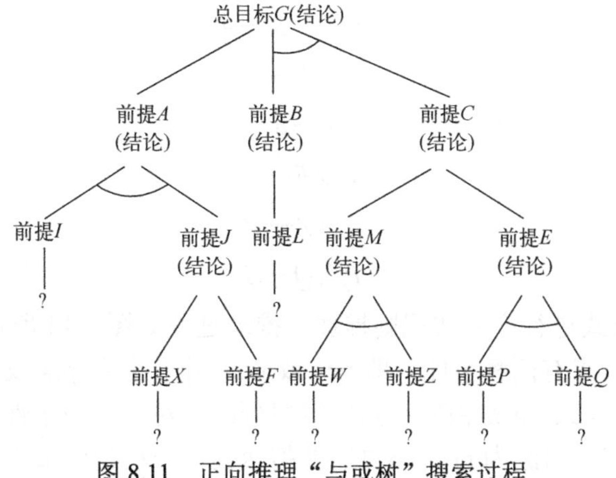

图 8.11　正向推理“与或树”搜索过程

2）反向推理（目标驱动）

反向推理是从目标（作为假设）出发，反向使用规则，求得已知事实。从目标开始，寻找以此目标为结论的规则，并对该规则的前提进行判断，若该规则的前提中某个子项是另一条规则的结论时，再寻找以此为结论的规则。重复以上过程，直到对某个规则的前提能够进行判断。按此规则前提判断（“是”或“否”）得出结论的判断，由此回溯到上一个规则的推理，一直回溯到目标的判断。其步骤如下：

（1）将初始事实数据置入动态数据库，将目标置入目标链。

（2）若目标链为空，则推理成功，结束。

（3）取出目标链中第一个目标，用动态数据库中的事实数据与其匹配，若匹配成功，转至步骤（2）。

（4）用规则集中的各规则的结论与该目标匹配，若匹配成功，则将第一个匹配成功且未用过的规则的前提作为新的目标，并取代原来的父目标而加入目标链，转步骤（3）。

（5）若该目标是初始目标，则推理失败，退出。

（6）将该目标的父目标移回目标链，取代该目标及其兄弟目标，转步骤（3）。

如果目标明确，使用反向推理方式效率较高。反向推理可以利用“与或树”进行，推理过程在推理树中反映为推理树的搜索过程。如图 8.12 所示。

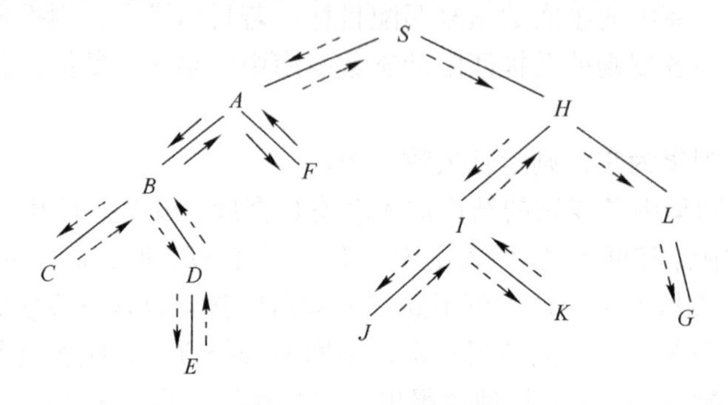

图 8.12　反向推理树

例 8.8　设有规则集

$$A\vee(B\wedge C)\rightarrow G$$

$$(I\wedge J)\vee K\rightarrow A$$

$$X\wedge F\rightarrow J$$

$$L\rightarrow B$$

$$M\vee E\rightarrow C$$

$$W\wedge Z\rightarrow M$$

$$P\wedge Q\rightarrow E$$

采用反向推理方式进行产生式规则推理，推理过程如图 8.13 所示。

图 8.13 中每个节点有两种可能，即 yes 或 no。叶节点为 yes 或 no 是由用户回答形成的，中间节点为 yes 或 no 是由叶节点回溯得到的。对于“与条件”，只要有一个叶节点为 no，则该中间节点回溯为 no，不再需要搜索其他分枝的叶节点；对于“或条件”，

只要有一个叶节点为 yes，则该中间节点回溯为 yes，不再需要搜索其他分枝的叶节点。其他情况下需要再搜索其他分枝。

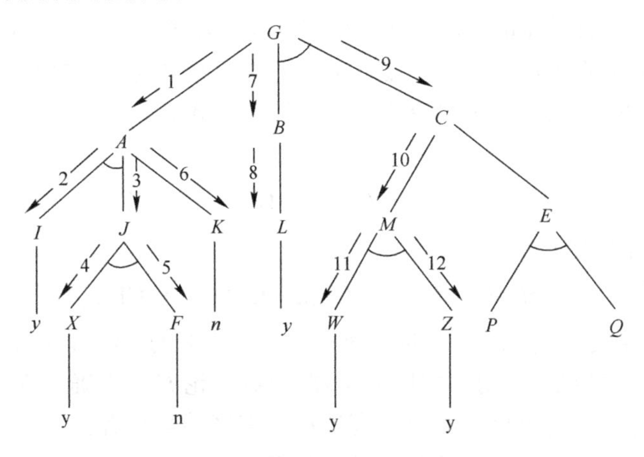

图 8.13　产生式规则推理过程

反向推理树的搜索过程在计算机中实现时，利用规则栈来完成。当调用此规则时，把它压入栈内（相当于对树的搜索），当此规则的结论已求出（yes 或 no）时，将此规则退栈（相当于对树的回溯）。利用规则栈的压入和退出的过程，完成推理树的搜索和回溯过程。

3）双向推理

从上面的两个算法可以看出，正向推理是自底向上的综合过程，而反向推理则是自顶向下的分析过程。除了正向推理和反向推理外，产生式系统还可进行双向推理。双向推理就是同时从初始数据和目标条件出发进行推理，如果在中间某处相遇，则推理搜索成功。

2．产生式规则的不确定性推理过程

上述推理过程假设叶节点由用户回答为确定的 yes 或 no，而在实际问题中许多事实是模糊的、不确定的，表现为事实的不确定性、规则的不确定性和推理的不确定性。不确定推理是对不确定性知识的运用与推理，就是从不确定的事实出发，通过运用不确定性知识，最终推出具有一定程度不确定性的结论。

1）事实的不确定性

事实有时称为证据，它有不确定性因素，如模糊性、不完全性、不精确性、随机性等。事实的不确定性一般用可信度（certainty factor，CF）值表示，它的取值范围通常为 $0 \leqslant CF \leqslant 1$。

例如：“肺炎　CF=0.8”表示某病人患肺炎的可信度为 0.8（80%）。

2）规则的不确定性

规则反映了客观事物的规律性。在实际问题中，我们掌握的规则大多是经验性的，不是精确的。精确的规则主要是公式、公理、定律、定理等，经验性规则往往是不确定性的，规则的不确定性也可用可信度 CF 值来表示。

例如：如果“听诊是干鸣音”则“诊断为肺炎”CF=0.5，表示对病人的听诊是干鸣音而诊断病人患肺炎的可信度只有 0.5（50%）。

3）推理的不确定性

由于事实和规则的不确定性，从而产生了结论的不确定性。它反映不确定性的传播过程。规则中事实（证据）之间的连接有两种形式，即“与”连接和“或”连接。

（1）前提中 AND(∧)连接时结论的可信度计算公式。

规则形式：

$$\text{IF } E_1 \wedge E_2 \wedge \cdots \wedge E_n \quad \text{THEN} \quad H \quad \text{CF}(R)$$

结论 H 的可信度为

$$\text{CF}(H)=\text{CF}(R)\times\min\{\text{CF}(E_1),\text{CF}(E_2),\cdots,\text{CF}(E_n)\}$$

该公式表示，由于每个证据 E_k 的不确定性，可信度为 $\text{CF}(E_k),k=1,2,\cdots,n$；以及规则不确定性，可信度为 $\text{CF}(R)$；利用该规则的推理，得到结论 H 的不确定性，可信度为 $\text{CF}(H)$。结论 H 的可信度等于规则可信度乘以所有证据可信度的最小者。

（2）前提中 OR(∨)连接时结论的可信度计算公式。

规则形式：

$$\text{IF } E_1 \vee E_2 \quad \text{THEN} \quad H \quad \text{CF}(R)$$

需要把它转化成等价的两条规则，即

$$\text{IF} \quad E_1 \quad \text{THEN} \quad H \quad \text{CF}(R)$$

$$\text{IF} \quad E_2 \quad \text{THEN} \quad H \quad \text{CF}(R)$$

结论 H 的可信度为

$$\text{CF}_1(H)= \text{CF}(R)\times\text{CF}(E_1)$$

$$\text{CF}_2(H)= \text{CF}(R)\times\text{CF}(E_2)$$

$$\text{CF}(H)= \text{CF}_1(H)+ \text{CF}_2(H)-\text{CF}_1(H)\times\text{CF}_2(H)$$

注意：如果最初就是单独两条规则，而且有不同的可信度，如：

$$\text{IF} \quad E_1 \quad \text{THEN} \quad H \quad \text{CF}(R_1)$$

$$\text{IF} \quad E_2 \quad \text{THEN} \quad H \quad \text{CF}(R_2)$$

则它们不能合并成一条规则（用 OR 连接），因为可信度不能合并成一个。此时

$$\text{CF}_1(H)= \text{CF}(R_1)\times\text{CF}(E_1)$$

$$\text{CF}_2(H)= \text{CF}(R_2)\times\text{CF}(E_2)$$

$$\text{CF}(H)= \text{CF}_1(H)+ \text{CF}_2(H)-\text{CF}_1(H)\times\text{CF}_2(H)$$

对于 3 条规则，如

$$\text{IF} \quad E_1 \quad \text{THEN} \quad H \quad \text{CF}(R_1)$$

$$\text{IF} \quad E_2 \quad \text{THEN} \quad H \quad \text{CF}(R_2)$$

$$\text{IF} \quad E_3 \quad \text{THEN} \quad H \quad \text{CF}(R_3)$$

先按两条规则合并，结果再和第三条规则合并。对多于 3 条规则，逐步合并直到包含所有规则。

例 8.9 有两条相同结论的规则：

$$\mathrm{R_1}: A \to G$$

$$\mathrm{R_2}: B \wedge C \to G$$

（1）假设已知 A 为 yes，进行确定性推理。

引用规则 $\mathrm{R_1}$：提问 A? 回答为 yes，故推得结论 G 成立，即 yes，这样就不再搜索 R_2 对结论 G 进行推理。

（2）假设两条规则均含有可信度：

$$\mathrm{R_1}: A \to G \qquad \mathrm{CF}(0.8)$$

$$\mathrm{R_2}: B \wedge C \to G \qquad \mathrm{CF}(0.9)$$

已知 A 为 yes 的可信度为 0.7，即 $\mathrm{CF}(A)=0.7$，进行不确定性推理。

引用规则 $\mathrm{R_1}$：提问 A? 回答为 yes，且 $\mathrm{CF}(A)=0.7$。按公式求得 G 的可信度为

$$\mathrm{CF_1}(G)=0.8\times 0.7=0.56$$

由于 G 的可信度不为 1，还必须对结论 G 的其他规则进行推理。

再引用规则 $\mathrm{R_2}$：提问 B 和 C? 设回答 B 为 yes 的可信度为 0.7，回答 C 为 yes 的可信度为 0.8，计算 G 的可信度为

$$\mathrm{CF_2}(G)=0.9\times \min(0.7,0.8)=0.63$$

合并 G 的可信度为

$$\mathrm{CF}(G)=\mathrm{CF_1}(G)+\mathrm{CF_2}(G)-\mathrm{CF_1}(G)\times \mathrm{CF_2}(G)$$

$$=0.56+0.63-0.56\times 0.63=0.84$$

需要说明一点，当某个证据用户回答为 no 时，不用给可信度，它的可信度 CF=0。

例 8.10 有如下规则集和可信度：

$$\mathrm{R_1}: A \wedge B \wedge C \to G \qquad \mathrm{CF}(0.8)$$

$$\mathrm{R_2}: D \vee E \to A \qquad \mathrm{CF}(0.7)$$

$$\mathrm{R_3}: J \wedge K \to B \qquad \mathrm{CF}(0.8)$$

$$\mathrm{R_4}: P \vee Q \to C \qquad \mathrm{CF}(0.9)$$

$$\mathrm{R_5}: F \vee (R \wedge S) \to D \qquad \mathrm{CF}(0.6)$$

用“与或树”表示为图 8.14。已知事实及可信度：$F(0.4)$，$R(0.5)$，$S(0.6)$，$E(\mathrm{n})$，$J(0.4)$，$K(0.6)$，$P(\mathrm{n})$，$Q(0.4)$。

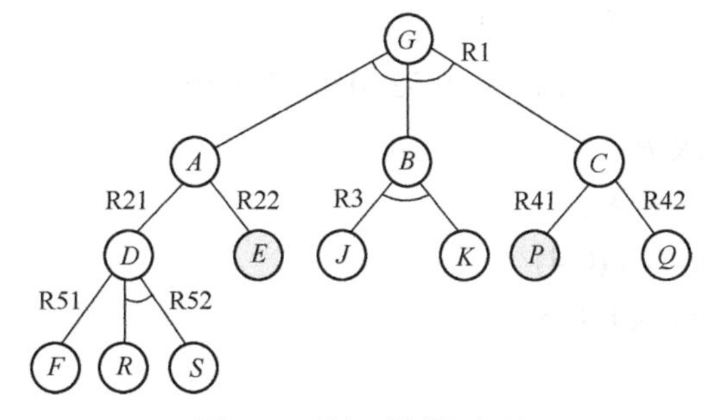

图 8.14 “与或树”表示

推理求解过程：

（1）把规则分解为只含 AND(∧)连接的规则，消去 OR(∨)连接的规则如下：

R_1：$A \wedge B \wedge C \to G$　　CF(0.8)

R_{21}：$D \to A$　　CF(0.7)

R_{22}：$E \to A$　　CF(0.7)

R_3：$J \wedge K \to B$　　CF(0.8)

R_{41}：$P \to C$　　CF(0.9)

R_{42}：$Q \to C$　　CF(0.9)

R_{51}：$F \to D$　　CF(0.6)

R_{52}：$R \wedge S \to D$　　CF(0.6)

（2）利用规则进行反向推理。从目标 G 开始搜索规则库，推理过程如下：

① 引用 R_1 规则求 A。

② 引用 R_{21} 规则求 D。

③ 引用 R_{51} 规则求 F。

提问 F？回答 yes，CF(0.4)

计算 D 的可信度为

$$CF_1(D)=0.4\times0.6=0.24$$

④ 引用 R_{52} 规则求 R 和 S。

提问 R？回答 yes，CF(0.5)

提问 S？回答 yes，CF(0.6)

计算 D 的可信度为

$$CF_2(D)=0.6\times\min\{0.5, 0.6\}=0.3$$

结合③④结果，合并 D 节点的可信度为

$$CF(D)=0.24+0.3-0.24\times0.3=0.468$$

⑤ 回溯到规则 R_{21}，计算 A 的可信度：

$$CF_1(A)=0.47\times0.7=0.329$$

⑥ 引用 R_{22} 规则求 E。

提问 E？回答 no，即 CF(0)=0，计算 A 的可信度：

$$CF_2(A)=0\times0.7=0$$

结合⑤⑥结果，合并 A 节点的可信度为

$$CF(A)=0.33+0-0.33\times0=0.33$$

⑦ 回溯到 R_1 规则求 B。

⑧ 引用 R_3 规则求 J 和 K。

提问 J？回答 yes，CF(0.4)

提问 K？回答 yes，CF(0.6)

计算 B 的可信度：

$$CF(B)=0.8\times\min\{0.4, 0.6\}=0.32$$

⑨ 回溯到 R_1 规则求 C。

⑩ 引用 R_{41} 规则求 P。

提问 P？回答 no，即 CF(0)=0，计算 C 的可信度：

$$CF_1(C)=0.9\times0=0$$

⑪ 引用 R_{42} 规则求 C。

提问 Q？回答 yes，CF(0.4)，计算 C 的可信度：

$$CF_2(C)=0.4\times0.9=0.36$$

结合⑩⑪结果，合并 C 节点的可信度为

$$CF(C)=0+0.36-0\times0.36=0.36$$

⑫ 回溯到 R_1 规则求 G。

$$CF(G)=0.8\times\min\{0.33, 0.32, 0.36\}=0.256$$

因此，目标 G 成立的可信度为 0.256。

（3）该问题推理路径的解释：

① F 成立的可信度为 0.4，用户回答的事实。

② R 成立的可信度为 0.5，用户回答的事实。

③ S 成立的可信度为 0.6，用户回答的事实。

④ D 成立的可信度为 0.47，由规则 R_{51}、R_{52} 推出。

⑤ A 成立的可信度为 0.33，由规则 R_{21} 推出。

⑥ J 成立的可信度为 0.4，用户回答的事实。

⑦ K 成立的可信度为 0.6，用户回答的事实。

⑧ B 成立的可信度为 0.32，由规则 R_3 推出。

⑨ Q 成立的可信度为 0.4，用户回答的事实。

⑩ C 成立的可信度为 0.36，由规则 R_{42} 推出。

⑪ G 成立的可信度为 0.256，由规则 R_1 推出。

3. 产生式规则的特点

（1）产生式规则知识表示形式容易被人理解。

（2）产生式规则推理是基于演绎推理的，这样保证推理结果的正确性。

（3）大量产生式规则所连成的推理树（知识树）可以是多棵树。从树的宽度看，反映了实际问题的范围；从树的深度看，反映了问题的难度。这使得基于产生式规则的专家系统适应各种实际问题的能力很强。

（4）产生式知识中，各个产生式的次序是有意义的，因为一般推理程序都是从前往后顺序地进行匹配，查找可被运用的产生式，因而放在前面的产生式就可能先得到匹配，从而执行其后件动作，或先推导出后件结论。

（5）与逻辑推理的确定性不同，产生式规则推理可以是确定性推理或不确定性推理，确定性推理和不确定性推理有如下差别：①可信度的差别，确定性推理 CF=1，不确定性推理 $0<CF<1$；②推理过程的差别，在相同结论具有多个规则的情况下，对于确定性推理，只要搜索出其中一条满足要求的规则，利用该规则即可推得结论，其他规则就不再搜索；对于不确定性推理，当某个结论的可信度不为 1 时（$CF\neq1$），对于相同结论的其他规则仍要进行推理，求结论的可信度，并和已计算出该结论的可信度进行合并。

8.3.3 产生式系统

基于知识的决策支持系统以知识采集、加工、组织和推理为核心，在解决决策问题的过程中引入了人工智能的相关技术，也称为智能决策支持系统（IDSS）。它是人工智能与决策支持系统的结合，使决策支持系统能够更充分地利用人类的知识，如关于决策问题的描述性知识，决策过程中的过程性知识和求解问题的推理性知识。

1．智能决策支持系统的结构

人工智能技术包括专家系统、神经网络、数据挖掘、自然语言理解等，可以将这些知识处理技术都认为是“知识库+推理机”的结构形式，专家系统的基础是知识库和推理机；神经网络的推理机是神经元的信息传播模型，知识库是样本库和网络权值库；数据挖掘算法可以认为是推理机对数据库进行操作获取知识；自然语言理解的推理包括推导和规约，知识库主要是语言文法库。

智能决策支持系统的基本结构如图 8.15 所示，它是在传统的三部件结构的基础上增加知识部件形成的，通过逻辑推理来帮助解决复杂的决策问题。

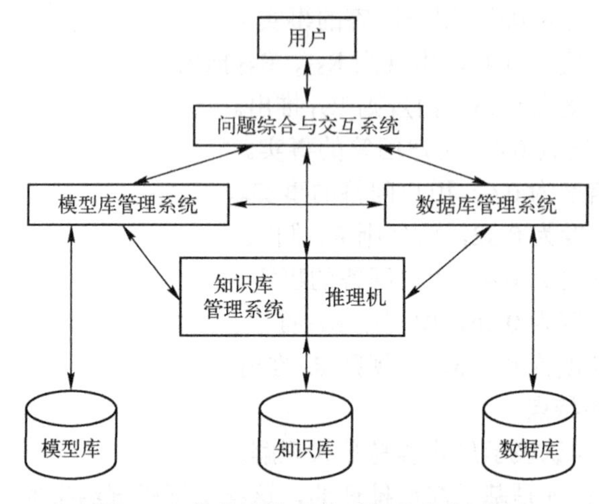

图 8.15　智能决策支持系统的基本结构

智能决策支持系统中的知识库管理系统完成的是知识的查询、浏览、增加、删除、修改和维护等管理工作，而推理机完成对知识的推理。知识一般需要经过推理才能够用于解决问题。推理机在知识部件中是重要的组成部分，是使用知识的重要手段。

智能决策支持系统既发挥了人工智能技术以知识推理形式解决定性分析问题的特点，又发挥了决策支持系统以模型计算为核心的解决定量分析问题的特点，充分做到定性分析、定量分析的有机结合，使得解决问题的能力和范围得到一个大的发展。

如果从知识的广义角度看，数据可以看成是事实性知识，模型是过程性知识，规则是产生式知识。这些知识都为解决决策问题提供服务。这样，把数据、模型、规则统一看成是为问题处理系统服务的知识，数据库、模型库和知识库都视为广义的知识系统。

智能决策支持系统的运行过程包括以下 3 个步骤：

（1）用户通过问题综合与交互系统输入要解决的决策问题，接着问题综合与交互系统开始收集数据信息，并根据知识库中已有的知识，来判断和识别问题，如果出现问题，再与用户进行交互对话，反复进行这个过程直到问题得到明确。

（2）系统根据问题的特征构造问题解决的途径，如果问题的一部分可以定量化地计算，则调用模型库管理系统搜寻与问题相关的数据和模型，进行模型的组合计算，完成定量的辅助计算；如果问题的一部分需要通过定性知识解决，则调用知识库管理系统，通过推理机对知识库中的相关知识进行推理，完成定性的知识推理。

（3）在整个问题解决的过程中，系统能够辅助启发和引导决策者进行难度较大或根本无从下手的问题的决策求解，实现决策者、专家知识和模型的综合集成。最终提供问题的解决方案和评估结果，通过问题综合与交互系统提交给用户。

2．产生式系统的结构

许多成功的专家系统都是采用产生式知识表示方法，相应的系统称为产生式系统。产生式系统的核心是产生式规则库、推理机和动态数据库，如图 8.16 所示。产生式规则库也称为产生式规则集，由领域规则组成，在机器中以某种动态数据结构进行组织。一个产生式规则集中的规则，按其逻辑关系，一般可形成一个称为推理网络的结构图。

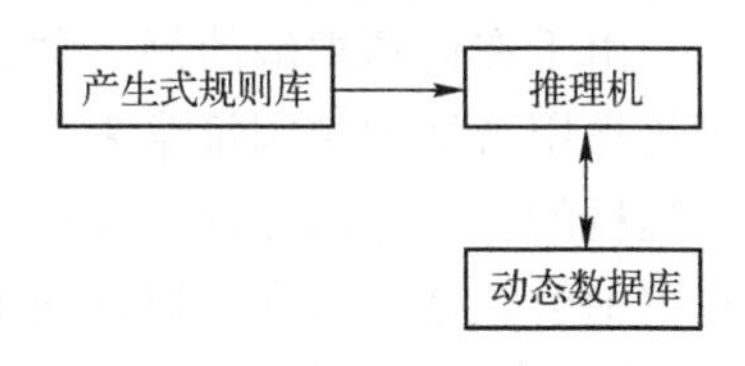

图 8.16　产生式系统的结构

1）动态数据库

动态数据库也称为综合数据库、工作存储器、上下文、黑板等，它是一个动态数据结构，用来存放初始事实数据、中间结果和最后结果等。例如，在疾病诊断治疗问题中，可以记录某个患者的各种症状、征兆、化验数据、药物反应等数据和信息。通常把动态数据库称为短期记忆器。对于动态数据库的组织、数据表示方法等，产生式系统没有具体规定，一般根据问题领域的特点选择合适的表示方法，如集合、线性表、链表、树结构、图等都可使用。在建立动态数据库时，应注意使库中数据便于检索。

2）规则库

规则库是由一组产生式规则组成的，规则库是专家系统的核心。规则可表示为“与或树”形式，基于数据库中的事实对“与或树”的求值过程就是推理过程。在产生式系统中，一个规则的条件部分通常是关于动态数据库中某些数据的断言，而动作部分一般是能引起动态数据库中数据改变的断言或操作。当动态数据库中数据满足某一条规则的条件时，该规则的动作部分可以改变动态数据库中的数据。

与动态数据库不同，规则库中的知识并不是关于某一具体的特定问题，而是针对整个领域的问题。例如，在疾病诊断治疗问题中，它存储着如何诊断疾病的知识，这些知识并不是针对某个具体患者。与动态数据库相比，规则库相对稳定，所以称规则库为长期记忆器。

一般来说，在选择规则的表示法时，应注意：如果可能的话，条件部分和动作部分的表示法与动态数据库中的数据表示形式保持一致，这样便于条件与动态数据库的内容进行比较，判别条件部分是否成立，同时也便于根据动作部分修改动态数据库中的数据。在有效表达问题领域知识的前提下，应尽可能使条件部分和动作部分的表示简单化，便于推理机处理规则。

关于知识库的组织方式，系统设计者可根据领域特点选择合适的方案。一种最常用的简单方法是把所有规则按顺序存放。当规则数目较大时，这种方法给知识的匹配与检索带来不便，需要分体存放或采用启发性的组织方式。

3）推理机

推理机也称为控制执行机构，它是一个程序模块，控制协调规则库与数据库的运行，包含推理方式和控制策略。推理机控制产生式系统的整个问题求解过程，它负责把规则的条件部分与动态数据库的内容进行比较（匹配），如果匹配成功，推理机根据动作部分的描述去修改动态数据库的内容。具体地说，推理机根据动态数据库的当前信息，决定在当前状态下被动态数据库能够匹配的所有规则，称这些规则为触发规则，再从被触发的规则中，选择一条规则，称为启用规则，并根据启用规则的动作部分改变动态数据库，经改变的动态数据库又可以触发新的规则，而问题求解进行到下一个状态，如此反复，以实现一个问题的最终求解。

由于在问题求解的每一种状态下，被全局数据库匹配的规则可能不止一条，需要推理机采用合适的控制策略来选择究竟哪一条触发规则被启用，这一过程称为冲突消解。推理机的工作即以这种“匹配—冲突消解—操作”的周期循环运转，直至解决问题为止。冲突消解策略是推理机设计的主要问题之一。

3．产生式系统的特点

产生式表示格式固定，形式单一，规则（知识单元）间相互较为独立，没有直接关系，使知识库的建立较为容易，推理方式也较为简单，用于处理较为简单的问题是可取的。特别是知识库与推理机是分离的，这种结构给知识的修改带来方便，无须修改程序，对系统的推理路径也容易做出解释。所以，产生式表示常作为构造专家系统知识表示方法的第一选择。

1）产生式系统的优点

（1）自然性。产生式的“IF…THEN…”结构接近于人类思维和会话的自然形式，易于人类在特定情况下关于“做什么”的知识体的形式化和编码，人类专家经常用这种结构说明他们在问题求解过程中的分析、综合、推理等行为的知识。因此，产生式表示法容易使知识工程师与人类专家合作，易于被人类专家理解。既直观、自然，又便于进行推理。这种自然性给专家系统的建造提供了方便。

（2）一致性。规则库中的规则具有相同结构，即“IF…THEN…”结构，这种统一格式便于实现产生式的正确性和一致性检查以及产生式的自动修改和扩充，同时，便于推理机的设计。

（3）模块性。产生式是规则库中的最基本的知识单元，形式相同，易于模块化管理。规则库的单条规则作为最小知识单元，它们与推理机相互独立。某条规则的改变尽管可能改变系统的行为，但不会对规则库的维护产生大的直接影响，因为规则间的联系仅依赖于动态数据库的数据结构，它们本身不能相互调用。产生式的良好模块性使得这种表示法在大型专家系统的知识库组织和管理中引起了很大重视，同时这种模块性给知识库的建立、扩充、维护提供了可管理性。

（4）完备性。产生式不仅可以表示事实、规则，还可以附加可信度因子来表示具有不确定性的事实、规则，从而使产生式系统可以进行不确定推理。

2）产生式系统的缺点

（1）效率不高。由于规则库的知识具有统一的格式，且规则间的联系必须以动态数据库为媒介，系统求解又是一个反复进行“匹配—冲突消解—操作”的过程，而规则库一般都比较庞大，匹配是一件十分费时的工作，导致产生式系统求解问题的效率不高，而且在求解复杂问题时容易引起组合爆炸。

（2）不能表达具有结构性的知识。产生式系统对具有结构关系的知识无能为力，它不能把具有结构关系的事物间的区别与联系表示出来，因此，人们经常将它与其他知识表示方法（如框架表示法、语义网络表示法）相结合。

通过上述产生式系统的评价和分析，得出产生式系统适合于具有如下特点的问题领域：

（1）由许多相对独立的知识单元组成的领域知识，彼此之间关系不密切，不存在结构关系。如：化学反应方面的知识。

（2）具有经验性及不确定性的知识，而且相关领域中对这些知识没有严格、统一的理论。如：医疗诊断、故障诊断等方面的知识。

（3）领域问题的求解过程可被表示为一系列相对独立的操作，而且每个操作可被表示为一条或多条产生式规则。

8.4 语义网络

8.4.1 语义网络表示法

语义网络（semantic network，SN）是作为人类联想记忆的一个显式心理学模型提出来的，美国 SRI 国际研究所开发的地质勘探专家系统 PROSPECTOR 第一次把语义网络技术成功地用于知识表示。如今，这种知识表示方法已成为使用较广泛且越来越受到重视的一种表示模式。

1．语义网络结构

任何知识表示方法都必须具有两种功能：一是表达事实性的知识，二是表达这些事实间的关系，即从一些事实找到另一些事实的信息。这两种功能在不同的表示方法中用不同的手段来实现，在语义网络中是用单一的机制来表达这两种内容。不管语义网络的具体形式有什么差异，但它们的本质是相同的。从图论的观点来看，一个语义网络就是一个带标识的有向图，有向图的节点表示问题领域中的各种事物、概念、情况、属性、状态、事件、动作等知识实体。有向图的弧具有方向和标记，表示所连接的节点间的各种语义关系。因此，语义网络就是一种用实体及其语义关系来表达知识的有向图，一个语义网络 SN 可以形式化地描述为 $SN=\{N,E\}$，其中，N 是节点的有限集合；E 是连接 N 中节点的带标识的有向边的集合。

图 8.17 所示为一个语义网络结构，它由多个语义基元构成，语义基元是语义网络中最基本的语义单元，可用（节点 1，弧，节点 2）这样的三元组来描述，它的结构如图 8.18 所示。其中，A 和 B 分别表示三元组中的节点 1 和节点 2，R 表示 A 与 B 之间的语义联系。当把多个语义基元用相应的语义联系关联到一起就形成了语义网络。语义网络中弧的方向是有意义的，不能随意调换。

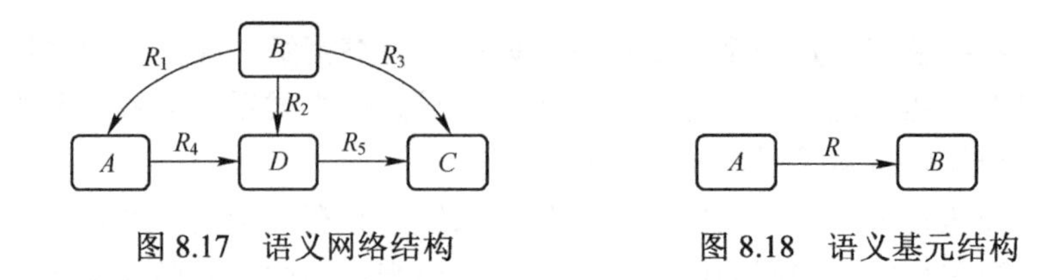

图 8.17　语义网络结构　　　　图 8.18　语义基元结构

2．语义关系

在语义网络中，节点间的语义联系可以采用系统预定义，也可以由用户自定义，常见的有如下语义关系：

（1）实例关系。表示一个事物是另一个事物的具体例子，弧的语义标记为“ISA”，即为“is a”。例如：大连舰是一艘航空母舰。

（2）分类关系。表示一个事物是另一个事物的一个成员，体现的是子类和父类的关系，弧的语义标记为“AKO”，即为“a kind of”。例如：驱逐舰是一种作战舰艇。

（3）成员关系。体现个体与集体的关系，表示一个事物是另一个事物的成员，弧的语义标记为“AMO”，即 A-Member-of。

（4）属性关系。是指事物与其行为、能力、状态、特征等属性之间的关系，因此属性关系有很多种。例如：Have（有）、Can（会）。

（5）包含关系（聚类关系）。是指具有组织或结构特征的部分与整体之间的关系，弧的语义标记为“Part-of”。跟分类关系最主要的区别在于包含关系一般不具备属性的继承性，即用它连接的两个节点的属性可能是不相同的。例如：手是人体的一个部分。

（6）时间关系。是指不同事件在其发生时间方面的先后关系，节点间不具备属性继承性。常用的时间关系有：Before、After。

（7）位置关系。是指不同事物在位置方面的关系，节点间不具备属性继承性。常用的位置关系有：Located-on、Located-at、Located-under、Located-inside、Located-outside。

（8）相近关系。是指不同事物在形状、内容等方面相似和接近。常用的相近关系有：Similar-to、Near-to。

（9）因果关系。是指由于某一事件的发生而导致另一事物的发生，适合表示规则性知识。通常用 If-then 联系表示两个节点之间的因果关系，其含义是“如果……，那么……”。

（10）组成关系。表示一对多的关系，即某一事物由其他一些事物构成，通常用 Composed-of 表示，所连接的节点间不具备属性继承性。

3．语义网络知识表示

1）事物与概念的表示

语义网络表示和谓词逻辑表示有着对应的表示能力。从逻辑上看，一个语义基元相当于一组二元谓词，语义基元的三元组（节点 1，弧，节点 2）可用谓词逻辑表示为 P（节点 1，节点 2），其中弧的功能由谓词完成。一般来说，用二元谓词描述的事实都可以用语义网络来表示。例如，“鸟有翅膀”“轮胎是汽车的一部分”这些简单的二元关系，只需要两个节点，用前面给出的基本语义联系或自定义的基本语义联系就可以表示了。由于 n 元谓词可以转化为二元谓词表示，因此对于稍复杂一些的事实，也同样可以用语义网络来表示。

例 8.11　分别用二元谓词和语义网络表示“科拉迪是一只知更鸟，鸟有翅膀”。

二元谓词表示：

定义谓词：$A(x,y)$:x 是 y；

$B(y,z)$: y 是 z；

$C(z,w)$：z 有 w。

个体：科拉迪，知更鸟，鸟，翅膀；

谓词逻辑表示：A(科拉迪，知更鸟)$\wedge B$(知更鸟，鸟)$\wedge C$(鸟，翅膀)。

语义网络表示：

显然语义网络由三个语义基元构成，即构造四个节点“Clyde（科拉迪）”“Robin（知更鸟）”“Bird（鸟）”“Wings（翅膀）”以及三条弧“is-a”“A-Kind-of”和“has-part”，形成的语义网络如图 8.19 所示。

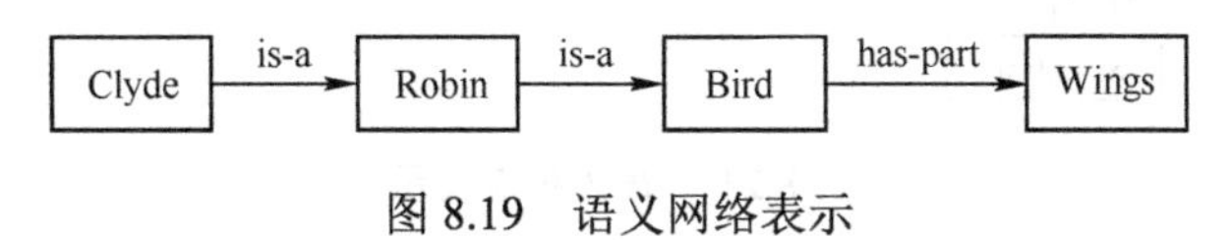

图 8.19 语义网络表示

从这个例子看到，它不仅表示“科拉迪是一种知更鸟”“知更鸟是一种鸟”和“鸟有翅膀”3 个直接事实，且可以通过“is-a”弧和“has-part”弧推出另外一些间接事实，如“科拉迪是一种鸟”“科拉迪有翅膀”和“知更鸟有翅膀”。这种继承性可以实现语义网络中的推理。

2）动作的表示

有些表示知识的语句既有发出动作的主体，又有接受动作的客体。在用语义网络表示这样的知识时，可以增加一个动作（action）节点用于指出动作的主体和客体。这就是以动词为中心组织知识，表示与动词有关的各种关系，主体、客体、方式等，如图 8.20 所示。

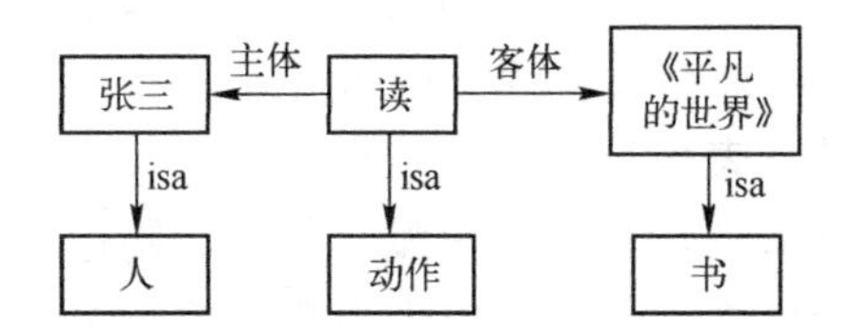

图 8.20 以动词为中心组织知识

3）情况和事件的表示

语义网络中的节点不但可以表示物体、对象、动作，还可以表示一些情况（situation）。在用语义网络表示不及物动词表示的语句或没有间接宾语的及物动词表示的语句时，如果该语句的动作表示了一些其他情况，如动作作用的时间等，则需要增加一个情况节点用于指出各种不同的情况。如果要表示的知识可以看作发生的一个事件（event），那么可以增加一个事件节点来描述这条知识。

例 8.12 用语义网络表示“科拉迪是一只知更鸟，从春天到秋天有自己的鸟巢。”

这里“科拉迪从春天到秋天有自己的鸟巢”用一个四元谓词来描述：OWNERSHIP（x，y，z，w）表示 x 从时间 y 到时间 z 拥有 w。通过定义一个具体情况节点，即 Ownership 的一个特例（Own1），由它向外引出一组弧来说明与情况谓词 Ownership 有关的各变量同情况节点的关系，这样就把情况谓词中的多元关系转换为二元关系，实现语义网络表示，如图 8.21 所示。

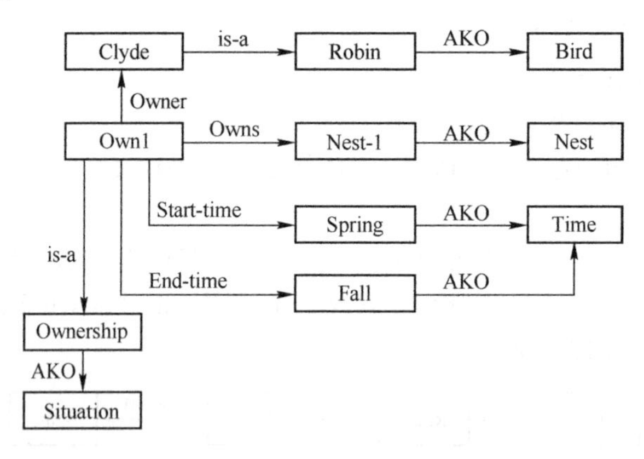

图 8.21　语义网络表示

8.4.2　语义网络推理

不同的语义网络系统，可以采用不同的推理机制，但概括起来有继承推理、匹配推理和散射激活推理 3 种。

1．继承推理

语义网络的一个重要特性是属性继承，凡是用有向弧连接起来的两个节点有上位和下位关系。属性继承是指上位节点具有的属性可由下位节点继承。在属性继承的基础上可以方便地进行推理是语义网络的优点之一。例如通过 ISA 弧，一个概念节点的所有属性和信息可以继承到实例节点。在图 8.22 所示的语义网络例子中，可以推导出："科拉迪是一只鸟""科拉迪有翅膀"和"知更鸟有翅膀"。继承推理的一般过程如下：

（1）建立一个节点表，用来存放待解节点和所有以 ISA、AKO 等继承弧与此节点相连的节点。初始情况下，节点表中只有待解节点。

（2）检查表中的第一个节点是否有继承弧，若有，则把该弧所指的所有节点放入节点表末尾。记录这些节点的属性，并从节点表中删除第一个节点；若没有，则直接删除第一个节点。

（3）重复第（2）步，直到节点表为空。记录下的全部属性就是待解节点继承来的属性。

2．匹配推理

匹配推理是在知识库的语义网络中寻找与待解问题相符的语义网络模式。它先根据提问内容，构造一个语义网络片段，然后在系统的语义网络中寻找匹配，使变量节点在匹配过程中得到赋值。若片段上的变量节点都得到赋值，则问题得到解答，否则说明无解。匹配推理的一般过程如下：

（1）根据待求解问题的要求构造一个网络片段，该网络片段中有些节点或弧的标志是空的，称为询问处，它反映的是待求解的问题。

（2）根据该语义片段到知识库中去寻找所需要的信息。

（3）当待求解问题的网络片段与知识库中的某个语义网络片段相匹配时，则与询问处所对应的事实就是该问题的解。

例 8.13 在图 8.21 所示的语义网络例子中，寻找“科拉迪拥有什么？”的答案。

构造该问题的语义网络片段如图 8.22 所示。用这个片段在语义网络中去匹配，寻找一个由一条 Owner 弧指向 Clyde 的 Own 节点，找到了 Own1，这样 Own1 的弧 Owns 指向节点“Nest-1”即为答案。

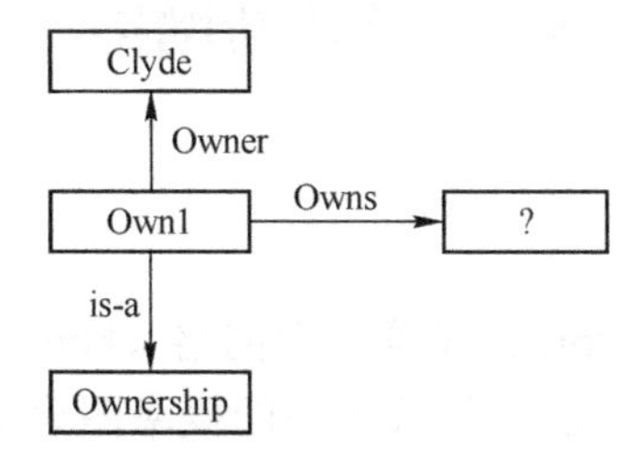

图 8.22 语义网络片段

假如在本例中要回答：是否有一只鸟有自己的窝？此时推理机还需要构建一些并未显式地存在于语义网络中的问题片段，如图 8.23 所示。

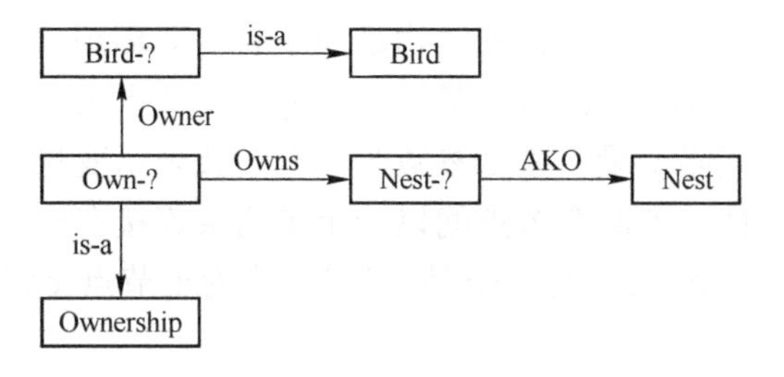

图 8.23 问题片段

这个问题的片段与前述的语义网络不能完全匹配，推理机必须能构造一个从 Clyde 到 Bird 的一条 is-a 弧，这样匹配时就能把 Bird-？、Own-?、Nest-?分别与 Clyde、Own-1、Nest -1 相匹配，从而得到问题的答案是：科拉迪。

3．散射激活推理

散射激活推理是当需要在一对概念间进行推理时，寻找代表这两个概念的节点之间的联系，即从这两个节点开始，依次激活与这些节点相连接的全体节点，再激活……，从而在每个原始概念的周围形成一个扩散的激活范围，或者说，推理沿网络散射。当某概念同时从两个方向上被激活，就算找到了一种联系。

8.4.3 语义网络的特点

语义网络的特点：①可以深层次地表示知识，包括实体结构、层次及实体间的因果关系；②推理无规则性，没有推理规律可循；③知识表达的自然性直接从语言语句强化而来。

它的优点是：①直接而明确地表达概念的语义关系，模拟人的语义记忆和联想方式；②可利用语义网络的结构关系进行检索和推理，效率高。但它不适用于定量、动态的知识，不便于表达过程性、控制性的知识。

与逻辑推理相比，其特点是：①语义网络能表示各种事实和规则，具有结构化的特点；②逻辑术语把事实与规则当作独立的事实成立，语义网络则从整体上进行处理；③逻辑系统有特定的演绎结构，而语义网络不具有特定的演绎结构；④语义网络推理是知识的深层次推理，是知识的整体表示与推理。

8.5 贝叶斯网络

8.5.1 贝叶斯网络表示法

贝叶斯网络（Bayesian network）又称信念网络（belief network）、概率因果网，它是根据贝叶斯理论建立各个变量之间依赖关系的概率图模型，是模拟人类推理过程中因果关系的一种不确定性处理模型。作为一种知识表示和概率推理框架，在具有内在不确定性的推理和决策问题中得到广泛的应用。

1．贝叶斯网络的构成

贝叶斯网络主要由两部分构成：一个是有向无环图（directed acyclic graph，DAG），另一个是条件概率表集合。其网络拓扑结构是一个有向无环图，通常称为贝叶斯网络结构，它由若干个节点和连接节点的有向弧组成，每一个节点表示一个随机变量，它们可以是可观察到的变量，或隐变量、未知参数等。有向弧表示变量间的因果关系，弧的指向代表因果影响的方向性。若两个节点间以一个单箭头连接在一起，表示其中一个节点是“因”（称为父节点 parents），另一个是“果”（称为子节点 children），两节点就会产生一个条件概率值。

如图 8.24 所示，假设节点 E 直接影响到节点 H，即 $E \to H$，则用从 E 指向 H 的箭头建立节点 E（父节点）到节点 H（子节点）之间的有向弧（E，H），权值（连接强度）用条件概率 $P(H \mid E)$表示，反映变量之间关联性的局部概率分布。

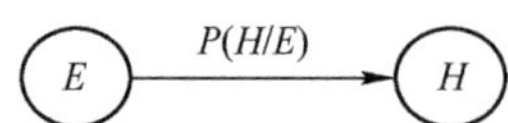

图 8.24 节点间因果关系

例 8.14 如图 8.25 所示为一个贝叶斯网络的例子，其中，各个单词、表达式表示的含义如下：

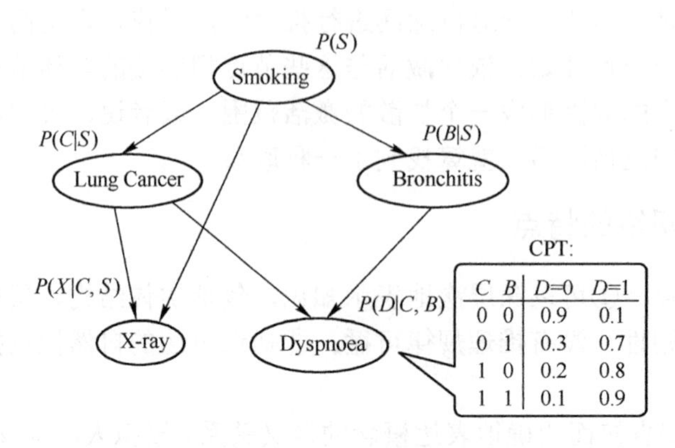

C	B	D=0	D=1
0	0	0.9	0.1
0	1	0.3	0.7
1	0	0.2	0.8
1	1	0.1	0.9

图 8.25 贝叶斯网络的例子

Smoking 表示吸烟，简记为 S，其概率 $P(S)$；

Lung Cancer 表示得肺癌，简记为 C，一个人在吸烟的情况下得肺癌的概率 $P(C \mid S)$；

X-ray 表示需要照医学上的 X 光，简记为 X，肺癌或者吸烟都有可能需要照 X 光，其概率用 $P(X \mid C, S)$表示；

Bronchitis 表示支气管炎，简记为 B，一个人在吸烟的情况下得支气管炎的概率为 $P(B \mid S)$；

Dyspnoea 表示呼吸困难，简记为 D，支气管炎或肺癌都有可能会导致呼吸困难，其概率用 $P(D \mid C, B)$表示。

$C = 1$ 表示 Lung Cancer 发生，$C = 0$ 表示不发生；B=1 表示 Bronchitis 发生，B=0 表示不发生；D=1 表示 Dyspnoea 发生，D=0 表示不发生。由此可得到 Dyspnoea 的一张概率表，如图 8.25 右下角所示。通常称为条件概率表（conditional probability table，CPT），表中的概率值表示子节点与其父节点之间的关联强度或置信度。

2．贝叶斯网络的性质

贝叶斯网络有一条极为重要的性质，就是每一个节点在其直接前驱节点的值确定后，这个节点条件独立于其所有非直接前驱前辈节点。这个性质类似于马尔可夫过程，其实，贝叶斯网络可以看作是马尔可夫链的非线性扩展。这条特性的重要意义在于明确了贝叶斯网络可以方便计算联合概率分布。

令 $G=(I, E)$表示一个有向无环图，其中 I 代表图形中所有节点的集合，而 E 代表有向连接弧的集合。令 $X=(x_i)$，$i \in I$ 表示其有向无环图中的某一节点 i 所代表的随机变量。一般而言，对于任意的随机变量，其多变量非独立联合概率分布公式为

$$P(x_1, x_2, \cdots x_n) = P(x_1) \cdot P(x_2 \mid x_1) \cdot P(x_3 \mid x_1, x_2) \cdots P(x_n \mid x_1, x_2, \cdots, x_{n-1})$$

根据贝叶斯网络的性质，可以将上述计算贝叶斯网络联合概率分布公式简化为

$$P(x_1, x_2, \cdots x_n) = \prod_{i=1}^{n} P(x_i \mid \text{Parents}(x_i))$$

式中：Parents 表示 x_i 的直接前驱节点的联合，概率值可以从相应条件概率表中查到。

例 8.15 图 8.26（a）所示的贝叶斯网络的联合概率公式为

$$P(a,b,c) = P(a)P(b \mid a)P(c \mid a,b)$$

图 8.26（b）所示的贝叶斯网络的联合概率公式为

$$P(x_1, x_2, x_3, x_4, x_5, x_6, x_7) = P(x_1)P(x_2)P(x_3)P(x_4 \mid x_1, x_2, x_3)P(x_5 \mid x_1, x_3)P(x_6 \mid x_4)P(x_7 \mid x_4, x_5)$$

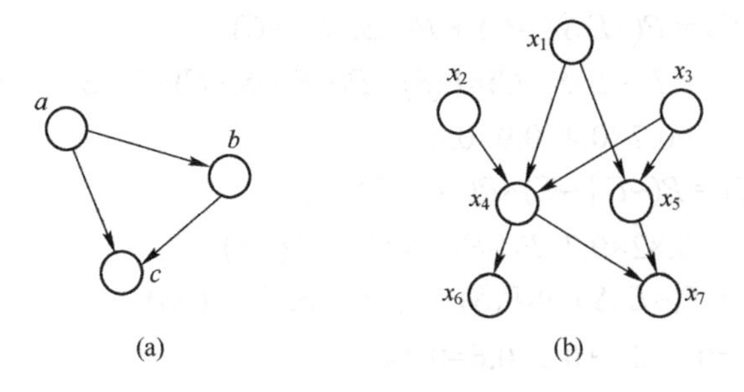

图 8.26　贝叶斯网络示例

8.5.2 贝叶斯网络推理

贝叶斯网络是模拟人类的认知思维模式，用一组条件概率函数以及有向无环图对不确定性的因果推理关系进行建模，具有较高的实用价值。贝叶斯网络中一般有如下推理模式：

因果推理（由上向下推理）：从原因到结果，已知父节点，计算子节点。

诊断推理（自底向上推理）：从结果到原因，已知子节点，计算父节点。

辩解推理：已知的既有父节点又有子节点，询问其他父节点。

例 8.16 如图 8.27 所示贝叶斯网络，已知 $P(S)=0.4$，$P(C)=0.3$ 及其条件概率表（不完整的 CPT），S 为推理的证据，E 为询问节点。

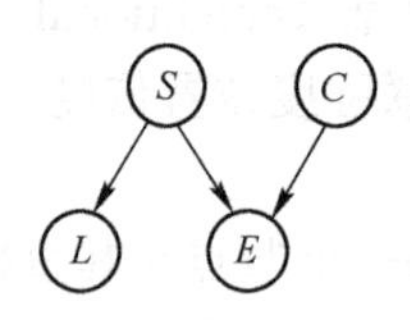

条件	$P(E)$
S, C	0.9
$S, \sim C$	0.3
$\sim S, C$	0.5
$\sim S, \sim C$	0.1

图 8.27 贝叶斯网络推理示例

（1）计算 $P(E \mid S)$。这是一个因果推理。

$$P(E \mid S)=P(E,C \mid S)+P(E,\sim C \mid S)$$

根据贝叶斯公式和贝叶斯网络的性质，有

$$\begin{aligned}P(E,C \mid S)&=P(E,C,S)/P(S)\\&=P(S)\times P(C)\times P(E \mid C,S)/P(S)\\&=P(E \mid C,S)\times P(C)\\&=0.9\times 0.3=0.27\end{aligned}$$

同理，$P(E,\sim C \mid S)=P(E \mid \sim C,S)\times P(\sim C)=0.3\times 0.7=0.21$

所以，$P(E \mid S)=P(E,C \mid S)+P(E,\sim C \mid S)=0.27+0.21=0.48$

（2）计算 $P(\sim C \mid \sim E)$。这是一个诊断推理。

根据贝叶斯公式，有

$$P(\sim C \mid \sim E)=P(\sim E \mid \sim C)\times P(\sim C)/P(\sim E)$$

同（1）的因果推理结果：

$$\begin{aligned}P(\sim E \mid \sim C)&=P(\sim E,S \mid \sim C)+P(\sim E,\sim S \mid \sim C)\\&=P(\sim E \mid S,\sim C)\times P(S)+P(\sim E \mid \sim S,\sim C)\times P(\sim S)\\&=0.7\times 0.4+0.9\times 0.6=0.82\end{aligned}$$

所以，$P(\sim C \mid \sim E)=P(\sim E \mid \sim C)\times P(\sim C)/P(\sim E)$

$$=0.82\times 0.7/P(\sim E)=0.574/P(\sim E)$$

同理，$P(\sim E \mid C)=P(\sim E \mid S,C)\times P(S)+P(\sim E \mid \sim S,C)\times P(\sim S)$

$$=0.1\times 0.4+0.5\times 0.6=0.34$$

$$\begin{aligned}P(C \mid \sim E)&=P(\sim E \mid C)\times P(C)/P(\sim E)\\&=0.34\times 0.3/P(\sim E)=0.102/P(\sim E)\end{aligned}$$

由

$$P(\sim C \mid \sim E)+P(C \mid \sim E)=1$$

即

$$0.574 / P(\sim E)+0.102 / P(\sim E)=1$$

得

$$P(\sim E)=0.676$$

所以

$$P(\sim C \mid \sim E)=P(\sim E \mid \sim C)\times P(\sim C)/P(\sim E)$$
$$=0.82\times 0.7/0.676\approx 0.85$$

（3）计算 $P(\sim C \mid \sim E,\sim S)$。这是一个辩解推理。

根据贝叶斯定理，有

$$P(\sim C \mid \sim E,\sim S)=P(\sim E,\sim S \mid \sim C)\times P(\sim C)/P(\sim E,\sim S)$$

同（1）的因果推理结果：

$$P(\sim E,\sim S \mid \sim C)=P(\sim E \mid \sim C,\sim S)\times P(\sim S)$$

而

$$P(\sim E,\sim S)=P(\sim E \mid \sim S)\times P(\sim S)$$

故

$$P(\sim C \mid \sim E,\sim S)=P(\sim E \mid \sim C,\sim S)\times P(\sim S)\times P(\sim C)/P(\sim E,\sim S)$$
$$=P(\sim E \mid \sim C,\sim S)\times P(\sim S)\times P(\sim C)/(P(\sim E \mid \sim S)\times P(\sim S))$$
$$=P(\sim E \mid \sim C,\sim S)\times P(\sim C)/P(\sim E \mid \sim S)$$
$$=0.9\times 0.7/P(\sim E \mid \sim S)=0.63/P(\sim E \mid \sim S)$$

同理

$$P(C \mid \sim E,\sim S)=P(\sim E \mid C,\sim S)\times P(C)/P(\sim E \mid \sim S)$$
$$=0.5\times 0.3/P(\sim E \mid \sim S)=0.15/P(\sim E \mid \sim S)$$

由

$$P(\sim C \mid \sim E,\sim S)+P(C \mid \sim E,\sim S)=1$$

即

$$0.63/P(\sim E \mid \sim S)+0.15/P(\sim E \mid \sim S)=1$$

得

$$P(\sim E \mid \sim S)=0.78$$

所以

$$P(\sim C \mid \sim E,\sim S)=0.63/P(\sim E \mid \sim S)\approx 0.81$$

8.6 框架表示法

8.6.1 框架表示法的概念

框架表示法是由美国麻省理工学院的 M.Minsky 提出的，最早把它作为视觉理解、自然语言对话以及其他复杂行为的基础。框架一经提出后，得到了人工智能领域的广泛重视和研究。这种表示模式在一定程度上能正确反映人的心理反应；另一方面适合于计算机处理，是一种较好的知识表示方法。典型的专家系统 AM 数学发现系统和 PIP 肾脏病诊断系统都使用了框架知识表示法。

实践表明，当人们遇到一种新情况或者换一个角度来观察一个问题时，并不是从头分析新情况，再建立描述这些新情况的新的知识结构。相反，他们头脑中有大批表达以前经验和知识的结构，即框架，其中带有对象、位置、情况、人等，为了分析面临的情况或问题，总是从自己的记忆中选择一个合适的框架，然后根据实际情况对它的细节加以修改、补充、推断，从而形成对问题的认识。这种通用知识表示设计的计算机表示机制称为框架。

框架是一种知识的结构化表示方法，也是一种定型状态的数据结构，它的顶层是固定的，表示某个固定的概念、对象或事件，其下层由一些称为槽的结构组成。每一个槽可以有任意有限数目的侧面，每个侧面又可以有任意数目的值，而且侧面还可以是其他框架（称为子框架）。框架的一般形式如下：

框架名
　　槽名 1
　　　　侧面名 11：值 111，值 112，…
　　　　侧面名 12：值 121，值 122，…
　　槽名 2
　　　　侧面名 21：值 211，值 212，…
　　　　侧面名 22：值 221，值 222，…
　　　　……
　　槽名 n
　　　　侧面名 n1：值 n11，值 n12，…
　　　　侧面名 n2：值 n21，值 n22，…
　　　　……

相互关联的框架连接起来组成框架系统，或称框架网络。不同的框架网络又可通过信息检索网络组成更大的系统，代表一块完整的知识。

例 8.17　用框架描述椅子的概念

椅子的概念框架表示如图 8.28 所示。它包含 4 个槽：范畴（它建立了实体间的属性继承关系）、椅子腿数、靠背样式和扶手数目。其中，腿数包含两个侧面：范围和默认值，这个默认值指出具体椅子未指出其腿数时，就默认有 4 条腿。

椅子框架
　范畴：家具
　腿数：
　　值范围：0，1，2，…
　　默认值：4
　靠背样式：直背，垫背，…
　扶手数目：0，1，2，

图 8.28　椅子框架

一个特定的椅子，继承图 8.28 的槽，只是填入具体槽值和侧面值。如“李四的椅子”的框架描述如图 8.29 所示。

```
李四的椅子框架
        范畴：家具
        腿数：4
        靠背样式：垫背
        扶手数目：2
```

图 8.29 “李四的椅子”的框架

8.6.2 基于框架的推理

在框架网络上主要有两种活动：一是填槽，即框架未知内容的槽的填写；二是匹配，根据已知事件寻找合适的框架，用于描述当前事件，并对未知事件进行预测。上述两种活动均引起推理，其推理形式如下：

（1）继承推理。在框架网络中，各框架通过范围链构成继承关系。在填槽过程中，如果没有特别说明，子框架的槽值将继承父框架的槽值。

（2）匹配。对于一个给定的事件，利用部分已知信息选择初始候选框架。一般较高层的或没有父框架的根框架作为初始候选框架。一旦候选框架选择后，推理机根据给定事件的已知信息对候选框架的槽填写具体值。如果候选框架的各个槽通过查询、默认、继承和附加过程等填槽方式找到了满足要求的属性值，就把这些值加入候选框架中，使候选框架具体化，以生成一个当前事件的描述，匹配成功。若推理过程找出的属性值同候选框架中相应槽的要求不匹配，则当前的候选框架匹配失败，并根据失败的启迪，选择其他更有可能的候选框架。

（3）预测、联想与直觉。根据已知的信息寻找部分匹配的框架，如同从观察事实形成合理假设。有了预选的框架，可根据其中各槽规定的取值要求，对未知的事件进行预测，指导进一步获取信息，或把注意力集中到某个方向上。当信息达到一定要求之后，即可做出决策，肯定或者放弃预选框架，或者由框架之间的关系提出其他检索。这些过程与人类思维过程中所体现的预测、联想以及直觉能力有相似之处。

8.6.3 框架系统

基于框架表示和推理的框架系统具有以下特点：

（1）自然性。框架表示模拟了人脑对实体多方面、多层次的存储结构，直观自然、易于理解，是一种结构化的组织。

（2）模块性。每个框架形成一个独立的知识单元，这种结构上知识的增加、删除、修改和存取相互独立，并且知识的框架网络与推理机制分离，从而使框架系统具有模块性，便于系统的扩充。

（3）统一性。框架表示法表达能力强，提供了有效组织知识的手段，容易处理默认值，并且较好地把叙述性知识和过程性知识协调起来，存放在同一知识单元中。

（4）非清晰性。由于框架表示将叙述性知识与过程性知识存放在一个基本框架中，加之在框架网络中各基本框架的数据结构有差异，使得这种表示方法清晰程度不高。

（5）一致性不能保证。框架系统中没有统一的数据结构和良好的语义学基础，因此，给知识的一致性和正确性检查带来困难。

关于知识的表示方法还有很多，诸如脚本知识表示法、面向对象的知识表示法、判定表表示法、状态空间表示法等。尽管知识表示方法的研究取得了很大成就，但存在问题仍然很多，潜力也很大，是人工智能领域的主要研究课题。

小　　结

人工智能（AI）技术的本质是模仿人类的智能，智能支持是一种更高层次的决策支持方式，即在决策中利用计算机智能来部分代替人类智能的决策辅助方式。目前，用于辅助决策的人工智能技术主要是专家系统或更广泛意义上的知识系统。专家系统是一组智能的计算机程序，它利用知识和推理来求解通常依靠专家经验才能解决的问题，这种技术适用于辅助非结构化决策问题的决策。本章介绍了基于知识的辅助决策技术，内容包括知识、知识表示和知识推理的概念，几种典型的知识表示和推理方法：逻辑表示、产生式规则、语义网络、贝叶斯网络和框架表示法。基于知识的辅助决策系统能够帮助指挥人员进行某些分析和判断，从而在一定程度上增进指挥人员在指挥决策过程中应对复杂情况和紧急情况的能力。然而，由于人工智能技术的复杂性，因此要实现智能支持具有较大的难度。

习　　题

1．什么是知识资源？什么是知识推理？

2．列举一些主要的知识表示和推理方法。

3．简述用谓词公式表示知识的步骤。

4．用一阶谓词逻辑表示

F1：自然数都是大于零的整数；

F2：所有整数不是偶数就是奇数。

5．分别用二元谓词和语义网络表示“李渊是李世民的父亲，李治是李世民的儿子”。

6．运用产生式规则进行确定推理及不确定推理。

7．简述基于贝叶斯网络的因果推理和诊断推理原理。

8．简述产生式规则知识的基本特点。

9．简述数据、信息和知识之间的区别。

第 9 章　基于数据的辅助决策技术

以往智能决策支持系统充分发挥了以知识推理形式定性分析问题的优势。而随着作战数据、训练数据、战场环境数据的积累，机器学习、数据挖掘技术的深入发展，通过对来自多源的数据进行挖掘和分析、各个渠道数据的相互印证，可以使决策更加客观全面、更加符合战场实际情况，因此，伴随着大数据时代的到来，大数据在军事决策方面的应用价值和能力优势将逐渐凸显。本章介绍基于数据的决策支持技术，内容包括大数据、数据仓库、联机分析技术等基本概念，以及分类、关联分析及聚类等数据挖掘技术。

9.1　数据的基本概念

9.1.1　数据与大数据

数据是决策支持技术的基础，如何从大量纷杂的内部业务数据和外部环境数据中分析出有用的信息，帮助决策者在快速变化、激烈竞争的环境中做出高质量的决策，是决策支持技术的核心。

1. 数据

数据是对客观事物的记录，用数字、文字、图形、图像、音频、视频等符号表示。数据经过数字化后能够被计算机存储、处理和输出。按照对事物测量的精确程度，由粗到细将数据分为 4 种类型，即定类数据、定序数据、定距数据和定比数据。

（1）定类数据。依据事物的属性或性质进行分类的数据。它是数据的最低级，表示个体在属性上的特征或类别上的不同变量，如空中飞行物分为导弹、飞机、火箭、热气球等，导弹可分为巡航导弹、反舰导弹、空舰导弹等。

（2）定序数据。依据事物的某种关系排序或分级的数据。相较定类数据更精确些，它在对事物分类的同时给出各类的顺序，其数据仍表现为类别，但各类之间是有序的，可以比较大小、优劣等。如舰艇分为大、中、小型舰艇。不过，需要注意的是定序数据并不能测量出两类别之间的准确差值，只能大致比较大小而已，不能进行数学运算。

（3）定距数据。对事物的属性进行定量的划分，明确指出事物的不同。如某雷达探测范围为 300km，那么距离在 300km 以外的目标就无法被探测到。该类数据能进行加、减运算。

（4）定比数据。能进行比值、比率计算来对比事物差别。如某月内某海域的船舶数量是上月的 2 倍。该类数据能进行加、减、乘、除运算。

由于以上 4 类数据是按照测量程度来分类的，这便于进行统计特性分析。前两类数据描述的是事物的属性，只能表示事物性质类别，它们属于离散数据，称为定性数据，适合进行定性分析；后两类数据说明事物的数量特征，能够用明确的数值来表示，能进行数学运算，它们属于连续数据，可以取连续变化的数值，也称定量数据，适合进行定量分析。

对于不同的数据需要采用不同的统计方法来进行处理和分析，最常用的统计分布数据有频数、众数、中位数和平均数等。

（1）频数。将数据划分成若干组，落入各组中的个体数目称为频数。例如某单位有 50 台电脑，其中品牌机、兼容机的频数分别为 38、12。

（2）众数。分组数据中频数最大的数值。如上例中的众数是 38（品牌机的数量）。

（3）中位数。按照从小到大的顺序排列，中间位置的那个值（奇数组取中间位置的值，偶数组取中间两个数的平均值）。如有 5 个人的身高分别为 150cm、163cm、170cm、178cm、182cm，中位数为 170 cm。

（4）平均数（均值）。即算术平均数。将数列中所有数值的总和除以数列项数的商称为平均数。上例中 5 人的平均身高为 168.6cm。由于求平均值的公式和求重心的公式相同，故可以把平均值看成是数据的“平衡点”。

数据是组织的核心，它是组织日常业务顺利进行和实施决策的基石，分析数据和做出数据驱动决策的能力变得越来越重要。而其中数据质量是一个极其重要的问题，它决定着基于这些数据的决策质量，数据质量体现在以下几个方面：

（1）数据的正确性，来自不同数据源的数据由于种种原因，可能是无效或错误的。

（2）数据的完备性，指在一个数据系统中所需要的数据是否都存在，没有数据缺失。

（3）数据的完整性，指数据的正确性和完备性。

（4）数据的一致性，指在一个数据系统中的数据是否被一致地定义或理解。

（5）数据的有效性，指数据是否在定义的范围之内。

（6）数据的时效性，指数据在需要的时间内是否有效。

（7）数据的可获取性，指数据是否易于获取、易于理解和易于使用。

（8）数据的冗余性，指在一个数据系统中是否存在不必要的数据重复。

（9）数据的逻辑合理性，从业务逻辑角度判断数据是否正确。

2．大数据

随着数据采集、处理、存储技术的发展，收集数据已经成为一种自动化的行为。数据的采集没有明确目的，并且数据体量巨大、类型繁杂，经过长期积累就形成了“大数据”。“大数据”是 1980 年由托夫勒在其所著的《第三次浪潮》中提出的，经过 40 多年的发展得到了广泛应用。近年来，人工智能技术发展迅猛，大数据作为其底层技术，再一次迎来了发展高潮。关于大数据（big data）的概念，目前国际上尚无统一的定义。2011 年，麦肯锡全球研究院给出的“大数据”定义为：一种规模大到在获取、存储、管理、分析方面大大超出传统数据库软件工具能力范围的数据集合。

大数据有以下三方面的含义：从数据本身看，大数据是大小超出典型数据库软件采集、存储、管理和分析等能力的数据集合；从技术角度看，大数据技术是从各种各样类型的海量数据中，快速获得有价值信息的技术；从应用角度看，大数据是对特定的数据集合，集成应用大数据技术，获得有价值信息的思维和应用。

“大数据”的特点可以概括为 4V，即“大量性（volume）”“多样性（variety）”“高速性（velocity）”和“价值密度低（value）”。

1）大量性（volume）

指数据量大，具体体现在以下几个方面：

（1）大量数据源。数据的来源多种多样，而不同的数据源产生出的数据价值密度不尽相同甚至差异巨大，因此要从中筛选出高价值的数据源，或者根据价值密度的高低对不同的数据源设置不同的数据更新采集频率。例如军事应用中战场目标信息可以构成大数据，其信息类型多样、来源广泛，包括雷达、声纳、红外、AIS 等探测手段。

（2）数据量大。每一种数据源内的数据采集点巨大，以社交网络为例，每个用户作为一个采集点，如 Twitter、微信、微博等的用户数都多达数亿，要从这些潜在的采集点中找到有价值的采集点是一个巨大的挑战。

（3）冗余/无关数据量大。各个数据源每时每刻都在产生大量的数据，其中很可能会包括冗余、无关紧要的数据记录，正确地判断并且清除无关数据，消除多数据源之间的信息冗余对于数据的高效存储、有效而准确地分析都显得非常有必要。

在军事应用领域，在信息化战场条件下，空间、空中、地面各种维度的信息探测与获取手段、途径逐步增多，再加上源于民用监测、媒体、网络等领域的潜在的作战相关大量信息，而且这些信息数据在信息化战争中是实时更新的，这就形成了海量的军事数据资源。

2）多样性（variety）

（1）数据来源的多样性。从传统的图书报纸等纸质出版物到网络化时代的电子出版物，互联网产生的政府、机构、公司等主页信息，互联网新闻信息，各种开放存取数据，近年来涌现出的大量社交网络和电商网站信息使得数据来源变得前所未有地丰富。

（2）数据类型的多样性。数据的类型多样，分为结构化和非结构化数据。相对于以往存储的以数据库或文本为主的结构化数据，非结构化数据越来越多，包括文本、网页、图片、音视频等。

（3）行业多样性。除了门户网站、搜索引擎（百度、谷歌等）、电子商务网站（淘宝、亚马逊等）这些流量巨大、产生数据量也巨大的企业为代表的互联网数据外，大数据还涉及诸如医疗卫生、航空、地理信息、专利标准、影视娱乐、机械、科学研究等行业。

（4）语言多样性。大数据来自于不同国家、不同语种的信息，如汉语、英语、德语、法语、韩语、西班牙语等；另外，我国是一个多民族的国家，也有民族语言的多样性，如藏语、维吾尔语、蒙语等不同民族所特有的语言。

3）高速性（velocity）

（1）数据速率快。在大数据时代，数据的变化、变动或者产生的速度非常快，例如从服务器日志到各种各样的传感器每时每刻都在源源不断地产生新数据。

（2）高时效性。根据采集到的数据进行处理分析得到结果以快速地响应环境的变化和需求，特别是对于军事应用来说需要在很短的时间窗口内返回分析结果，超过一定时间窗口后返回的结果将失去意义。

4）价值密度低（value）

以往数据都是针对特定的目的采集的，但随着数据的加速积累，有效信息经常会淹没在浩如烟海的数据中，因此数据具有低价值密度特性，价值密度的高低与数据总量的大小成反比，如何快速对有价值数据“提纯”成为目前大数据背景下亟待解决的难题。

不同于传统意义上的数据提取、存储、搜索、共享、分析和处理，大数据内含 3 种解决问题的特有逻辑关系，正是这 3 种关系改变了人们认识事物、找寻规律的方法：

一是从因果关系到相关关系，即从关注事物的因果关系发展到注重分析事物之间的相关关系。大数据的核心思想是放弃对事情原委的追寻，而更加关注对相关性的分析判断，即弄清楚“是什么”就可以了，并不刻意强调“为什么”，直接通过对事物之间相关关系的探寻找到解决问题的最佳方案。

二是从局部关系到全体关系，即从局部的抽样数据分析到全样本数据分析。不同于传统方法，大数据直接面向全样本数据，运用大数据技术对某项研究的全部数据进行分析处理，而非枚举归纳部分数据。

三是从简单分析到复杂推理决策。大数据更强调将简单数据分析方法发展为深度分析决策方法。以前广泛采用的智能型数据分析方法实际上还是以因果关系为主导的简单数据分析为主，主要是对已有数据的分析，但是大数据具有了自己独特的特点和优势，更加关注间接推理、预测分析等功能在判断决策中的运用和实现。

大数据及其相关智能算法的出现，可以想人之所未想，在大数据中发现复杂事物间相关关系，从质上突破人类分析联系事物的局限性，决策者据此可快速、准确地判断和预测战场形势和发展变化，进而大幅提高决策质量。高度智能化的作战指挥辅助决策系统的出现，将彻底颠覆人们对军队指挥的传统认知，从而使决策更快速、更准确。

9.1.2 数据仓库

传统数据库，用来存放历史数据和经过初步处理的数据，内容大部分是结构化数据。对于海量实时的半结构和结构化数据没有一种可靠的途径进行存储和处理。全新架构的大数据存储和分析平台能实现在识别数据结构之前装载数据，能以大于 1GB/s 的速率来分析数据，其“全信息”运算能力的优势体现在对静态数据的批量处理，在线数据的实时处理，以及对图数据的综合处理上。有了大数据的支撑，信息作战辅助决策系统基本可以实现对海量结构化、半结构化以及非结构化数据的实时分析处理。

数据仓库（data warehouse）的概念形成是以 Prism Solutions 公司副总裁 W.H.Inmon 于 1992 年出版的书 *Building the Data Warehouse* 为标志的。数据仓库的提出是以关系数据库、并行处理和分布式技术的飞速发展为基础，是解决信息技术在发展中存在的“拥有大量数据却又信息贫乏”的综合解决方案。

1. 数据仓库的概念

目前，数据仓库的定义是不统一的，公认的数据仓库定义是由“数据仓库之父”W.H.Inmon 在 *Building the Data Warehouse* 一书中给出的如下定义：数据仓库是面向主题的、集成的、稳定的、不同时间的数据集合，用于支持管理决策过程。换句话说：数据仓库为支持海量存储和高层决策分析提供了一种解决方案。它抽取和净化来自不同应用系统的数据，从事物发展和历史的角度进行组织和存储，并通过对这种集成化数据的分析和挖掘，为最终用户提供综合性和分析性的深层次信息。

数据仓库是基于传统数据库技术的一种应用拓展，它与传统数据库的区别是：传统数据库系统的重点是快速、准确、安全、可靠地将数据存进数据库中，而数据仓库的重点是准确、安全、可靠地从数据库中提取出数据，经过加工转换成有规律信息之后，再供管理人员进行分析使用。传统数据库用于事务处理，也称为操作型处理，是指对数据库联机进行日常操作，即对一个或一组记录的查询和修改，主要为企业特定的应用服务，一般来说，用户关心的是响应时间、数据的安全性和完整性；数据仓库用于决策支持，也称为分析型处理，用于决策分析，它是建立决策支持系统的基础。

数据仓库具有如下特性：

1）面向主题性

数据仓库中数据组织的基本原则是面向主题性，它表示数据仓库中的所有数据都是围绕着某一主题组织的，对该主题的全部信息进行检索、下载、存储，构成该主题相关数据的集合。主题是指某一种产品或某一类技术，例如，企业中的客户、产品、供应商等。

从信息管理的角度看，主题就是在一个较高的管理层次上对信息系统中的数据按照某一具体的管理对象进行综合、归类所形成的分析对象；而从数据组织的角度看，主题就是一些数据集合，这些数据集合对分析对象做了比较完整的、一致的描述，这种描述不仅涉及数据自身，而且还涉及数据之间的联系。

由于数据仓库的用户大多是企业的管理决策者，这些人所面对的往往是一些比较抽象的或层次较高的管理分析对象。主题就是在较高层次上的数据抽象，面向主题的数据组织可以独立于数据的处理逻辑，并很方便地在这种数据环境中进行管理决策的分析处理。

在设计数据仓库之前必须先确定主题。例如基于数据仓库的海军要地防空作战决策支持系统中，确定 4 个基本主题：敌军基础数据、目标数据、我军数据和战场环境主题，其中每个子主题又可划分为若干子主题，如表 9.1 所列。

表 9.1　海军要地防空作战决策支持系统的主题

主题名称	子主题名称	内容
敌军基础数据	战斗编成	部队编号名称、兵种性质、主要编成、指挥员/战斗员等
	空袭武器	空袭武器名称、空袭武器型号、空袭武器类型等
	飞机技术参数	飞机型号、飞机类型、作战半径、机载雷达、机载武器、携弹量、雷达反射等
目标数据	目标动态数据	目标批号、目标时间位置
	目标特性	通信频率、导航类型、频谱使用、携弹量、雷达反射等
我军数据	战斗编成	作战部队番号、作战部队组成、作战部队位置、指挥员/战斗员等
	我军装备	装备的名称、型号、性能和特点等
战场环境	气象信息	气温、气压、湿度、风力、风向等
	地理信息	山峰高度和位置，海流、海温、海深等

2）数据的集成性

数据仓库中的数据是根据决策分析的要求，将分散于各处的源数据进行抽取、筛选、清理、综合后得到的，因此具有集成性。数据仓库所需要的数据不像业务处理系统那样直接从业务发生地获取，而是从业务处理系统里获取。业务处理系统中的数据往往与业务处理联系在一起，只为业务的日常处理服务，而不是为管理决策分析服务。因此，在从业务处理系统获取数据时，并不能将源数据库中的数据直接加载到数据仓库中，而是需要进行一系列的数据预处理和集成工作。在将源数据加载进数据仓库后，还需要将数据仓库中的数据进行某种程度的综合，即根据决策分析的需要对这些数据进行概括、聚集处理。

3）数据的非易失性（相对稳定性）

数据仓库中的数据一般会保持相当较长的时间，因为数据仓库中数据大多表示过去某一时刻的数据，主要用于查询和分析，不像业务系统中的数据库那样，要经常进行修改和添加，除非数据仓库中的数据是错误的。数据仓库的操作除了进行查询以外，还可以定期进行数据的加载，即追加数据源中新发生的数据，数据在追加以后，一般不再修改，因此数据仓库可以通过使用索引、预先计算等数据处理方式提高数据仓库的查询效率。而且数据的非易失性可以支持不同的用户在不同的时间查询、分析相同的问题时，获得同一结果。避免了以往决策分析中面对同一问题，因为数据的变化而导致结论不同的尴尬。

4）数据的时变性

数据仓库中的数据应随着时间的推移而发生变化。尽管数据仓库中的数据并不像业务数据库那样要反映业务处理的实时状况，但是数据也不能长期不变，如果依据 10 年前的数据进行决策分析，那么决策所带来的后果将是十分可怕的。因此，数据仓库必须能够不断捕捉主题的变化数据，并将其追加到数据仓库中去。也就是说在数据仓库中不断地生成主题的新快照，以满足决策分析的需要。数据新快照生成的间隔，有的是每天一次，有的是每周一次，可以根据快照的生成速度和决策分析的需要而定。例如，如果分析企业近几年的销售情况，新快照可以每隔一个月生成一次；而如果分析一个月中的畅销产品，则快照生成间隔就需要每天一次。快照的生成时间一般选择在业务系统处理较空闲的夜间或假日进行。这些快照是业务处理系统的某一时间的瞬态图，这些瞬态图构成了数据仓库中数据的不同画面，这些画面的连续播放可以产生数据仓库的连续动态变化图，这十分有利于高层管理者的决策。

数据仓库数据的时变性，不仅反映在数据的追加方面，还反映在数据的删除上。尽管数据仓库中的数据可以长期保留，不像业务系统中的数据那样只保留数月。但是在数据仓库中，数据的存储期限还是有限的，一般保留 5～10 年，在超过限期以后，也需要删除。数据仓库中数据的时变性还表现在综合数据的变化上，数据仓库中的综合数据是与时间有关的，需要按照时间进行综合，按照时间进行抽取。因此，在数据仓库中，综合数据必须随着时间的变化而重新进行综合处理。为满足数据仓库中数据的时变性需要所进行的操作一般称为数据仓库刷新。

5）数据的集合性

数据仓库的集合性意味着数据仓库必须按照主题，以某种数据集合的形式存储起来。目前数据仓库所采用的数据集合方式主要是以多维数据库方式进行存储的多维模式，以关系数据库方式进行存储的关系模式，或以两者相结合的方式进行存储的混合模式。数据的集合性意味着在数据仓库中必须围绕主题全面收集有关数据，形成该主题的数据集合。全面正确的数据集合有利于对该主题的分析。例如，在超市的客户主题中就必须将客户的基本数据、客户购买数据等与客户主题有关的数据形成数据集合。

6）决策支持作用

数据仓库组织的根本目的在于对决策的支持。高层的企业决策者、中层的管理者和基层的业务处理者等不同层次的管理人员均可以利用数据仓库进行决策分析，以提高管理决策的质量。例如企业各级管理人员可以利用数据仓库进行各种管理决策的分析，利用自己所特有的、敏锐的商业洞察力和业务知识从貌似平淡的数据中发现众多的商机。数据仓库为管理者利用数据进行管理决策分析提供了极大的便利。

2．数据仓库的组织结构

数据仓库是在原有的关系型数据库基础上发展形成的，但不同于数据库系统的组织结构形式，数据仓库是以多维表型的“维表—事实表”结构形式组织的，有星形、雪花和星网模型 3 种形式。

1）星形模型

大多数的数据仓库都采用“星形模型”。星形模型由“事实表”（大表）以及多个“维表”（小表）组成。“事实表”中存放事实数据，通常都很大，而且非规范化程度很高。例如，多个时期的数据可能会出现在同一个表中。“维表”中存放描述性数据，它是围绕事实表建立的较小的表。例如，图 9.1 是某海军要地防空作战决策支持系统中“目标数据”主题的星形模型，它包括多维数据模型事实表及 6 个基本维表，目标表、目标时间位置表、通信表、导航表、携弹量表、雷达反射表。

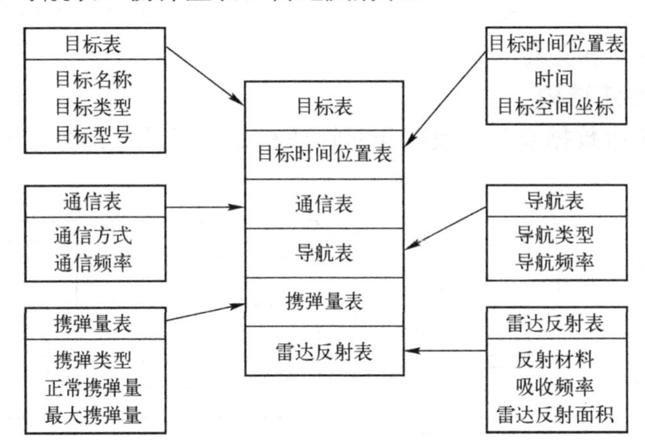

图 9.1 “目标数据”主题星形模型

2）雪花模型

雪花模型是对星形模型的维表进一步层次化，原来的各维表可能被扩展为小的事实表，形成一些局部的层次区域。它的优点是最大限度地减少数据存储量，以及把较小的维表联合在一起来改善查询性能。雪花模型增加了用户必须处理的表的数量，以及某些查询的复杂性。但这种方式可以使系统更加专业化和实用化，同时降低了系统的通用程度。数据仓库前端工具将用户的需求转换为雪花模型的物理模式，完成对数据的查询。

在如图 9.1 所示的星形模型数据中，将“产品表”“日期表”“地区表”进行扩展形成雪花模型数据，如图 9.2 所示。使用数据仓库的工具完成一些简单的二维或三维查询，既满足了用户对复杂的数据仓库查询的需求，又能够不访问过多的数据而完成一些简单查询功能。

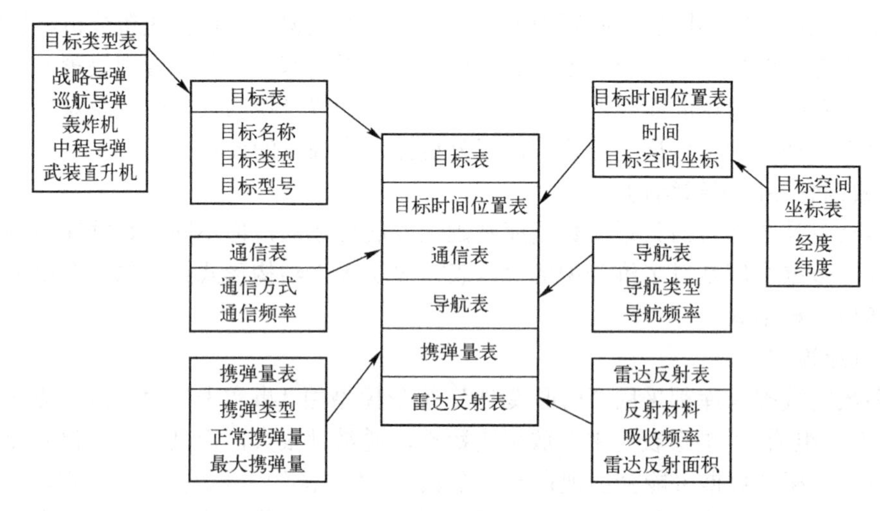

图 9.2 “目标数据”主题雪花模型

3）星网模型

星网模型是将多个星形模型连接起来形成网状结构。多个星形模型通过相同的维，如时间维，连接多个事实表。

3．数据仓库系统结构

数据仓库系统由数据仓库、数据仓库管理和分析工具三部分组成，其系统结构如图 9.3 所示。

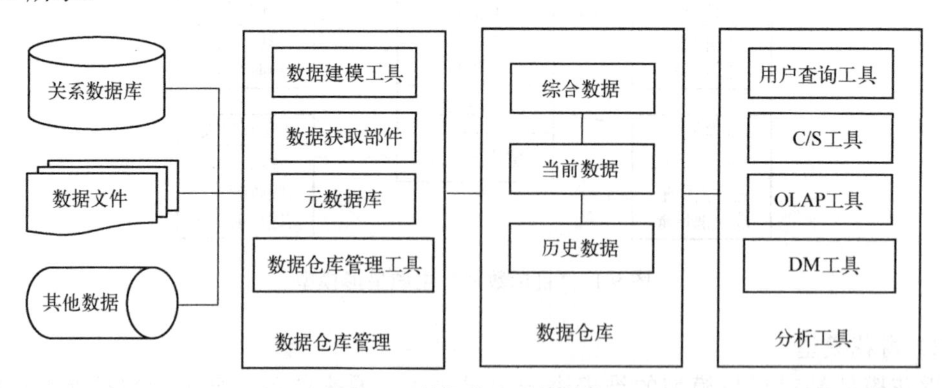

图 9.3 数据仓库系统结构

数据仓库的数据来源于多个数据源，如关系数据库中的数据、数据文件和其他数据，包括企业内部数据、市场调查报告以及各种文档之类的外部数据。

1）数据仓库

数据仓库把从原有的业务数据库中获取的基本数据和综合数据分成不同的层次，包括当前基本数据层、历史基本数据层、轻度综合数据层、高度综合数据层。其中，当前基本数据是最近时期的业务数据，是数据仓库用户最感兴趣的部分，数据量较大。当前基本数据随着时间的推移，由数据仓库的时间控制机制转为历史基本数据，一般被转存于硬盘等介质中。轻度综合数据是从当前基本数据中提取出来的，设计这层数据结构时会遇到综合处理数据的时间段选取、综合数据包含哪些数据属性和内容等问题。最高一层是高度综合数据层，这一层的数据十分精练，是一种准决策数据。

2）数据仓库管理系统

数据仓库的管理由数据仓库管理系统来完成，包括以下几个部分：

（1）数据建模工具。在确定数据仓库信息需求之后，首先需要进行数据建模，确定从源数据到数据仓库的数据抽取、清理和转换过程，划分维数以及确定数据仓库的物理存储结构。

（2）数据获取部件。把数据从源数据中提取出来，依据规则，抽取、转换和装载数据进入数据仓库。

（3）元数据库。元数据是数据仓库的核心，用于存储数据模型，定义数据结构、转换规则、仓库结构和控制信息等。整个数据仓库的组织结构是由元数据来组织的，它不包含任何业务数据库中的实际数据信息，主要用于以下用途：①定位数据仓库的目录作用；②将数据从业务环境向数据仓库环境传送时数据仓库的目录内容；③指导从当前基本数据到轻度综合数据，轻度综合数据到高度综合数据的综合算法的选择。元数据至少包括数据结构、用于综合的算法、从业务环境到数据仓库的规划这样一些信息。

（4）数据仓库管理工具。用于管理数据仓库的工作，包括对数据仓库中数据的维护，把仓库数据送出给分散的仓库服务器或决策支持系统用户，完成对数据仓库数据的归档、备份、恢复等处理工作。

3）数据仓库分析工具

由于数据仓库的数据量很大，因此必须有一套功能很强的分析工具集来实现从数据仓库中提供辅助决策的信息，完成决策支持系统的各种要求，包括用户查询工具、可视化工具、联机分析处理（OLAP）工具以及数据挖掘（DM）工具等。

9.1.3 联机分析处理

在大数据环境下，数据来源和数据类型表现出空前的多元化特征，其中涉及的数据量越来越大，数据的类型变得更加复杂，尤其是非结构化数据所占的比重明显增大，数据的处理和分析难度增加，随之而来的对智能型数据分析工具和数据可视化工具等的要求也越来越高。对于大数据分析系统来说，一方面需要高效的数据存储方式作为基础，另一方面必须支持对海量数据进行高效快速地处理和分析，提供对数据的全生命周期管理，同时需要支持对数据的离线批处理和实时在线分析。

1. 联机分析处理概述

数据仓库是管理决策分析的基础，要有效地利用数据仓库的信息资源，必须要有强大的工具对数据仓库中的信息进行分析。联机分析处理就是一个应用广泛的数据分析技术，专门用于支持复杂的数据分析操作，侧重对决策人员和高层管理人员提供决策支持。它可以应分析人员的要求，迅速、灵活地对大量数据进行复杂的查询处理，并以一种直观易懂的形式将查询结果提供给决策人员，以便他们准确掌握需求，制定正确的方案。

在 OLAP 中有几个重要的基本概念，如维、多维数据集、维成员、多维数据集的度量值等。这些基本概念对理解 OLAP 乃至数据仓库是十分重要的。

（1）维。管理人员在日常管理决策中，经常需要不断地选择各种对决策活动有重要影响的因素进行分析，反映在数据仓库应用中，就是需要有一个观察问题的角度。管理人员可以从客户的角度、产品的角度，或者是从供应商、地点、渠道、事件发生的时间等角度来分析决策问题。用户的这些决策分析角度或决策分析出发点就是数据仓库中的维，数据仓库中的数据就按照这些维来组织，维也就成了数据仓库中识别数据的索引。同时，数据仓库中的维还可以作为数据仓库操作过程的路径，这些路径通常位于维的不同层次结构中。

（2）多维数据集。多维数据集是决策支持的支柱，也是 OLAP 的核心，有时也称为立方体或超立方。OLAP 展现在用户面前的是一幅幅多维视图。多维数据集可以用一个多维数组来表示，如经典的时间、地理位置和产品的多维数据集可以表示为：（时间，地理位置，产品，销售数据）。可以看出，在多维数据集中，用（维 1，维 2，…，维 n，观察变量）的方式进行表达。对于三维数据集用可视化方式表达得更清楚，对于超过三维的多维数据集结构可以用一个多维表来显示。

（3）维成员。维成员是维的一个取值，如果维已经分成了若干个维，那么维成员就是不同维层次取值的组合。例如，某海域的船舶 AIS 数据有时间、经纬度、航向、航速多个维度，那么“目标 1 的经纬度”就构成了一个维成员。

（4）多维数据集的度量值。在多维数据集中有一组度量值，这些值是基于多维数据集中事实表的一列或多列，这些值应该是数字。度量值是多维数据集的核心值，是最终用户在数据仓库应用中所需要查看的数据。这些数据一般是销售量、成本和费用等。

OLAP 的一个主要特点是多维数据分析。OLAP 的多维数据分析主要通过对多维数据进行剖切、钻取和旋转来实现对数据仓库所提供的数据进行深入分析，为决策者提供决策支持。多维结构是决策支持的支柱，也是 OLAP 的核心。OLAP 的多维数据分析与数据仓库的多维数据组织正好形成相互结合、相互补充的关系。因此，利用 OLAP 技术与数据仓库的结合可以较好地解决传统决策支持系统需要处理大量数据的问题。

OLAP 是多维信息的在线快速分析，主要体现在：一是对用户请求的快速响应和交互式操作，它的实现是由客户/服务器体系结构完成的；二是多维分析，这也是 OLAP 技术的核心所在。OLAP 技术主要针对特定问题进行联机数据查询和分析。在查询分析中，系统首先对原始数据按照用户的观点进行转换处理，使这些数据能够真正反映用户眼中问题的某一真实方面（“维”），然后以各种可能的方式对这些数据进行快速、稳定、一致和交互式的存取，并允许用户对这些数据按照需要进行深入的观察。OLAP 具有以下 FASMI 特征。

（1）快速性（fast）。用户对 OLAP 的快速反应能力有很高的要求，要求系统能在数秒内对用户的多数分析要求做出反应。如果终端用户在 30s 内没有得到系统的响应就会变得不耐烦，因而可能失去分析的主线索，影响分析的质量。大量的数据分析要达到这个速度并不容易，这就需要一些技术上的支持，如专门的数据存储格式、大量的事先运算、特别的硬件设计等。

（2）可分析性（analysis）。OLAP 系统应能处理与应用有关的逻辑及统计分析。尽管系统可以事先编程，但并不意味着系统已定义好了所有的应用。在应用 OLAP 的过程中，用户无须编程就可以定义新的专门计算，将其作为分析的一部分，并以用户所希望的方式给出报告。用户可以在 OLAP 平台上进行数据分析，也可以连接到其他外部分析工具上进行数据分析，如时间序列分析工具、数据挖掘工具等。

（3）多维性（multidimensional）。多维性是 OLAP 的关键属性。系统必须提供对数据分析的多维视图和多维分析，包括对层次维和多重层次维的支持。事实上，多维分析是分析企业数据最有效的方法，是 OLAP 的灵魂。

（4）信息性（information）。无论数据量有多大，也不管数据存储在何处，OLAP 系统应能及时获得信息，并且管理大容量信息。这里有许多因素需要考虑，如数据的可复制性、可利用的磁盘空间、OLAP 产品的性能以及与数据仓库的结合度等。

2．联机分析处理的分析手段

1）切片和切块

在多维数据结构中，按二维进行切片，按三维进行切块，得到所需要的数据。例如，在“城市、产品、时间”三维立方体中进行切块和切片得到各城市各产品的销售情况，如图 9.4 所示。

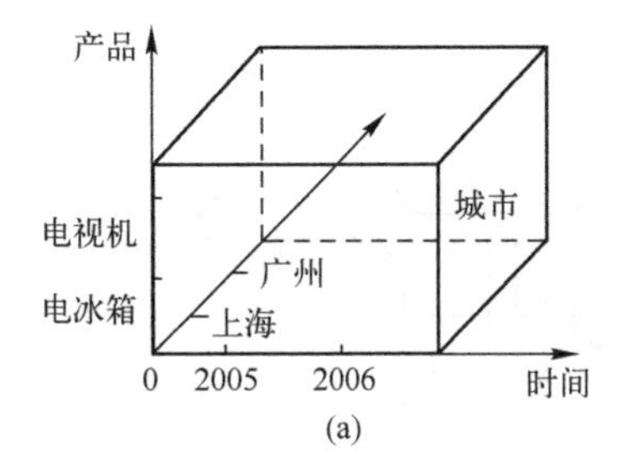

(a)

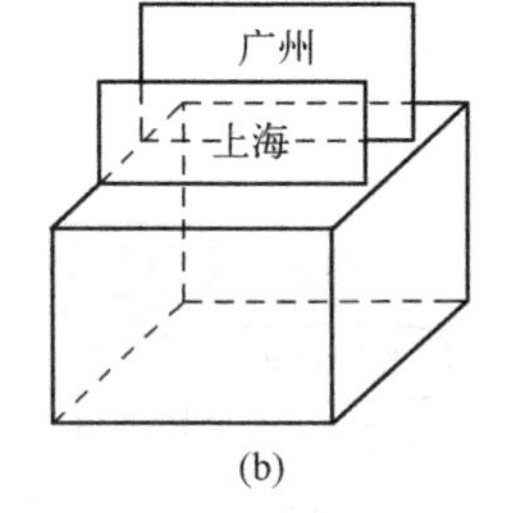

(b)

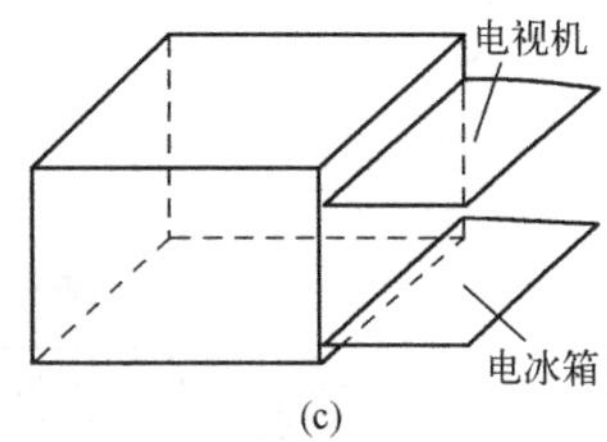

(c)

图 9.4　切片和切块

2）钻取

钻取有向下钻取和向上钻取两种操作。例如，2020 年各部门销售收入表如表 9.2 所列。在时间维进行下钻操作之后，获得新表如表 9.3 所列。相反的操作为上钻，钻取的深度与维所划分的层次相对应。

表 9.2　2020 年各部门销售收入表

部门	销售
部门 1	900
部门 2	600
部门 3	800

表 9.3　下钻操作得到的新表

部门	1 季度	2 季度	3 季度	4 季度
部门 1	200	200	350	150
部门 2	250	50	150	150
部门 3	200	150	180	270

3）旋转

通过旋转可以得到不同视角的数据。旋转操作相当于将坐标轴旋转，由此改变一个报告或页面的显示方式。

9.1.4 数据挖掘技术

大量数据的背后隐藏了很多具有决策意义的信息，通过对海量数据的分析，可以发现数据之间的潜在联系，为人们提供自动决策支持。但是，面对海量的数据，我们往往无所适从，无法发现数据中存在的关系和规则，无法根据现有的数据预测未来的发展趋势，导致出现“淹没在数据的海洋中，但却缺少知识”的现象。我们希望通过数据挖掘技术从这些数据当中挖掘出知识来。由于数据具有低价值密度特性，如何快速对有价值数据“提纯”成为目前大数据背景下亟待解决的难题。近年来兴起的机器学习技术为人们挖掘大数据信息提供了有效的手段，使发现数据相关性、规律性成为可能，在此基础上发展出的预测能力是大数据的真正价值所在。

1. 数据挖掘的基本概念

知识发现（knowledge discovery in database，KDD）被认为是从数据中发现有用知识的过程，KDD 过程如图 9.5 所示。数据挖掘（data mining，DM）是 KDD 过程中的一个特定步骤，是应用具体算法从数据中提取模式和知识的过程，即从大量的、不完全的、有噪声的、模糊的、随机实际应用数据中发现隐含的、规律性的、人们事先未知的，但又是潜在有用的并且最终可理解的信息和知识的过程。提取的知识表现为概念、规则、规律、模式等形式。

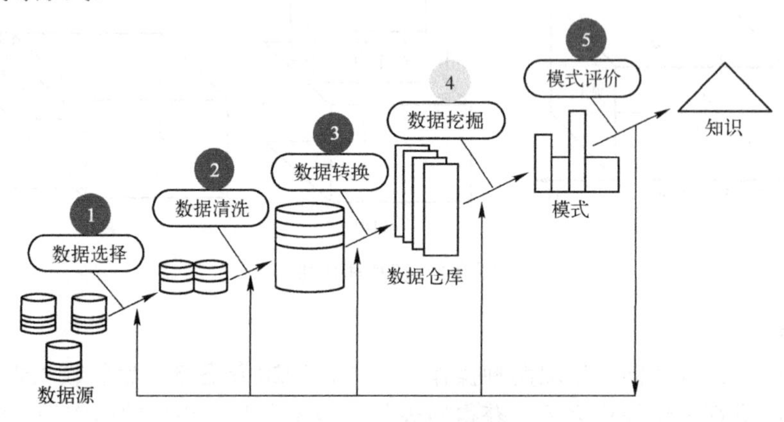

图 9.5 知识发现过程

从图 9.5 可见，数据挖掘是多个步骤相互连接起来，反复进行人-机交互的过程。具体包括以下几个步骤：

（1）数据选择。选择一个或多个数据源，构成一个目标数据集。人们把原始数据看作是形成知识的源泉，原始数据可以是结构化的，如关系型数据库中的数据，也可以是半结构化的，如文本、图形、图像数据，甚至是分布在网络上的异构型数据。

（2）数据清洗。从源数据集中挑选出数据仓库所需要的数据，然后将这些来自不同数据集中的数据去除噪声或无关数据，去除空白数据域。

（3）数据转换。将这些来自不同数据集中的数据按照某一标准进行统一，如数据的单位、字长与内容按照数据仓库的要求统一起来，消除源数据中字段的同名异义、异名同义现象。并且找到数据的特征进行编码，减少有效数据的数量。

（4）数据挖掘。选择某种数据挖掘算法（如聚类、分类、关联规则挖掘等）产生一个特定的感兴趣的模式，模式可以看作知识的雏形。

（5）模式评价。对发现的模式进行评价，经过验证、完善后形成知识。以上处理步骤往往需要经过多次的反复，以不断提高学习效果。

数据挖掘是知识发现中的一个最核心的组成部分，有时会不加区别地使用“数据挖掘”和“知识发现”这两个词。发现知识的方法可以是数学的，也可以是非数学的；可以是演绎的，也可以是归纳的。发现的知识可以被用于信息管理、查询优化、决策支持、过程控制等，还可以用于数据自身的维护。因此，数据挖掘是一门交叉学科，它把人们对数据的应用从低层次的简单查询，提升到从数据中挖掘知识，提供决策支持。数据挖掘技术综合性强，它涉及数据库技术、人工智能技术、统计学、模式识别、信息检索、计算机网络与应用、计算机软、硬件与操作系统等多学科交叉性的知识。

2．数据挖掘任务

比较典型的数据挖掘任务有关联分析、分类、预测、聚类分析、时序模式、孤立点分析等，其中关联规则挖掘是目前最活跃、研究最深入的领域。

1）关联分析

从广义上讲，关联分析是数据挖掘的本质。既然数据挖掘的目的是发现潜藏在数据背后的知识，那么这种知识一定是反映不同对象之间的关联。关联知识反映一个事件和其他事件之间的依赖或关联。但是，数据之间的关联是复杂的，有时是隐含的。关联分析的目的就是要找出数据库中隐藏的关联信息。这种关联关系有简单关联、时序关联、因果关联、数量关联等。这些关联并不总是事先知道的，而是通过数据库中数据的关联分析获得的，因而对决策具有新的价值。

若两个或多个数据项的取值重复出现且概率很高时，它们就存在某种关联，可以建立起这些数据项之间的关联规则。例如，如果船舶 A 出现在某海域中，在 50%的情况下船舶 B 也会出现在该海域中，这是一条关联规则。在大型数据库中，这种关联规则是很多的，需要进行筛选，一般用“支持度”和“可信度”两个阈值来淘汰那些无用的关联规则。例如，如果船舶 B 出现在某海域中，只有 10%的情况下船舶 A 也出现在该海域中，这可能不是一种关联规则。

2）时序模式

通过时间序列搜索出重复发生概率较高的模式，即需要找出在某个时间内出现比率高于某一阈值的规则。例如，在某海域出现过的船舶中，半年后 50%的船舶再次出现在该海域。这可能是一种时序模式。时序模式中，一个重要的方法是“相似时序”，它是按照时间顺序查找时间事件数据库，从中寻找出与某个事件相似的时序事件。例如，在零售市场上，找到另一个有相似销售的部门，在股市中找到有相似波动的股票。

3）聚类

数据库中的数据可以划分为一系列有意义的子集，即类。在同一类别中，个体之间的差距较小，而不同类别上的个体之间的差距较大。例如，驱逐舰、航空母舰、护卫舰等都属于水面舰艇。聚类是一个将数据集（也称为样本集）划分为若干组或类的过程，使得同一类的数据对象之间的相似度较高，而不同类的数据对象之间的相似度较低。聚类方法包括统计分析方法、机器学习方法等。在统计分析方法中，聚类分析是基于距离的聚类，如欧几里得距离、海明距离等；在机器学习方法中，聚类是无监督学习，例如自组织神经网络方法。

4）孤立点分析

一个数据库中的数据一般不可能都符合分类预测或聚类分析所获得的模型。那些不符合大多数数据对象所构成的规律或模型的数据对象就称为孤立点。在挖掘正常类知识时，通常总是把它们作为噪声来处理。因此，以前许多数据挖掘方法都在正式进行数据挖掘之前就将这类孤立点数据作为噪声或者意外而将其排除在数据挖掘的分析处理范围之外。然而在一些应用场合中，如信用欺诈、入侵检测等小概率发生的事件往往比经常发生的事件更有挖掘价值。因此当人们发现这些数据可以为某类应用提供有用信息时，就为数据挖掘提供了一个新的研究课题，即孤立点分析。发现和检测孤立点的方法主要有基于概率统计、基于距离和基于偏差等检测技术。

5）分类

分类是找出一个类别的概念描述，它代表了这类数据的整体信息。它把数据库中的元组映射到给定类别中的某一个。在军事领域中目标分类是很重要的一个应用。一个类的内涵描述分为特征描述和辨别性描述。特征描述是对类中对象的共同特征的描述，辨别性描述是对两个或多个类之间的区别的描述。特征描述允许不同类中具有共同特征，而辨别性描述对不同类不能有相同特征。一般来说，辨别性描述用得更多。

6）预测

预测是利用历史数据找出变化规律，建立模型，并用此模型来预测未来数据的种类和特征等。预测的典型方法是回归分析，即利用大量的历史数据，以时间为变量建立线性或非线性回归方程。预测时，只要输入任意的时间值，通过回归方程就可求出该时间的状态。神经网络方法可以实现非线性样本的学习，从而利用非线性函数进行预测。

基于数据挖掘的决策过程是通过选取具有代表性的训练数据，去冗分类，去粗取精，筛选出大数据中的有用数据，并利用机器学习等算法从大数据中挖掘出事物运行规律，发现其中蕴藏的规律和模式，构建数据挖掘相关任务的模型（如分类模型、关联分析模型、预测模型等）来解决新的决策问题。当我们接收到新的实时数据时，就可以利用上述模型，得到决策结果。图 9.6 所示为预测模型的构建和预测过程。

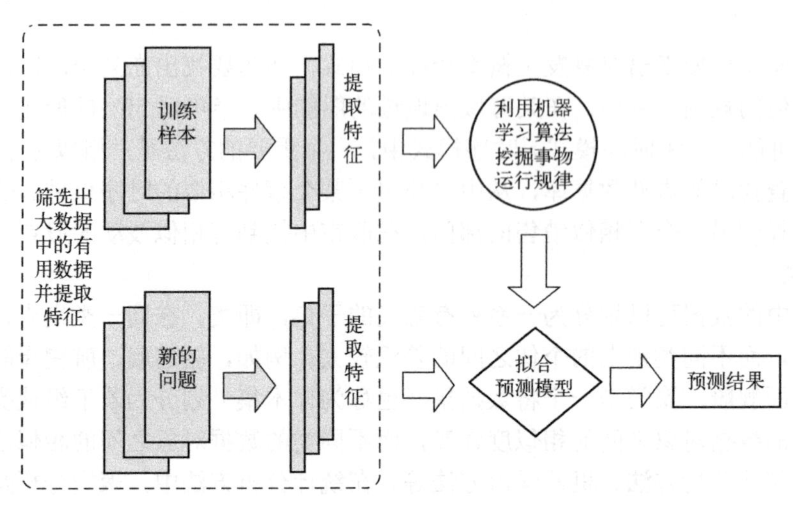

图 9.6　预测模型的构建和预测过程

9.2 分 类 方 法

9.2.1 分类的基本概念

分类（classification）问题是机器学习中最常见的一类问题，它的目标是确定一个物体所属的类别。例如，通过雷达或者可见光、红外探测获取到一个水面目标，要判断它是驱逐舰、护卫舰还是登陆舰。解决这类问题的办法是先给一些各种类型的舰船让算法学习，然后根据学习得到的经验对一个舰船的类型做出判定。这种做法称为有监督学习，它有训练和分类两个过程，在训练阶段，用大量的样本进行学习，得到一个判定舰船类型的模型；在分类阶段，输入一艘舰船，就可以用这个模型判断出它的类型。

如图 9.7 所示，分类任务是通过分类模型 f，把输入数据 x 映射到一个预先定义的类标号 y，用元组（x，y）表示。其中 x 是多个属性（也称为特征）的集合，而 y 指出输入数据 x 的类标号（也称为分类属性）。这里，分类模型可以看作是一个黑箱，当给定未知记录的属性集上的值时，它自动地赋予样本类标号。

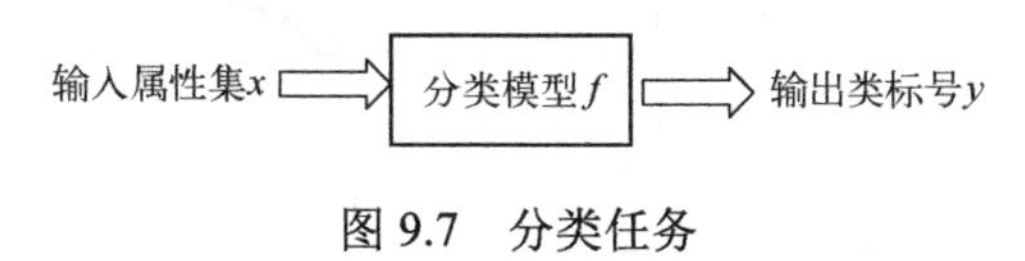

图 9.7　分类任务

例 9.1　假设探测到某空中目标，其高度为“高”、速度为“快”、雷达信号为“R1”，要根据这 3 个特征判断目标类型，显然这里的关键是分类模型 f。分类模型是根据样本数据集（也称为训练样本集）建立的，例如本例中可以使用表 9.4 中的数据集建立分类模型。该训练集将目标类型分为 A、B 两类。

表 9.4　训练数据集

样本	目标特征			目标类型
	高度	速度	雷达信号	
1	高	快	R1	A
2	低	快	R2	B
3	高	慢	R1	B
4	高	快	R2	A
5	低	慢	R1	B
6	高	慢	R2	B

图 9.8 给出了解决分类问题的一般过程。首先，需要一个训练集（training set），它由类标号已知的记录组成，使用训练集建立分类模型；之后将该模型用于检验集（test set），检验集由类标号未知的记录组成，以此判断检验集的类别。

根据分类模型的不同，形成多种不同的分类方法，例如决策树分类方法、基于规则的分类方法、神经网络分类方法、贝叶斯分类方法等。这些方法都使用一种学习算法（learning algorithm）确定分类模型，该模型能够很好地拟合输入数据中类标号和属性（特征）集之间的关系。学习算法得到的模型不仅要很好地拟合输入数据，还要能够正确地预测未知样本的类标号。因此，学习算法的主要目标就是建立具有很好的泛化能力、能够准确地预测未知样本类标号的模型。

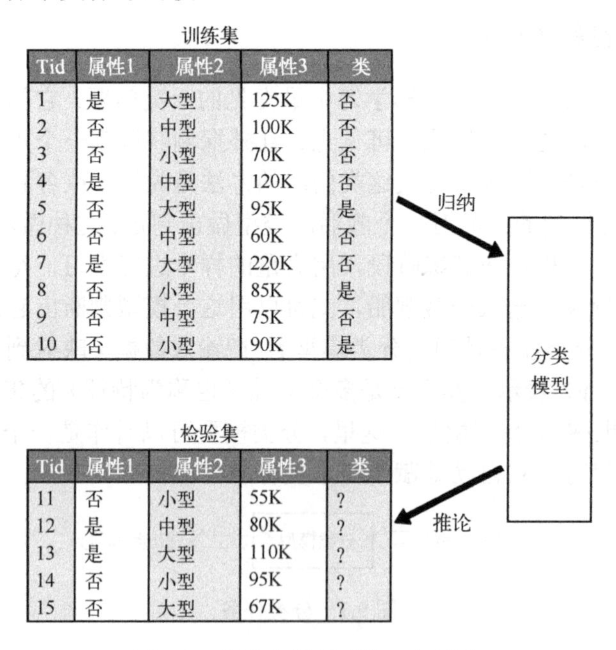
训练集

Tid	属性1	属性2	属性3	类
1	是	大型	125K	否
2	否	中型	100K	否
3	否	小型	70K	否
4	是	中型	120K	否
5	否	大型	95K	是
6	否	中型	60K	否
7	是	大型	220K	否
8	否	小型	85K	是
9	否	中型	75K	否
10	否	小型	90K	是

检验集

Tid	属性1	属性2	属性3	类
11	否	小型	55K	?
12	是	中型	80K	?
13	是	大型	110K	?
14	否	小型	95K	?
15	否	大型	67K	?

图 9.8　解决分类问题的一般过程

9.2.2　决策树分类方法

决策树概念最早出现在概念学习系统（concept learning system，CLS）中，CLS 的工作过程是首先找出有判别力的属性，把训练集的数据分成多个子集；每个子集又选择有判别力的属性进行划分，一直进行到所有子集仅包含同一类型的数据为止；最后得到一棵决策树（分类模型）。

用于分类的决策树是树状结构，以样本的属性作为节点，属性的取值作为分支，叶节点表示样本的类别。根节点没有父节点，其他节点只能对应一个父节点。决策树用于对新样本的分类，即对新样本属性值的测试，从树的根节点开始，按照样本属性的取值，逐渐沿着决策树向下，直到树的叶节点，该叶节点表示的类别就是新样本的类别。

由训练数据集构建的分类决策树不止一棵，例如由表 9.4 中的数据集建立的决策树分类模型如图 9.9～图 9.11 所示。显然以不同属性开始建立的决策树的复杂度是不同的，决策树分类算法的目的就是构建较好的决策树。决策树可由多个经典算法实现，如 ID3、C4.5、CART 等。

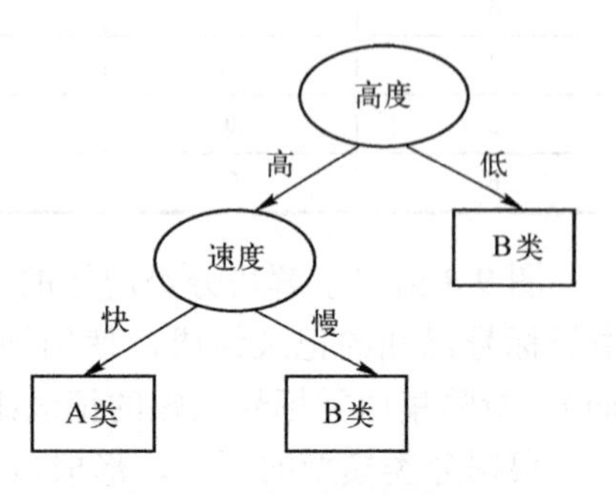

图 9.9　决策树分类模型 1

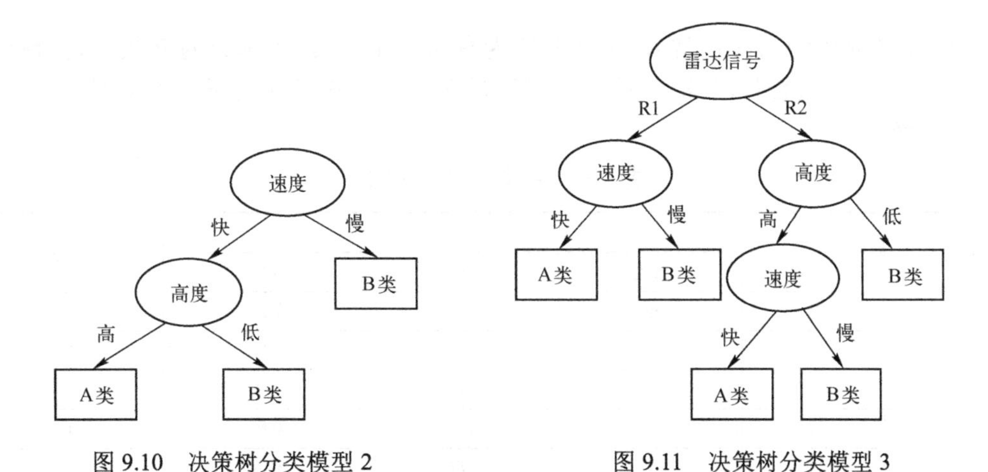

图 9.10 决策树分类模型 2

图 9.11 决策树分类模型 3

9.2.3 ID3 算法

ID3 算法是一种经典的学习算法，它是利用信息论原理对大量样本的属性进行分析和归纳而产生的，将信息论中的互信息引入到决策树算法中，作为选择属性的标准，能够得出节点最少的决策树。ID3 算法构建的决策树的根节点是所有样本中互信息量最大的属性，树的中间节点是以该节点为根的子树所包含的样本子集中互信息量最大的属性。

1．信息熵的计算

设类别集为$U=\{u_1,u_2,\cdots,u_n\}$，$|S|$表示数据集的例子总数，$|u_i|$为类别 i（i=1，2，⋯，n）对应的例子数，则类别u_i出现的概率为：$P(u_i)=\dfrac{|u_i|}{|S|}$。信息熵定义为

$$H(U)=-\sum_i [P(u_i)\log_2 P(u_i)] \tag{9.1}$$

2．条件熵的计算

设每个属性取值为$V=\{v_1,v_2,\cdots,v_m\}$，$|v_j|$为某属性的某一取值对应的例子数，则属性v_j出现的概率为：$P(v_j)=\dfrac{|v_j|}{|S|}$。当属性取值为$v_j$时，类别$u_i$的条件概率为：$P(u_i/v_j)=\dfrac{|u_i|}{|v_j|}$。

条件熵定义为

$$H(U/V)=-\sum_j P(v_j)\sum_i P(u_i/v_j)\log_2 P(u_i/v_j) \tag{9.2}$$

3．互信息（信息增益）的计算

$$I(V)=H(U)-H(U/V) \tag{9.3}$$

信息增益的含义是给定 V，能够使 U 的确定性增加的程度。信息增益越大说明该属性对于减少数据集分类不确定性的能力越大。注意：上述信息熵和信息增益的单位为比特（bit）。

例 9.2 在某分类任务中，要根据气候条件判断是否可以打网球，表 9.5 给出一个训练集。选取的属性为：天气（取值为晴、多云、雨），气温（取值为冷、适中、

热），湿度（取值为高、正常），风（取值为有风、无风）。类别分为 P 类（适合打网球）和 N 类（不适合打网球），称为正例和反例。将一些已知的正例和反例放在一起便得到训练集。

表 9.5　分类任务训练集

序号	属性				类别
	天气	气温	湿度	风	
1	晴	热	高	无风	N
2	晴	热	高	有风	N
3	多云	热	高	无风	P
4	雨	适中	高	无风	P
5	雨	冷	正常	无风	P
6	雨	冷	正常	有风	N
7	多云	冷	正常	有风	P
8	晴	适中	高	无风	N
9	晴	冷	正常	无风	P
10	雨	适中	正常	无风	P
11	晴	适中	正常	有风	P
12	多云	适中	高	有风	P
13	多云	热	正常	无风	P
14	雨	适中	高	有风	N

采用 ID3 算法构建该任务的分类决策树步骤如下：

（1）信息熵的计算。

对 9 个正例和 5 个反例，有

$$P(u_1)=\frac{9}{14}，\ P(u_2)=\frac{5}{14}$$

则信息熵为

$$H(U)=\frac{9}{14}\log_2\frac{14}{9}+\frac{5}{14}\log_2\frac{14}{5}=0.94\text{bit}$$

（2）条件熵的计算。

① 对于属性“天气”，它的取值有：v_1=晴，v_2=多云，v_3=雨。取值“晴”的例子有 5 个，取值“多云”的例子有 4 个，取值“雨”的例子有 5 个，故

$$P(v_1)=\frac{5}{14}，\ P(v_2)=\frac{4}{14}，\ P(v_3)=\frac{5}{14}$$

取值为“晴”的 5 个例子中有 2 个正例、3 个反例，故

$$P(u_1/v_1)=\frac{2}{5}，\ P(u_2/v_1)=\frac{3}{5}$$

取值为“多云”的 4 个例子中有 4 个正例、0 个反例，故

$$P(u_1/v_2)=\frac{4}{4}，\ P(u_2/v_2)=\frac{0}{4}$$

取值为“雨”的 5 个例子中有 3 个正例、2 个反例，故

$$P(u_1 / v_3) = \frac{3}{5}，\quad P(u_2 / v_3) = \frac{2}{5}$$

则属性“天气”的条件熵为

$$H(U / V) = 0.694\text{bit}$$

② 同理，属性“气温”的条件熵为 0.911bit；属性“湿度”的条件熵为 0.79bit；属性“风”的条件熵为 0.892bit。

（3）互信息计算。

$$I(\text{天气})=H(U)-H(U / V) = 0.94 - 0.694 = 0.246\text{bit}$$

$$I(\text{气温})=0.029\text{bit}，\quad I(\text{湿度})=0.15\text{bit}，\quad I(\text{风})=0.048\text{bit}$$

选择互信息最大的特征“天气”作为树根，在 14 个例子中对“天气”的 3 个取值进行分支，3 个分支对应 3 个子集，分别为

$$F_1=\{1,2,8,9,11\}，F_2=\{3,7,12,13\}，F_3=\{4,5,6,10,14\}$$

其中 F_2 中的例子全部属于 P 类，因此对应分支标记为 P，其余两个子集既含有正例又含有反例，继续对剩下的子集进行同样的建树过程，也就是递归建树步骤。分别对 F_1 和 F_3 子集利用 ID3 算法，在每个子集中对各特征求互信息。以此类推，直到所有子集只包含正例或反例为止。这样就可以得到图 9.12 所示的决策树。

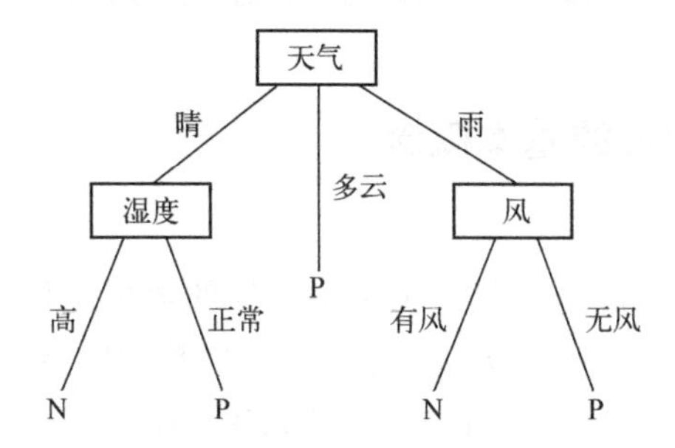

图 9.12　ID3 决策树

上述过程可以概括为如下 ID3 算法程序流程：

（1）主算法。

① 从训练集中随机选择一个既含正例又含反例的子集（称为“窗口”）。

② 用“建树算法”在当前窗口形成一棵决策树。

③ 对训练集（当前窗口除外）中例子用所得决策树进行类别判定，找出错判的例子。

④ 若存在错判的例子，把它们插入当前窗口，转步骤（2），否则结束。

ID3 主算法流程如图 9.13 所示，其中 PE、NE 分别表示正例集和反例集，它们共同组成训练集。PE′、PE″和 NE′、NE″分别表示正例集和反例集的子集。主算法中每迭代循环一次，生成的决策树将会不相同。

（2）建树算法。

① 对当前例子集合，计算各特征的互信息。

② 选择互信息最大的特征 A_k。

③ 把在 A_k 处取值相同的例子归于同一子集，A_k 取几个值就得有几个子集。

④ 对既含正例又含反例的子集，递归调用建树算法。

⑤ 若子集仅含正例或反例，对应分支标上 P 或 N，返回调用处。

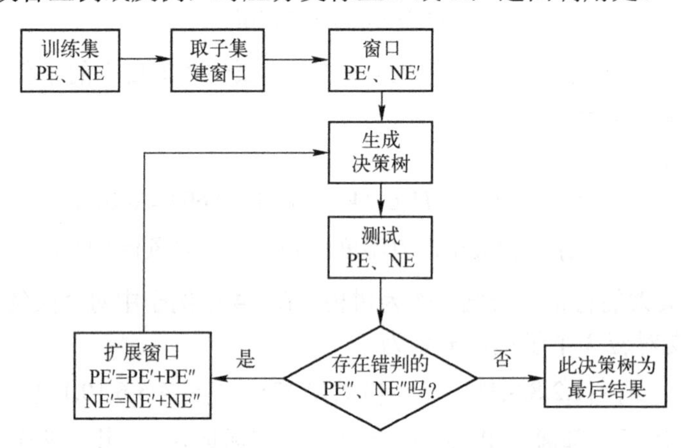

图 9.13　ID3 主算法流程

9.3　关联规则挖掘方法

9.3.1　关联规则挖掘的基本概念

1．问题定义

许多商业企业在日复一日的运营中积聚了大量的数据。例如，食品商店的收银台每天都收集大量的顾客购物数据。表 9.6 给出一个这种数据的例子，通常称作购物篮事务，表中每一行对应一个事务，包含一个唯一标识 TID 和给定顾客购买的商品的集合。零售商对分析这些数据很感兴趣，以便了解顾客的购买行为。可以使用这种有价值的信息来支持各种商务应用，如市场促销，库存管理和顾客关系管理等。

表 9.6　购物篮事务的例子

TID	项集
1	{面包、牛奶}
2	{面包、尿布、啤酒、鸡蛋}
3	{牛奶、尿布、啤酒、可乐}
4	{面包、牛奶、尿布、啤酒}
5	{面包、牛奶、尿布、可乐}

关联分析（association analysis）方法主要用于发现隐藏在大型数据集中的有意义的联系。所发现的联系可以用关联规则（association rule）或频繁项集的形式表达。例如，从表 9.6 所示的数据中可以提取如下规则：{尿布}→{啤酒}。该规则表明尿布和啤酒的销售之间存在着很强的联系，因为许多购买尿布的顾客也购买啤酒。零售商们可以使用

这类规则，帮助他们发现新的交叉销售商机。

除了购物篮数据外，关联分析也可以应用于其他领域，如军事领域、医疗诊断、网页挖掘和科学数据分析等。例如，在地球科学数据分析中，关联模式可以揭示海洋、陆地和大气过程之间的有趣关系。这样的信息能够帮助地球科学家更好地理解地球系统中不同的自然力之间的相互作用。

在对购物篮数据进行关联分析时，需要处理两个关键的问题：第一，从大型事务数据集中发现模式可能在计算上要付出很高的代价；第二，所发现的某些模式可能是虚假的，因为它们可能是偶然发生的。针对这两个问题的解决方法：一是频繁项集，二是关联规则产生。

购物篮数据也可以用表 9.7 所示的二元形式来表示，其中每行对应一个事务，而每列对应一个项。项可以用二元变量表示，如果项在事务中出现，则它的值为 1，否则为 0。因为通常认为项在事务中出现比不出现更重要，因此项是非对称二元变量，这种表示是实际购物篮数据极其简单的展现。

表 9.7　购物篮数据的二元表示

TID	面包	牛奶	尿布	啤酒	鸡蛋	可乐
1	1	1	0	0	0	0
2	1	0	1	1	1	0
3	0	1	1	1	0	1
4	1	1	1	1	0	0
5	1	1	1	0	0	1

2．基本概念

1）项集

令 $I=\{i_1,i_2,\cdots,i_d\}$ 是购物篮数据中所有项的集合，如表 9.6 中，包含 6 个项，I={面包，牛奶，尿布，啤酒，鸡蛋，可乐}。而 $T=\{t_1,t_2,\cdots,t_d\}$ 是所有事务的集合，如表 9.6 和表 9.7 中，共 5 个事务，T={1，2，3，4，5}。事务 1 包含的项集为{面包、牛奶}，事务 2 包含的项集为{面包、尿布、啤酒、鸡蛋}，……。可见，每个事务 t_i 包含的项集都是 I 的子集。

在关联分析中，包含 0 个或多个项的集合被称为项集。如果一个项集包含 k 个项，则称它为 k-项集。例如，{啤酒，尿布，牛奶}是一个 3-项集。空集是指不包含任何项的项集。

2）项集的支持度计数

如果项集 X 是事务 t_j 的子集，则称事务 t_j 包括 X。事务的宽度定义为事务中出现项的个数。例如，在表 9.6 中第二个事务包括项集{面包，尿布}和项集{面包、尿布、啤酒、鸡蛋}，该事务的宽度为 4。

项集的一个重要性质是它的支持度计数，即包含该项集的事务个数。项集 X 的支持度计数 $\sigma(X)$表示为

$$\sigma(X)=|\{t_i \mid X\subseteq t_i, t_i\in T\}|$$

其中，符号|·|表示集合中元素的个数。在表 9.7 给出的数据集中，项集{啤酒，尿布，牛奶}的支持度计数为 2，因为有 2 个事务同时包含这 3 个项。

3）关联规则

关联规则是形如 $X \rightarrow Y$ 的蕴涵表达式，其中 X 和 Y 是不相交的项集，即 $X \cap Y = \varnothing$。关联规则的强度可以用它的支持度（support）和置信度（confidence）来度量。“支持度”表示 $X \cup Y$ 项集在全部事务中所占的百分比，从而确定规则用于给定数据集的频繁程度；“置信度”表示 $X \cup Y$ 项集在包含 X 的事务中所占的百分比，从而确定 Y 在包含 X 的事务中出现的频繁程度。

例如，考虑规则{牛奶，尿布}→{啤酒}。由于项集{牛奶，尿布，啤酒}的支持度计数是 2，事务的总数是 5，买牛奶、尿布又买啤酒的顾客占全部顾客的百分比为 2/5，所以规则的支持度为 2/5 = 0.4；规则的置信度是项集{牛奶，尿布，啤酒}的支持度计数与项集{牛奶，尿布}支持度计数的商，由于存在 3 个事务同时包含牛奶和尿布，所以规则的置信度为 2/3 = 0.67。

为什么使用支持度和置信度？因为支持度很低的规则可能只是偶然出现，低支持度的规则多半也是无意义的。因此，支持度通常用来删去那些无意义的规则。另一方面，对于给定的规则 $X \rightarrow Y$，置信度越高，Y 在包含 X 的事务中出现的可能性就越大，规则的可信度就越高。

需要说明，由关联规则做出的推论并不必然蕴涵因果关系。它只表示规则前件和后件中的项明显地同时出现。

4）关联规则挖掘

关联规则挖掘是指找出支持度大于等于支持度阈值 minsup、置信度大于或等于置信度阈值 minconf 的所有规则。

挖掘关联规则的一种原始方法是：计算每个可能规则的支持度和置信度。但是这种方法的代价很高，令人望而却步，因为可以从数据集提取的规则的数目达指数级。更具体地说，从包含 d 项的数据集中提取的可能规则的总数为：$R = 3^d - 2^{d+1} + 1$。即使对于表 9.6 所示的小数据集，这种方法也需要计算 $3^6 - 2^7 + 1 = 602$ 条规则的支持度和置信度。为了避免不必要的计算，事先对规则进行剪枝，而无须计算它们的支持度和置信度的值将是有益的。

提高关联规则挖掘算法性能的第一步是拆分支持度和置信度要求。由支持度公式可以看出，规则 $X \rightarrow Y$ 的支持度仅依赖于其对应项集 $X \cup Y$ 的支持度。例如，下面的规则有相同的支持度，{啤酒，尿布}→{牛奶}，{啤酒，牛奶}→{尿布}，{尿布，牛奶}→{啤酒}，{啤酒}→{尿布，牛奶}，{牛奶}→{啤酒，尿布}，{尿布}→{啤酒，牛奶}，因为它们涉及的项都源自同一个项集{啤酒，尿布，牛奶}。如果项集{啤酒，尿布，牛奶}是非频繁的，则可以立即剪掉这 6 个候选规则，而不必计算它们的置信度值。

因此，大多数关联规则挖掘算法通常采用的一种策略是，将关联规则挖掘任务分解为如下两个主要的子任务：①频繁项集产生，其目标是发现满足最小支持度阈值的所有项集，这些项集称为频繁项集；②关联规则产生，其目标是从上一步发现的频繁项集中提取出所有高置信度的规则，这些规则称为强关联规则。

9.3.2 频繁项集产生

1. 频繁项集产生的枚举法

格结构常常被用来枚举所有可能的项集，例如图 9.14 给出了 $I=\{a, b, c, d, e\}$的项集格结构。一般来说，一个包含 k 个项的数据集可能产生 2^k-1 个频繁项集，不包括空集在内。由于在许多实际应用中 k 的值可能非常大，需要探查的项集搜索空间可能是指数级规模的。

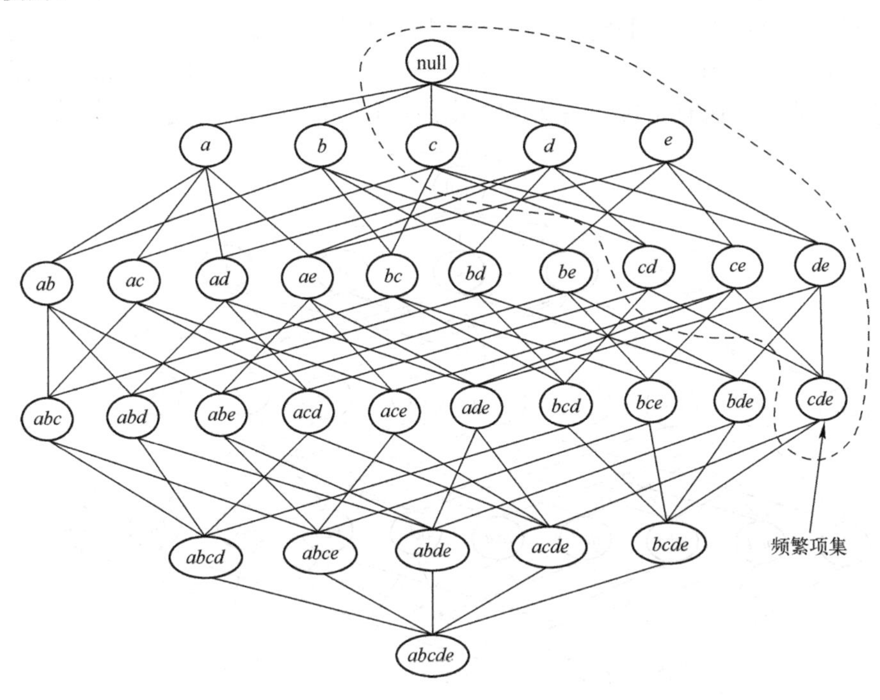

图 9.14 项集的格结构

发现频繁项集的一种原始方法是确定格结构中每个候选项集的支持度计数。为了完成这一任务，必须将每个候选项集与每个事务进行比较，如图 9.15 所示。如果候选项集包含在事务中，则候选项集的支持度计数增加。例如，由于项集{面包，牛奶}出现在事务 1、4 和 5 中，其支持度计数为 3。这种方法的开销可能非常大，因为它需要进行 $O(NMw)$ 次比较，其中 N 是事务数，$M=2^k-1$ 是候选项集数，而 w 是事务的最大宽度。

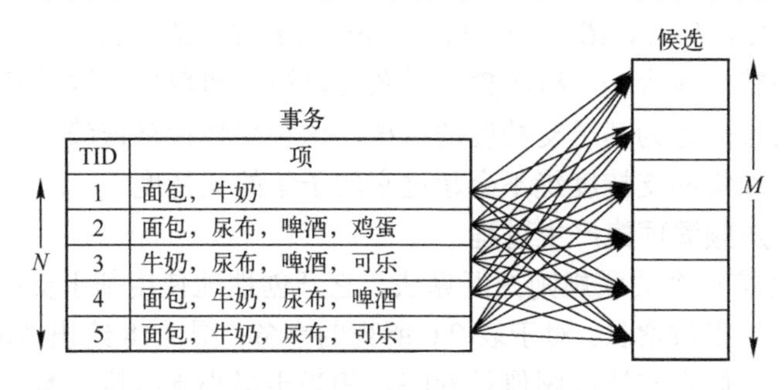

TID	项
1	面包，牛奶
2	面包，尿布，啤酒，鸡蛋
3	牛奶，尿布，啤酒，可乐
4	面包，牛奶，尿布，啤酒
5	面包，牛奶，尿布，可乐

图 9.15 候选项集的支持度计数

有几种方法可以降低产生频繁项集的计算复杂度：

（1）减少候选项集的数目。先验（apriori）原理是一种不用计算支持度值而删除某些候选项集的有效方法。

（2）减少比较次数。无须将每个候选项集与每个事务相匹配，使用更高级的数据结构、存储候选项集或者压缩数据集来减少比较次数。

2．先验原理

先验原理是指如果一个项集是频繁的，则它的所有子集一定也是频繁的。例如在图 9.16 所示的项集格结构中，假定{*c*，*d*，*e*}是频繁项集，显而易见，任何包含项集{*c*，*d*，e}的事务一定包含它的子集{*c*，*d*}、{*c*，*e*}、{*d*，*e*}、{*c*}、{*d*}和{*e*}。因此，如果{*c*，*d*，e}是频繁的，则它的所有子集（图 9.16 中虚线内包含的项集）一定也是频繁的。

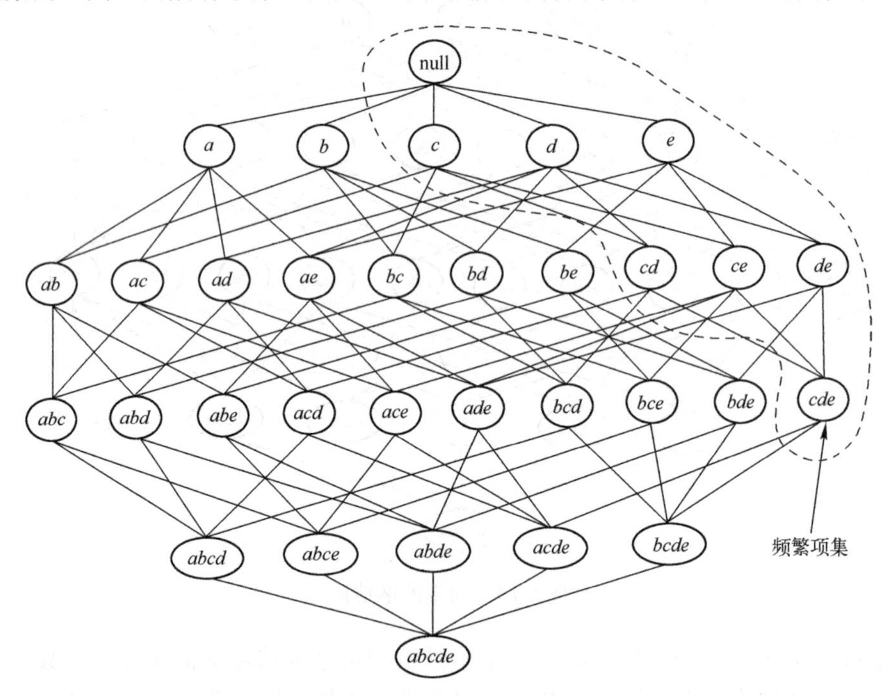

图 9.16　先验原理的图示

反之，如果一个项集是非频繁的，则它的所有超集也一定是非频繁的。例如在图 9.17 所示的项集格结构中，假定{*a*，*b*}是非频繁项集，则它的所有超集{*a*，*b*，*c* }、{*a*，*b*，*d*}、{*a*，*b*，*e* }、{*a*，*b*，*c*，*d*}、{*a*，*b*，*c*，*e*}、{*a*，*b*，*d*，*e*}、{*a*，*b*，*c*，*d*，*e*}一定也是非频繁的。则整个包含{*a*，*b*}超集的子图可以被立即剪枝。这种基于支持度度量修剪指数搜索空间的策略称为基于支持度的剪枝，这种剪枝策略依赖于支持度度量的一个关键性质，即一个项集的支持度绝不会超过它的子集的支持度。

3．Apriori 算法频繁项集产生过程

Apriori 算法是第一个关联规则挖掘算法，它开创性地使用基于支持度的剪枝技术，系统地控制候选项集指数增长。对于表 9.6 所列的事务，图 9.18 给出 Apriori 算法产生频繁项集的一个实例。假定支持度阈值是 60%，相当于最小支持度计数为 3。

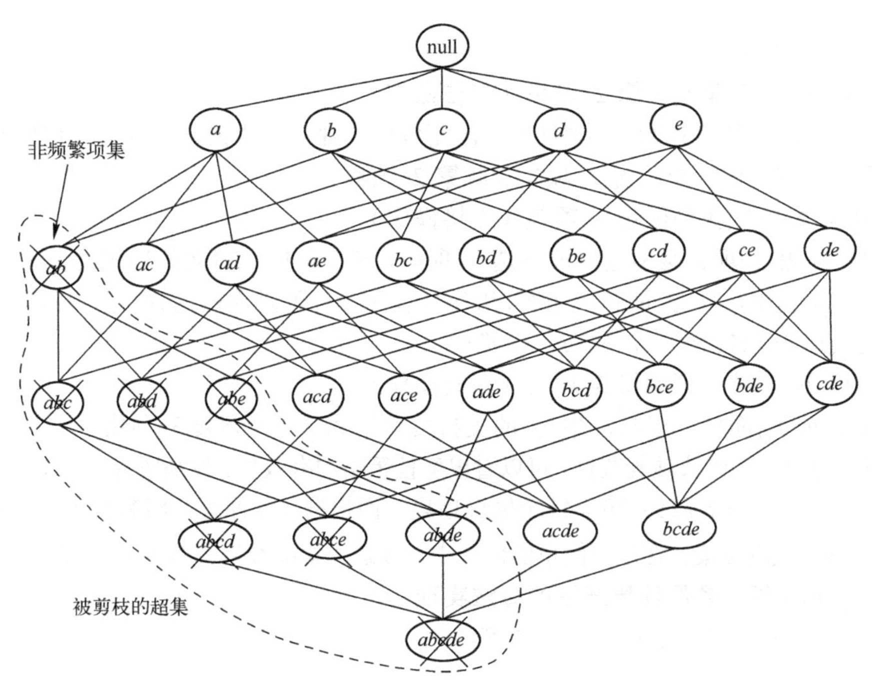

图 9.17　基于支持度的剪枝图示

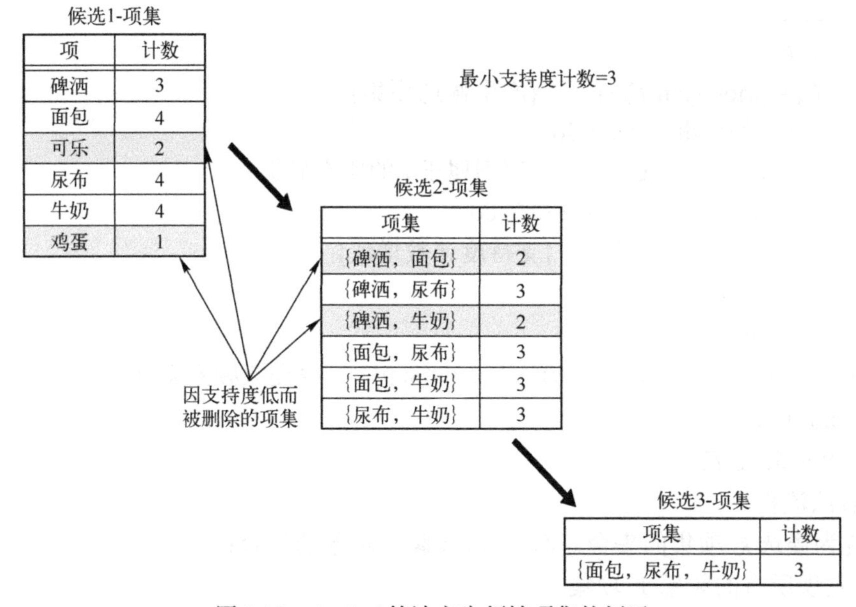

图 9.18　Apriori 算法产生频繁项集的例子

1）由候选 1-项集到频繁 1-项集（剪枝操作）

初始时每个项集都被看作候选 1-项集，它们的支持度计数如图 9.18 所示，候选项集{可乐}和{鸡蛋}的支持度计数小于 3，所以被丢弃，其余 4 个候选 1-项集为频繁 1-项集。

2）由频繁 1-项集到候选 2-项集（连接操作）

因为先验原理保证所有非频繁的 1-项集的超集都是非频繁的，所以在下一次迭代中，仅使用 4 个频繁 1-项集来产生候选 2-项集。按序将频繁 1-项集两两连接成候选 2-

项集，其数量为$C_4^2=6$。

3）由候选 2-项集到频繁 2-项集（剪枝操作）

计算它们的支持度计数，其中{啤酒，面包}和{啤酒，牛奶}的支持度计数小于 3，所以被丢弃，剩下的 4 个候选 2-项集是频繁 2-项集。

4）由频繁 2-项集到候选 3-项集（连接操作）

按序将频繁 2-项集两两连接成候选 3-项集，连接条件是前面的项相同，只有最后一项不相同。本例中，只有{面包，尿布}和{面包，牛奶}可以连接为{面包，尿布，牛奶}。从而产生候选 3-项集{面包，尿布，牛奶}。

5）由候选 3-项集到频繁 3-项集（剪枝操作）

候选 3-项集{面包，尿布，牛奶}的支持度计数为 3，为频繁 3-项集。

通过计算产生的候选项集数目，可以看出剪枝策略的有效性。枚举所有项集（到 3-项集）将产生$C_6^1+C_6^2+C_6^3=6+15+20=41$个候选项集；而根据先验原理，将减少为$C_6^1+C_4^2+1=6+6+1=13$个候选项集。在这个简单的例子中，候选项集的数目也减少了 68.3%。

4．Apriori 算法频繁项集产生的算法实现

算法 9.1 Apriori 算法的频繁项集产生

（1）k=1

（2）$F_k=\{i\,|\,i\in I\wedge\sigma(\{i\})\geqslant N\times\min\sup\}$ {发现所有的频繁 1-项集}

（3） repeat

（4） k=k+1

（5） C_k=apriori-gen(F_{k-1}) {产生候选项集}

（6） for 每个事务 $t\in T$ do

（7） C_t=subset(C_k,t) {识别属于 t 的所有候选}

（8） for 每个候选项集 $c\in C_t$ do

（9） $\sigma(c)=\sigma(c)+1$ {支持度计数增值}

（10） end for

（11） end for

（12） $F_k=\{c\,|\,c\in C_k\wedge\sigma(c)\geqslant N\times\min\sup\}$ {提取频繁 k-项集}

（13）until $F_k=\varnothing$

（14）Result=$\bigcup F_k$

1）算法流程

令 C_k 为候选 k-项集的集合，而 F_k 为频繁 k-项集的集合：

（1）发现所有的频繁 1-项集。

输入支持度阈值 minsup，事务数 N。搜索数据集中所有事务，确定每个项的支持度计数，大于 N×minsup 的项为频繁 1-项集，构成所有频繁 1-项集的集合 F_1。

（2）进入迭代过程。

① 利用前面产生的频繁 k-1 项集，产生新的候选 k-项集 C_k。候选项集的产生使用 apriori-gen 函数实现。

② 计算候选 k-项集的支持度计数，搜索数据集中所有事务，使用子集函数确定包含在每一个事务 t 中的所有候选 k-项集 C_k。如果包含该项集，则该项集的支持度计数加 1。

③ 保留大于 N×minsup 的项构成频繁 k-项集的集合 F_k。

（3）当没有新的频繁项集产生，即 F_k=∅时，算法结束。

2）apriori-gen 函数

上述算法步骤中，候选的产生通过 apriori-gen 函数实现，该函数两两合并一对频繁项集 $F_k \times F_k$，仅当它们的前 k-1 个项都相同，最后一项不相同。在图 9.19 中，频繁项集{面包，尿布}和{面包，牛奶}合并，形成了候选 3-项集{面包，尿布，牛奶}。算法不会合并项集{啤酒，尿布}和{尿布，牛奶}，因为它们的第一项不相同。实际上，如果{啤酒，尿布，牛奶}是可行的候选，则它应当由{啤酒，尿布}和{啤酒，牛奶}合并而得到。这个例子表明了候选项产生过程的完全性和使用字典序避免重复候选的优点。

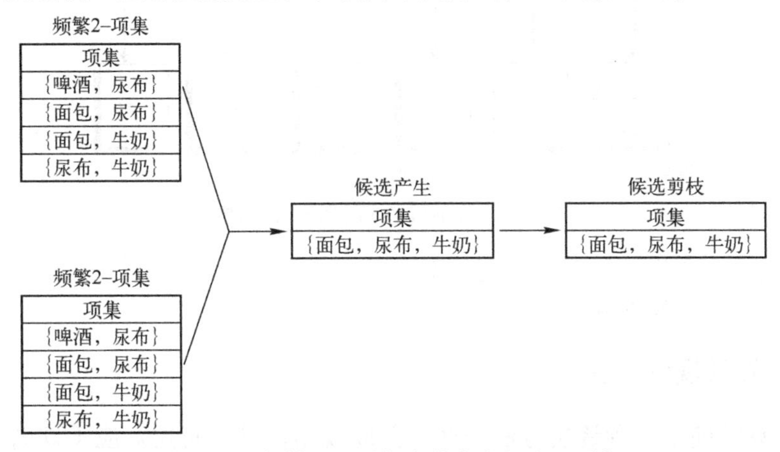

图 9.19　频繁 k-1 项集合并生成候选 k-项集

3）支持度计算

支持度计数过程确定在 apriori-gen 函数的候选项剪枝步骤保留下来的每个候选项集出现的频繁程度。支持度计数的一种方法是，将每个事务与所有的候选项集进行比较，并且更新包含在事务中的候选项集的支持度计数。这种方法计算代价很高，尤其当事务和候选项集的数目都很大时。

另一种方法是枚举每个事务所包含的项集，并且利用它们更新对应的候选项集的支持度。例如，事务 t 包含 5 个项{1，2，3，5，6}，该事务包含 $C_5^3=10$ 个 3-项集，其中的某些项集可能对应于所考察的候选 1-项集，在这种情况下，增加该候选 1-项集的支持度。那些不与任何候选项集对应的事务 t 的子集可以忽略。

图 9.20 显示了枚举事务 t 中所有 3-项集的方法。假定每个项集中的项都以递增的字典序排列，则项集可以这样枚举：先指定最小项，其后跟随较大的项。例如，给定 t={1，2，3，5，6}，它的所有 3-项集一定以项 1、2 或 3 开始。不必构造以 5 或 6 开始的 3-项集，因为事务 t 中只有两个项的标号大于或等于 5。

图 9.20 中所示的前缀结构演示了如何系统地枚举事务所包含的项集，即通过从最左项到最右项依次指定项集的项。第一层的前缀结构描述了指定包含在事务 t 中的 3-项集的第一项的方法，例如，1[2356]表示这样的 3-项集，它以 1 开始，后随两个取自集合{2，3，5，6}的项。第二层的前缀结构表示选择第二项的方法，例如，12[356]表示前两项为{1，2}，第三项为 3 或 5 或 6 的项集。第三层的前缀结构显示了事务包含的所有的 3-项

集，例如，以{1，2}为前缀的 3-项集是{1，2，3}，{1，2，5}，{1，2，6}；而以{2，3}为前缀的 3-项集是{2，3，5}和{2，3，6}。

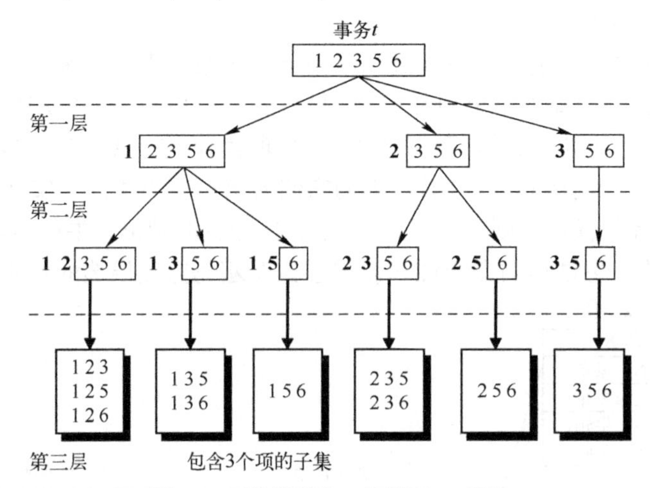

图 9.20 枚举事务 t 的所有 3-项集

最后确定每一个枚举的 3-项集是否对应于一个候选项集，如果它与一个候选项集匹配，则相应候选项集的支持度计数加 1。

9.3.3 关联规则产生

Apriori 算法使用一种逐层方法来产生关联规则，其中每层对应于规则后件中的项数。初始提取规则后件只含一个项的所有高置信度规则；然后，使用这些规则来产生新的候选规则。例如，如果{*acd*}→{*b*}和{*abd*}→{*c*}是两个高置信度的规则，则通过合并这两个规则的后件产生候选规则{*ad*}→{*bc*}。

图 9.21 所示为由频繁项集{*abcd*}产生关联规则的格结构。如果格中的任意节点有低置信度，则可以立即剪掉该节点生成的整个子图。假设规则{*bcd*}→{*a*}具有低置信度，则可以丢弃后件包含 *a* 的所有规则，包括{*cd*}→{*ab*}，{*bd*}→{*ac*}，{*bc*}→{*ad*}和{*d*}→{*abc*}。

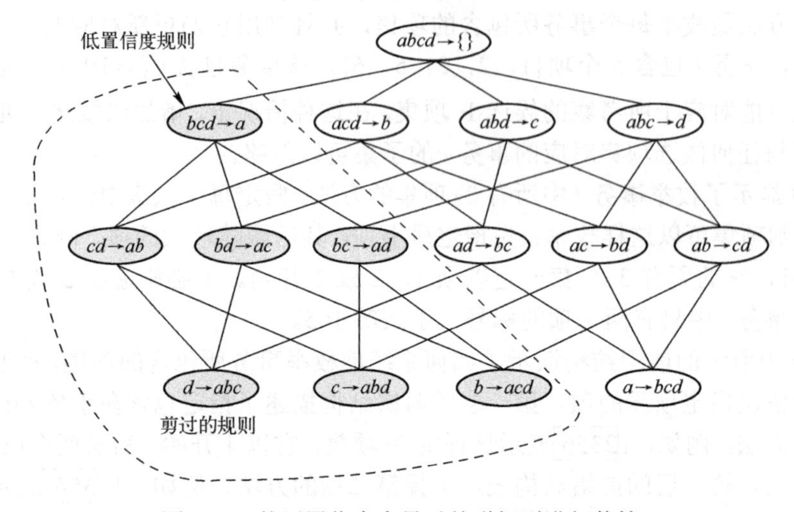

图 9.21 使用置信度度量对关联规则进行剪枝

算法 9.2 Aprion 算法中的规则产生

（1）for 每一个频繁 k-项集 f_k，$k \geqslant 2$ do

（2） $H_1=\{i|i \in f_k\}$ {规则的 1-项后件}

（3） call ap-genrules(f_k, H_1)

（4）end for

算法 9.3 过程 ap-genrules(f_k, H_m)

（1）$k=|f_k|$ {频繁项集的大小}

（2）$m=|H_m|$ {规则后件的大小}

（3）if $k>m+1$ then

（4） H_{m+1}=apriori-gen(H_m)

（5） for 每个 $h_{m+1} \in H_{m+1}$ do

（6）   conf=$\sigma(f_k)/\sigma(f_k-h_{m+1})$

（7）   if $conf \geqslant$ minconf then

（8）   output：规则$(f_k- h_{m+1}) \rightarrow h_{m+1}$

（9）   else

（10）   从 H_{m+1} delete h_{m+1}

算法 9.3 的 ap-genrules 过程与算法 9.1 的 apriori-gen 函数类似。二者唯一的不同是，在规则产生时，不必再次扫描数据集来计算候选规则的置信度，而是使用在频繁项集产生时计算的支持度计数来确定每个规则的置信度。

9.4 聚类方法

聚类是一种重要的数据挖掘技术，也是机器学习中无监督学习的典型代表，在数据分析、模式识别等很多实际问题中得到了广泛应用。聚类问题起源于多种学科，在人工智能方面，它属于无监督模式识别的范畴；在统计学领域，它属于多元分析的一个分支。

9.4.1 聚类的基本概念

1. 聚类的定义

聚类是一个将数据集（也称为样本集）划分为若干组或类的过程，使得同一类的数据对象之间的相似度较高，而不同类的数据对象之间的相似度较低。聚类问题的关键是把相似的事物聚集在一起。良好的聚类方法产生的聚类结果具有类内对象高度相似，类间对象高度相异的特性。聚类算法没有训练过程，这是和分类算法最本质的区别，算法要根据自己定义的规则，将相似的样本划分在一起，不相似的样本分成不同的类。

聚类问题可以抽象成数学中的集合划分问题。假设一个样本集 C，包含 l 个数据 $x_1,\cdots, x_l$：

$$C=\{x_1,\cdots,x_l\} \tag{9.4}$$

聚类算法把这个样本集划分成 m 个不相交的子集（也称为簇）$C_1,\cdots,C_m$。这些子集的并集是整个样本集 C：

$$C_1 \cup C_2 \cdots \cup C_m = C \tag{9.5}$$

每个样本只能属于这些子集中的一个，即任意两个子集之间没有交集：

$$C_i \cap C_j = \varnothing, \forall i, j, i \neq j \tag{9.6}$$

同一个子集内部的各个样本之间要很相似，不同子集的样本之间要尽量不同。其中 m 的值可以由人工设定，也可以由算法确定。

聚类过程的实质是寻找聚类目标函数最优解的优化过程，其输入是一组样本（数据集）和一个度量两个样本间相似度的标准，输出是数据集的几个组。聚类的一般步骤如下：

（1）数据准备。数据用多维变量（或者特征、属性）表示，需要对数据进行标准化和数据降维。

（2）特征选择。选择有效的特征，一方面尽可能多地包含实际聚类问题所关心的信息，另一方面要尽量减少冗余信息。

（3）相似性度量。用于度量两个特征向量之间的“相似”或“不相似”性。

（4）聚类（分组）。根据所选择的相似性度量、聚类算法，揭示数据集中的聚类结构。

（5）聚类后结果评估。对聚类结果进行评估，验证其正确性，最后得出结论。

2．聚类算法的评价标准

聚类算法有很多，每种聚类算法从某个方面或某几个方面有其优化特征，如何评价这些算法的优劣所采用的评价标准是不同的。例如，对于如下样本集：

$$\{1,2,3,4,5,6,7,8,9\}$$

我们可以划分成下面两个子集：

$$\{1,3,5,7,9\}\{2,4,6,8\}$$

划分的依据是第一个子集的元素都是奇数，第二个都是偶数。

也可以划分成：

$$\{1,4,7\}\{2,5,8\}\{3,6,9\}$$

这是按照每个数除以 3 之后的余数进行划分。从这里可以看出，聚类并没有统一的对样本进行划分的标准。

对于聚类算法的优劣评价有不同的标准，通常从以下几个方面来衡量：

（1）处理大数据集的能力。

（2）处理任意形状，包括有间隙、嵌套数据的能力。

（3）处理结果与数据输入顺序是否相关，算法是否独立于数据输入顺序的能力。

（4）处理数据噪声的能力。

（5）是否需要预先知道聚类个数，是否需要用户给出领域知识的能力。

（6）能否处理多属性数据的能力，对数据维数是否敏感的能力。

3．聚类方法的数据结构

聚类算法中常用到以下几种代表性的数据结构。

1）数据矩阵（对象-变量结构）

假设数据集包含 n 个对象，每个对象用 p 个变量来表示，此时数据集可以表示为 $n \times p$ 的矩阵：

$$\begin{pmatrix} x_{11} & \cdots & x_{1p} \\ \vdots & & \vdots \\ x_{n1} & \cdots & x_{np} \end{pmatrix}$$

2）距离矩阵（对象-对象结构）

表示 n 个对象两两之间的距离，表示为 $n\times n$ 的矩阵：

$$\begin{bmatrix} 0 & & & & \\ d(2,1) & 0 & & & \\ d(3,1) & d(3,2) & 0 & & \\ \vdots & \cdots & \cdots & 0 & \\ d(n,1) & d(n,2) & & d(n,n-1) & 0 \end{bmatrix}$$

其中，$d(i,j)$是对象 i 和对象 j 之间的距离，通常为非负值，两个对象 i 和 j 越相似，其值越接近于 0，反之则越大。

3）相似度矩阵（对象-对象结构）

表示 n 个对象两两之间的相似性，表现形式为 $n\times n$ 的矩阵：

$$\begin{bmatrix} 1 & & & & \\ r(2,1) & 1 & & & \\ r(3,1) & r(3,2) & 1 & & \\ \vdots & \cdots & \cdots & 1 & \\ r(n,1) & r(n,2) & & r(n,n-1) & 1 \end{bmatrix}$$

其中，$r(i,j)$是对象 i 和对象 j 之间相似性的量化表示，通常为 0～1 之间，当两个对象 i 和 j 越相似，其值越接近于 1，反之则接近于 0。

9.4.2 聚类的准则函数

具体什么叫作两个样本很相似，什么叫作不同，并没有统一的答案，需要聚类算法自己决定。为将数据或对象集合划分成不同类别，必须定义相似性或差异性测度来度量同一类别之间数据的相似性和不属于同一类别数据的差异性。

1. 相似性度量方法

不同数据类型的相似性度量方法是不同的。

1）区间标度变量

区间标度变量是指近似线性标度的连续变量，例如重量、高度、经纬度、大气温度等。由于数据的多个变量使用不同的度量单位，选用的度量单位将直接影响到聚类分析的结果，因此一般首先需要对数据进行标准化处理。

对于一个给定的有 n 个对象的 m 维（属性）数据集，其平均绝对误差可表示为

$$S_p = \frac{1}{n}\sum_{i=1}^{n} | x_{ip} - m_p | \tag{9.7}$$

式中：x_{ip} 为第 i 个数据对象在属性 p 上的取值；$m_p = \frac{1}{m}\sum_{i=1}^{n} x_{ip}$ 为属性平均值。则度量值

的标准化为

$$Z_p = \frac{x_{ip} - m_p}{S_p} \tag{9.8}$$

平均绝对误差 S_p 比标准差 σ_p 对孤立点有更好的鲁棒性，在计算平均绝对误差时，属性值与平均值的偏差 $|x_{ip}-m_p|$ 没有平方，使得孤立点的影响在一定程度上被减小了。

数据标准化处理后可以进行属性值的相似性测量，通常是计算对象间的距离。对 m 维向量 x_i 和 x_j 有以下几种距离函数：

欧几里得距离

$$D(x_i, x_j) = \sqrt{\sum_{k=1}^{m}(x_{ik} - x_{jk})^2} \tag{9.9}$$

曼哈顿距离

$$D(x_i, x_j) = \sum_{k=1}^{m} | x_{ik} - x_{jk} | \tag{9.10}$$

明氏距离

$$D_n(x_i, x_j) = \left[\sum_{k=1}^{m} | x_{ik} - x_{jk} |^n\right]^{\frac{1}{n}} \tag{9.11}$$

当 n=2 时，明氏距离 D_2 即为欧几里得距离；当 n=1 时，明氏距离 D_1 即为曼哈顿距离。

2）二元变量

二元变量只有两个状态：0 和 1。例如，雷达探测目标，变量取值为 1 时表示探测到目标，0 表示未探测到目标。二元变量又分为对称的二元变量和非对称的二元变量。如果二元变量有相同的权重（变量的两个状态不具有优先权），则称二元变量是对称的。对于对称的二元变量可以得到一个两行两列的可能性表（表 9.8），这个表反映了两个对象的变量取值的 4 种可能性。

表 9.8　二元变量可能性表

对象 i \ 对象 j	1	0	求和
1	q	r	$q+r$
0	s	t	$s+t$
求和	$q+s$	$r+t$	p

表 9.8 中，q 是对象 i 和对象 j 值都为 1 的变量的数目， r 是对象 i 值为 1、j 值为 0 的变量的数目，以此类推。变量的总数是 p，即

$$p = q + r + s + t \tag{9.12}$$

此时两个对象 i 和 j 间的相似度为简单匹配系数，定义为

$$D(i, j) = \frac{r + s}{q + r + s + t} \tag{9.13}$$

对于非对称二元变量，不同状态的重要性是不同的，通常将出现概率比较小的取值

编码为 1，而将另一种取值编码为 0。给定两个非对称的二元变量，两个都取 1 的情况被认为比两个都取 0 的情况更有意义，因此，t 值可以忽略。此时相似度的计算用评价系数 Jacquard，定义为

$$D(i,j)=\frac{r+s}{q+r+s} \tag{9.14}$$

3）标称型、序数型和比例标度型变量

（1）标称变量。标称变量是二元变量的推广，可以有多个状态值，状态之间是无序的，具有这种数据类型的属性也称分类属性。假设一个标称变量的状态数目是 M，每一个状态值可以用字母、符号或者一组整数来表示，则两个对象 i 和 j 之间的相似度可以用简单匹配方法来计算：

$$D(i,j)=\frac{p-m}{p} \tag{9.15}$$

式中：m 为对象 i 和 j 中取值相同的属性个数；p 为全部属性个数。

（2）序数型变量。序数型变量可以是离散的，也可以是连续的。在连续型的序数变量中，需要值的相对顺序，而其实际的大小则不重要。在相异度的计算中，需要把每个变量的值域映射到[0.0，1.0]上，以便每个变量都有相同的权重。采用距离计算方法进行相似度的计算。

（3）比例标度型变量。比例标度型变量是非线性的标度取正的度量值，相似度计算时可采用与处理区间标度变量相同的方法，也可以采用序数型变量的方法，还可先进行对数变换，再进行计算。

4）混合类型变量

在许多真实的数据集中，对象以混合类型变量描述，可能包含上面所列出的全部变量类型。描述这类对象间的相异度的一种方法是将变量按类型分组，对每种类型的变量进行单独的聚类分析。如果这些分析得到兼容的结果，则这种方法是可行的。但是，在实际应用中，这种情况是不大可能的。另一种方法是将所有的变量一起处理，只进行一次聚类分析。将不同类型的变量组合在单个相异度矩阵中，把所有有意义的变量转换到共同的值域区间 [0.0，1.0]上。

假设数据集包含 p 个不同类型的变量，对象 i 和 j 之间的相异度 d（i,j）定义为

$$d(i,j)=\frac{\sum_{f=1}^{p}\delta_{ij}^{(f)}d_{ij}^{(f)}}{\sum_{f=1}^{p}\delta_{ij}^{(f)}} \tag{9.16}$$

f 表示变量个数，如果 x_{if} 或 x_{jf} 缺失，或者 $x_{if}=x_{jf}=0$ 且 f 是非对称二元变量；则指示符 $\delta_{ij}^{(f)}=0$，否则取值为 1。

相异度的计算方式与具体类型有关：

（1）f 是二元变量或标称变量：如果 $x_{if}=x_{jf}$，则 $d_{ij}^{(f)}=0$；否则 $d_{ij}^{(f)}=1$。

（2）f 是区间标度变量：$d_{ij}^{(f)}=\dfrac{|x_{if}-x_{jf}|}{\max_h x_{hf}-\min_h x_{hf}}$，其中 h 遍取变量 f 的所有非空缺

对象。

（3）f是序数型或比例标度型变量：计算秩 r_{if} 和 $z_{if}=\dfrac{x_{if}-1}{M_f-1}$，并将 z_{if} 作为区间标度变量值对待。

因此，当描述对象变量为不同类型时，对象之间的相异度也可以进行计算。

2．聚类准则函数

在样本相似性度量的基础上，聚类分析需要一定的准则函数才能把真正属于同一类的样本聚合成一个类型的子集，把不同类的样本分离开来。聚类准则直接关系到聚类的质量。同时，聚类准则函数还可评价一种聚类结果的质量，如果聚类质量不满足要求，则需重复执行聚类过程以便于优化聚类结果，在重复优化中，可以改变相似性度量，若有必要还可选用新的准则函数。

1）误差平方和准则函数

误差平方和准则函数是最常用的聚类准则函数，适用于各类样本比较密集且样本数目差距不大的样本分布。

混合样本集 $X=\{X_1,X_2,\cdots,X_n\}$，在某种相似性度量基础上，被聚类成 c 个分离的子集，则误差平方和准则函数定义为

$$G_c=\sum_{j=1}^{c}\sum_{k=1}^{n_j}\left\|x_k^{(j)}-m_j\right\|^2 \tag{9.17}$$

式中：m_j 为第 j 类内样本的平均值，即 $m_j=\dfrac{1}{n}\sum_{j=1}^{n_j}x_j, j=1,2,\cdots,c$，表示 c 个聚类中心，用来代表 c 个类。

可以看出，G_c 是样本和聚类中心的函数，在样本集 X 给定的情况下，G_c 的值取决于 c 个聚类中心。G_c 描述 n 个样本聚类成 c 类时所产生的总的误差平方和。显然，G_c 值越小，说明误差越小，聚类效果越好。因此，应该寻求使 G_c 最小的聚类结果，即在误差平方和准则下的最优结果。这种聚类通常称为最小方差划分。

2）加权均方距离和准则

采用误差平方和准则函数，当不同类型的样本数目相差较大时，可能会把数目多的同一类型的样本分成多类。因此，对于各类样本数目悬殊比较大的情况，采用加权均方距离和准则更容易得到正确的聚类结果。加权均方距离和定义为

$$G_l=\sum_{j=1}^{c}p_j s_j \tag{9.18}$$

式中：s_j 为第 j 类内样本间的均方距离，即

$$s_j=\frac{2}{n_j(n_j-1)}\sum_{x\in x_j}\sum_{x'\in x_j}\|x-x'\|^2 \tag{9.19}$$

式中：$\dfrac{2}{n_j(n_j-1)}$ 为第 j 类内样本子集 x_j 中任意取两个样本的组合数的倒数；$\sum_{x\in x_j}\sum_{x'\in x_j}\|x-x'\|^2$ 是 x_j 中样本平方距离之和，有效的平方距离项数就是 n_j 中任意取两个样本的组合数。加

权均方距离和准则以先验概率 p_j 为加权的总类内均方距离和，其中先验概率 p_j 以各类样本数目 n_j 及样本总数目 n 来估计，$p_j=\dfrac{n_j}{n}, j=1,2,\cdots,c$。

3）类间距离和准则

类间距离和准则可用于描述聚类结果的类间距离分布状态，定义为

$$G_b=\sum_{j=1}^{c}(\boldsymbol{m}_j-\boldsymbol{m})^{\mathrm{T}}(\boldsymbol{m}_j-\boldsymbol{m}) \tag{9.20}$$

式中：$\boldsymbol{m}_j$ 为第 j 类内样本均值向量，$\boldsymbol{m}$ 为全部样本的均值向量。

类间距离和准则函数描述了不同类型之间的分离程度，显然类间距离和准则函数值越大，表示聚类结果的各个类型分离性好，聚类质量越高。

9.4.3 聚类算法

聚类算法的研究有很长的历史，已经形成一个庞大的聚类体系。目前常用的聚类算法包括：层次聚类算法如传统聚合算法、Binary-Positive 算法、RCOSD 算法等，划分式聚类算法如 K-means 算法、K-modes 算法、K-means-CP 算法、FCM 算法等，以及基于网格和密度的聚类算法和其他聚类算法如模糊聚类、量子聚类、核聚类、谱聚类等。

1．层次聚类算法

层次聚类算法又称为树聚类算法，将数据对象在不同阶段组成不同粒度的簇，并在簇的分裂和合并过程中不断改善聚类的效果，以达到逐步求精的目的。层次聚类法可分为层次聚合算法和层次分裂算法两种。

层次聚合算法是先将所有对象都各自算作一类，将最“靠近”的首先进行聚类，再将这个类和其他类中最“靠近”的结合，这样继续合并直至所有对象都综合成一类或满足一个阈值条件为止。该算法由树状结构的底部开始，逐层向上进行聚合。

例如，对于现实生活中的某些问题，类型的划分具有层次结构。如水果分为苹果、杏、梨等，苹果又可以细分成黄元帅、红富士、蛇果等很多品种，杏和梨也是如此。将这种谱系关系画出来，是一棵分层的树。层次聚类使用了这种做法，它反复将样本进行合并，形成一种层次的表示。图 9.22 是对一堆水果进行层次聚类的示意图，初始时每个样本各为一簇，然后开始逐步合并的过程。计算任意两个簇之间的距离，并将距离最小的两个簇合并。

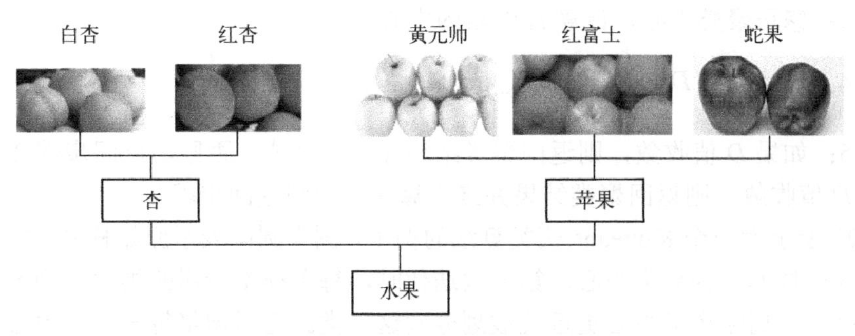

图 9.22　水果层次聚类示意图

假定样本集 $S=\{O_1,O_2,\cdots,O_n\}$ 共有 n 个样本，层次聚合算法步骤如下：

步骤 1：将每个样本 O_i 作为一个类，共形成 n 个类。

步骤 2：从现有的所有类中找出距离最近（相似度最大）的两个类 O_r 和 O_k。

步骤 3：将 O_r 和 O_k 合并成一个新类 O_{rk}，现有类的数目减 1。

步骤 4：若所有的样本都属于同一个类，则终止本算法；否则，返回步骤 2。

层次分裂算法正好相反，先将所有对象看成一大类，然后分割成两类，使一类中的对象尽可能地“远离”另一类的对象，再将每一类继续这样分割下去，直至每个对象都自成一类或满足一个阈值条件为止。

算法依赖于两个簇的距离值，因此需要定义它的计算公式。常用的方案有 3 种：第一种方案是使用两个簇中任意两个样本之间的距离的最大值；第二种方案是使用两个簇中任意两个样本之间的距离的最小值；第三种方案是使用两个簇中所有样本之间距离的均值。

2．划分式聚类算法

划分式聚类算法需要预先指定聚类数目或聚类中心，通过反复迭代运算，逐步降低目标函数的误差值，当目标函数值收敛时，得到最终聚类结果。划分式聚类算法通常采用两个阶段的反复循环过程：首先指定若干个聚类中心，将样本归到某一个聚类，使得它与这个聚类中心的距离比其他聚类中心的距离要近；然后修改聚类中心，当聚类中心的对象发生增减时，需重新计算聚类中心；最后当各个聚类中的样本不再发生变动时，计算终止，聚类结束。

K-means 算法是经典的划分式聚类算法。算法的主要思想是对 n 个对象给出 k 个划分（$k \leqslant n$），每个划分代表一个类。首先任意选择 k 个对象作为 k 类的平均值或中心，对剩余的其他对象，根据它们与各个类中心的相似度，分别将它们赋给最相似的类。然后重新计算每个新类的平均值，再将每个对象与每个类的平均值相比较，把对象赋给最相似的某个类。不断重复这个过程，直到准则函数收敛使平方误差函数值最小。

算法步骤如下：

假定样本集 $S=\{O_1,O_2,\cdots,O_n\}$ 共有 n 个样本。

步骤 1：随机选取 n 个数据样本中的 k 个样本为初始聚类中心 $c_1,c_2,\cdots,c_k$。

步骤 2：对每一个样本 O_i，计算它与聚类中心的相似性距离，将它赋给最近的聚类中心 c_v 所标明的类。

步骤 3：修正聚类中心，计算 c_v 中新的中心。

步骤 4：计算偏差 $D=\sum_{i=1}^{n}[\min_{r=1,2,\cdots,k} d(x_i,c_r)^2]$。

步骤 5：如果 D 值收敛，则返回聚类结果并终止算法；否则，返回步骤 2。

如果 D 值收敛，则返回聚类结果并终止算法，否则返回步骤 2。

图 9.23 所示为一个 K-means 聚类算法的例子，图中圆圈表示原始样本，方框表示任意选取的 5 个样本作为聚类中心，第一次迭代时，每个样本所属的类由它到 5 个聚类中心的距离确定，离哪个类中心更近就被划分到这一类。之后调整每一类的中心，一次次迭代后得到最后的聚类结果。

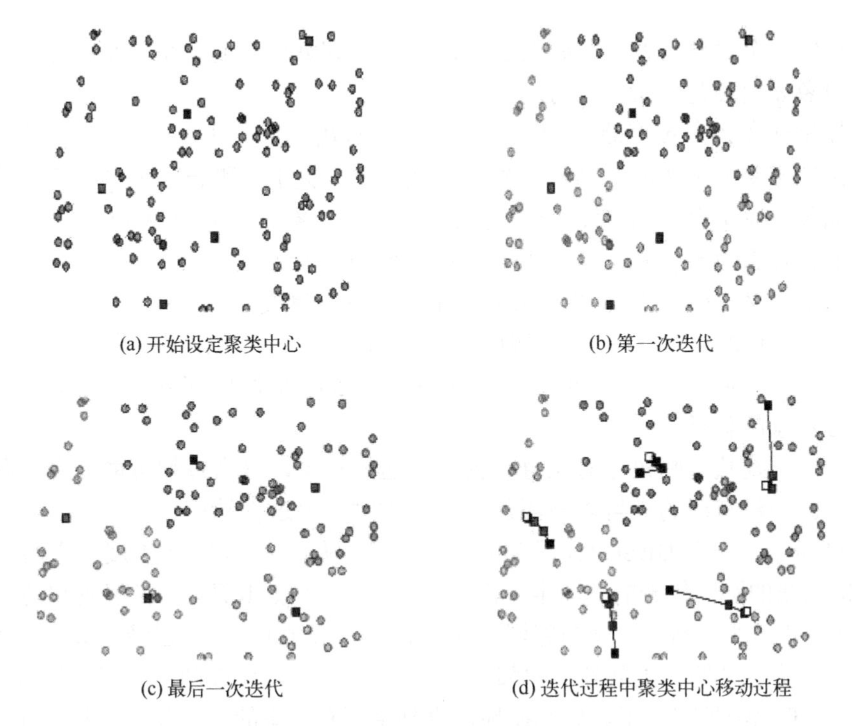

(a) 开始设定聚类中心
(b) 第一次迭代
(c) 最后一次迭代
(d) 迭代过程中聚类中心移动过程

图 9.23　K-means 聚类算法的例子

K-means 算法能完成对大数据集的处理，时间复杂度是 $O(nkt)$（n 是所有对象的数目，k 是类的数目，t 是迭代次数；$k \ll t$，且 $t \ll n$），算法是相对可伸缩和高效率的。K-means 算法聚类时，当结果类是密集的，类与类之间区别明显时，聚类效果较好。

传统 K-means 算法受初始选定的聚类中心的影响容易过早收敛于次优解，要求用户必须事先给出要生成的类的数目 k 值，而不准确的 k 值会导致聚类质量的下降，对于“噪声”和孤立点数据敏感，该类数据能对类平均值产生极大的影响。

3．基于密度的聚类算法

基于密度的聚类算法在以空间信息处理为代表的众多领域有着广泛应用，在空间数据挖掘研究领域日趋活跃。基于密度的聚类算法的核心思想是根据样本点某一邻域内的邻居数定义样本空间的密度，找出空间中形状不规则的簇，并且不用指定簇的数量。算法的核心是计算每一点处的密度值，以及根据密度来定义簇。

DBSCAN 算法（density-based spatial clustering of applications with noise）是一种基于密度的聚类算法，算法可以有效处理噪声，发现任意形状的簇。将具有足够高密度的区域划分成类，并可在带有“噪声”的空间数据库中发现任意形状的聚类。它将簇定义为样本点密集的区域，算法从一个种子样本开始，持续向密集的区域生长，直至到达边界。

相关定义如下：

（1）给定对象半径 ε 内的区域称为该对象的 ε–邻域。

（2）如果一个对象的 ε–邻域至少包含最小数目 minPts 个对象，那么就称这个对象为核心对象。

（3）给定一个对象集合 D，如果 p 是在 q 的 ε–邻域内，而 q 是一个核心对象，则称对象 p 从对象 q 出发是直接密度可达的。

（4）如果存在一个对象链 $p_1, p_2, \cdots, p_n$， $p_1 = p, p_n = p$，对 $p_1 \in D$， p_{i+1} 是从 p_i 关于 ε 和 minPts 直接密度可达的，则称对象 p 是从对象 q 关于 ε 和 minPts 密度可达的。

（5）如果对象集合 D 中存在一个对象 O，使得对象 p 和 q 是从 O 关于 ε 和 minPts 密度可达的，那么对象 p 和 q 是关于 ε 和 minPts 密度相连的。

根据以上定义，DBSCAN 算法按照以下步骤进行聚类：

步骤 1：搜索数据集，通过检查数据集中每个点的 ε–邻域来寻找聚类。

步骤 2：核心对象判断。如果一个点 p 的 ε–邻域包含多于 minPts 个点，则创建一个以 p 为核心对象的新类。

步骤 3：寻找从这些核心对象直接密度可达的对象，这个过程可能涉及一些密度可达类的合并。当没有新的点可以被添加到任何类时，该过程结束。

图 9.24 所示为一个 DBSCAN 聚类算法的例子，从点 a 开始，先扩展到它的邻居点 b、c、d、e，即实线的圆所代表的邻域半径内的点；然后又从点 b 开始，扩展到它的邻居点 a、c、d、f、g，即虚线的圆所代表的邻域半径内的点，此时 a、c、d 已经被处理过了，直接忽略；然后再从 g 开始，扩展到它的邻居点 b、f、h，即点画线圆所代表的邻域半径内的点，此时 b、f 已经处理过了。如此循环，直到将所有密集的点全部扩展到本簇中，形成点画线圆的簇。用同样的方法可以得到 j、k、l、m、n，而点 o、p、q 则被认为是噪声点。

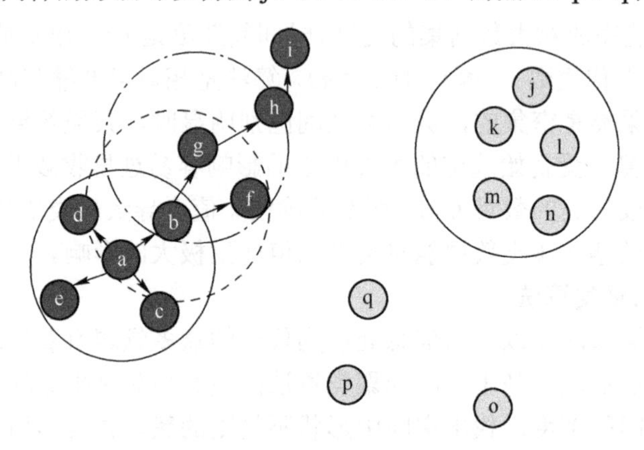

图 9.24　DBSCAN 聚类算法的例子

小　　结

基于大数据的人工智能技术能使军事决策更加客观全面，充分发挥系统以知识推理形式定性分析问题的优势，以及计算机系统以作战模拟形式定量分析问题的优势，使解决问题的能力得到较大的提高。随着我军作战数据、训练数据、战场环境数据的积累，通过对多种来源数据的挖掘和分析，可以使我们的决策不再仅依赖于经验和模拟，利用更多的信息去做出更全面、客观、科学的决策。在现实中真实发生的事物之间的强相关关系也被充分发掘，加之各个渠道数据的互相印证，有利于去伪存真，将最有价值的信息筛选出来，将这些关键信息加入决策，必将使决策更加客观全面、更加符合战场实际情况。

习　题

1．数据质量主要体现在哪几个方面？

2．“大数据”具有哪些特点？试对其各部分进行简要说明。

3．数据仓库与传统数据库的主要区别是什么？

4．请说明 DW、OLAP、DM 各自是如何辅助决策的。

5．联机分析手段主要包括哪几种？

6．数据挖掘过程主要包括哪几个步骤？

7．数据挖掘的主要任务有哪些？

8．ID3 决策树分类方法的基本原理是什么？

9．如何理解支持度和置信度在确定关联规则中的作用？

10．编写 Apriori 算法的流程。

11．假设某事务集包括{a, b, c, d}4 项。

已知项集{a, b, c }是频繁的，则可以确定哪些项集一定也是频繁项集？

已知项集{b, d }是非频繁的，则可以确定哪些项集一定也是非频繁项集？

已知规则{ b, c, d}→{a}是低置信度的，则可以判定哪些规则也是低置信度的？

12．说明聚类的定义、聚类过程和标准。

13．主要的聚类算法有哪些？

14．分别说明层次聚类算法和划分式聚类算法流程。

下篇　应　用　篇

第 10 章　辅助决策技术在战场态势评估中的应用

目前，随着科学技术的发展，常规武器系统作战能力、战场信息获取能力不断提高，要想在战场上掌握主动权，必须快速获取各类情报信息并分析战场态势要素，在事件检测、目标分群基础上，通过分析推理得出敌方作战意图，再进行合理的武器－资源分配，才能较好地掌控战场全局、把握作战进程、预测未来趋势。本章介绍作战辅助决策技术在战场态势评估问题中的应用，内容包括战场态势评估概述、态势觉察和态势理解。

10.1　战场态势评估概述

自信息化战争发展以来，由于雷达、声纳、地面传感器、侦察飞机、侦察卫星以及火控雷达等大量先进电子侦察监视装备的运用，战场感知能力已经有了很大的提高，这就导致一个新的问题：如何处理态势感知获取的海量信息？指挥员必须从这些包含有大量不确定性的信息中，对敌方的意图进行识别，对当前战场态势进行评估，进而做出正确的决策。

10.1.1　态势及态势评估

1．态势的概念

关于态势（situation）的含义，每个人都有自己的理解，却很难给它下一个具体的定义。Lambert 给出了一个比较抽象的描述，他认为，“态势从本质上说就是相关时间－空间事实的集合，这些事实由目标间的相互关系所组成”。图 10.1 描述了组成态势的基本元素，包括环境、实体、事件、组及行动 5 个方面。在一定环境中存在的某事物（实体），当其性质或状态发生改变的时候，就产生了事件。而每个实体所发生的事件在时间和空间上都存在着某种联系，多个实体和事件按照某种关系组合在一起作为一个单位，就构成了组的概念。在特定环境中，成组或单个的实体将会产生某种行为，态势就是用来描述这一过程的。

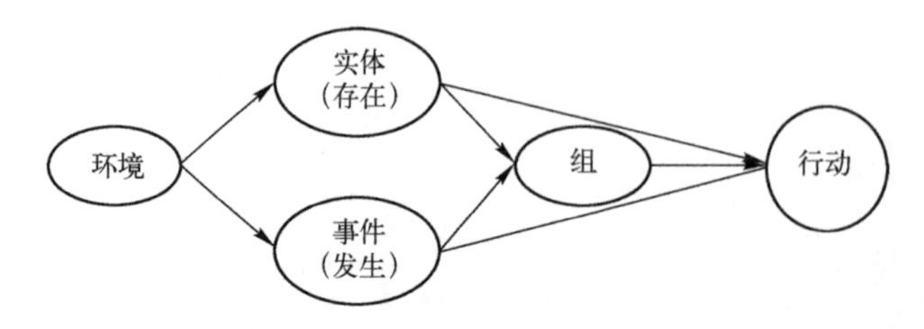

图 10.1　组成态势的基本元素

在现实世界中，绝大多数的应用环境中都包含着众多的目标、事件和各种影响因素，表现为各种不同类型的态势。

2．态势评估的概念

态势评估（situation assessment）是对态势提取与评估的一种技术。除军事领域外，态势评估也是许多其他领域决策工作中急需解决的重要问题。根据应用的需要，有很多不同内容的态势评估，例如，地理类的态势评估（土地沙漠化的发展趋势）、空域/时域类的态势评估（航空事件估计）、环境类（污染趋势）的态势评估等。

针对上述特点，态势评估是以决策者的需求为中心，对现实生活中的态势展开分析，抽象出态势评估模型，按照层层递进方式对相互联系的事件进行推理，最后综合各个事件可能导致的结果，以达到对态势的准确把握，为决策者提供精度较高的辅助决策信息。

目前，关于态势评估尚无一致公认的定义。Endsley 将态势评估描述为与环境（过程、状态以及相互关系）所有方面有关的智能处理过程，是决策者内在的理解过程，其概括定义为：态势评估是在一定时间和空间，对环境中元素含义的理解，以及对它们未来状态的改变进行预测。

20 世纪 80 年代中期，美国三军组织实验室理事联席会（joint directors of laboratories，JDL）下设的 C3 技术委员会成立了信息融合专家组，制定了一个通用的数据融合处理模型—JDL 模型，该模型主要由传感器数据输入、人机交互操作、数据库管理、数据预处理以及 4 个重要的子处理过程构成，其结构如图 10.2 所示。

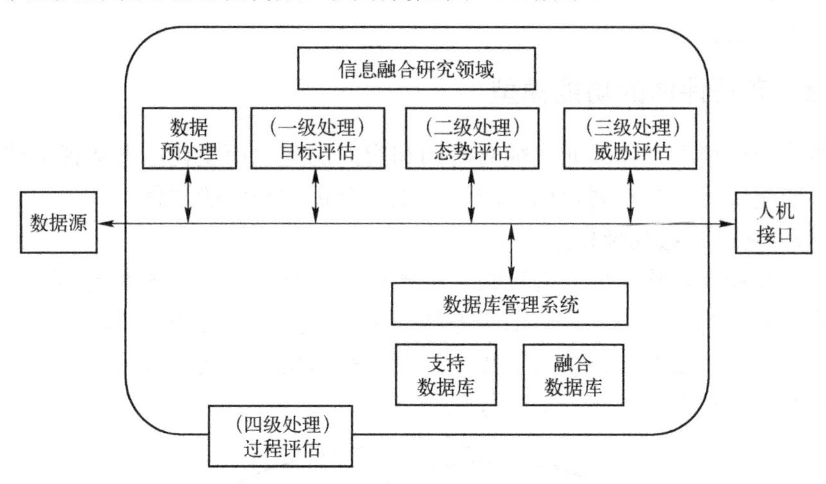

图 10.2　数据融合的 JDL 模型

这 4 个重要的子处理过程如下：

（1）第 1 级——目标评估：基于对观测数据所作的推理，进行目标状态的估计和预测。如目标检测、定位和识别。

（2）第 2 级——态势评估：根据第 1 级处理提供的信息，基于对目标实体间的相互关系所作的推理，对战场事件和活动进行评估，以解释当前战场的态势。

（3）第 3 级——威胁评估：对参与者预先计划、估计或预测的行为对态势造成的影响进行估计和预测（例如，假设某方有一个行动计划，评估其对所估计/预测的威胁行动的易感性和易受攻击性）。根据可能采取的行动来解释第 2 级处理结果，并分析采取各种行动的优缺点。

（4）第 4 级——过程评估（资源管理的一个要素）：过程评估是一个过程优化的反复过程，它在整个融合过程中监控系统性能，控制增加潜在的信息源，最优部署传感器，最优采集信息。

可见，态势评估是 JDL 数据融合模型的二级处理模块。JDL 数据融合模型给出战场态势评估的定义为：态势评估是建立在关于作战活动、事件、时间、位置和兵力要素组织形式的一张多重视图，它将所观测到的战斗力量分布与活动和战场周围环境、敌方作战意图及敌方机动性有机联系起来，识别已发生的事件和计划，得到敌方兵力结构、部署、行动方向与路线的估计，指出敌方的行为模式，推断出敌方的意图，做出对当前战场情景的合理解释，并对临近时刻的态势变化做出预测，最终形成战场综合态势图。

何友院士认为，战场态势评估是对战场上战斗力量分配情况的评价过程。它根据对各种作战平台身份识别的结果，通过综合敌我双方及地理、气象环境等因素，将所观测到的战斗力量分布与活动和战场周围环境、敌人的作战意图及敌机动性能等有机结合起来，分析并确定事件发生的深层原因，得到关于敌方兵力结构、使用特点的估计，及时、准确地给出一个战场态势的动态描述，最终形成战场综合态势图。

简而言之，战场态势评估是根据参战各方力量的部署、作战能力、效能对战术画面进行解释，辨别敌方意图和作战计划的过程。态势评估通过生成多重视图，将战场信息可视化，为指挥员对敌方各平台威胁等级的评估提供依据，在辅助指挥员做出决策过程中起着非常重要的作用。

10.1.2 态势评估的功能模型

真实的战场环境下，作战元素随着时间和空间的变化而变化，态势评估就是对这些元素的动态变化过程所具有属性的提取、认识、分析和预测的过程。

1. 态势评估的三级功能模型

根据这一过程将态势评估分为三级功能模型（图 10.3）：一级态势觉察，即根据获取的信息，提取所需要的态势要素；二级态势理解，将获取的态势特征同知识源中的相应专家领域知识进行关联匹配，从而对敌方意图进行识别；三级态势预测，根据上一级的分析结果对敌人下一步的可能行动进行预测。

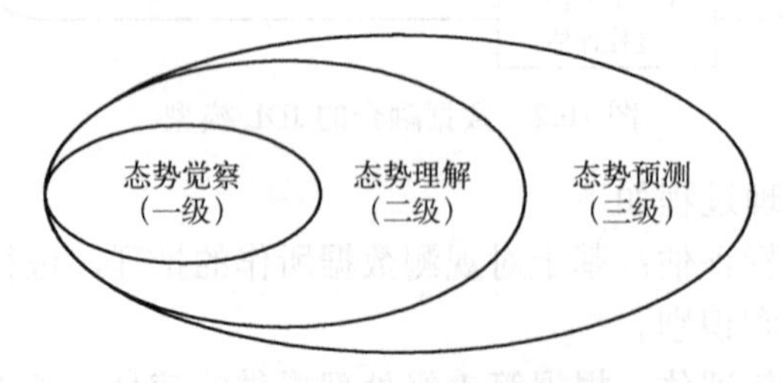

图 10.3 态势评估三级功能模型

态势评估的三级功能模型只是对系统总体框架的一个构建，模型的每一级都包含着不同的子功能，图 10.4 为态势评估的一般功能模型。其中，态势觉察以信息融合数据为基础，提取态势要素，揭示目标间相互关系，包括对威胁单元的属性分析、战术单元的聚类分析及其行为模式的分析；态势理解以已发生事件为推理条件，进行兵力结构分析、协同关系推理及行为意图推理。具体包括战术单元作用分析、计划识别、单元活动解释以及全局态势描述；态势预测是以推测出的敌方作战意图为基础，对下一阶段可能发生的事件或作战全局演变进行判断。包括战术单元未来属性分析、行为模式分析和态势演变的可能情况。主要完成敌实体（或平台）未来位置计算和敌方兵力未来部署的推理。

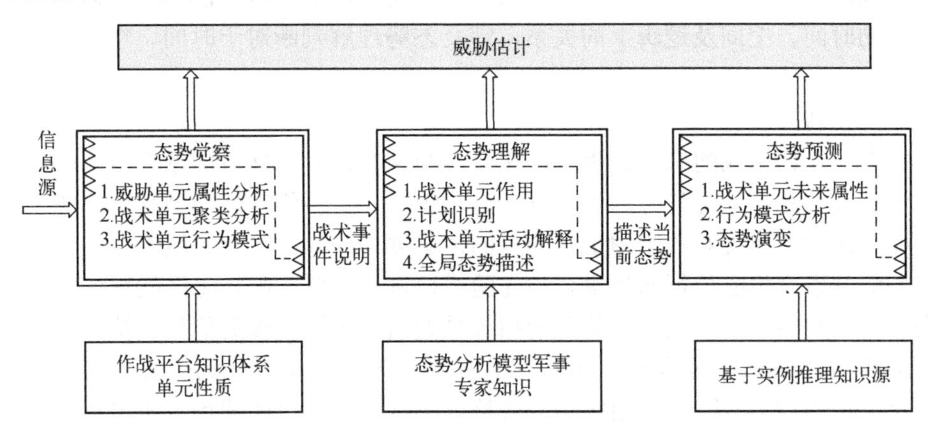

图 10.4　态势评估的一般功能模型

态势评估的三级模型解决了“战场发生了什么”“为什么会发生这些”“接下来还会发生什么”这 3 个问题，态势评估的三层模型是相互依赖、相互支持的关系。上一阶段为下一阶段的分析提供数据支撑，并且 3 个阶段的分析是动态并行进行的。这三级功能模型相互作用的结果可以作为威胁估计的输入。

2．态势评估的功能模块

1）态势觉察

态势觉察过程的输入为多传感器信息融合处理结果，设某时刻 t，战场各作战平台（雷达等武器平台，战斗机、舰艇等作战实体等）的状态信息为

$$S(t)=\{P_1(t),P_2(t),\cdots,P_i(t),\cdots,P_n(t)\}$$

式中：$P_i(t)=(i=1,2,\cdots,n)$ 为第 i 个目标在 t 时刻的状态特征集合：

$$P_i(t)=\{T,N,I,E,L,S,R,W,\cdots\}$$

其中：T 为时间；N 为批号；I 为目标类型；E 为敌我属性；L 为位置信息；S 为目标状态；R 为辐射源；W 为武器载荷。

态势觉察过程就是从上述的状态特征集合中，提取出需要的态势特征元素，为分析敌方一系列战场事件发生的深层原因提供证据。态势觉察的主要任务是事件检测和兵力聚合。事件检测的主要功能是对战场态势要素进行提取，提取过程就是对 t 时刻获得的目标信息，与历史时刻获得的目标信息或预存目标信息进行分析比较，根据领域知识或专家知识，提取出有意义的目标信息。兵力聚合的主要功能是根据目标的空间位置或作战目的等信息将目标进行分类聚合的过程。

态势觉察过程可表示为

$$T:X_{SN}\times X_{DB}^{SL}\rightarrow X_{\phi}^{SK}$$

式中：T 为态势觉察过程；X_{SN} 为某时刻各作战平台状态信息 $s(t)$ 的集合；X_{DB}^{SL} 为领域知

识或专家知识组成的数据库；X_{ϕ}^{SK} 为态势觉察问题输出结果，可用 3 个集合表示：事件集合、态势空间集合、关系集合。事件集合指特定时刻 T、特定态势空间 S 下具有一定意义的状态变化事件；态势空间集合指态势空间是经过兵力聚合后对目标平台进行抽象和分类形成的军事体系单元假设，兵力聚合由下而上，形成多层次的分类假设；关系指事件发生的时间、空间及逻辑上的关系，涉及态势理解判断对于时间、空间以及因果关系的推理。

2）态势理解

根据态势觉察生成的态势元素特征集合，结合知识库中储备的领域专家知识对当前战场态势进行解释，并对敌方的可能意图进行识别。这一级功能模型高度依赖于领域专家知识库，因为要实现对敌意图识别的目的，必须首先建立具有领域专家知识的先验模板，将态势觉察产生的特征向量集合与先验模板进行关联匹配，将匹配置信度最高的模板作为意图识别的结果并输出，从而为指挥员做出决策提供辅助信息支持。

设态势集合 $O=\{A,B,C,\cdots\}$，其元素为由军事专家分析出来的战场上的所有可能态势的集合，$M=\{X,Y,Z,\cdots\}$ 为相应的态势特征集合向量，也即战场上所出现的事件特征集合。态势理解就是要建立战场事件特征集合与可能态势集合的对应关系 $f:M\to O$。

态势理解的过程是一个渐进的多级识别过程，首先根据战场事件特征获得的态势假设对战场上的一系列作战对象、作战群体及与其相关联的动作、事件和任务进行评估，将战场事件特征进行一次粗划分，完成对当前获取的证据的一次识别。之后随着新证据的到来，不断地对战场态势进行实时更新，从而及时把握战场发展趋势。态势理解过程存在映射集合：

$$F=\{f_1,f_2,\cdots,f_n\}$$

其中：元素 $f_i(i=1,2,\cdots,n)$ 描述了集合 $M=\{X,Y,Z,\cdots\}$ 中元素在第 i 层所具有的类别特征和态势类别的对应关系，我们将映射集合 F 称为推理框架。通过对 F 和 M 进行分级识别，最后达到由态势特征到态势类型的认识。

3）态势预测

态势预测是根据态势理解分析得出的敌方可能意图，预测战场态势的发展趋势，从而做出最优决策。即已知 t 时刻的态势 $S(t)$，求 $\{S(t+T),S(t+2T),\cdots\}$。作战对象未来位置的变化可以根据其运动航迹的状态方程、机动性、作战目的等进行预测。

10.1.3　态势评估的推理框架

态势评估是一个模拟人脑思维的推理过程。作战人员在面对复杂的战场情况时，会根据自己的以往作战经验对当前态势做出判断和决策，并根据不断获取的战场信息修订自己的决策方案，从而将战场趋势向着对己方有利的方向引导。在这里，态势评估专家领域知识系统是对人类作战经验的一个总结，是进行态势评估的基础，从而使态势评估系统能够自适应地对瞬息万变的战场形势进行监控，根据监控结果按照领域专家的思维推理方式，自动地对证据参数进行分析、处理和判断，对当前的战场形势展开分析。这一模拟人脑的推理过程是基于知识启发式的求解方式，因此态势评估系统需要选取合适的推理框架来完成这一推理。常用的态势评估推理框架有以下几类。

1．匹配滤波器网络框架

匹配滤波器网络框架认为态势评估是一个多假设态势分类识别问题，并根据战场上不断到来的证据参数对态势进行识别。不同的态势假设由相应的战场事件组成，这些战场事件按照一定的因果关系形成对假设态势的分解，构成具有逻辑层次关系的结构。该框架认为战场上每一类态势所包含的事件间都存在着时间和空间上的制约，因此建立了基于句法的态势假设分解结构：将战场态势按照事件间的因果关系进行分解，形成层次结构，将事件对应的特征添加到该事件中，并且事件间的句法需要保持一致，低一级别的事件置信度作为输入，相关联的高一级别的事件置信度作为输出。从而将态势评估表示为具有一定时间和空间联系的事件的“是什么、什么时候发生的、在哪儿发生的”。但在实际情况下，各种态势假设所包含的战场事件间的关系是错综复杂的，不仅同一态势下的战场事件受到时间和空间关系的影响，而且不同态势下的战场事件间往往也具有时间或者空间上的联系，因此，匹配滤波器在动态表示战场态势方面具有局限性。

2．基于图解的推理框架

图解是对客观存在的对象的一种理解方法，该方法将态势评估专家系统分为 3 层：第一层是特征槽，放置在该槽中的主要内容是战场事件的态势特征，例如事件发生时间、战斗实体所处的位置、实体运动速度等；第二层是限制层，该层中放置的是特征槽中相应的态势特征所对应的特征限制，限制是具有一定弹性范围变化的，当图解中的槽的个数在这个范围内被填充，则认为该图解是有效的；第三层是推理和行动选择层，该层放置了图解所对应的态势活动的行为推理。战场态势情况往往是非常复杂的，要实现态势评估需要用一个二维图解网络结构来进行表达：一维是类属类型，即低层图解是高层图解的某一个类型；另一维是部署类型，即低层图解为高层图解的某个槽提供具体的信息，该结构中的最高层图解表示对战场形势的全局把握，低层图解表示对战场态势事件的特征观测，战场事件支持低层图解的发生达到一定程度，则判定该图解为真，从而进一步对高层图解进行填充，在限制范围之内发生则该图解被激活，被激活的图解继续驱动与其相关的图解，进而达到对整个态势的动态更新。

3．基于描述的推理框架

该框架将战场上的可观测的态势事件特征按照固定格式进行描述，将事件按照因果关系分解为父描述和子描述，将分解的描述同描述命题的前件进行匹配，匹配成功的前件作为结果输出。在这个框架的构建过程中，父描述是综合各个战场事件特征子描述获取的对战场态势的深层理解，子描述为父描述提供证据线索。其中子描述还可以包含与其相关的多个子描述，这样逐步分解，直至将战场事件全部包括在内。在推理过程中，根据获取的证据按照自上而下或者自下而上的方向，结合命题前件进行匹配推理。

4．基于模板的推理框架

基于模板的推理框架将战场态势按照目标、任务、计划这样的一个层次结构进行表达。目标为框架的顶层节点，是最高级别的节点层，目标节点又包含有不同的子任务节点，即该目标的实现需要由与其相关的一系列子任务来完成，而任务节点的子节点为相应的计划节点，通过这样的一个框架能够将战场态势层次性地表示出来。

分析这些框架结构，可以发现它们的构造方式是相似的，都是将战场上的态势事件特征按照彼此间的因果关系建立层次结构，根据已有的态势估计专家领域知识，对态势事件进行判断，寻找其所属的态势类别，为己方指挥员做出决策提供证据支持。对态势估计框架的构造过程进行总结，可以发现它具有如下特点：

（1）态势估计的框架构建具有层次性，因为态势估计的框架是依据人的思维方式构建的，这个过程具有因果性和逻辑性，将态势估计特征事件按照级别的高低进行分类，高层节点反映了对战场信息的深层分析，是对战场总体局势的把握，高层节点下面又分有相应的子节点，子节点是对高层节点所代表的态势的一个任务分解，不同的态势是由相应的子任务合作完成的，子任务又可能包括有子任务，这样层层分解，达到对战场态势的充分掌握。

（2）态势估计的推理模式是按照因果或诊断模式展开的，由态势估计的层次性框架可知，框架是由多个成员节点组成的，节点间按照因果关系连接在一起，形成态势网络，当有证据信息从高层态势节点传来时，网络自上而下传递信息（因果模式）；当有证据信息从低层态势节点传来，此时网络自下而上传递信息（诊断模式）。态势网络按照这两种传播方式达到对整个网络节点的遍历。

（3）态势估计是在军事专家领域知识的基础上进行的，领域知识将不同类型的战场态势假设按照态势类型、态势战斗原则、态势战斗部署方式等原则进行表达，态势估计的求解过程就是一个基于知识的推理过程，将获取的战场信息同知识库进行关联匹配，对达到阈值的态势类别选择置信度最高的，作为当前战场态势的分析结果。

（4）由于战场形势是变化的，因此态势估计是一个动态的处理过程，处理结果随着不断到来的新证据逐步更新。

10.2 基于辅助决策技术的态势觉察

态势觉察以信息融合数据为基础，提取态势要素，其主要任务是事件检测和兵力聚合。事件检测主要对战场态势要素进行提取，通过对战场目标属性和状态信息的分析，感知当前战场情况变化，判断目标发生何种事件，并提取有意义的平台事件。事件检测是态势评估的基础，其准确性直接影响到态势评估的整体效果。兵力聚合是将检测到的敌方作战平台进行聚类分析，将敌方目标划分成有一定联系或目的性的作战群。

10.2.1 态势要素

态势要素是传感器能够获取的最小态势单元，态势要素的类型根据战场实际环境确定，不同战场所提取的态势要素不同。以海战场为例，所提取的态势要素如下：

（1）平台目标：包括平台目标的类型、空间位置、运动状态、属性信息等。

（2）兵力部署：敌、我、友三方军事实力状况，包括机场、雷达站、通信站、港口等固定式设施和舰艇、飞机、导弹发射车等动态目标的部署情况。

（3）战场事件：战场上目标所进行的动作，包括：目标出现、消失，辐射源（雷达、电台、干扰机等）开/关机，目标机动（加速、减速、转弯、爬升等），目标（作战飞机、舰艇等）分群、合批等。

（4）环境要素：包括作战环境下的地理信息、气象气候、电磁环境等。

目标平台信息一般是根据检测到的电磁信号与数据库进行对比，给出目标的型号、类型、属性等信息，或者由经验丰富的作战人员直接根据传感器探测到的数据进行判断。兵力部署信息中固定情报由情报部门获得，下发部队；动态信息由作战过程中实时监测获取，或由上级部门下发。

在作战过程中，平台目标、兵力部署、战场事件、环境要素等信息能对战场态势进行初步的描述，对战场态势的进一步分析就是建立在这些态势要素变化的基础上。

10.2.2 事件检测

战场事件是态势觉察过程中主要检测的态势要素，一系列的战场事件的组合往往代表着一个具有明确目的性的军事行动的进行，对战场态势的变化造成深远影响。战场环境要素的掌握也是态势觉察中的一项重要内容，战场地形信息、电磁信息、水文信息能够极大地影响战场武器装备效能的发挥，对环境信息的误判甚至可能直接导致作战行动的失败。平台目标信息由一级融合得到，敌方兵力部署和作战地域环境信息基本在作战之前便有初步了解，只有战场事件信息需要根据战场实际情况进行实时检测，因此战场事件检测是态势觉察的重点。

事件是指在一定条件下战场目标（群）所发生的具有某种军事意义的行为。目前对事件检测中事件的分类并没有形成统一认知，大体上存在 3 种分类方法：

（1）第一种分类方法是最早提出的，将事件分为：辐射源事件、目标机动事件、目标群结构相关事件。

辐射源事件包括雷达、声纳等开关机事件。

目标机动事件包括速度变化、高度变化、拐弯、目标距我保卫物距离变化等事件。

目标群结构相关事件包括发现新目标、目标消失、合批、分批等。

（2）第二种分类方法是以事件的重要程度以及影响程度为基础，将目标事件分为基本事件、重要事件、复合事件。

基本事件由目标机动事件、辐射源事件、目标和目标群相关事件组成，即第一种分类方法涵盖的内容。

重要事件包括发现重要目标事件、目标出现或者越过敏感地域（如三峡大坝、军用机场等）事件、发现重要雷达或者电台信号事件等。

复合事件表示两个以上基本事件或重要事件的联合，表示一定目的的事件。主要包括：空中打击、空袭事件，突袭、进攻事件，声东击西事件，突围、攻击事件等。

（3）第三种分类方法将事件分为目标状态变化事件、目标战术机动事件、群事件。

目标状态变化事件指作战平台状态的变化。如目标速度、高度、航向的调整，目标平台上雷达、声纳等辐射源的开关机事件等。

目标战术机动事件：两种或两种以上目标状态变化的联合，实现一些具有一定目的的战术动作，例如飞机的几种战术动作：战斗转弯、俯冲、跃升、盘旋、加速上升、水平转弯等。

群事件：表示各种与群相关的事件，如目标群的合成、分裂等。

在以上分类方法基础上，可以根据实际战场情况选择适当的事件作为检测的内容。由于目标战术机动事件是目标为达到某种战术目的而进行的一系列战术动作，能够深刻影响战场的态势，所以此事件往往是战场态势评估关注的重点。

例 10.1 采用神经网络技术实现作战飞机目标的战术机动事件检测，作战飞机的战术机动事件分为：战斗转弯、俯冲、跃升、加速上升、盘旋、水平转弯等。

战斗转弯：做 180°航向转弯的同时又不断增加高度和速度的空间飞行，完成战斗转弯后，飞机可获得很大的高度。

俯冲：飞机在小迎角下，沿着和水平面倾斜角大于 30°的轨迹，很陡地下降飞行。这是飞机迅速降低高度以换取速度的机动飞行。

跃升：飞机以动能换取势能，迅速增加高度的机动飞行。实际作战中，经常采用跃升动作以追击高空目标或规避对方火力，占据有利位置等。

加速上升：飞机不断攀升，并增大速度的飞行过程。

盘旋：飞机在水平面内连续改变方向而飞行高度以及速度都保持不变的一种曲线运动。

水平转弯：一定时间间隔内，线速度大小和高度几乎不变，水平运动方向有短暂的变化。

本例采用 Matlab 中的模糊神经网络工具箱仿真模拟四输入一输出的自适应模糊神经网络模型检测目标战术机动事件，可检测目标战术机动事件分别为战斗转弯事件、俯冲事件、盘旋事件。4 个输入量分别为：目标高度变化 Δh、目标速度变化 Δv、目标水平面内偏离原航向角度 $\Delta\alpha$、目标垂直面内偏离原航向角度 $\Delta\beta$。根据《飞机飞行性能训练手册》的计算方法构造训练样本数据，对模糊神经网络进行训练，部分训练数据如表 10.1 所列。

表 10.1 训练样本数据

目标	高度变化 Δh	速度变化 Δv	水平面内偏离原航向角度 $\Delta\alpha$	垂直面内偏离原航向角度 $\Delta\beta$	输出结果	事件类型
1	90	17	9	9	1.00	转弯事件
2	86	18	8	9	1.00	转弯事件
3	70	19	7	9	1.00	转弯事件
4	76	18	7	8	1.00	转弯事件
5	94	17	9	6	1.00	转弯事件
6	86	19	7	9	1.00	转弯事件
7	−90	17	0	8	2.00	俯冲事件
8	−84	19	2	9	2.00	俯冲事件
9	−74	16	0	9	2.00	俯冲事件
10	−74	18	1	8	2.00	俯冲事件
11	−89	19	1	6	2.00	俯冲事件
12	−60	15	1	8	2.00	俯冲事件
13	0	0	8	0	3.00	盘旋事件
14	1	0	7	2	3.00	盘旋事件
15	2	1	9	0	3.00	盘旋事件
16	0	2	7	1	3.00	盘旋事件
17	1	1	8	1	3.00	盘旋事件
18	2	2	9	2	3.00	盘旋事件
19	0	0	7	1	3.00	盘旋事件
20	0	0	7	2	3.00	盘旋事件

训练好模型后，利用检测样本数据对神经网络性能进行检测，将输出数据与检测样本数据真实结果进行比较，结果是所有目标战术机动事件检测结果均在允许精度范围内，检测成功率为100%。

同理，将检测战术机动事件增加为6个事件，分别为：战斗转弯、俯冲、跃升、加速上升、盘旋、水平转弯。根据《飞机飞行性能训练手册》的计算方法构造训练样本数据和检测数据，神经网络模型的检测成功率为90%以上。

10.2.3 目标分群

现代战场的一个主要特征是集群作战，多个相同或不同类型的作战平台以编队形式统一行动，有着共同的行动目的，相互协调，共享信息资源和武器资源，相互协作完成作战任务。战场的态势评估和威胁分析都必须面向作战平台编队进行。群参数包括编群方式、群范围、群运动状态、群威胁度指标等信息。

1. 目标分群概念

现代战场中，兵力层次的作战群体是战场态势的重要构成要素，作战群体的作战意图通过群体成员的有效协作来实现，协作通常具有固定的模式，形成模式的过程称为目标分群。目标分群问题是战场态势估计的一个重要组成部分，可以表述为：将战场对象的属性数据根据空间、功能和群之间的相互作用等逐级分群，揭示战场对象之间的相互联系、确定战场群之间相互合作的功能，从而解释战场对象的各种行为。

分群的基本思想是对可用数据进行分组，以便评估确定态势元素之间的相互关系，解释作战群体的作战意图。分群按照从低级到高级的顺序分为5个层次，如图10.5所示。

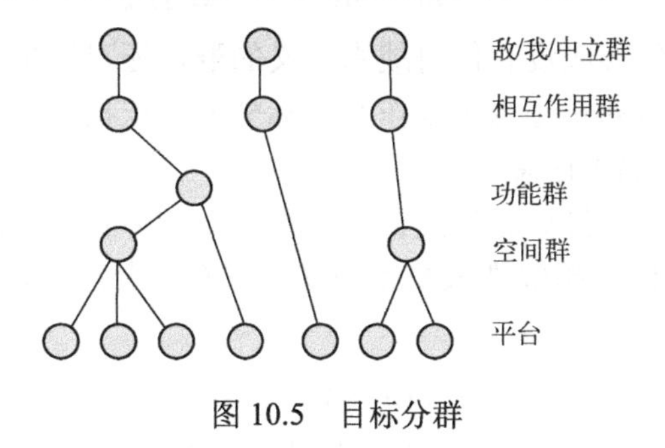

图10.5　目标分群

（1）平台：战场中各个独立的作战实体目标、威胁单元，如某一架飞机或某一艘舰艇等。

（2）空间群：在战场空间中敌我属性相同、空间位置相近并且行为相似的观察对象的集合，即如果目标在一个群重心的某个距离内，就把目标分配给该群。例如海战场条件下的一个舰艇编队便可简单地认为是一个空间群。

（3）功能群：完成相同功能、具有相似类型的威胁单元组合在一起构成的集合，例如执行同一任务的舰艇、潜艇、飞机的群体。

（4）相互作用群：由战术上相关的多个平台构成，具有类似的作战目的（如攻击或防御同一目标）。功能群提供了较高层次的战术态势描述，但由于整个战术通常是几种功能的组合，因而功能群往往需要进一步形成更高层次的相互作用群。两个或多个功能群为完成某一个共同目的而相互协作，则这些功能群属于一个相互作用群。

（5）敌/我/中立群：所有相互作用群按敌方、我方和中立方标识划分为 3 个大群，形成战场的 3 个阵营。

2．目标分群问题描述

目标分群是根据观测作战实体目标的状态信息集合，按照战役、战术条例，几何近邻关系，功能依赖关系等，采用自底向上逐层分解的方式对描述实体目标的状态信息进行抽象和划分。

1）目标分群问题的输入信息

目标分群问题的输入是某一时刻，战场环境中各作战实体目标的状态信息。作战实体是参与作战的各类观测目标，如海战场中的海面、空中及水下各类目标，随时间变化其空间位置和作战属性不断变化。

令 $S=\{O_1,O_2,\cdots,O_m\}$ 表示战场空间作战实体集合，O_i 表示第 i 个作战实体，每一个作战实体在某个时刻的观测状态可用 n 维特征向量表示。每一个特征变量反映了作战实体的某种特性，如目标位置、航向、速度、敌我属性、目标类型、威胁等级等特征（其中敌我属性、目标类型、威胁等级等信息可通过多种手段融合生成）。则战场空间作战实体集合可看作如下 $m\times n$ 维的矩阵：

$$\boldsymbol{S}=\begin{bmatrix} a_{11} & a_{12} & \cdots & a_{1n} \\ a_{21} & a_{22} & \cdots & a_{2n} \\ \vdots & \vdots & & \vdots \\ a_{m1} & a_{m2} & \cdots & a_{mn} \end{bmatrix}_{m\times n}$$

实际应用时为了避免形成没有任何战术意义的群，还可以加入更多的特征参数。例如，战场中作战实体的运动轨迹也可以作为目标分群的依据。

2）目标分群问题的输出信息

目标分群根据作战实体目标对象集合 S 中的 m 个实体目标所对应状态信息间的相似性度量，按照各实体目标的相似性关系把 $O_1,O_2,\cdots,O_m$ 划分为多个不相交的目标群子集 $q_1,q_2,\cdots,q_c$，并满足：

$$\begin{cases} q_i\cap q_j=\varnothing \\ q_1\cup q_2\cup\cdots\cup q_c=S \end{cases}$$

每一实体目标能且只能隶属于某一类（目标群子集），每个类都是非空的。因此，目标分群问题是一种硬划分。

3．海战场目标分群应用

在不同的战场环境下，可以根据具体应用问题进行目标分群，下面以海战场目标分群为例进行说明。海军各级指挥人员在军事指挥决策过程中更为关心的是联合机动编队和舰艇编队等信息。面对海量的作战实体的战场信息，指挥人员很难根据这些原始信息快速地形成对战场态势的理解。这就要求将海量的作战实体战场信息进行分群处理，并将分群后的编队信息提供给指挥人员，从而提高指挥员理解战场态势、完成战场决策的速度和效率。

1）海战场目标分群思路

海战场目标分群一般可采用两种思路：一是考虑海战场中同一个编队内的目标一般具有相似的航速、航向等，针对这一特征，一般采用聚类分析、数据挖掘等技术解决；二是考虑海战场中的一个作战编队往往具有特定的队形，如人字队、梯形队、横队、纵队等，因此目标分群有时需要结合队形识别技术，针对这一特征一般采用模式识别等技术解决。

海战场目标分群问题本质上属于聚类分析和模式识别问题，因此数据挖掘和模式识别中的很多方法经过合理改进都可以移植到目标分群问题中。目前用得比较多的目标分群方法主要有：基于知识和最近邻法的目标编群策略，聚类方法，基于模糊集理论的目标分群方法等。目标分群是一个随时间连续在线处理的过程，主要包括群的形成、群的分裂、群的合并等问题。其中群的分裂和群的合并统称为群结构的动态维护。

2）作战实体目标相似性度量

海战场空间目标的分群具有自身特有的意义，一般表现为共同的战术行为，表现为相同分群内的作战实体目标之间的相似性距离度量最小。海战场空间中影响对象间距离度量的因素包含了航迹的空间、时间、航向、航速等特征，这些特征信息在相似性度量中不同的组合决定了聚类过程的不同目的。除了这些与作战实体对象运动特性相关的特征外，实质上还有很多与实体本身数据属性特征相关的相似性度量。

（1）作战实体目标单属性相似性度量。假设目标分群所对应的状态属性信息间的相似性主要是目标之间的空间距离相近、航向角（航速）相近以及属性相似等，则出现在同一个群中的目标应该有以下相似的特点：

① 目标位置。群目标（如海战场舰艇编队）中各作战实体是按照编队运动规则统一行动的，各目标之间的空间距离必须遵循战术要求。因此，目标之间的空间距离成为判断它们是否同属一个群的重要依据之一。假设将目标位置简化为二维坐标，记 O_i 目标的坐标位置为 (p_{ix}, p_{iy})。

② 航速。群目标中作战实体目标具有共同的行动目的，各目标的行进速度按照战术条令基本保持一致。虽然群中可能包括不同类型的作战平台，但为了保持编队，各目标会调整速度保持基本一致。记 O_i 目标的航速为 v_i。

③ 航向。群目标中作战实体目标群中各目标航向基本相同，记 O_i 目标的航向为 c_i。

目标位置的相似性度量可以采用欧几里得距离：

$$d_{ij}^{(1)} = \left(\sum_{k=1}^{m} (p_{ik} - p_{jk})^2 \right)^{\frac{1}{2}} \tag{10.1}$$

航向相似性度量采用曼哈顿距离：

$$d_{ij}^{(2)} = \frac{1}{m} \sum_{k=1}^{m} \left| \frac{c_{ik} - c_{jk}}{180} \right| \tag{10.2}$$

式中：c_{ik} 为目标 O_i 与航向相关的观察目标特征属性。

航速相似性度量采用曼哈顿距离：

$$d_{ij}^{(3)} = \frac{1}{m} \sum_{k=1}^{m} | v_{ik} - v_{jk} | \tag{10.3}$$

（2）作战实体目标属性加权相似性度量。海战场作战实体在分群过程中，不仅仅是受到单一属性的影响，必须综合考虑能够体现其战术特性的重要或所有因素。例如，在上文作战实体观察对象 O_i 的目标位置、航向、航速属性相似度度量基础上，可以构成加权相似性度量向量 $d_{ij}=\left(d_{ij}^{(1)},d_{ij}^{(2)},d_{ij}^{(3)}\right)$，按照军事专家制定的权值组合后可得到在某一时刻 t，对象 O_i 和 O_j 之间的相似性度量为

$$\mathrm{Dist}_{ij}=\sum_{k=1}^{3}w_k d_{ij}^{(k)} \tag{10.4}$$

式中：w_k 为第 k 个变量的识别权重，满足 $\sum_{k=1}^{3}w_k=1$。例如取 $w_1=\frac{1}{2},w_2=\frac{1}{4},w_3=\frac{1}{4}$。

（3）作战实体目标航迹间相似性度量。航迹是海战场空间中作战实体信息的一种时空表达形式，表示为在时间段 $[t_s,t_e]$ 从 (x_s,y_s) 到 (x_e,y_e) 的线性函数 $f_\tau(t)$（假定为二维平面）的集合。扩展作战实体的表达为 $S_t=\{Q_i(t)\,|\,i=1,2,\cdots,n\}$，$S_t$ 为 t 时刻海战场空间的态势表达，$Q_i(t)$ 为第 i 个观察对象 O_i 的航迹在 t 时刻的属性向量。

两个作战实体对象的航迹距离可以采用两航迹间的平均距离计算：

$$D(T_i,T_j)=\frac{\int_T d(T_i(t),T_j(t))\mathrm{d}t}{|T|} \tag{10.5}$$

式中：$d(T_i(t),T_j(t))$ 为海战场空间两条航迹在 t 时刻的空间距离，利用式 $\left(\sum_{k=1}^{m}(p_{ik}-p_{jk})^2\right)^{\frac{1}{2}}$ 计算获取；$|T|$ 为航迹 T_i、T_j 的持续时间；$T_i(t)$ 为观察对象航迹 T_i 在 t 时刻的航迹坐标。

式中所述仅考虑了航迹的三维空间位置及时间信息，而海战场目标空间群所需考虑的除这些信息外，航向及航速信息同样在空间群划分中起到重要的作用。使用航迹间加权平均距离取代前述航迹距离作为航迹间相似性度量成为一种可行的方法。

$$\mathrm{DT}(T_i,T_j)=\frac{\int_T \upsilon(T_i(t),T_j(t))\mathrm{d}t}{|T|} \tag{10.6}$$

式中：$\upsilon(T_i(t),T_j(t))$ 为海战场空间两个观察对象航迹间的加权距离，利用式 $\sum_{k=1}^{3}w_k d_{ij}^{(k)}(t)$ 计算获取；$|T|$ 为航迹 T_i、T_j 的持续时间；$T_i(t)$ 为观察对象航迹 T_i 在 t 时刻的运动属性向量。

3）作战场景仿真设计

水面舰艇作为海军编成中的主要兵力，在海上作战中承担着重要的任务。作战中水面舰艇通常根据具体战斗任务，组成战术编队，既可由同型舰艇组成，也可由不同舰种混合编成。由于受舰载武器攻击距离、雷达探测距离等因素的影响，敌我双方的作战平台难免会出现交叉、跟踪行进，加上海域范围广，作战中会出现敌方、我方与中立方同时出现在交战海域的情况。因此，在海战场环境的场景设计中必须考虑作战过程中对于作战实体目标分群可能遇到的各种问题，例如同一编队、不同编队的目标运动，航迹的交叉、分批、合批等情况。

假设战场区域设置为直角坐标系[450，300]，仿真时间持续 111 个周期。作战实体目标初始化参数有目标编号、初始时刻、位置参数（横坐标、纵坐标）、运动类型、运动参数（初速度、航向、加速度）。本场景共设计 A 群、B 群、D 群三批目标。A 群（第一空间群）包括 3 艘作战舰艇 A1、A2、A3，采用单纵队；B 群（第二空间群）包括 2 艘作战舰艇 B1、B2，采用单横队；D 群（第三空间群）包括 1 艘中立舰艇。为简化海战场实际情况，假设观察对象在两采样周期间做匀速直线运动，航向、航速不发生变化。场景布局设计如图 10.6 所示。

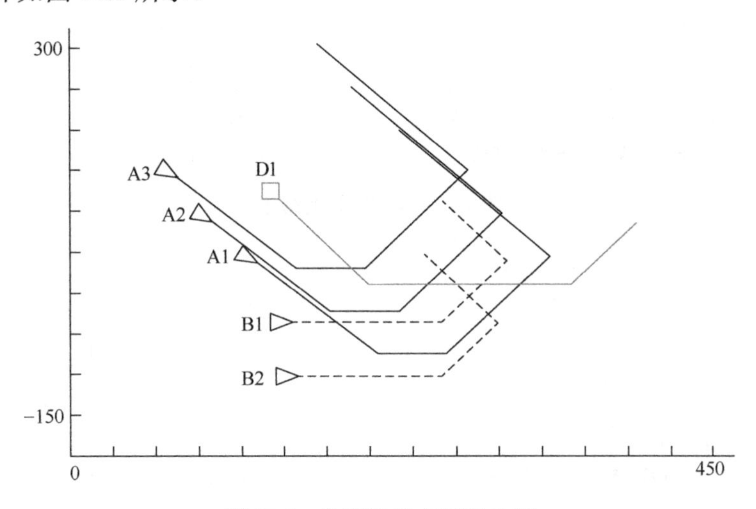

图 10.6　仿真场景布局设计图

仿真场景作战实体运动规划如表 10.2～表 10.4 所列。A 群目标运行 4 个阶段，各阶段持续周期为 35、16、20、40，T_0 阶段航向为 C=140.5°，航速为 1.2。其他依此类推。

表 10.2　A 群（第一空间群）目标运动参数表

初始坐标 A1（41，49） A2（30，59） A3（21，70）	T_0	T_1	T_2	T_3
	C=140.5 v=1.2	C=90 v=1.2	C=45 v=1.4	C=315 v=1
周期	35	16	20	40

表 10.3　B 群（第二空间群）目标运动参数表

初始坐标 B1（48.8，32.7） B2（50，19）	T_0	T_1	T_2	T_3
	C=90 v=1.2	C=45 v=1.2	C=45 v=1.2	C=315 v=1.2
周期	35	16	20	40

表 10.4　D 群（第三空间群）目标运动参数表

初始坐标 D（47，65）	F_1	F_2	F_3
	C=140.5 v=1.2	C=90 v=1.2	C=45 v=1.2
周期	45	40	26

4）层次聚合算法目标分群结果

采用第 9 章中聚类的层次聚合算法，分别采用目标航迹间相似性度量和目标属性加权相似性度量进行目标分群。T=20，T=40，T=60，T=80 四个时刻对算法的聚类结果如图 10.7～图 10.10 所示（图中（a）为目标航迹间相似性度量，图中（b）为目标属性加权相似性度量）。

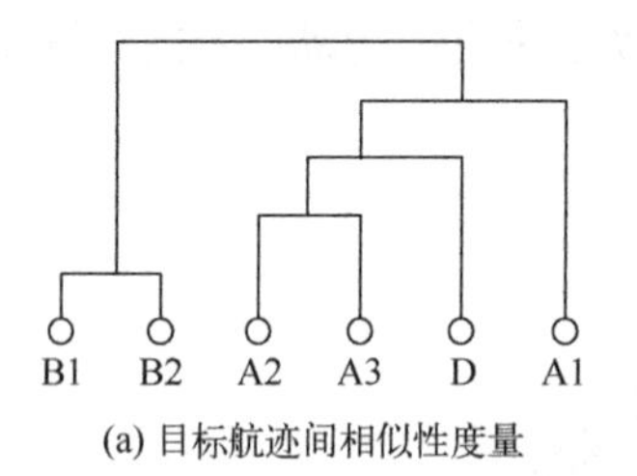

(a) 目标航迹间相似性度量

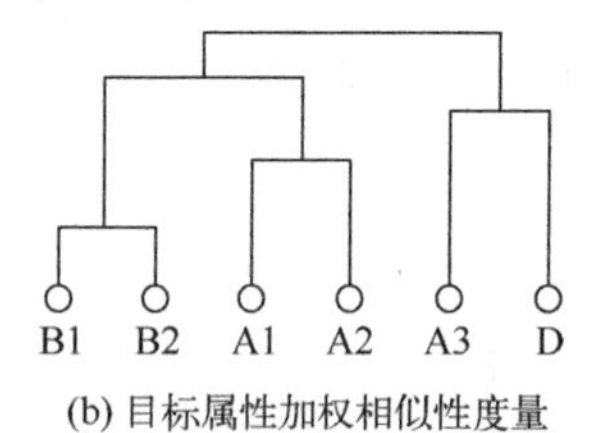

(b) 目标属性加权相似性度量

图 10.7　T=20 聚类结果

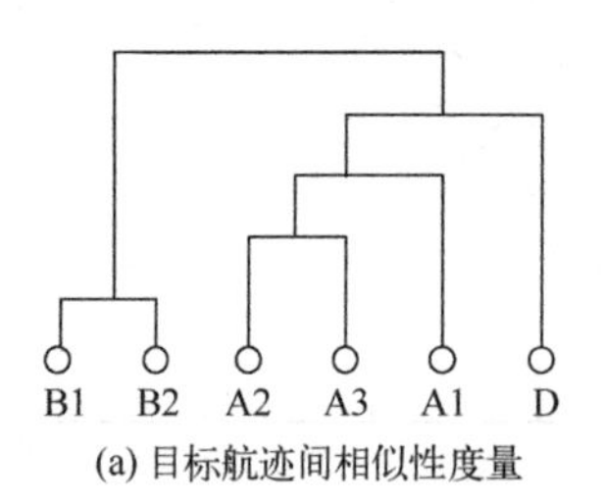

(a) 目标航迹间相似性度量

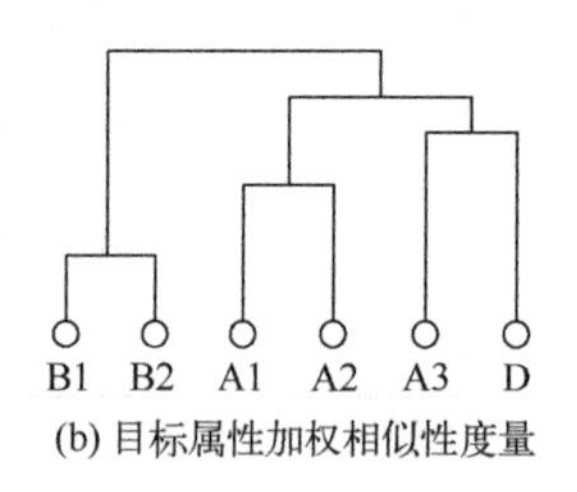

(b) 目标属性加权相似性度量

图 10.8　T=40 聚类结果

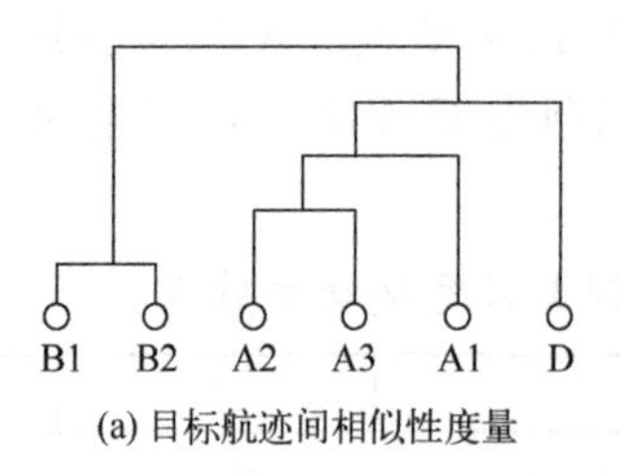

(a) 目标航迹间相似性度量

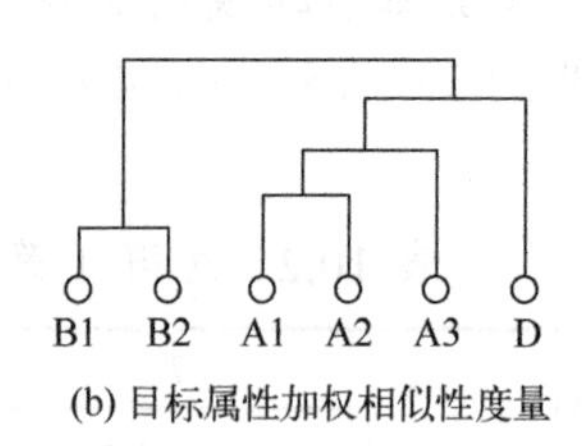

(b) 目标属性加权相似性度量

图 10.9　T=60 聚类结果

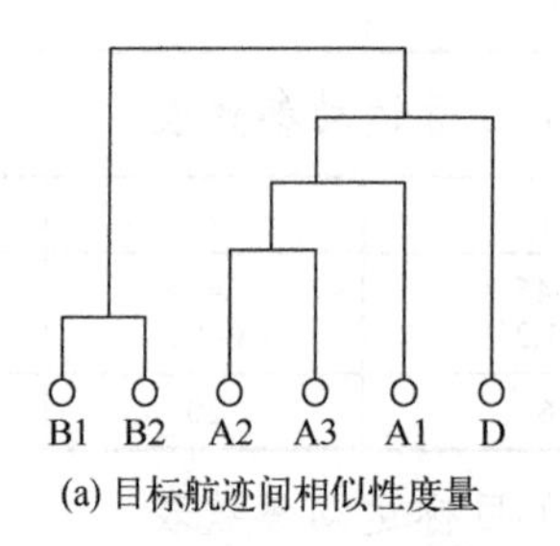

(a) 目标航迹间相似性度量

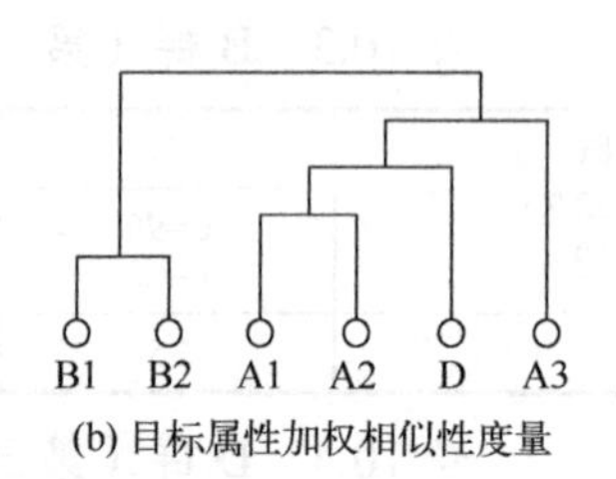

(b) 目标属性加权相似性度量

图 10.10　T=80 聚类结果

经计算得到从 T=35 时刻起，基于航迹距离的聚类方法可有效区分真实空间群的划分，原因在于 A 空间群（编队）在 T=35 时刻后与 B、D 两空间群在整体行为上产生了不同，经时间积累后航迹间距离使得聚类结果趋于稳定。

从聚类结果来看，B 空间群聚类一直较为明确，而由于 D 空间群对 A 空间群造成的干扰使得 A 空间群在聚类上正确率变小。原因在于 D 空间群与 A 空间群在仿真周期内航向和航速属性分量对相似性度量产生了影响。

对比分析后可以看出通过对时间信息的积累，考虑空间群的战术行为特性，可有效将 3 个空间群根据其意图区分开来。

5）划分式算法目标分群结果

在划分式聚类算法仿真试验中，采用 K-means 算法基于时刻状态加权距离进行聚类，在 T=10、T=45、T=80 时刻聚类结果与不同 ε 初值（K=3）聚类结果对比，如表 10.5～表 10.10 所列。

（1）T=10，K=3。

表 10.5　ε=50 划分式聚类算法结果

群编号	目标批号
1	B1、B2
2	A2、D、A3
3	A1

表 10.6　ε=63 划分式聚类算法结果

群编号	目标批号
1	A2、B1
2	B2、A3、D
3	A1

（2）T=45，K=3。

表 10.7　ε=160 划分式聚类算法结果

群编号	目标批号
1	B1、B2
2	A2、A1
3	A3、D

表 10.8　ε=325 划分式聚类算法结果

群编号	目标批号
1	B1、B2
2	A1、A3
3	A2、D

（3）T=80，K=3。

表 10.9　ε=258 划分式聚类算法结果

群编号	目标批号
1	B1、B2
2	A2、D、A3
3	A1

表 10.10　ε=348 划分式聚类算法结果

群编号	目标批号
1	B1、B2
2	A1、A2、A3
3	D

从聚类结果发现，在不同时刻，当各群的目标运动生成的点迹比较分散时，基于聚类中心的聚类方法可有效区分真实空间群的划分，原因在于 B 空间群始终与 A、D 两空间群在整体行为上有较大的不同，因而比较容易区分。

在 T=10 附近，由于 A、B、D 群空间位置较为集中，ε 的选取对聚类结果造成较大影响，甚至出现聚类中敌我双方混乱的结果。

T=45 时，B 群与 A、D 群空间位置比较分散，因而距离加权值较大，该算法基本能准确区分各群。ε 的选取对聚类结果影响不大。

T=80 时，由于 A、B 两群空间位置较分散，D 群与 A 群空间位置较近时，该算法能较好地区分 A、B 群，对于 D 群，不同 ε 初值则对结果有一定影响。

对比分析后可以看出，K-means 算法能够对海战场目标进行聚类，但对于空间位置较集中的聚类，该算法则受K、ε初值影响较大，聚类结果不太理想。

10.3 基于辅助决策技术的态势理解

10.3.1 态势理解的不确定性

态势理解是在事件检测、目标分群的基础上，结合决策者的经验和知识储备，对当前战场态势进行解释，对敌方的可能意图进行识别。作战辅助决策系统可以辅助决策者完成这一过程。态势理解阶段具有较大的不确定性，产生的原因有很多：首先在建立系统模型时，由于问题的复杂性，不可能将所有因素都考虑进去，只能抓住主要方面，而忽略次要方面，这样建立的系统本身就存在着不确定性；其次对于知识，随机性、模糊性、知识形成的局限、知识获取的不完全、知识间的不一致等都可能造成不确定性，一些经验知识很难精确表达，也只能模糊表达；另外，对于推理过程，知识不确定性的动态积累和传递过程也是造成不确定性的原因。上述不确定性可以概括为3个方面：证据的不确定性、知识的不确定性和推理的不确定性。

1．不确定性的三个方面

1）证据的不确定性

证据的不确定性主要反映在：

（1）证据的歧义性。证据具有多种含义明显不同的解释，如果离开证据所在环境和证据的上下文，往往难以确定其真正的含义。

（2）证据的不完全性。一是证据尚未收集完全，二是证据的特征值不完全。任何一个专业领域的知识都是发展变化和不断积累的，因此，大部分的决策都是在知识不完全的情况下做出的。

（3）证据的不精确性。证据表示的值与证据的真实值之间存在一定的差异。

（4）证据的模糊性。证据的取值范围的边界是模糊的、不明确的。

（5）证据的置信度。指专家主观上对提出的证据的信任程度。如果证据不是完全可信任的，在进行决策时，对这样的证据要经过综合处理后才能使用。

（6）证据的随机性。指证据是随机出现的。战场空间的证据一般有两个来源：一是由传感器和其他数据源观察而得到的初始证据。这类证据的不确定性是由观察本身的不精确性引起的；另一个来源是在推理过程中利用前面推理出的结论作为当前新的推理证据。由于在前面推理过程中所使用的初始证据的不确定性，以及在推理过程中所利用知识的不确定性，导致了推理结果的不确定性，这类证据的不确定性则由推理过程中的不确定性传递算法得到。

2）知识的不确定性

知识的表示方法有很多种，有些可以进行不确定性知识表示和推理，例如产生式规则。产生式规则的不确定性主要表现在：

（1）构成规则的前件命题的不确定性。

（2）规则前件命题组合的不确定性。

（3）规则本身的不确定性。

（4）规则后件结论的不确定性。

通常态势理解阶段所涉及的知识（规则）的不确定性由军事专家给出，但是在很多情况下，专家很难一一给出全部战场规则不确定性程度的数值，比如某些规则的不确定性随着先决条件的改变而改变，这时再用固定的数值来表示规则的不确定性程度就显得不合理了，需要引入模糊理论的相关概念来表示这种不确定性。

3）推理的不确定性

由于证据的不确定性和规则的不确定性在推理过程中的动态积累和传播，从而导致推理结论的不确定性。例如：传感器观察到敌方警戒雷达开机（证据 E），并且由警戒雷达开机可以预测敌方可能会对我方发动攻击（规则 $E \rightarrow H$，结果为 H），根据不确定性产生式规则推理，证据 E 的不确定性和规则 $E \rightarrow H$ 的不确定性会传递到结果 H 中去。在多个证据支持结论时，也会将这多个证据的不确定性传递到结果中去。例如：传感器观察到敌方警戒雷达开机（证据 E_1），并且敌机群从敌方基地向我方加速驶来（证据 E_2），而这两个证据都预示着敌方可能会对我方发动攻击。

实际指挥决策过程中，对战场态势的理解包含大量的不确定性和动态约束关系，要充分考虑战场的不确定来源与传递过程。这些不确定性因素主要包括：

（1）战场感知的不确定性（如敌方类型、位置、数量、状态，盟友方的状态等）。

（2）敌方作战能力的不确定性（如敌方的感知能力、决策能力、机动能力、攻击能力、欺骗能力等）。

（3）关于敌方战术知识的不确定性（如敌方的行为规则、决策规则等）。

（4）环境本身具有的不确定性（水文气象环境、电磁环境等）。

如何从不完全、不精确或不确定的知识和信息中做出推理，完成对当前战场态势的解释，是实现态势理解的关键所在。

2．态势理解过程

态势理解是根据军事领域知识，建立态势特征与态势假设的对应关系，形成对当前态势的分类识别。设态势空间框架为 $H=(H_1,H_2,\cdots,H_l)$，H_i 表示战场空间中可能出现的全部态势假设分类；$E_1,E_2,\cdots,E_k$ 为态势特征集合，表示战场空间中所出现的事件。可见，态势理解过程实际上就是求解态势特征集合与态势空间框架的对应关系。

态势理解过程可概括为：在已知军事知识 $K=(K_1,K_2,\cdots,K_m)$ 和当前实时数据信息 $S=(S_1,S_2,\cdots,S_n)$ 的情况下得到态势 $H=(H_1,H_2,\cdots,H_l)$ 的假设结果 $P(H|K,S)$，P 表示每个备选假设（态势）对应的不确定的概率关联值或置信度。

人们在长期的实践活动中，对客观世界的认识积累了大量的经验，当面临一个新事物或新情况时，往往可用这些经验对问题的真假做出判断。这种根据经验对一个事物或现象为真的相信程度称为可信度。实际应用中，可信度由领域专家给出。基于不确定性的产生式规则态势理解过程就是基于可信度进行推理，结合军事领域知识找出事件与态势假设之间的潜在关系，最后用门限检测的方法得出目标当前的态势类型。

借鉴产生式规则推理的可信度计算公式，规则形式：

$$\text{IF } E \text{ THEN } H \; CF(H,E) \tag{10.7}$$

式中：$CF(H,E)$ 为该条知识的可信度，也称为可信度因子，反映前提条件与结论的联系强度。它指出证据 E 为真时，E 对结论 H 的支持程度，$CF(H,E)$ 的值越大，就越支持结

论 H 为真。$CF(H,E)$ 在[0,1]上取值，由领域专家给出。

证据的不确定性也是用可信度因子 $CF(E)$ 表示的。例如：$CF(E)=0.6$ 表示 E 的可信度为 0.6。$CF(E)$ 的来源分为两种情况：对于初始证据，其可信度的值由提供证据的用户给出；对于用先前推出的结论作为当前推理的证据，其可信度的值在推出该结论时通过不确定性传递算法得到。

结论不确定性的合成算法是由下式计算结论 H 的可信度：

$$CF(H)=CF(H,E)\times CF(E) \tag{10.8}$$

若由多条不同知识推出了相同结论，但可信度不同，则可用合成算法求出综合可信度。可以参考不确定性产生式规则推理方法实现。

$E_1,E_2,\cdots,E_k$ 表示经过模糊逻辑检测到的 k 个发生的事件，$CF_1(H_i),CF_2(H_i),\cdots,CF_k(H_i)$ 分别为由 $E_1,E_2,\cdots,E_k$ 用可信度法推出的各个态势类别的可信度，$CF(H_i)$ 为各个态势类别的合成可信度。

态势理解过程的具体步骤如下：

（1）根据领域知识确定目标的态势类别。

（2）将事件检测的各个结果作为证据，分别计算各个态势类别的可信度。

（3）计算各个态势类别的综合可信度。

（4）进行门限检测，若某个态势类别的可信度达到设定的阈值，则将此类别作为估计结果。当不断有事件发生时，这个过程便得以继续，直到某个态势类别的可信度达到预先设定的阈值。

3．态势评估示例

从前述内容可知，态势评估的求解过程可分为事件检测、假设产生和态势评估 3 个步骤。第 1 步事件检测：各个传感器通过检测、处理给出对事件发生的判断；第 2 步假设产生：根据领域知识产生战场空间中可能出现的态势分类；第 3 步态势评估：用一定的推理方法，根据事件检测结果，推断出当前的态势假设类别中可能性最大的一个。下面以一个例子来说明使用上述方法实现态势评估的过程。

例 10.2 假设红方在某地区执行防空任务，据报告有蓝方目标以低速、中速或高速接近红方。而根据领域知识可知目标的可能意图（即态势类别）为攻击、佯攻或监视，要求根据逐步到来的情报推测该目标的意图。

具体方法是：①采用模糊逻辑的方法进行事件检测，事件检测的结果作为证据；②根据事件检测结果，运用产生式规则可信度推理方法，结合领域知识（可信度由领域专家给出），找出事件与态势假设之间的潜在关系，得到各个态势类别的可信度；③根据多个证据，用可信度法求出各个态势类别的综合可信度；④利用门限检测方法，各个态势类别的综合可信度与门限检测的阈值进行比较，得到目标当前的态势类型。

1）基于模糊逻辑的事件检测

事件检测问题具有一定的不确定性，需要一种处理模糊信息的方法。模糊理论便是一种对不确定性问题的描述方法，它可以计算出输入信息隶属于某个集合的程度。模糊逻辑提供了一种处理人类认知不确定性的数学方法，它可以对不精确的语义信息进行处理。态势评估中目标事件包括目标机动事件、辐射源事件等，由于这些事件的发生具有不确定性，因此使用模糊逻辑的方法来检测事件是合理可行的。

模糊逻辑以隶属度函数来表示模糊集合，设 U 是论域，U 上的一个模糊集合 A 由隶属函数 $\mu_A(x)$ 表示，即 $\mu_A(x): x \to [0,1]$，则称集合 A 为论域 U 上的模糊集合或模糊子集；对于 $x \in A$，$\mu_A(x)$ 称为 x 对 A 的隶属度，而 $\mu(x)$ 称为隶属度函数。隶属度函数的确定是模糊逻辑的关键，一般根据专家经验法确定。

模糊集合是在经典集合概念基础上拓展而来的，某一元素和集合间的隶属关系不再是“元素 a 属于集合 A”或者“元素 a 不属于集合 A”，而是元素和集合间的隶属关系可以取[0,1]之间的任意值，来表示元素和集合之间的“远近”关系。

本例将战场目标的飞行速度分为低速、中速、高速 3 种运动状态，视为 3 种不同的事件，对应的事件状态为 $E=\{l,m,h\}$，利用模糊逻辑法对战场目标机动事件进行检测。将获取到的目标速度等事件状态具体值进行模糊化，从而对事件状态进行量化。这里目标速度的模糊子集采用三角形和半梯形隶属度函数，对于低速、中速、高速 3 种不同的事件，其隶属度选取不同的模型参数。隶属度函数如图 10.11 所示。

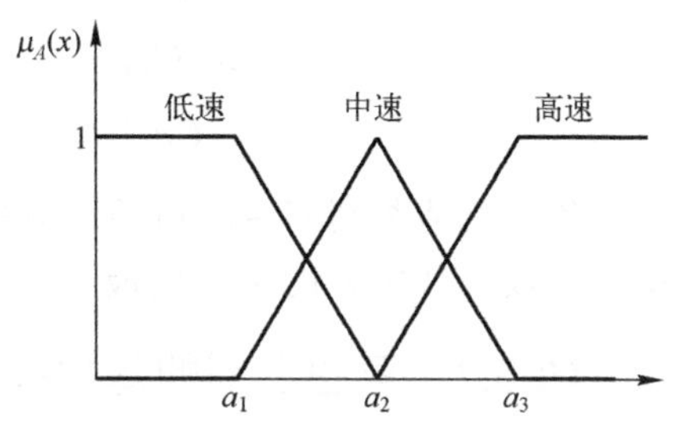

图 10.11　目标速度的模糊子集

定义目标速度的隶属度函数如下：

$$\mu_{A(l)}(x)=\begin{cases}1, & x \leqslant a_1 \\ (a_2-x)/(a_2-a_1), & a_1 < x \leqslant a_2 \\ 0, & x > a_2\end{cases} \tag{10.9}$$

$$\mu_{A(m)}(x)=\begin{cases}0, & x \leqslant a_2-b \\ (x-a_2+b)/b, & a_2-b < x \leqslant a_2 \\ (a_2+b-x)/b, & a_2 < x \leqslant a_2+b \\ 0, & x > a_2+b\end{cases}，\text{其中 } b=\frac{a_3-a_1}{2} \tag{10.10}$$

$$\mu_{A(h)}(x)=\begin{cases}0, & x \leqslant a_2 \\ (x-a_2)/(a_3-a_2), & a_2 < x \leqslant a_3 \\ 1, & x > a_3\end{cases} \tag{10.11}$$

对于不同的应用范围，式中的 a_1，a_2，a_3 和 b 应该选取不同的取值。例如：根据攻击机、战斗机等的速度范围，选取马赫数 a_1=0.5，a_2=1.0，a_3=1.5，b=0.5。例如，传感器检测到某型舰载机目标速度为马赫数 0.8，代入隶属度公式得 $\mu_{A(l)}=0.4$，$\mu_{A(m)}=0.6$，$\mu_{A(h)}(x)=0$，由此可知该舰载机为中速飞行的可能性更大。

对发生的事件状态进行量化后，如果某个状态属性值超过了预先设定的阈值，即认为该事件发生。量化结果则作为后续推理的输入，通过推理对态势进行分类识别，从而完成对当前态势的一次判决。

2）基于不确定性产生式规则的态势理解

设根据领域知识得到目标的态势类别为攻击（H_1）、伴攻（H_2）、监视（H_3），而事件 E_1、E_2、E_3 分别表示目标以低速、中速和高速靠近红方。设定可信度阈值为 0.6。假设由领域专家给出的已知条件如下：

$$CF(H_1,E_1)=0.3,\quad CF(H_2,E_1)=0.3,\quad CF(H_3,E_1)=0.4$$
$$CF(H_1,E_2)=0.6,\quad CF(H_2,E_2)=0.2,\quad CF(H_3,E_2)=0.2$$
$$CF(H_1,E_3)=0.8,\quad CF(H_2,E_3)=0.1,\quad CF(H_3,E_3)=0.1$$

设 t_1 时刻检测到目标以马赫数 0.75 的速度靠近红方，事件 E_1、E_2、E_3 的可信度分别用速度的隶属度值来表示，即

$$CF(E_1)=0.5,\quad CF(E_2)=0.5,\quad CF(E_3)=0$$

得到各个态势类别的单一可信度分别为

$$CF_1(H_1)=0.15,\quad CF_1(H_2)=0.15,\quad CF_1(H_3)=0.2$$
$$CF_2(H_1)=0.3,\quad CF_2(H_2)=0.1,\quad CF_2(H_3)=0.1$$
$$CF_3(H_1)=0,\quad CF_3(H_2)=0,\quad CF_3(H_3)=0$$

各个态势类别的合成可信度分别为：$CF(H_1)$=0.405，$CF(H_2)$=0.235，$CF(H_3)$=0.28，即目标攻击（H_1）的可能性最大。

10.3.2 意图识别的基本概念

态势理解是以已发生事件为基础，进行兵力结构分析、协同关系及行为意图识别，上例中目标态势类别攻击、佯攻、监视其实就是目标意图。目标意图识别是态势理解的一个核心内容，也是威胁估计的基础。

1．意图识别的定义

意图（intention）：希望达到某种目的的基本设想和打算。这里的打算是指计划或预定要达到的目标。意图可以分为作战意图和一般意图。作战意图处于敌对世界，双方的意图具有敌对性和对抗性。一般意图处于温和世界，它区别于战场中的敌对状态的意图。

作战意图（operational intention）：指挥员及其指挥机关为完成一定作战任务的基本设想和打算。根据战争影响层次，作战意图可以分为战略意图、战役意图和战术意图。

战略意图：指导战争全局的方略，即战争指导者为达成战争的政治目的，依据战争规律所制定和采取的准备和实施战争的方针、策略和方法。

战役意图：战役指挥员为达到战争的局部目的或带全局性的目的，根据战略赋予的任务，在战争的一个区域或方向，于一定时间内按照一个总的作战企图和计划，进行的一系列战斗的总和。

战术意图：战场指挥员为了达到一定的作战目标、完成所担负的作战任务，而进行的一切有意识的活动，其表现形式为作战计划、作战方案、作战决心，以及命令和指示。战场指挥员的战术意图是部队作战行动的基本依据。

战略和战役、战术是全局和局部的关系。战略对战役、战术起指导、制约作用，而战略意图的实现，又有赖于战役、战术的胜利。在战争影响层次上，战略是最高的一层，也是影响最为深远，考虑因素最多的一层，战略决策往往需要由军队的最高统帅甚至是国家元首来制定。战术在最低的一层，它直接面对战场的敌对环境，具体处理用于战斗的方法和手段，对战场的实时性和快速性要求较高。

意图识别（intention recognition）：对各种信息源得到的信息进行分析，来解释和判断对方所要达到的目的、设想和打算。意图识别所应用的领域分为军事领域和民用领域，

军事领域的意图识别可以称为对敌作战意图识别。

对敌作战意图识别：对战场各种信息源得到的信息进行分析，从而对敌方的作战设想、作战打算、作战计划进行的判断和解释。根据战争影响层次，可以进一步将对敌作战意图识别分为对敌战略意图识别、对敌战役意图识别和对敌战术意图识别。

对敌战略意图识别：对国家利益存在潜在威胁的对手与我方可能发生战争的时机、战争的性质、特点和发展趋势进行判断和评估，对敌方所制定和采取的准备，以及实施战争的方针、策略和方法进行判断和评估。

对敌战役意图识别：对战区内敌方将要达成的战役目的进行判断和评估。

对敌战术意图识别：对战斗区域内敌方将要达成的战术目的和作战计划进行判断和评估。也就是依据各种信息源得到的信息，结合参战各方力量的部署、战场环境、敌方战斗序列和战术条令、我方所承担的作战任务，对战术态势进行解释，辨别敌方战术意图和作战计划的过程。在战场态势评估中，敌方的战术意图是指挥员决策的重要依据之一，对敌方战术意图判断的准确性和及时性将直接影响到我方作战指挥决策的正确性和有效性。

2. 战术意图识别的内容

对敌战术意图识别包含敌方具体的作战行动、战斗部署、协同动作、战斗指挥、战斗行动、战斗保障、后勤保障和技术保障等，是敌我双方“短兵相接”时候的战斗状态，因此更加具有实时性和具体性。总体来看，战术意图识别的内容主要包括以下几个方面：

（1）分析敌目标所担负的作战任务。作战具有对抗性，敌方作战任务是确定我方作战任务的基点。不同的敌目标，在不同的情况下可能遂行不同作战任务。分析敌方所受领的作战任务，可以使我方在进行决策时更加具有针对性，从而制定出更加有效的作战方案。

敌目标所担负的作战任务可以分为：进攻、防御、佯动、撤出、侦察、巡逻、警戒、导航、护航、护渔、保交、破交、运输、救生等。按照作战对象，可以进一步细分任务，例如进攻任务又分为对海攻击、对空攻击、对潜攻击、电子对抗、对岸攻击等。

战场上敌目标类型不同，可能产生的战术意图也不同。例如，水面舰艇和飞机，两种目标所履行的作战任务不同。水面舰艇的战术任务有护航、导弹或火炮攻击、布雷、扫雷、反潜等。作战飞机的战术任务主要是轰炸、护航、侦察、反潜等。同样是水面舰艇目标，也有不同的型号，如：航空母舰、巡洋舰、驱逐舰、护卫舰、登陆舰、导弹艇、辅助船只、扫雷舰艇等。飞机目标也有歼击机、战斗机、侦察机、轰炸机、歼击轰炸机、直升机等类型。其每个类型的战术任务都有差别。因此，对敌方目标的战术意图应依据不同的目标类型进行分类。

例如：敌某海上编队受领的作战任务是护航，保护某运输船队的安全，则我方决策的基本目标就是如何使其不能完成护航任务，而不是重点考虑歼灭其中的部分目标。

（2）判断敌目标是否已经发现我方。以确定实际对抗的时机以及对抗的激烈程度。对这一要素的把握有助于我方实现先敌发现、先敌攻击。

（3）识别敌目标发现我后战术意图是否变化。敌发现我方兵力后，必定采取相应的措施，但采取措施并不说明其战术意图产生变化。如果敌方认为我方兵力威胁到其完成作战任务，它就会修改战术意图，甚至重新确定战术意图。如果敌方认为我方的出现并不影响其遂行作战任务，它也就没必要改变其战术意图。作为我方决策者，一定要能够识别出敌战术意图的变化，以便及时调整修正我方作战方案。

（4）查明敌目标遂行其作战任务所处的阶段。敌目标的战术意图是由若干个阶段意图所构成的一个随着作战进程发展而变化的意图序列，每一个阶段意图又可能包含若干战术动作。我们称不同的阶段意图或战术动作为其遂行作战任务的不同阶段。尽管现代战争的快速性可能模糊了这些不同阶段的界限，但它们是客观存在的。准确确定敌目标所处的作战阶段，有利于我方把握作战进程，从而掌握作战的主动权，并进行科学合理的决策，制定出恰当的作战方案。

（5）预测敌目标遂行其战术意图可能采用的手段。作战最后的交战阶段就是双方兵力采用武器同对方对抗。敌目标在执行任务时会根据具体情况采取不同的作战武器，例如：海上作战可能实施导弹攻击、火炮攻击、鱼雷攻击、深水炸弹攻击、水雷攻击等。

3．战术意图识别的特点

敌目标战术意图是为了完成其作战任务而进行的一切对我决策有影响的活动的总和，因此表现为如下的规律和特点。

（1）对抗性。战术意图的对抗性是由作战对抗性决定的。例如，敌目标最终战术意图就是完成其作战任务，而我方兵力就是为了阻止它完成任务。在实施最终战术意图方面，敌我双方存在激烈的对抗性。完成作战任务的过程又分为许多阶段，在每一阶段，对抗双方斗智斗勇，也就是说每一阶段的战术意图同样存在对抗性。总而言之，无论是敌目标的最终战术意图，还是其阶段意图，都具有明显的对抗性。

（2）动态性。这体现在两个方面：第一，随着作战进程的不断深入，敌目标的战术意图也可能改变。整个作战过程是敌我双方不断实施其战术意图的过程。当上一作战阶段结束时，实施上一阶段意图的条件消失了，其战术意图自然就进入了下一阶段。如果没有及时转换，只能说明其指挥员没有把握作战进程，最直接的后果是可能陷入被动。第二，在某个作战阶段，战术意图具有变化性。如果实施该阶段意图的条件发生变化，如对抗的条件发生变化，自然就要对其作战计划进行调整，也就是改变阶段意图，否则也可能陷入被动。

（3）阶段性。敌目标完成其作战任务的过程，就是执行其意图序列的过程。这种序列以时间为分界线，虽然有时不是很明显，但是却客观存在。所有的分界线将整个作战过程划分为不同的阶段，每一阶段都有不同的阶段意图，因而我们说敌目标战术意图具有阶段性。

（4）稳定性。敌目标的最终战术意图和阶段意图都具有稳定性。一旦受领了作战任务，其意图就是完成作战任务，这是稳定不变的。如何完成？需要制定并选择相应的作战方案，把最终战术意图贯彻其中，划分阶段，形成阶段意图。在执行作战方案过程中，其阶段意图也是相对稳定的，基本上与作战方案相一致。

（5）欺骗性。作战对抗，历来都是虚虚实实，充满了诡诈和欺骗，对抗双方都不会主动将自己的战术意图通报给对方，更可能是带有欺骗性的，诱使对方上当。这种欺骗性给战术意图的识别带来了难度。

4．战术意图识别的依据

用于判别敌战术意图的依据很多，过去主要依靠战场目标的机动来识别，例如敌方舰艇要对我方某个目标进行攻击，则其会表现出一定的机动动作从而占据较好的攻击阵位，这种机动称为兵力的展开。随着作战样式的改变和各种远程攻击武器的使用，单独依靠目标机动来识别敌方的意图已经变得越来越困难。各种侦察手段的运用也可以为意图识别提供新的依据。综合各种因素，战术意图的识别依据包括：

（1）采用的作战队形。兵力遂行作战任务时都要采取相应的队形，如水面舰艇防空时和护航时采取的编队队形就大不一样。因此敌方水面舰艇编队采取的队形，是我方识别其作战意图的依据之一。

（2）目标的类型。不同类型的目标携带不同的武器装备，其战术技术性能也有差别，适合执行的任务也有区别。因此，目标类型是识别其战术意图的重要依据之一。

（3）目标的机动特征。目标航向、航速的变化直接反映了其战术意图。如：使用武器进行攻击或防御，应该满足武器的发射条件（射程、射界等），因此必须进行相应的机动。航向、航速的变化在态势上综合表现为同我方兵力的相对位置（如距离、方位和舷角）变化，并且这种变化是有其战术目的的。如航向变化包括直航（驶近目标和驶离目标）、曲折机动和转向（向我转向和背我转向）等。敌水面舰艇在遂行不同的作战任务时，需采用相应的机动类型。如进攻作战中一般采用接敌机动，包括接近到相遇、占领阵位、最短时间接近到预定距离等，而在防御作战中，一般采取规避机动，包括规避于预定距离之外、规避我舰使之在最短时间内距离最大等。敌水面舰艇的机动类型可通过分析计算得到。通过敌水面舰艇的机动特征进行意图识别是过去使用比较多的方法。

（4）目标的电磁声光特征。目标在实施行动时，使用技术器材被我方探测到的特征信息，也是我方对其作战意图进行识别的依据，例如水面舰艇上装备有多种不同功能的雷达，各雷达的工作频率、重复频率、脉冲宽度、天线扫描方式、脉冲幅度等都不相同，使用不同雷达表明了敌方按照其作战意图在实施阶段性行动。这些电磁声光特征包括雷达信号、红外信号、光电信号、声纳信号等。

（5）敌我双方作战区域的水文气象条件。作战区域的水文气象条件是作战行动必须考虑的因素，在一定的水文气象条件下，敌方只能遂行与之相适应的作战任务。

10.3.3 意图识别方法

1．意图识别推理过程

意图识别的过程是一个层层推理的动态过程，首先需要从各信息源中提取出对己方决策有用的事件，然后将每个事件映射到相应的任务上，再综合各个事件的任务进行推理获得目标的计划安排，最终达到对目标的意图进行识别的目的。但这个结果并非一成不变的，随着新的信息的到来，需要不断地对相应模块的结果进行更新，从而达到对战场态势的及时把握。图 10.12 所示为意图识别的基本过程。

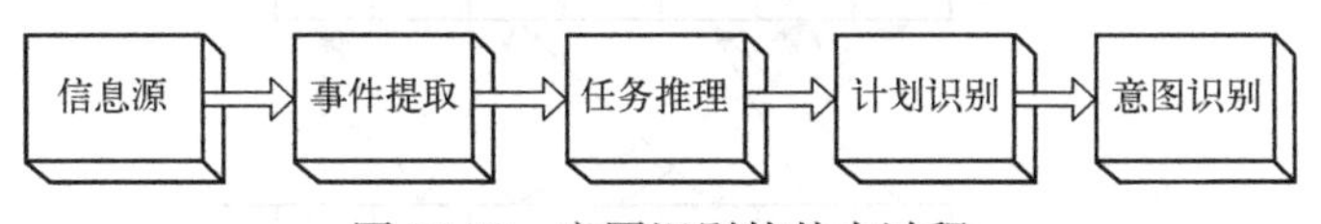

图 10.12　意图识别的基本过程

例 10.3　图 10.13 举例说明了一个具体的意图识别推理过程，图中最左侧，假设有 8 个事件，每个事件有对应的属性值，根据事件的属性值进行事件检测判断前 7 个事件发生，事件 8 未发生。图中第二列现有任务列表中有 7 种任务，通过任务模板对 7 个事件进行搜索，可知事件 3、4、5 与任务 1 相关联，事件 1、3、5 与任务 2 相关联……依此类推。

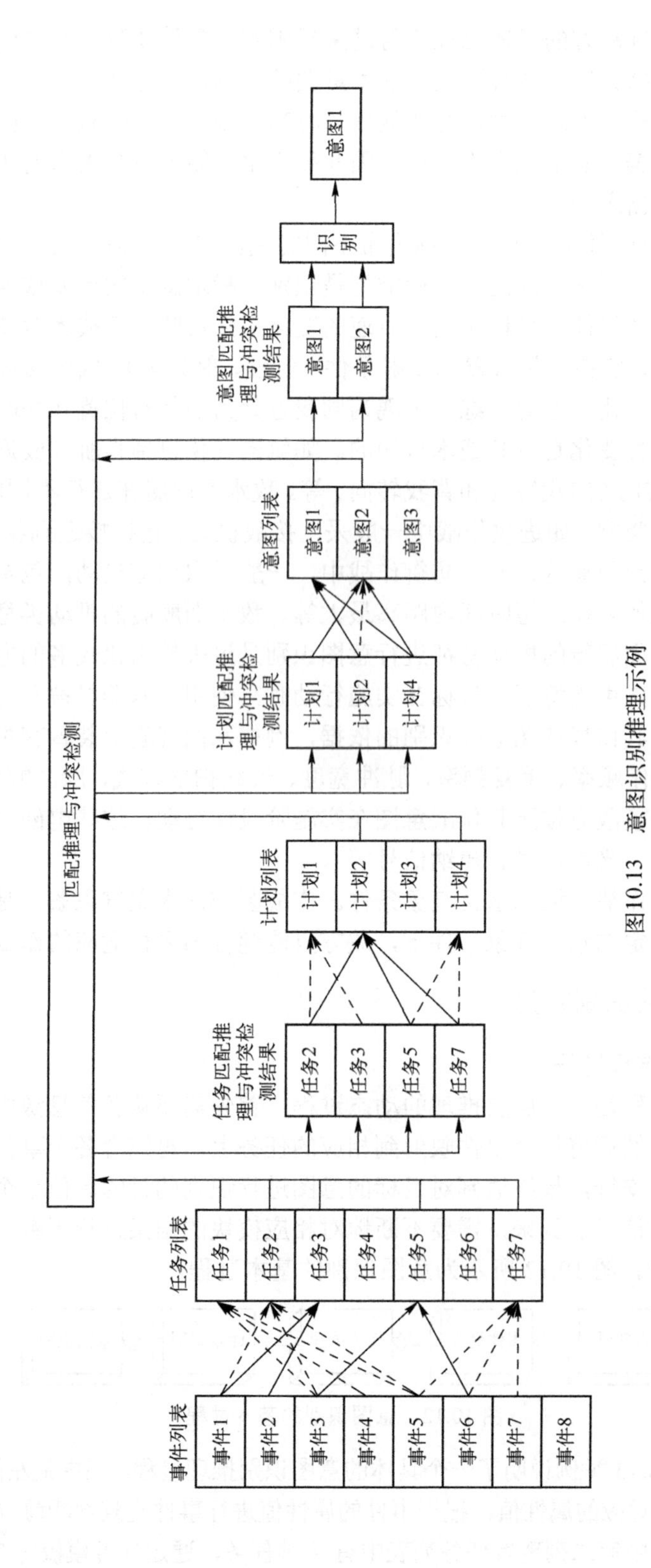

图10.13　意图识别推理示例

接下来，通过任务匹配推理计算出各个任务的置信度，再与知识库中的匹配阈值进行比较，达到阈值则判定该任务发生，由此可以得出任务2、3、5、7发生的结论。经过匹配推理后还需进行冲突检测，因为匹配成功的结果中可能会出现相互冲突的结论，将检测结果输出作为下一级的输入证据。

同理，将检测后的任务列表同计划列表进行关联匹配以及冲突检测，判定计划1、2、4发生，计划3未发生。再将计划1、2、4输出作为意图列表的输入，推理得出可能的意图1、2，并对这些可能意图进行识别，经推理发现意图1发生的可能性最大。

要达到对敌意图的识别，需要以过去的作战经验为基础，将作战经验以意图集的形式进行表示，当感知到战场上发生新的事件时，就可以通过相应的关联规则和匹配算法同意图集比较，输出可能性最大的意图，为下一步的态势预测做准备。在这个意图识别的过程当中，需要解决3个问题，即新信息的存储、意图识别知识库的建立以及匹配推理算法的实现。

2. 基于贝叶斯网络的目标意图识别

以事件的行动特征、任务、计划和意图为节点建立贝叶斯网络意图识别模型，如图10.14所示，顶层S_1为意图层，它包括W_1、W_2两个计划节点，W_1计划由任务T_1、T_2实现，W_2计划由任务T_3、T_4实现，而不同的任务又由不同的事件组合完成，如任务T_3由事件节点e_3、e_4、e_5完成，每个事件节点均对应着相应的行动特征，事件节点e_1包括证据事件节点c_1、c_2。

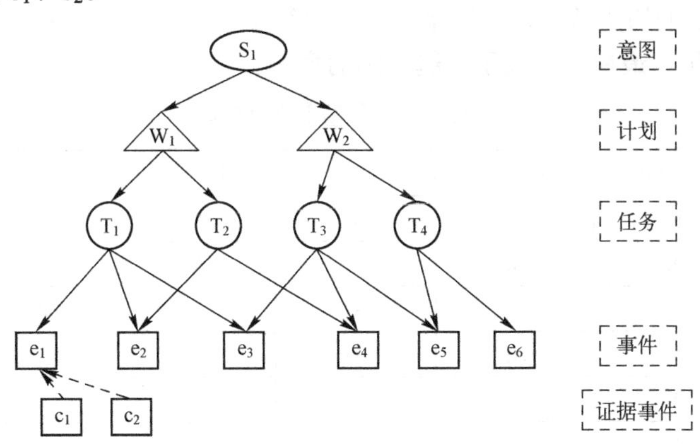

图10.14　基于贝叶斯网络的意图识别模型

上述贝叶斯网络模型包括4级层次关系，即意图-计划、计划-任务、任务-事件、事件-证据事件连接。这4级关系之间的推理包括前向推理和后向推理两种模式，以任务-事件为例，当有证据直接作用在事件上时，需要根据事件推理敌方下一步的任务是什么，在贝叶斯网络中可以发现这属于后向推理，并在任务层推理结束后，其产生的结果又可以作为计划层的推理过程的输入，引起下一轮的推理；反之，当有证据直接作用在任务节点上时，这时证据分别向计划层进行后向推理和向任务层进行前向推理，这样逐轮推理达到对网络中各个节点的置信度更新。

3. 基于决策树的意图识别方法

决策树法是利用以往战场意图识别的经验，对以往各个识别依据得到的识别结果数据进行总结分析，生成意图识别决策树；在实际作战中，根据获取到的信息，对决策树进行搜索，便可以实现对敌意图的快速识别。由于战场上目标意图的不确定性很大，识别有可能存在错误，因此在识别结束后，用户需要向系统反馈识别结果是否正确，如果利用决策树进行意图识别的结果是错误的，则将该识别更正后加入历史数据库，重新生成决策树。对目标意图的识别过程同时也是一个机器学习的过程，通过一段时间的使用会使识别结果越来越准确。基于决策树的目标意图识别流程如图 10.15 所示。

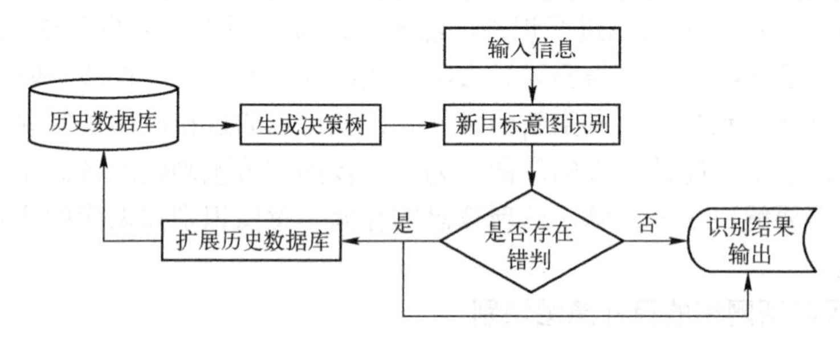

图 10.15　基于决策树的目标意图识别流程

例 10.4　某海上舰艇意图识别框架为：识别命题{防空、搜潜、攻击、规避}，即 $\Omega=\{A_1,A_2,A_3,A_4\}$；证据集为{作战队形、舰艇类型、机动特征、电磁声光、水文气象}，即 $E=\{D_1,D_2,D_3,D_4,D_5\}$。

采用表 10.11 的历史数据建立决策树，表中第 2 列到第 6 列表示按照每一种证据得到的意图识别结果，最后一列表示舰艇实际的意图。

表 10.11　意图识别样本

序号	作战队形	舰艇类型	水文气象	机动特征	电磁声光	实际意图
1	A_1	A_2	A_1	A_2	A_1	A_1
2	A_4	A_4	A_1	A_4	A_1	A_4
3	A_2	A_1	A_1	A_2	A_1	A_2
4	A_1	A_1	A_3	A_1	A_2	A_1
5	A_3	A_3	A_2	A_3	A_3	A_3
6	A_3	A_2	A_2	A_3	A_2	A_2
7	A_3	A_1	A_4	A_4	A_2	A_3
8	A_4	A_2	A_2	A_1	A_2	A_4
9	A_2	A_2	A_4	A_2	A_3	A_2
10	A_1	A_4	A_4	A_4	A_4	A_4
11	A_2	A_1	A_4	A_3	A_1	A_1
12	A_4	A_3	A_1	A_4	A_3	A_3
13	A_3	A_3	A_3	A_3	A_3	A_3
14	A_1	A_3	A_2	A_1	A_4	A_1
15	A_4	A_4	A_3	A_4	A_4	A_4
16	A_2	A_4	A_1	A_2	A_4	A_2

利用建树算法建立如图 10.16 所示的决策树（建立的决策树不唯一，这里只给出其中的一个实例）。

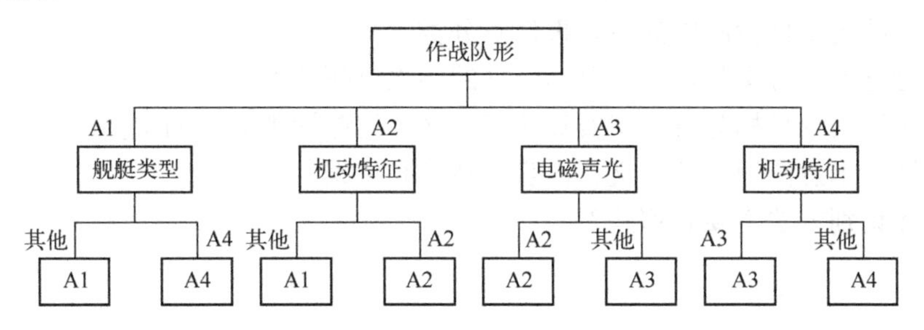

图 10.16　目标意图识别决策树

利用得到的决策树，对新出现情况进行判断，采用不同的识别依据得到如表 10.12 所列的识别结果。

表 10.12　利用决策树的意图识别

序号	作战队形	舰艇类型	水文气象	机动特征	电磁声光	实际意图
1	A_1	A_3	A_1	A_1	A_1	A_1
2	A_4	A_4	A_2	A_4	A_2	A_4
3	A_4	A_3	A_1	A_2	A_1	A_4
4	A_2	A_1	A_3	A_1	A_2	A_1
5	A_3	A_3	A_2	A_4	A_3	A_3

小　　结

战场态势纷繁复杂、瞬息万变，指挥员在作战过程中承担着越来越大的思维压力。面对网络中心环境下的不对称、非线性的威胁，现代战争中的态势评估系统正面临着日益增长的挑战。现代战争是敌我双方激烈的体系对抗，这种体系对抗行动受双方作战意图的驱使。指挥员在实施作战指挥决策过程中，如何从获取的不完整、不确定、带有噪声的数据中科学、合理、准确、高效地提取有效信息，并快速分析战场态势，判断敌方的战场部署和作战行动，进而识别出敌方的作战计划和作战意图，以便己方采取相应行动去干预和阻止敌方作战意图的实现，变得越来越关键。大数据分析挖掘技术可以针对海量历史数据的目标静态特征和行为特征，构建各军兵种战场目标特征知识库，以知识库为基础，结合战场实时信息的快速检索和处理，动态识别目标身份及行为，实现对其作战能力及意图的认知，为作战决策提供有力支持。

习　　题

1．简述态势评估的概念。
2．态势评估的三级功能模型包括哪三级？

3．战场态势要素主要有哪些？
4．态势觉察和态势理解的任务主要有哪些？
5．列举战场事件检测中的主要事件及分类。
6．目标分群的含义是什么，目标分群的层次有哪些？
7．用于海战场目标分群的聚类算法有哪些，这些聚类算法的主要区别是什么？
8．简述战术意图识别的定义、内容、特点和依据。
9．意图识别方法主要有哪些？

第11章　辅助决策技术在目标威胁估计中的应用

目标威胁估计是辅助决策的核心内容之一，威胁估计的结果将成为指挥员作战决策的重要依据。目标威胁估计是根据战场态势推断敌方对我方的威胁程度，为我方的决策和指挥提供支持，它是多目标攻击条件下进行有效防御的基础，是火力分配和战术决策的前提条件。本章介绍辅助决策技术在目标威胁估计中的应用，内容包括目标威胁估计的基本概念，基于多属性决策的目标威胁估计、基于贝叶斯网络的目标威胁估计和基于数据挖掘的目标威胁估计方法，并给出一些应用的例子。

11.1　目标威胁估计的基本概念

在现代信息化战场，作战人员能够从各种先进的侦察设备和战场传感器获取敌方目标原始数据，并通过数据预处理和一级处理（目标评估）得到目标类型、位置、速度等信息，然而，数据预处理和目标评估过程可能存在误差，导致这些目标信息带有一定的不确定性。因此，对战场情报中这些不确定性目标信息进行分析处理，并迅速、准确地进行威胁估计，是高技术条件下现代战争对作战指挥“快节奏、高效率”的必然要求。

11.1.1　目标威胁估计的定义

目标威胁估计是根据当前战场态势信息评估敌方目标的作战能力和威胁程度的一种手段，作为美国JDL信息融合模型的第三层，威胁估计具有预警感知、威胁计算和威胁排序等功能。合理的目标威胁判断能够为我方指挥决策和作战资源分配提供有效的帮助，缩短决策反应时间，提高威胁目标的拦截成功率。

目标威胁估计的主要任务是根据战场态势信息，利用各种技术对敌方兵力的战技术性能指标进行分析，对敌我双方武器平台效能及敌方进攻风险程度进行评估，进而定量化地分析判断出各目标的威胁程度，获得敌方兵力的杀伤能力和对我方威胁程度的估计。

作为作战指挥决策过程中的重要一环，威胁估计一方面根据战场敌我双方的态势推断敌方对我方的威胁程度，为指挥员实施指挥决策提供技术支持；另一方面也是进行多目标打击的基础，是火力分配和战术决策的前提条件。

威胁估计是以态势评估的全部结果为背景，综合敌方的攻击能力、机动能力和行为意图，做出关于敌方杀伤能力和对我方威胁程度的评估。威胁估计根据敌我双方的武器性能、电子设备性能、作战策略的知识等，尽可能以定量的形式对敌方兵力威胁程度做出分析，并提出应采取的战术对策的辅助决策信息供指挥员参考。

11.1.2　目标威胁估计模型

根据图10.2的JDL数据融合模型，目标威胁估计是JDL数据融合模型中的第三级处理，它是建立在目标状态与属性估计以及态势评估基础上的高层信息融合技术。JDL认为，威胁估计重在推理敌方的意图和目的，量化判断敌方对我方的威胁程度。

随着信息融合技术的发展，JDL 模型几经修正，为便于该功能模型在非军事领域的应用，第三级处理由威胁估计（threat assessment）扩展为影响评估（impact assessment），而在军事领域，仍沿用威胁估计这一名称。

严格说来，威胁估计需依据 JDL 模型中的第一级处理“目标评估”和第二级处理“态势评估”的结果来进行，由于态势评估的研究还不够成熟，结果呈现形式各异，尚未形成通用的模型，因此态势评估与威胁估计之间的衔接还不够紧密，很难制定出一个统一完善的威胁估计模型。现有的威胁估计模型大多针对特定类目标进行处理，从目标特点出发来进行威胁估计。目标威胁估计一般分为 3 个主要步骤：威胁要素提取、威胁度计算、威胁等级确定。

目标威胁估计过程涉及许多不确定性因素，例如目标类型的不确定性，战场环境、气象等的不确定性。所以，威胁估计属于信息不全、信息不确定条件下的战术决策问题，是一个十分复杂的过程。目前，威胁估计方法研究已成为信息融合技术研究的热点与难点之一，主要是利用战场态势信息，建立目标威胁估计模型，利用各种推理技术获得目标的威胁程度判断，为决策人员进行决策提供依据，辅助决策人员进行威胁判断。

11.1.3 目标威胁估计的属性因素

目标威胁估计可以采用简单的威胁判断方法：如到达时间判定法、相对距离判定法、航路判定法、线性加权求和法等。但事实上进行威胁估计判断时需要综合考虑多方面因素影响，融合多种属性，采用多种推理方法得到威胁等级判断。

对目标威胁等级的判断一方面是依靠战场态势的感知，另一方面则是依靠目标的自身特征。例如目标的编成、武器状态等。目标的威胁程度主要是由目标所担负的作战任务及目标特性决定的，在对目标进行威胁分析时，主要考虑以下因素：

（1）目标的类型。目标类型不同，其速度和攻击能力也不同，对我威胁程度也不同，按威胁程度由大到小排列为：集群目标（如舰艇编队）、单实体目标（如导弹、舰艇、飞机等）、固定目标（如岛屿、岸上目标等），各大类又可细分为若干小类。但是在许多情况下，目标类型难以识别，为基于类型的威胁估计带来困难。

（2）目标的武器作用范围。如果我方目标处于敌方目标的武器作用范围内，则其威胁等级就会上升。目标的武器作用范围分为以下 3 个威胁等级：最小距离、致命距离和致死距离。根据目标的进攻能力、防御能力、信息作战能力等确定其威胁程度。

（3）目标武器状态。例如雷达开机、目标已经处于攻击状态、目标应急攻击、目标正在搜索。

（4）目标运动态势。目标运动态势是个动态的因素，包括目标位置（距离、方位、高度）和目标运动参数（航向、航速）。

目标距离：敌目标距我越近，对我威胁度越大，所以应优选距我较近、在我火力打击范围内的目标。可以分为远、中、近 3 个等级。

目标方位：目标方位是指挥员判断和打击目标的依据。

目标高度：目标飞行高度越低，被发现的概率越小。在目标较远时，目标的飞行高度对我方的威胁不明显，近距离突然出现的低空目标，对我方的威胁将明显提高。

目标航速：目标航速是衡量目标机动性能的重要指标之一，也是目标的重要属性之一。不同的目标具有不同的机动速度，即使是同一目标，速度不同，其威胁程度也有所不同。

目标航向：根据目标航向可大致推测敌目标之意图。敌奔我而来，则敌进攻意图明显；敌背我而去，则敌逃跑意图明显。

前 4 项体现目标静态特征，即作战能力，显示作战对象实力，由目标平台的类型及其携带的武器性能决定。第 5 项体现目标意图。

目标威胁估计最终需要确定目标威胁等级，目标威胁等级划分的方法很多，如三级、五级等，目前以三级居多，即威胁严重、威胁中等和威胁较小。

目标威胁估计是辅助决策的核心内容之一，威胁估计的结果将成为指挥员作战决策的重要依据。目标威胁估计是根据战场态势、目标信息属性和价值因子，计算目标对于我方的威胁程度，并为指挥员辅助制定打击顺序。威胁估计是一个复杂的、实时的不确定推理过程，一方面必须在短时间内处理大量的战场信息，另一方面要求作为主体的指挥员适时地进行干预。针对此问题，人们提出很多方法，如多属性决策、对策论、模糊理论、D-S 证据理论、贝叶斯网络、神经网络、云模型理论等。这些方法各有所长，分别适应于不同的情形，它们之间有机组合，可以取长补短，提高处理的有效性，满足一定场合的应用需求。

11.2 基于多属性决策的目标威胁估计

威胁估计是一个复杂的、实时的不确定推理过程，针对此问题，人们提出很多方法，多属性决策方法就是用于目标威胁估计问题的最传统的方法。

11.2.1 多属性决策威胁估计方法概述

基于多属性决策的目标威胁估计方法是通过分析目标威胁估计的参数（包括目标特征参数和运动参数，如：目标意图、目标类型、目标距离、目标速度、运动方向等），根据提供的目标参数相互关系以及对威胁的影响程度确定各要素的权重，通过加权的方法综合评判目标威胁等级和目标威胁等级排序。其基本过程如下：

（1）根据实际应用特点，选取影响目标威胁估计的多个属性因素。

（2）确定各属性因素的权重：各属性的权值是属性的偏好信息，表示属性的相对重要性，对评估结果有很大的影响。

（3）根据实际情况建立各个目标的多属性决策表或决策矩阵。

（4）利用各种多属性决策方法，如加权和法、层次分析法、TOPSIS 法进行威胁估计，并依据求解结果对目标威胁大小进行排序。

多属性决策方法的优点是简单快速，能够综合考虑定性与定量的威胁估计属性，但决策过程涉及属性权重，受主观因素影响比较大，所以，要求决策者对威胁估计问题的实质和威胁估计属性之间的关系非常清楚。另外，在威胁估计问题中，影响威胁估计的属性因素值可能具有不确定性，甚至有些目标属性值无法获得，造成信息不完全，这时多属性决策方法就不能很好地用于威胁估计。为此，一些研究者将模糊集、灰色理论等方法与多属性决策相结合，对属性值进行模糊化，这能够在一定程度上解决目标属性值的不确定性问题。

11.2.2 多属性决策目标威胁估计示例

例 11.1 海上近岸目标威胁估计。在港口防御中，监测区域的海上近岸目标数量多、隐蔽性强、机动性高，其威胁度波动较大，易造成严重的突发事件，如美国海军驱逐舰“科尔”号在也门亚丁港遭遇的自杀式爆炸袭击事件。需要依靠雷达和光电等传感器获得的目标状态信息进行判断，提前预测其潜在威胁，从而提高对威胁目标的拦截率。

1．威胁评估指标及其量化处理

1）评估指标选取

对于常见的诸如渔船、货船、汽艇、快艇等海上近岸目标，其威胁影响因素较多，相互关系复杂，且部分信息难以直接获得。实际作战中的威胁因素可以分为两个方面，即属性方面和行为方面。属性方面包括目标的威胁类型、目标武器载荷信息、目标无人化信息等；行为方面包括目标速度信息、目标距离信息、目标航向角信息等，具体如图 11.1 所示。

2）评估指标量化

目标的威胁度是由多方面定性和定量信息共同决定的，部分信息难以用数值直接描述，现采用隶属度的方法消除目标信息的量纲和数量级差别，对数据进行规范化处理，将其转化为[0,1]区间的无量纲数据。

目标的威胁类型属于定性指标，对于海上近岸威胁目标，可通过敌我识别器或其他手段判别，这里将其分为敌船、未知和民船，对应的量化值如表 11.1 所列。

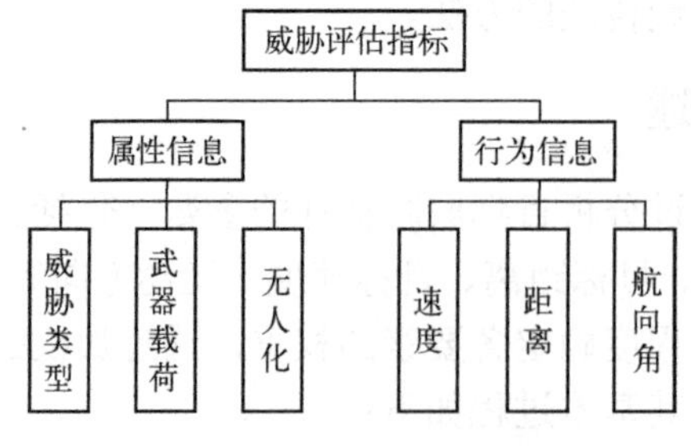

图 11.1 海上近岸目标威胁评估指标

表 11.1 威胁类型量化表

威胁类型	敌船	未知	民船
量化值	1	0.55	0.25

武器载荷也属于定性指标，可将其分为有明确武器、有潜在武器和未装备武器 3 种等级，具体信息可根据光电数据利用深度学习识别判断或人在回路参与判断。有明确武器是指可通过人工智能或检测人员直接识别出目标外部武器装备，或者根据数据库信息对比得知；有潜在武器是指目标有隐蔽武器的空间与可能；未装备武器是指已证实目标没有负载武器的空间与性能。具体量化指标如表 11.2 所列。

表 11.2 武器载荷信息量化表

武器载荷	有明确武器	有潜在武器	未装备武器
量化值	0.85	0.65	0.25

无人化指标是指威胁目标的作战平台是否无人，这里将其分为有人系统、未知系统和无人系统。在现代作战中，由于无人系统的非接触和零伤亡，使得其作战成本大大降低，潜在威胁更大。具体指标如表 11.3 所列。

表 11.3　无人化信息量化表

无人化	无人系统	未知系统	有人系统
量化值	0.85	0.65	0.35

速度指标的威胁隶属度函数 $\mu(v)$ 应满足速度越大，威胁度越大的特点，根据实际作战经验，采用如下上升型指数函数的形式：

$$\mu(v)=\begin{cases}1-(1-\alpha_v)\mathrm{e}^{\gamma_v(v-v_0)}, & v\geqslant v_0\\ \alpha_v, & v<v_0\end{cases} \tag{11.1}$$

式中：v_0 为速度威胁阈值；γ_v 为速度威胁衰减系数；α_v 为最低速度威胁隶属度。

威胁目标离己方保卫目标越近，则其威胁度越大，故根据作战经验，距离威胁隶属度函数 $\mu(d)$ 可选取如下下降型指数函数形式：

$$\mu(d)=\begin{cases}1, & d<d_0\\ (1-\alpha_d)\mathrm{e}^{\gamma_d(d-d_0)}+\alpha_d, & d\geqslant d_0\end{cases} \tag{11.2}$$

式中：d_0 为距离威胁阈值；γ_d 为距离威胁衰减系数；α_d 为最小距离威胁隶属度。

威胁目标航向与保卫目标方位越接近，则其威胁度越大。为计算方便，以威胁目标与保卫目标连线为基准，定义航向偏差角 θ，顺时针为正，逆时针为负。航向偏差角威胁隶属度函数 $\mu(\theta)$ 可选取如下函数形式：

$$\mu(\theta)=\begin{cases}(1-\alpha_\theta)\mathrm{e}^{\gamma_\theta|\theta|}+\alpha_\theta, & |\theta|<\theta_0\\ \alpha_\theta, & |\theta|\geqslant\theta_0\end{cases} \tag{11.3}$$

式中：θ_0 为航向偏差角威胁阈值；γ_θ 为角度威胁衰减系数；α_θ 为最小偏差角威胁隶属度。

根据以上评估指标模型，可计算出威胁隶属度矩阵 $\boldsymbol{A}$：

$$\boldsymbol{A}=(a_{ij})_{m\times n} \tag{11.4}$$

式中：m，n 为有 m 个目标和 n 个威胁指标；a_{ij} 为威胁目标 i 的第 j 个指标威胁隶属度。

2．层次分析法与熵权法求权重

权重的确定方法包括主观赋权法和客观赋权法，主观赋权法偏向于专家的直观经验，客观赋权法更侧重于数据的严谨。这里采用主观赋权法中的层次分析法和客观赋权法中的熵权法相结合求权重。

1）层次分析法求权重

层次分析法（AHP）通过将复杂问题的各个因素梳理为相互关联的有序层次，是一种定性与定量相结合的多目标决策分析方法。利用层次分析法求权重具体步骤如下：

（1）构造指标比较矩阵。对于已经构建的指标体系，根据指标层次关系，将相同层级的指标进行两两比较，得到各个指标的重要性量化矩阵 $\boldsymbol{B}$：

$$
\boldsymbol{B}=\begin{bmatrix} b_{11} & b_{12} & \cdots & b_{1n} \\ b_{21} & b_{22} & \cdots & b_{2n} \\ \vdots & \vdots & \vdots & \vdots \\ b_{n1} & b_{n2} & \cdots & b_{nn} \end{bmatrix}
$$

式中，n 为指标个数。矩阵各个元素 b_{ij} 可根据指标相互重要性取值。

（2）计算相对权重。根据判断矩阵，求出其最大特征根$\lambda_{\max}$及其对应的特征向量 $\boldsymbol{w}$，方程如下：

$$
\boldsymbol{Bw}=\lambda_{\max}\boldsymbol{w} \tag{11.5}
$$

所求特征向量 $\boldsymbol{w}$ 经归一化处理，即为各个指标的相对权重。

（3）一致性检验。以上求得的权重是否合理并符合专家的评判标准，还要通过一致性检验来确定。

2）熵权法求权重

熵本来是一个热力学概念，后由 C.E.Shannon 引入信息论，定义了信息熵，如果某指标信息熵越小，则其能提供的信息量越大，在评价体系中所占的权重理所应当更大。对于 m 个目标，n 个指标的威胁评价体系，具体权重求解步骤如下：

（1）根据威胁隶属度矩阵 $\boldsymbol{A}$ 求出标准化矩阵 $\boldsymbol{P}$。利用威胁隶属度矩阵 $\boldsymbol{A}$，可求出第 j 个威胁指标下目标 i 的威胁占全部 m 个目标威胁的比重，即矩阵 $\boldsymbol{P}$ 中各个元素 p_{ij} 为

$$
p_{ij}=\frac{a_{ij}}{\sum_{i=1}^{m}a_{ij}} \tag{11.6}
$$

（2）求出各个指标的信息熵：

$$
E_j=-\frac{1}{\ln m}\sum_{i=1}^{m}(p_{ij}\ln p_{ij}) \tag{11.7}
$$

（3）求解各个指标权重：

$$
W_j=\frac{1-E_j}{\sum_{j=1}^{n}(1-E_j)}, j=1,2,3,\cdots,n \tag{11.8}
$$

3．综合权重及综合评估

利用层次分析法求得的权重向量和熵权法求得的权重向量，可得综合权重：

$$
\eta_j=\frac{w_jW_j}{\sum_{j=1}^{n}w_jW_j}, j=1,2,3,\cdots,n \tag{11.9}
$$

利用当前时刻战场态势信息，以及综合权重，即可求得目标的综合威胁度。

4．威胁评估仿真分析

设 T_1 时刻我方港口监测系统探测到 5 批近岸海上目标，光电与雷达获取的目标在时刻内目标特征信息如表 11.4 所列。

表 11.4　目标特征信息

目标	威胁类型	武器载荷	无人化	速度/kn	距离/km	航向偏差角/(°)
D_1	未知	有潜在武器	有人系统	8	8.2	-18
D_2	未知	有潜在武器	无人系统	18	6.9	20
D_3	敌船	有明确武器	有人系统	28	10.4	40
D_4	未知	未装备武器	未知系统	18	15.4	-80
D_5	民船	有潜在武器	有人系统	5	7.6	25

基于潜在威胁分析的海上近岸目标威胁评估的流程如下：

1）计算目标隶属度矩阵

对于前面给出的隶属度函数，参考该港口的实际作战态势将各个参数取值如下：$v_0=5$，$\gamma_v=-0.055$，$\alpha_v=0.2$，$d_0=2$，$\gamma_d=-0.16$，$\alpha_d=0.2$，$\theta_0=90$，$\gamma_\theta=-0.03$，$\alpha_\theta=0.2$。

对属性表进行量化求解，得到目标的隶属度矩阵：

$$\boldsymbol{A}(T_1)=\begin{bmatrix} 0.55 & 0.65 & 0.35 & 0.3217 & 0.4967 & 0.6662 \\ 0.55 & 0.65 & 0.85 & 0.6086 & 0.5653 & 0.6390 \\ 1 & 0.85 & 0.35 & 0.7742 & 0.4086 & 0.4410 \\ 0.55 & 0.25 & 0.65 & 0.6086 & 0.2937 & 0.2726 \\ 0.25 & 0.65 & 0.35 & 0.2000 & 0.5266 & 0.5779 \end{bmatrix}$$

2）结合层次分析法与熵权法综合求权重

对于层次分析法，首先通过专家评议，得到表 11.5 的重要性比较表格，然后利用和积法，得到其规范化矩阵为 $\boldsymbol{B}$，以及最大特征根所对应的特征向量 $\boldsymbol{w}$。

表 11.5　指标相对重要性比较

指标	威胁类型	武器载荷	无人化	速度	距离	航向角
威胁类型	1	1/2	1	1/2	1/4	1/2
武器载荷	2	1	2	1	1/3	1
无人化	1	1/2	1	1/3	1/4	1
速度	2	1	3	1	1/2	2
距离	4	3	4	2	1	2
航向角	2	1	1	1/2	1/2	1

$$\boldsymbol{B}=\begin{bmatrix} 0.0833 & 0.0714 & 0.0833 & 0.0938 & 0.0882 & 0.0667 \\ 0.1667 & 0.1429 & 0.1667 & 0.1875 & 0.1176 & 0.1333 \\ 0.0833 & 0.0714 & 0.0833 & 0.0625 & 0.0882 & 0.1333 \\ 0.1667 & 0.1429 & 0.2500 & 0.1875 & 0.1765 & 0.2667 \\ 0.3333 & 0.4286 & 0.3330 & 0.3750 & 0.3529 & 0.2667 \\ 0.1667 & 0.1429 & 0.0833 & 0.0938 & 0.1765 & 0.1333 \end{bmatrix}$$

$$\boldsymbol{w}=[0.0811 \quad 0.1524 \quad 0.0870 \quad 0.1984 \quad 0.3483 \quad 0.1327]$$

最大特征根为 $\lambda_{\max}=6.1182$，$CR=0.01906<0.1$ 满足一致性检验。

对于熵权法，获得目标权重向量为

$$\boldsymbol{W}(T_1)=[0.2116\quad 0.1492\quad 0.1918\quad 0.2371\quad 0.1027\quad 0.1077]$$

故综合权重为

$$\boldsymbol{\eta}(T_1)=[0.1117\quad 0.1480\quad 0.1086\quad 0.3060\quad 0.2327\quad 0.0930]$$

利用该权重可计算得到T_1时刻的威胁度：

$$\boldsymbol{U}_{T1}=[0.4650\quad 0.6297\quad 0.6352\quad 0.4368\quad 0.3966]$$

即威胁度排序为：$D_3>D_2>D_1>D_4>D_5$。

例 11.2 舰艇防空目标威胁估计。舰艇编队协同作战的空中目标威胁估计，是在编队指挥机构的统一组织指挥下，编队各舰艇协同决策以判明空中目标对舰艇编队威胁程度的过程。空中目标威胁程度的大小是相对的，主要依据防空武器系统的能力及空中目标意图的估计结果来综合衡量。对于空中目标，通过舰载指控系统可以得到如下的信息：

（1）静态信息。目标类型、携带武器装备情况、干扰及反干扰能力等（目标每次出航实际的携带武器装备情况、干扰及反干扰装备是否工作正常是无法得到的，可以按照目标最大载弹量和电子对抗能力来计算）。

（2）动态信息。目标距离、方位、高度、航向、速度等。

由此可见，影响空中目标威胁程度估计的因素有很多，若想全面描述出这些因素与目标威胁程度之间的函数关系，难度非常大。以下给出两个例子，采用不同的威胁估计指标。

假设空中来袭目标有 4 批，$A=\{a_1,a_2,a_3,a_4\}$。对空中目标进行威胁估计的评价属性有 3 个，$U=\{u_1,u_2,u_3\}$={目标毁伤能力，目标攻击意图，攻击紧迫程度(到达时间)}。

（1）目标进行攻击的毁伤能力。主要由目标的类型决定，空中目标类型不同，其自身飞行性能，携带武器的种类、数量，以及攻击方式和攻击距离等都不同，从而对不同舰艇的威胁程度也有很大的差别。

（2）目标实施攻击意图的可能性。主要根据目标类型和目标航迹（目标对本舰的航路捷径、距离、高度、方位、速度及变化情况）等信息来综合判断，由于战术的灵活性和战场信息的不确定性，准确地估计目标意图很困难，通常要依靠专家经验，在分析目标当前状态与历史信息的基础上，综合判断目标对舰艇攻击的可能性。

（3）目标进行攻击的紧迫程度。主要由舰载防空武器性能、目标距离及飞行速度决定，目标到达舰载防空武器发射区边界的时间越短，舰艇指挥员用于火力分配及射击准备的时间就越紧迫，目标的威胁程度越大。

某舰艇经过综合分析后预测与估计出每个空中目标的评价属性值如表 11.6 所列。

表 11.6　空中目标评价属性表

空中目标/属性	u_1	u_2	u_3
a_1	0.9	0.75	420
a_2	1	0.46	300
a_3	0.9	0.68	270
a_4	0.8	0.05	180

各属性的权重分别为 u_1=0.3，u_2=0.3，u_3=0.4。采用 TOPSIS 法求各目标威胁排序的步骤如下：

（1）利用向量规范化方法求得上述初始矩阵的规范化矩阵 $\boldsymbol{Z}$。

$$\boldsymbol{Z}=\begin{bmatrix}0.4985 & 0.6738 & 0.6889\\0.5538 & 0.4133 & 0.4921\\0.4985 & 0.6109 & 0.4429\\0.4431 & 0.0449 & 0.2952\end{bmatrix}$$

（2）利用各属性权重构成加权规范矩阵 $\boldsymbol{G}$。

$$\boldsymbol{G}=\begin{bmatrix}0.1496 & 0.2021 & 0.2756\\0.1661 & 0.1240 & 0.1968\\0.1496 & 0.1833 & 0.1772\\0.1329 & 0.0135 & 0.1181\end{bmatrix}$$

（3）确定正理想解 $\boldsymbol{W}_1$ 和负理想解 $\boldsymbol{W}_0$。

$$\boldsymbol{W}_1=[0.1661 \quad 0.2021 \quad 0.1181]$$

$$\boldsymbol{W}_0=[0.1329 \quad 0.0135 \quad 0.2756]$$

（4）计算各目标威胁程度到正理想解的距离 $\boldsymbol{d}_1$ 和到负理想解的距离 $\boldsymbol{d}_0$。

$$\boldsymbol{d}_1=[0.1584 \quad 0.1109 \quad 0.0642 \quad 0.1915]$$

$$\boldsymbol{d}_0=[0.1893 \quad 0.1397 \quad 0.1970 \quad 0.1575]$$

（5）计算各目标威胁程度排序指示值 $\boldsymbol{C}$。

$$\boldsymbol{C}=[0.544 \quad 0.557 \quad 0.754 \quad 0.451]$$

由此得到 4 个目标威胁排序为：$a_3 > a_2 > a_1 > a_4$。

例 11.3 假设某次大型活动任务中采集了 5 个空中低慢小目标数据，对它们的威胁估计采用目标类型、运动速度、距离、目标性能、是否可查询、保护对象类型等因素进行评估，指标数值如表 11.7 所列。

表 11.7 低慢小目标威胁指标数值表

目标	目标Ⅰ	目标Ⅱ	目标Ⅲ	目标Ⅳ	目标Ⅴ
目标类型	探空气球	系留气球	多旋翼	动力三角翼	民航飞机
目标运动速度/（m/s）	[11,15]	[20,26]	[16,20]	[26,30]	[62,68]
目标距离重要场所的距离/km	[6,8]	[8,10]	[5,8]	[8,10]	[10,15]
目标武装性能	无	良	良	优	无
目标是否可查询	否	否	否	是	是
保护对象	城市中心	重大活动	政府要门	指挥场所	交通要道

首先对目标类型、目标武装性能、目标是否可查询、保护对象 4 个定性指标进行量化处理，并对所有指标进行归一化，得到目标的归一化属性矩阵，如表 11.8 所列。

表 11.8 低慢小目标归一化属性表

目标	目标 I	目标 II	目标 III	目标 IV	目标 V
目标类型	0.4	0.6	1	0.8	0.1
目标运动速度/（m/s）	[0.1816,0.2061]	[0.2421,0.3572]	[0.1937,0.2748]	[0.3147,0.4122]	[0.7505,0.9343]
目标距离重要场所的距离/km	[0.2551,0.4706]	[0.3402,0.5882]	[0.2126,0.4706]	[0.3402,0.5882]	[0.4252,0.8824]
目标武装性能	0.1	0.6	0.6	0.8	0.1
目标是否可查询	0.3	0.3	0.3	0.1	0.1
保护对象	0.5	0.6	0.6	0.8	0.5

通过信息熵权重等客观权重与专家主观权重相结合确定各威胁度指标的权重。通过TOPSIS 法计算各目标到正负理想解的贴近度，得到最终的贴近度结果为

$$\boldsymbol{C}=[0.2382 \quad 0.2654 \quad 0.2028 \quad 0.6861 \quad 0.1397]$$

得出的目标威胁度排序为：目标Ⅳ>目标Ⅱ>目标Ⅰ>目标Ⅲ>目标Ⅴ，即动力三角翼>系留气球>探空气球>多旋翼>民航飞机。将计算得到的贴近度结果映射到威胁度等级划分表中，得到各目标的威胁度等级。

假设表 11.9 所列为威胁度等级划分表，可见动力三角翼达到了构成威胁的等级。

表 11.9 威胁度等级划分表

威胁因子范围	威胁等级
(0.75,1.0]	重度威胁
(0.5,0.75]	构成威胁
(0.25,0.5]	轻度威胁
[0.0,0.25]	不构成威胁

11.3 基于贝叶斯网络的目标威胁估计

11.3.1 贝叶斯网络威胁估计方法概述

贝叶斯网络是基于概率分析和图论的一种不确定性推理模型，贝叶斯网络推理是指利用贝叶斯网络的结构及其条件概率表，在给定证据后，计算某些节点取值的概率。在威胁估计问题中，根据贝叶斯网络模型，可以从观测到的事件出发，逐层推理，最终得到对目标的威胁估计。

贝叶斯网络在知识表达和不确定性信息处理方面具有明显的优势，通过图形结构表征因果关系，既符合人类思维模式，又能很好地描述威胁估计中众多因素之间的相互关系，动态贝叶斯网络还可以反映威胁估计的连续性和累积性。但在威胁估计模型的建立过程中，需要依据历史经验和专家知识确定模型结构和参数（模型中的节点概率和条件概率表），实际操作起来难度较大，如何合理、可信地确定模型结构及参数，是贝叶斯网络方法的关键和瓶颈。

贝叶斯网络理论结合领域知识和不确定推理，能够很好地解决威胁估计中的关键问

题，应用该理论进行威胁估计具备如下优势：

（1）贝叶斯网络是基于人工智能理论的分析推理方法，符合人类的推理模式，因此易于理解和开发。

（2）贝叶斯网络将领域知识和专家经验与战场事件有机结合起来，提高了评估结果的可信度。

（3）贝叶斯网络实现了在战场情报不完备的情况下以已知战场事件为基础推断目标的威胁等级。

（4）贝叶斯概率的特点使网络模型能够反映威胁估计的连续性和累积性这两个重要特征。这种时间一致性特征是其他无记忆方法所无法实现的。动态贝叶斯网络是对动态系统进行分析判断和推理的重要工具，它可以根据多个时刻的观测值来对系统的状态进行分析推理，因此相对于静态贝叶斯网络来说，动态贝叶斯网络能够将各个时刻的观测值相互补充和修正，并能有效处理观测值的不确定性，增强了推理结果的准确性。

11.3.2 分层动态贝叶斯网络目标威胁估计

动态贝叶斯网络是扩展了的静态贝叶斯网络，可以模拟动态过程。这里的动态过程不是指贝叶斯网络的结构在改变，而是指贝叶斯网络中节点的值在动态地变化。在目标威胁估计问题的实时决策中，动态贝叶斯网络建立的模型与真实情况更加符合，得到的效果也更具有鲁棒性。

1．分层贝叶斯网络模型

定义 11.1 如果一个动态贝叶斯网络中某个节点也由一个贝叶斯网络组成，则此时该动态贝叶斯网络就称为分层贝叶斯网络，一个分层贝叶斯网络可以由两层及多层构成。

如图 11.2 所示为一个简单的三时间片的动态贝叶斯网络的结构图，X_1、X_2 和 X_3 为隐藏节点，Y_1、Y_2 和 Y_3 为观察值，每一个节点为一个变量，变量可以有多个状态，节点与节点之间以条件概率进行更新。

图 11.3 所示为两层的分层结构，其中顶层为分层模型中的整体贝叶斯网络结构，底层为顶层网络节点所对应的替换贝叶斯网络。图中底层为节点 P_2 的替换贝叶斯网络。

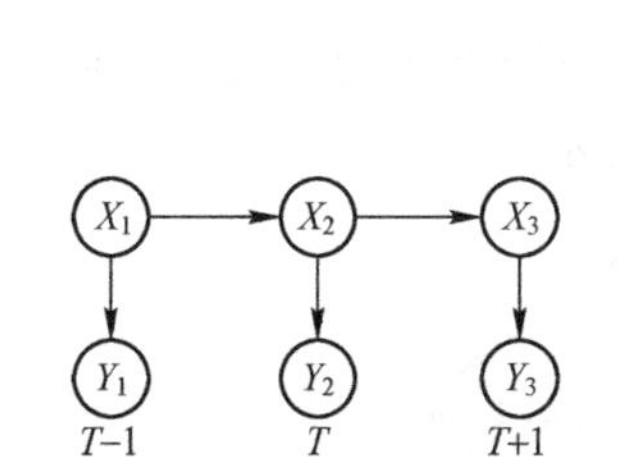

图 11.2 三时间片动态贝叶斯网络结构图

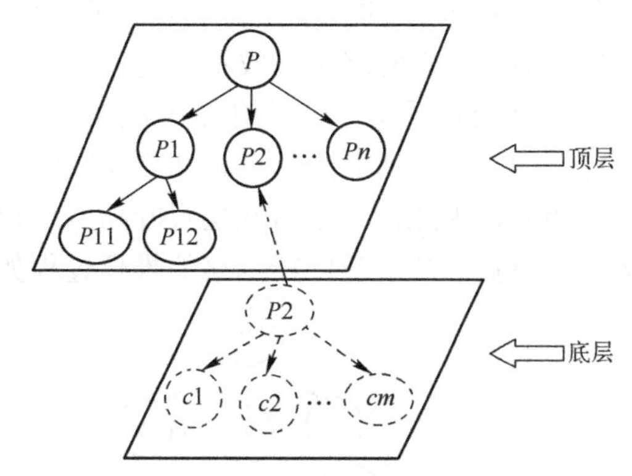

图 11.3 分层贝叶斯网络模型

该分层贝叶斯网络结构可以用三元组表示：$\text{HBN}=\{G,T,R\}$，其定义如下。

（1）G 为整体贝叶斯网络结构，即顶层网络，$G=\langle V,A,P\rangle$ 为有向无环图，其节点为

$V=\{v_1,v_2,\cdots,v_n\}$。A 是弧的集合，表示节点之间的关系。P 为在结构 G 上的条件概率集合，表征节点之间关系的强度。

（2）$T=\{t_1,t_2,\cdots,t_n\}$ 为 G 中节点所对应的替换贝叶斯网络集合，即底层的网络层，若 G 中的节点没有可对应的贝叶斯网络，则 T 为空。

（3）R 为顶层贝叶斯网络节点与 T 中贝叶斯网络间的对应关系，关系 R 可表示为：$R=\{R_{ij}\mid i\in(1,2,\cdots,N),\ j\in(1,2,\cdots,l)\}$，代表了 V 中第 i 个节点和集合 T 中第 j 个贝叶斯网络的对应关系，且要求 i 节点的状态值与第 j 个贝叶斯网络根节点相同。

可以看出，分层贝叶斯网络模型与一般贝叶斯网络的区别在于其某些节点对应了另一个贝叶斯网络，在应用该模型时，可以用 T 中的贝叶斯网络代替 G 中的节点。因此，采用分层的贝叶斯网络模型进行威胁估计时，可以通过底层网络集合 T 中的贝叶斯网络实体（片断）捕捉战场中的事件和信息，并按照关系 R 将不同网络实体与顶层结构进行连接，从而动态构建贝叶斯网络，估计敌方目标威胁程度。

2．分层贝叶斯网络推理方法

在贝叶斯推理中，其节点证据可分为两大类：①具体证据，即能够确定节点为某一取值状态；②不确定证据，以不确定性表示节点的取值。若贝叶斯网络节点 V 的某一证据 e 为不确定证据，则该不确定证据可表示为条件概率向量：

$$\boldsymbol{e}=\{P(V=v\mid H_1),P(V=v\mid H_2),\cdots,P(V=v\mid H_m)\} \tag{11.10}$$

式中：$H_1,H_2,\cdots,H_m$ 为假设条件，假设节点 V 取值为状态 S_i，$i=(1,2,\cdots,m)$；v 为对节点 V 的观察状态值，取值为(0,1)。

在处理条件概率向量的不确定证据时，需要为节点 V 添加一个子节点 E_v，作为 V 的虚拟节点，其状态取值为(0,1)。依据条件概率向量，E_v 节点的条件概率参数可设定为

$$\begin{bmatrix} P(V=1\mid H_1),1-P(V=1\mid H_1) \\ P(V=1\mid H_2),1-P(V=1\mid H_2) \\ \vdots \\ P(V=1\mid H_m),1-P(V=1\mid H_m) \end{bmatrix}$$

式中：第一列为 E_v=1 的概率参数，第二列为 E_v=0 的概率参数。在 E_v 节点中输入具体证据$\{E_v=1\}$，则贝叶斯网络可完成不确定证据的推理。

由图 11.3 可以看出，底层的贝叶斯网络和顶层的网络节点进行连接时，实际上是把底层贝叶斯网络实体所获得的证据和信息赋给了顶层网络。由于该网络根节点状态值与顶层节点相同，因此，可以将底层贝叶斯网络根节点的推理结果作为不确定证据，输入到相应顶层节点。分层贝叶斯网络的推理过程如图 11.4 所示。

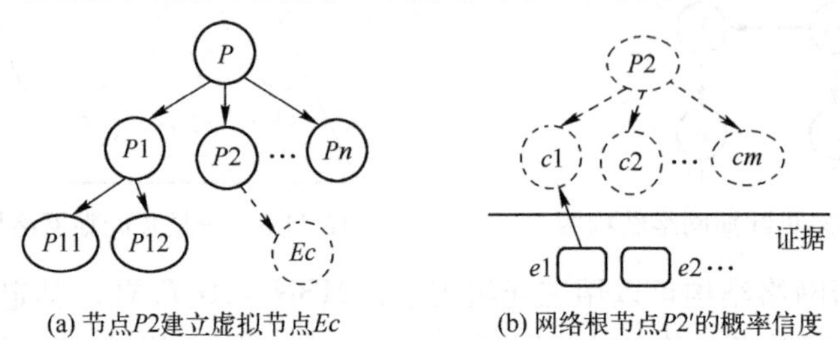

图 11.4　分层贝叶斯网络推理过程

例 11.4 想定敌飞机进攻我地面目标，其威胁程度分为“威胁等级高”和“威胁等级低”两个等级，与之相关联的事件分别是敌飞机隐身能力、机动方式、雷达工作状态、敌飞机与我方目标的位置关系以及敌飞机的作战意图。根据想定，结合作战条令和领域专家知识，可以建立如图 11.5 所示的敌方飞机威胁估计贝叶斯网络模型。

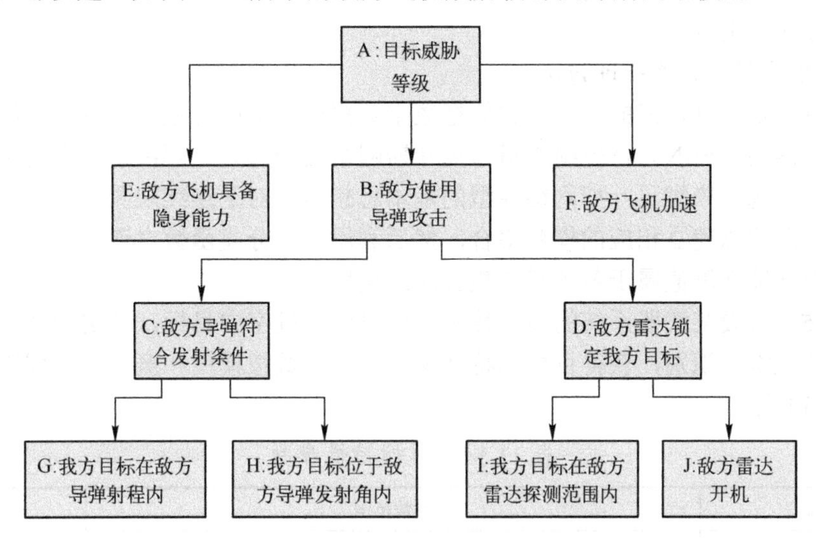

图 11.5 敌方飞机威胁贝叶斯网络模型

在进行节点概率分配时，除代表目标威胁等级的节点以外，其他事件节点只考虑两个离散状态，即“True”和“False”。假定敌目标“威胁等级高”与“威胁等级低”的概率均为 0.5，其余节点的条件概率按相同方法依次指定，分配结果如表 11.10～表 11.13 所列。

表 11.10 目标威胁节点概率分布表（1）

概率		A	
		威胁程度高	威胁程度低
B	True	0.7	0
	False	0.3	1
E	True	0.7	0.2
	False	0.3	0.8
F	True	0.6	0.4
	False	0.4	0.6

表 11.11 目标威胁节点概率分布表（2）

概率		B	
		True	False
C	True	1	0.3
	False	0	0.7
D	True	1	0.4
	False	0	0.6

表 11.12 目标威胁节点概率分布表（3）

概率		C	
		True	False
G	True	1	0.4
	False	0	0.6
H	True	1	0.3
	False	0	0.7

表 11.13 目标威胁节点概率分布表（4）

概率		D	
		True	False
I	True	1	0.3
	False	0	0.7
J	True	1	0.3
	False	0	0.7

假设在防空作战中，我传感器探测到以下事件：敌飞机加速、敌雷达开机、我方目标在敌雷达探测范围内、我方目标在敌导弹射程内。利用贝叶斯网络推理可以得到敌目标“威胁等级高”的概率大约为0.816，“威胁等级低”的概率大约为0.184。也就是说，原本敌目标“威胁等级高”与“威胁等级低”的概率均为0.5，在出现上述事件后，敌方威胁等级明显上升。

3．模糊贝叶斯网络推理方法

模糊逻辑是一种很好的方法，它能把数字数据分成离散变量的模糊集。因此，模糊动态贝叶斯网络（FBN）将模糊逻辑与贝叶斯网络结合起来，解决了具有连续观测值时的分析推理问题。模糊贝叶斯网络模型的基本思想是：对于连续观测值，首先根据网络中变量的离散状态建立相应的模糊集合，然后利用模糊分类函数对连续观测值进行模糊分类，获得连续观测值属于各个模糊集合的隶属度。

例 11.5 假设某武器系统的多个传感器探测到一批空中目标，选定一个目标后进行一段时间的跟踪和识别，获得目标的特性参数，将参数按模糊和概率两个域进行知识分类如表11.14所列。

表11.14 目标特性参数

因素	参数范围	测量值
航路捷径	[-30，+30]	-5
临界时间	[-600，+1800]	250
速度	>0	320
高度	[0，+30000]	3000
类型	[导弹，轰炸机，侦察机，未知]	轰炸机
作战性能	[高，中，低]	高
战备等级	[高，中，低]	中
敌我属性	[敌方，友方，中立]	敌方
雷达状态	[开启，关闭]	开启

在表11.14的模糊域中，使用模糊综合评判进行动态威胁度的计算。设因素集 U=(航路捷径 c，临界时间 t，速度 v，高度 h)，评语集为 V=(动态威胁度 D)。建立各个因素的隶属度函数如下所示：

$$\mu_1(c)=\exp(-5\times10^{-3}\times c^2),-30\leqslant c\leqslant 30$$

$$\mu_2(t)=\begin{cases}\exp(-2\times10^{-6}\times t^2), & 0\leqslant t\leqslant 1800\\ \dfrac{1}{1-10^{-7}\times t^3}, & -600\leqslant t\leqslant 0\end{cases}$$

$$\mu_3(v)=1-\exp(-10^{-3}\times v),v>0$$

$$\mu_4(h)=\begin{cases}1, & 0\leqslant h\leqslant 1000\\ \exp(-10^{-8}\times(h-1000)^2, & 1000<h\leqslant 3000\end{cases}$$

将参数代入建立的隶属度函数可以得到评判矩阵 $\boldsymbol{R}$=[0.8825,0.8825,0.7981,0.9608]。

利用专家给出威胁因素间相对权重矩阵 $\boldsymbol{A}$=[0.3509,0.3509,0.1891,0.1091]，使用加权平均运算，得到动态威胁度 D=0.8751。

由于贝叶斯网络的输入使用概率的形式表示，所以需要使用模糊概率转换理论对得到的动态威胁度进行概率转换。首先将动态威胁度分为 3 个等级（低，中，高），建立动态威胁度与等级（低，中，高）的隶属度函数如图 11.6 所示。

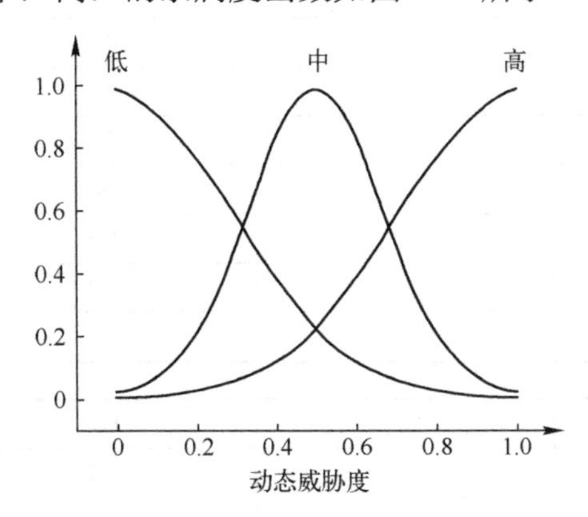

图 11.6　动态威胁度与等级的隶属度函数

于是得到的动态威胁度（低，中，高）为（0.01757，0.0956，0.88214），利用概率转换公式

$$p(\mu_i)=\frac{(\mu_i)^{1/\alpha}}{\sum\limits_{k=1}^{n}(\mu_k)^{1/\alpha}},\quad 0<\alpha<1 \tag{11.11}$$

取 α=0.5 进行概率转换计算，得到威胁（低，中，高）的概率分别为（0.0004，0.0118，0.9878）。

经过上面的模糊概率转换，目标的所有信息全部采用概率形式表达，这样就可以利用贝叶斯网络对目标综合威胁程度进行计算。将目标的综合威胁（TL）分为能力威胁（CA）和意图威胁（IN）两部分，如表 11.15 所列，建立贝叶斯网络威胁估计模型。能力威胁（CA）又分为动态能力威胁（DA）和静态能力威胁（ST）。ID 表示目标类型，PE 表示作战性能，ES 表示战备等级，IFF 表示敌我属性，RF 表示雷达状态。设定先验概率 π(TL)=(0.33，0.34，0.33)，其他条件概率表如表 11.16 所列。

表 11.15　目标的综合威胁（TL）

因素	子因素	子子因素
航路捷径	能力威胁（CA）	动态能力威胁 DA
临界时间		
速度		
高度		
类型 ID		静态能力威胁 ST
作战性能 PE		
战备等级 ES		
敌我属性 IFF	意图威胁（IN）	
雷达状态 RF		

表 11.16　条件概率表

P（IN/TL）	TL1	TL2	TL3
IN1	0.6	0.4	0.1
IN2	0.3	0.4	0.3
IN3	0.1	0.2	0.6
P（RF/IN）	IN1	IN2	IN3
RF1	0.8	0.5	0.3
RF2	0.2	0.5	0.7
P（IFF/IN）	IN1	IN2	IN3
IFF1	0.7	0.5	0.2
IFF2	0.1	0.2	0.6
IFF3	0.2	0.3	0.2
P（CA/TL）	TL1	TL2	TL3
CA1	0.6	0.4	0.1
CA2	0.3	0.4	0.3
CA3	0.1	0.2	0.6
P（ST/CA）	IN1	IN2	IN3
ST1	0.6	0.4	0.1
ST2	0.3	0.4	0.3
ST3	0.1	0.2	0.6
P（DA/CA）	CA1	CA2	CA3
DA1	0.6	0.4	0.1
DA2	0.3	0.4	0.3
DA3	0.1	0.2	0.6
P（PE/ST）	ST1	ST2	ST3
PE1	0.6	0.4	0.1
PE2	0.3	0.4	0.3
PE3	0.1	0.2	0.6
P（ID/ST）	ST1	ST2	ST3
ID1	0.5	0.1	0.0
ID2	0.3	0.4	0.15
ID3	0.2	0.4	0.35
ID4	0.0	0.1	0.5
P（ES/ST）	ST1	ST2	ST3
ES1	0.6	0.4	0.1
ES2	0.3	0.4	0.3
ES3	0.1	0.2	0.6

利用贝叶斯网络推理工具 GeNIe2.0 计算得到的敌目标威胁等级的后验概率如图 11.7 所示。相比分层贝叶斯网络，模糊贝叶斯网络能够更好地适应战场实际环境，因为实际

作战环境中各种探测仪探测到的数据大多是数值，所以模糊贝叶斯网络的隶属度函数要比分层贝叶斯网络准确得多。

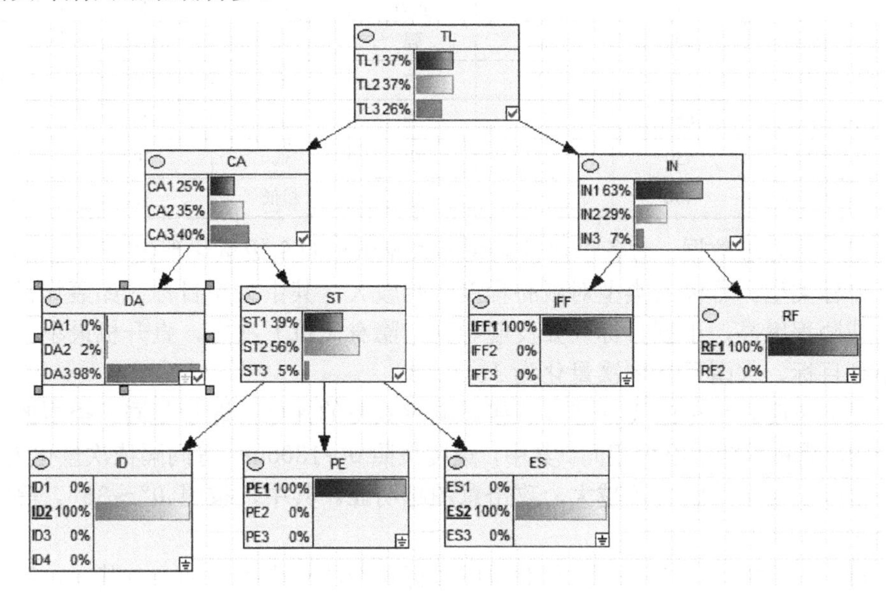

图 11.7　敌目标威胁等级的后验概率

11.4　基于数据挖掘的目标威胁估计

威胁估计是一个复杂的过程，需要全面合理地考虑各种因素，各因素之间的关系复杂，很难给出一个函数来进行映射。采用数据挖掘技术，利用历史经验数据、演习训练数据、实战数据可以建立威胁估计数据集，在此基础上，利用数据挖掘技术挖掘出来关于威胁估计各因素与威胁值之间的映射关系，即可基于目标实时战场特征数据实现目标威胁度估计。

例 11.6　假设在日常训练和演习中获取大量训练样本其威胁度值由专家确定。取目标类型、目标速度、目标航向角、目标干扰能力、目标高度、目标距离作为输入变量，目标威胁值作为输出变量。对数据进行预处理，将标准化后得到的矩阵作为输入，目标威胁值作为输出，构造模型进行训练。不失一般性，对某一时刻来袭的 75 组不同的态势进行分析，随机筛选其中 60 组作为训练集，剩余 15 组作为测试集。训练集部分属性如表 11.17 所列。

表 11.17　训练样本目标参数表

目标	目标类型	目标速度/（m/s）	目标航向角/（°）	目标干扰能力	目标高度/km	目标距离/km	目标威胁值
1	大型目标	400	31	强	高	100	0.5707
2	大型目标	450	6	中	中	200	0.5333
3	大型目标	800	41	强	高	100	0.6895
4	大型目标	600	7	中	中	240	0.5587
5	大型目标	700	71	中	低	120	0.6782

（续）

目标	目标类型	目标速度/（m/s）	目标航向角/（°）	目标干扰能力	目标高度/km	目标距离/km	目标威胁值
6	大型目标	500	3	强	高	360	0.5212
7	大型目标	550	91	中	中	160	0.5828
8	大型目标	650	1	强	低	280	0.6465
9	大型目标	450	81	中	低	300	0.5843
10	大型目标	400	31	中	超低	300	0.5757

为了归一化处理数据，对各个属性采用 G.A.Miller 的 9 级量化理论进行量化，其中：

（1）目标类型。目标的类型对威胁程度影响较大，其中大型目标（如轰炸机，歼敌轰炸机）威胁程度高，小型目标（如反舰导弹，隐身飞机）次之，直升机最小。按照直升机、小型目标、大型目标依次量化为 3、5、8。

（2）目标速度。目标的飞行速度直接影响对威胁的评估，即使是同一类型的目标，其速度不同，威胁程度也不大相同。其中，速度按照 0～1800m/s 等间隔依次量化为 1～9。

（3）目标航向角：航向角越大，攻击意图越明显。其中，按照 0°～36°。等间隔依次量化为 1～9。

（4）目标干扰能力。电子干扰是对空中目标典型的攻击手段之一。其中，对目标的干扰能力按照强、中、弱、无依次量化为 2、4、6、8。

（5）目标高度。飞行高度越低，目标被发现的概率越低。目标较高时，对我方的攻击意图不甚明显。低空突然出现的目标威胁性较大。其中，目标高度按照高、中、低、超低依次量化为 2、4、6、8。

（6）目标距离。目标与我舰的距离越近，防御时间越短，威胁性越大。其中，目标距离按照 0～450km 等间隔依次量化为 9～1。

预处理之后部分属性如表 11.18 所列。将预处理之后的数据形成训练集矩阵，代入模型进行训练，训练模型可以采用神经网络、决策树模型等。神经网络是通过模拟人脑的思维模式和组织形式而建立起来的，具有较好的收敛性。它通过调节网络结构和各节点之间的权值，能较好地用于解决威胁估计问题。神经网络具有很好的自学习能力，在训练样本充足的条件下，能够得到适应性很强的网络模型。

表 11.18　预处理后部分训练集数据

目标	目标类型	目标速度/（m/s）	目标航向角/（°）	目标干扰能力	目标高度/km	目标距离/km	目标威胁值
1	8	2	1	2	2	6	0.5707
2	8	2	1	4	4	4	0.5333
3	8	4	2	2	2	6	0.6895
4	8	3	1	4	4	4	0.5587
5	8	4	3	4	6	6	0.6782
6	8	2	1	2	2	1	0.5212
7	8	3	4	4	4	5	0.5828
8	8	3	1	2	6	3	0.6465
9	8	2	4	4	6	2	0.5843
10	8	2	1	4	8	2	0.5757

在拥有足够有效样本（包含威胁因素及威胁程度）的情况下，对神经网络进行训练，调整网络结构以及各节点之间的权值，学习得到满足设定计算精度和准确度的网络。进行威胁估计时，输入实测数据，求得威胁估计值。部分预测数据如表 11.19 所列。

表 11.19　预测数据目标参数表

目标	目标类型	目标速度/（m/s）	目标航向角/（°）	目标干扰能力	目标高度/km	目标距离/km	目标威胁值
1	大型目标	450	8	中	低	300	0.5843
2	大型目标	400	3	强	高	100	0.5707
3	大型目标	450	16	中	低	200	0.5333
4	大型目标	800	4	强	高	100	0.6895
5	大型目标	800	12	强	低	320	0.6896
6	小型目标	530	6	强	中	230	0.6056
7	小型目标	650	8	强	中	200	0.7425
8	小型目标	700	12	强	低	320	0.7336
9	小型目标	750	15	中	超低	400	0.7541
10	小型目标	640	18	强	中	280	0.6764

小　结

多属性决策方法是最早用于目标威胁估计问题的传统方法，其优点是简单快速，能够综合考虑定性与定量的威胁估计属性，但决策过程涉及属性权重，受主观因素影响比较大。此外，在威胁估计问题中，影响威胁估计的属性因素值可能具有不确定性，甚至有些目标属性值无法获得，造成信息不完全，因此一般将模糊集、灰色理论等方法与多属性决策相结合，对属性值进行模糊化，这能够在一定程度上解决目标属性值的不确定性问题。

贝叶斯网络在知识表达和不确定性信息处理方面具有明显的优势，通过图形结构表征因果关系，既符合人类思维模式，又能很好地描述威胁估计中众多因素之间的相互关系，动态贝叶斯网络还可以反映威胁估计的连续性和累积性。但在威胁估计模型的建立过程中，需要依据历史经验和专家知识确定模型结构和参数（模型中的节点概率和条件概率表），实际操作起来难度较大，如何合理、可信地确定模型结构及参数，是贝叶斯网络方法的关键和瓶颈。

由于目标威胁估计是一个复杂的过程，需要全面合理地考虑各种因素，各因素之间的关系复杂，很难给出一个函数来进行映射。近年来，机器学习、数据挖掘技术发展迅速，而实际工作中可以获得大量演习训练数据、经验数据用于建立威胁估计数据集，因此基于大数据和数据挖掘技术的目标威胁估计方法成为目前的研究方向。

习 题

1. 简述目标威胁估计的定义。
2. 目标威胁估计常用的属性有哪些?
3. 基于多属性决策方法的目标威胁估计的基本思想是什么?
4. 贝叶斯网络理论用于解决目标威胁估计问题具有什么优势?
5. 基于数据挖掘技术的目标威胁估计问题的基本思想是什么?

第12章　辅助决策技术在武器作战运用中的应用

战场态势评估、目标威胁估计是武器作战运用和战术决策的基础。武器作战运用决策的时效性和决策方案的优劣直接影响到作战效果，当前武器目标分配的自动化、智能化已成为现代作战指挥中不可缺少的决策支持。本章介绍辅助决策技术在武器作战运用中的应用，内容包括武器作战运用决策概述，基于模型、知识和数据的武器运用决策。

12.1　武器作战运用决策概述

武器种类繁多，有多种分类方法，例如，按毁伤程度和范围，分为大规模杀伤性武器（核武器、化学武器、生物武器）和常规武器；按作战任务的性质，分为战略武器和战术武器。随着科学技术的飞速发展，武器越来越复杂，内涵逐步扩展，相继出现了武器系统、信息系统、保障系统等。武器系统是为了遂行一定的作战及其他军事任务，由若干功能上相互关联的武器及配套使用的技术装备组合，具有一定作战功能的有机整体，如导弹武器系统、舰载武器系统等。

12.1.1　武器运用决策问题描述

武器平台（或系统）作战要求指挥员在掌握战场态势的基础上，根据侦察到的敌目标属性、位置及武器平台（或系统）的作战范围等，制定或调整相应的作战计划和方案。武器平台决策支持系统是通过帮助指挥员制定作战决策，完成作战计划，从而实现武器系统对目标的安全突防、精确杀伤及有效摧毁。并通过系统的合理规划，使得多波次、多数量、多种类型武器及发射平台协同配合、充分发挥武器系统各自功能，完成作战任务，并最大化打击效益。

在现代海上战争中，武器类型繁多，目标性能日益多样，在此情形下，科学合理的武器选择就是对武器装备性能的最优化运用，对应不同特征目标使用与之相匹配的武器装备才能将武器的各项性能达到最大化。武器运用决策是指为武器装备选择最合适的待攻击的敌方目标，使武器的作战效能、命中率、打击效果达到最大化。在武器运用决策时，需要考虑武器与目标的匹配关系、目标毁伤等级要求，对武器装备的需求数量进行测算。

（1）武器与目标匹配。它是根据所攻击的目标，正确选择武器的决策活动。能否正确选用武器，将直接影响目标打击效果。在选择武器时，需要考虑武器的毁伤效能。

（2）目标毁伤等级要求。通常，目标毁伤分为完全或者部分丧失运动能力、打击能力、通信能力等。例如，战斗机损伤可以分为轻微损伤、中度损伤、重度损伤等。重度损伤是能导致空中目标坠毁与完全丧失战斗能力的损伤。

（3）武器需求测算。根据武器与目标的匹配性关系、目标毁伤等级、目标类型、目标数量等，测算武器弹药需求。对于特征参数不明确的目标，可以基于相似性等效方法，建立其与典型目标的换算关系，以此确定武器弹药需求。

由于武器运用决策的时效性和分配方案的优劣直接影响作战效果，并且在现代信息化条件下，指挥员面对的多种目标的指挥决策问题日益复杂，要在多变的战场环境下做出合理准确的武器运用决策，将越来越困难。因此武器运用决策是指挥控制系统中辅助决策的热点和难点问题。武器系统的目标选择和目标优化以及应用程序等，已成为武器系统中不可缺少的组成部分，业已成为提高防御体系作战有效性的研究内容。

12.1.2 武器-目标分配问题

武器-目标分配（weapon-target assignment，WTA）是武器运用中最典型的问题。武器-目标分配是根据敌我双方的作战意图，研究如何合理地分配己方拥有的武器弹药，对敌方目标进行主动打击或者被动防御将要来袭的敌方单位，以达到最佳作战效果（最大化消灭敌人或者用最少武器防御敌方来袭单位等）的问题。WTA 的实时性以及分配方案的优劣直接影响作战决策，决定能否充分发挥武器系统作战效能。WTA 问题属于 NP 完全问题，当武器和目标的数量规模化增长时，相应问题的计算复杂度会跟随武器目标的规模而快速上升。

无论是作为主动攻击方还是被动防御方，都要研究 WTA 问题。作为攻击方，针对对抗单位，己方的辅助决策系统能够及时地分配武器，对对抗单位进行有效的打击，最大程度地满足攻击效果预期；作为防御一方，武器-目标分配的目的是根据观测到的来袭敌方单位的实际情况，快速确定防御武器的分配方案，还要尽可能使武器-目标分配方案的效果较好，也就是尽量消灭来袭敌方单位，降低它们的威胁程度，保护己方重要的单位免受损伤。武器目标分配问题是现代战争中一个经典的组合优化问题。研究武器-目标分配问题，根据现实情况区分主要和次要因素，建立具有针对性的武器-目标分配模型，并根据不同模型的实际情况，寻找合适的算法进行求解，得出符合当前环境的武器-目标分配方案，对提高己方武器利用率，节省武器，提高武器效用，以及更好地消灭敌方单位具有重要意义。

通常武器目标分配问题可定义为两种：一是静态武器目标分配（static weapon target assignment，SWTA）问题，即考虑某个时间段的武器目标分配，往往是一次性对所有目标、武器进行配对，不考虑目标到来的先后及新目标的出现；二是动态武器目标分配（dynamic weapon target assignment，DWTA）问题，即考虑离散时间段的武器目标分配，考虑目标到来的先后顺序、新目标的出现，甚至目标的空间约束等问题。DWTA 问题建立在 SWTA 问题的基础上，问题、算法更加复杂。

1. 静态 WTA 模型

静态问题，是指不考虑武器发射的先后顺序，假设所有武器同时发射出去，是现实中有顺序多阶段的简化。作为静态的防护模型来说就是，主动攻击方选择武器来打击敌对一方的某些重要设施或者装备，防御方为了阻止敌方来袭目标对己方造成伤害，保护己方重要的设施不受损伤，会发射武器阻击来袭武器的攻击。也就是将己方的武器分配给敌方武器，以避免敌方武器对己方资源造成伤害。分配的依据是这些来袭武器目标的估计类型，可能对己方单位造成的伤害等。因此防御方的目标是，寻求合理的武器-目标分配方案，使来袭目标在经受我方武器阻击之后存活量尽量少。由于来袭武器种类不同，某些特殊武器可能具有非常大的杀伤力和破坏性，因而也需要特殊的“照顾”，通常，这些高威胁性的来袭武器会被分配的多个武器进行阻击，而那些威胁不大的来袭武器可能不分配任何武器进行阻击。

在静态 WTA 问题中，通常情形下，为了使建立的武器-目标分配问题既能反映现实情况，又方便求解合适的武器-目标分配方案，一般有以下两个假设：

（1）假设双方做好武器和来袭目标的配对关系以后，敌方一次性派出所有目标，我方发射所有分配的武器，不考虑时间先后顺序。不考虑武器发射的先后顺序，假设敌方武器在发射后相关信息（杀伤力）均可获得，防御方就根据来袭武器情况一次性分配防御武器阻击来袭武器，保护己方资源不受伤害。

（2）仅考虑分配的武器对来袭目标的影响，而不考虑对武器-目标配对以外其他目标的影响。实际上是对真实情况做了假设，否则，不同武器可能空中相遇，一个武器的爆炸也会影响周围其他单位的存活状态。

不失一般性，假设侦察到有 N 个敌方来袭单位 T_1，T_2，…，T_N，预备攻击我方，我方知晓以后，开始部署武器，武器分布于 M 个武器迎击点 W_1，W_2，…，W_M，准备打击敌方来袭单位，第 j（j=1,2,…,M）个武器迎击点最多可使用 B_j 个武器，对来袭敌方单位 T_i 最多可使用 C_i 个武器，第 j 个武器迎击点 W_j 迎击目标 T_i 的概率为 q_{ij}（i=1,2,…,N; j=1,2,…,M），武器-目标分配的目标是尽量消灭来袭武器，减少来袭武器对所要防护的资源造成损害。

若分配防御方武器迎击点 W_j 阻击来袭武器 T_i，则武器-目标匹配变量 $x_{ij}=1$，否则 $x_{ij}=0$。WTA 问题转化为如下的最优化问题：

$$\min E=\sum_{i=1}^{N}\prod_{j=1}^{M}(1-q_{ij}x_{ij}) \tag{12.1}$$

约束条件如下：

（1）第 i 个目标最多可以分配 C_i 个武器，即

$$\sum_{j=1}^{M}x_{ij}\leqslant C_i, i=1,2,\cdots,M \tag{12.2}$$

（2）若第 j 个防御方武器迎击点最多有 B_j 个武器可供使用，即

$$\sum_{i=1}^{N}x_{ij}\leqslant B_j, j=1,2,\cdots,M \tag{12.3}$$

（3）分配用来阻击来袭目标的所有武器总和不能超过己方拥有的武器总数 M，即

$$\sum_{i=1}^{N}C_i\leqslant M \tag{12.4}$$

（4）同一武器只能分配给最多一个来袭目标，即 $x_{ij}=1$ 或 0。

2．动态 WTA 模型

静态武器-目标分配模型无法解决超饱和攻击问题，当有新的来袭武器出现时，只能重新计算分配方案，由于静态模型是一次性发射，所以对现实的模拟度较差。由于静态

模型具有以上所述的缺陷，克服以上不足之处，需要对动态武器-目标分配模型进行研究。

动态武器-目标分配模型与静态 WTA 模型相关，是在静态模型的基础上考虑武器发射时机的因素，武器分配和发射不是一次性完成，而是分阶段多次完成。当出现新的预先没有观测考虑到的新的来袭目标出现时，能够灵活调整原来的分配方案，以阻击敌方目标的来袭，保护好己方单位。根据敌方武器攻击不再是静态模型那样不考虑时间因素，而是具有一个发射持续时间，动态 WTA 问题不再是一次性做完所有事情，完成所有分配和发射，而是分成许多时间段。每个时间段，防御方都可以根据以前所有阶段的战斗结果和当前来袭武器的情况和己方武器剩余情况选择合适的分配方案。

在敌方武器尚未攻击之前，防御方选择一部分武器迎击第一波来袭目标。在这个单独的阶段内，可以看作静态武器-目标分配问题，这些武器一次性分配并发射。在下一波目标来袭前，根据以前所有阶段的战斗结果以及当前来袭目标情况和己方剩余武器情况，进行武器分配并发射；在所有的阶段重复该武器-目标分配过程。每个阶段武器-目标分配的原则就是要使最后存活的敌方来袭目标期望最小。

在每一次的武器-目标分配中需要计算如下信息：当前存活的敌方来袭单位、己方剩余的能够抵挡进攻的可以分配的武器以及剩余阶段数。在战斗进行到当前阶段时，当前阶段做出武器-目标分配决策只需参考以上几方面的信息。武器-目标分配问题在每个阶段都可以等同于一个新的武器-目标分配问题。那么这个转化的新问题初始存活来袭敌方单位是当前存活的来袭敌方单位，初始武器数量是当前阶段剩余的我方可以分配的武器数量。经过上述转化，每一阶段的问题都是跟第一阶段相同的问题，可以使用和求解动态-武器目标分配初始阶段相同的方法。

为了更加方便说明 WTA 问题，简化问题的描述，引入以下符号：

N——敌方来袭单位数量（侦察到的敌对方的来袭武器数量）；

M——防御方的用来迎击敌方来袭目标武器数量；

T——设定的武器-目标分配的阶段的数量，即粗略的双方交战回合数；

V_i——来袭敌方单位 i 的威胁值；

$p_{ij}(t)$——在 t 阶段，我方武器 j 损伤敌方来袭单位 i 的概率；

$q_{ij}(t)=1-p_{ij}(t)$——相应的幸存概率。

决策变量：

$$x_{ij}=\begin{cases}1, \text{若在第一阶段武器}j\text{打击目标}i\\0, \text{否则}\end{cases}$$

第二阶段的敌方来袭目标的状态，可以根据上一阶段的分配执行以后的结果-没有被打掉的敌方来袭目标确定，可以用 N 维的二元向量 $\boldsymbol{U}\in\{0,1\}^N$ 表示。

$$u_i=\begin{cases}1, \text{如果目标}i\text{在第一阶段幸存}\\0, \text{否则}\end{cases}$$

第二阶段己方的武器状态，也不难得出，可以根据前面阶段的分配方案的执行结果确定，用 M 维的二元向量 $\boldsymbol{W}\in\{0,1\}^N$ 表示。

$$w_j=\begin{cases}1, \text{若在第一阶段武器}j\text{未使用}\\0, \text{否则}\end{cases}$$

给出第一阶段的分配方案，$\{x_{ij}\}$，第二阶段开始时敌方来袭武器的状态可以表示为 N 维的随机向量。u_i=1 表示来袭敌方单位经过上一轮的战斗仍然具有进攻能力。u_i=0 则表示该来袭单位在上一轮被消灭。随机变量 u_i 因此给定如下：

$$\Pr[u_i = k] = k\prod_{j=1}^{M}(1 - p_{ij}(1))^{x_{ij}} + (1-k)\left\{1 - k\prod_{j=1}^{M}[1 - p_{ij}(1)]^{x_{ij}}\right\} \tag{12.5}$$

其中，k=0,1，i=1,2,⋯,N。

来袭武器的存活状态会随着前一阶段的武器分配而发生变化。给定如下：

$$w_j = 1 - \sum_{i=1}^{N} x_{ij}, j = 1,2,\cdots,M \tag{12.6}$$

也就是说只有在第一阶段没有被分配出去的武器 j 才能在当前阶段作为可以选择的武器被使用，已经使用过的武器不能再次在当前阶段进行分配打击敌方来袭目标。

可以用 $F_2^*(u,w)$ 表示在初始来袭敌方单位的状态 u，以及我方可供分配用来抵御敌方来袭目标的初始武器状态 w 下的 T-1 阶段的最小目标威胁值。显然由于敌我双方不断进行交战，敌方的来袭目标和我方的防御武器一直处于变化当中，所以对于不同阶段，它们的最小目标威胁值不一样。初始阶段（还没有进行武器-目标分配，没有任何敌方来袭目标损毁以及我方武器耗费的情况）的最小目标威胁值可以定义如下：

$$F_{T+1}^*(u,w) = \sum_{i=1}^{N} V_i u_i \tag{12.7}$$

也就是说，最小目标威胁值是指经过前边各个阶段的武器-目标分配和拦截以后，敌方目标的存活概率的最小值。

动态武器目标分配问题可以定义如下：

$$F_1^*(u,w) = \min_{\{x_{ij}\}} F_1 = \sum_{w\in\{0,1\}^N} \Pr[u = w] F_2^*(u,w) \tag{12.8}$$

式中：$x_{ij} \in \{0,1\}$，$i = 1,2,\cdots,N$；$j = 1,2,\cdots,M$；$w_j = 1 - \sum_{i=1}^{N} x_{ij}$。

$F_1^*(u,w)$ 为在来袭敌方单位尚未有损毁的初始存活状态 u 以及己方武器也因为没有分配发射打击而减少的初始状态 w 下的 T 阶段的最小目标威胁值。

随着武器装备的高速发展，武器数量和目标数量大大增加，WTA 问题的解空间呈现指数增长，可以发现，WTA 问题有以下特点：

（1）WTA 问题是一个非线性组合优化问题，是一个 NP 完全问题，想要获得其精确最优解，就必须采用完全枚举法或部分枚举法（如匈牙利法），但是面对这些大型的优化问题，需要遍历整个解空间，搜索时间过长，且易出现“组合爆炸”问题，在实际作战中问题规模较大的情况下是不可取、不现实的。

（2）WTA 问题这类组合优化的资源分配问题存在大量的局部极值点，目前还没有一种算法可以很好地解决这类问题。

（3）WTA 问题具有随机性，武器、目标间的活动不是一成不变的，为了更真实地表现两者间这种关系，需要用随机模型来描述。

由此，在有限的时间内追求 WTA 问题的精确最优解是不现实的，往往需要借助智能优化算法求其满意解或者次优解。智能算法为解决复杂武器目标分配问题指明了新的方向，能够提高战场的决策速度和反应速度，获取决策优势和行动优势。

12.2 基于模型的武器运用决策

12.2.1 基于最优化模型的武器运用决策

武器目标分配问题的本质是一种非线性多目标优化决策问题。作为主动攻击方来说，就是合理地分配己方兵力和武器单元，使对敌方目标的打击效果最好。打击效果的优劣根据情况而定，如果把敌方的多个目标看作同等重要，那么打击目标就是使打击的敌方目标个数最大化。如果敌方目标是多个具有不同价值的目标，则打击的目的就是使毁灭的目标的价值最大化。有时候可能还会考虑己方武器的数量，建立最大化杀伤敌方目标和最小化武器消耗的多目标优化模型。相应地作为防守方，武器-目标分配的目的是使己方兵力所防护的区域、物资、舰艇、飞机等的损伤程度最小。如果不考虑防护目标的重要性，那么优化的目标就是最小化己方受损伤的目标数量，如果考虑不同目标间重要性的不同，那么分配的目标就是使己方受损伤的单位的价值最小。

例 12.1 假设给定 n 架无人机执行协同作战任务，第 i（i= 1，2，…，n）架无人机最多只能携带 w 个同种型号的武器。打击 m 个地面目标。可以建立如下多无人机协同作战武器目标分配的数学模型。

（1）假设无人机群对地面目标群的优势函数矩阵为 $\boldsymbol{Y}=[y_{ij}]_{n\times m}$，$y_{ij}$ 表示第 i 架无人机对第 j 个地面目标的优势函数。

（2）假设地面目标对无人机群的威胁指数函数矩阵为 $\boldsymbol{T}=[t_{ij}]_{n\times m}$，$t_{ij}$ 表示第 j 个地面目标对第 i 架无人机的威胁指数函数。

（3）假设无人机群打击地面目标群的收益函数矩阵为 $\boldsymbol{B}_{\text{wf}}=[b_{ij}]_{n\times m}$，$b_{ij}$ 表示第 i 架无人机对第 j 个地面目标实施打击可获得的收益。

（4）假设无人机群对地面目标群实施打击后造成的损失矩阵为 $\boldsymbol{S}_{\text{df}}=[s_{ij}]_{n\times m}$，$s_{ij}$ 表示第 i 架无人机对第 j 个地面目标实施打击所造成的损失。

（5）假设第 j 个目标的威胁能力指数为 w_j，j= 1，2，…，m；第 i 架无人机对目标的威胁能力指数为 z_i，i= 1，2，…，n。

无人机打击地面目标可获得的收益等于无人机对该目标的优势和该目标的威胁能力指数的乘积。同时，无人机实施对地面目标的打击造成的损失可由目标对无人机的优势和无人机对目标威胁能力的乘积表示。

$$b_{ij} = y_{ij} \cdot w_j\,,\quad S_{ij} = t_{ij} \cdot z_i \tag{12.9}$$

可以计算出第 i 架无人机对第 j 个地面目标实施打击可能的收益与风险的比值 d_{ij} 为

$$d_{ij} = \frac{b_{ij}}{s_{ij}} \tag{12.10}$$

根据以上分析，选取 d_{ij} 为第 i 架无人机对第 j 个地面目标实施打击可能的收益与风

险的比值为武器目标分配的效率指标，可以得出多无人机协同作战武器目标分配模型的目标函数为

$$J=\max\sum_{i=1}^{n}\sum_{j=1}^{m}d_{ij}\cdot x_{ij} \tag{12.11}$$

满足下面的约束条件：

（1）对于目标 i 只能分配给一架无人机，表示为

$$\sum_{j=1}^{n}x_{ij}=1,i=1,2,\cdots,m \tag{12.12}$$

（2）第 j 架无人机最多只能携带武器数目为 W 个，表示为

$$\sum_{i=1}^{m}x_{ij}\leqslant W,j=1,2,\cdots,n \tag{12.13}$$

（3）对于某个武器不能同时打击两个或者两个以上目标，表示为

$$x_{ij}\in\{0,1\},i=1,2,\cdots,m;j=1,2,\cdots,n \tag{12.14}$$

由此得到多无人机协同作战武器目标分配数学模型为

$$J=\max\sum_{i=1}^{n}\sum_{j=1}^{m}d_{ij}\cdot x_{ij} \tag{12.15}$$

$$\text{s.t.}\begin{cases}\sum_{j=1}^{n}x_{ij}=1\\ \sum_{i=1}^{m}x_{ij}\leqslant W\\ x_{ij}\in\{0,1\},i=1,2,\cdots,m;j=1,2,\cdots,n\end{cases} \tag{12.16}$$

12.2.2 基于冲突型决策模型的武器运用决策

对策论模型在武器运用决策问题中也有重要的应用。例如，当前复杂的战场电磁环境对空战影响越来越突出，电子对抗等一系列软杀伤性武器成为现代战争的主要特征之一，硬杀伤性武器如航炮、中距空空导弹、近距离格斗弹在目前乃至未来很长一段时间内仍然作为空空作战主要的杀伤手段，对电子技术尤为依赖。一方面在现代战争的空战中，性能先进的武器会因受到电磁方面的不利影响而无法发挥其作用；另一方面，在电子对抗获胜的一方，能使武器性能得到最大收益，从而获得战场的制信息权和制空权。

机载软杀伤武器现阶段一般指的是电子干扰，其作战对象主要为雷达系统：一是攻击机载搜索雷达，破坏其对目标的探测，使其得不到正确的目标信息；二是干扰跟踪雷达，增大其跟踪误差；三是干扰导弹末制导雷达，使武器系统失控，命中率降低。

例 12.2 假设红方攻击机进入蓝方防空雷达的作用范围之内，蓝方雷达的工作方式有：欺骗干扰、瞄准式压制干扰、阻塞式压制干扰、箔条干扰等软杀伤能力 4 种。为了避免被蓝方雷达探测到，红方攻击机对蓝方雷达采取干扰对策，干扰方式有圆锥扫描、

线性扫描、捷变频、单脉冲 4 种。据经验和资料得出对雷达不同工作方式实施干扰后红方攻击机的生存概率见表 12.1。

表 12.1 红方攻击机赢得矩阵

红方攻击机生存概率		蓝方雷达			
		(β_1) 圆锥扫描	(β_2) 线性扫描	(β_3) 捷变频	(β_4) 单脉冲
红方攻击机	(α_1) 欺骗性干扰	0.95	0.90	0.82	0.10
	(α_2) 瞄准式压制干扰	0.62	0.73	0.16	0.89
	(α_3) 阻塞式压制干扰	0.52	0.22	0.63	0.58
	(α_4) 箔条干扰	0.80	0.19	0.40	0.71

解 将红方攻击机的生存概率作为红方的赢得矩阵和蓝方的支付矩阵：

$$\boldsymbol{A}=\begin{bmatrix}0.95 & 0.90 & 0.82 & 0.10\\ 0.62 & 0.73 & 0.16 & 0.89\\ 0.52 & 0.22 & 0.63 & 0.58\\ 0.80 & 0.19 & 0.40 & 0.71\end{bmatrix}$$

采用第 5 章介绍的冲突型决策方法，可以求得双方的最优混合策略和对策值。这个矩阵对策不存在鞍点，用迭代法得到红蓝双方的最优混合策略为：$\boldsymbol{X}^*=[0.258,0.288,0.454,0]^{\mathrm{T}}$，$\boldsymbol{Y}^*=[0,0.152,0.456,0.392]^{\mathrm{T}}$，对策值为：$V=0.5456$。

问题的解表明，在本情况中实现混合策略下的解可采用策略的物理混合来实现，即按照组成混合策略的比例选择武器工作方式。红方应按照概率（0.258，0.288，0.454）随机选择欺骗干扰、瞄准式压制干扰、阻塞式压制干扰；蓝方则应按照概率（0.152，0.456，0.392）随机选择线性扫描、捷变频、单脉冲雷达工作方式。

12.2.3 基于多属性决策模型的武器运用决策

多属性决策模型可用于对多个武器装备的作战效能进行评估，从而为武器装备的选择提供依据。例如，海上预警机防空作战效能评估是个多因素综合评判问题，很多因素都能够对作战效能产生影响。首先需要确定评价方案集和因素指标集，得到评估矩阵。设有 m 种不同的预警机接受评估，构成评价方案集 $A=\{a_1,a_2,\cdots,a_m\}$；对预警机作战效能起重要影响作用的 n 个因素指标构成因素指标集 $B=\{b_1,b_2,\cdots,b_n\}$；a_i 对于 b_j 的属性值为 $X_{ij}=\{i=1,2,\cdots,m;j=1,2,\cdots,n\}$，由此可得到评估矩阵 $\boldsymbol{X}=(X_{ij})_{m\times n}$。这里给出一个海上预警机防空作战效能评估应用的例子。

例 12.3 为了突显海上预警机防空作战能力且便于量化评估，取载机性能、预警探测能力、引导作战能力和其他能力 4 个方面作为评价指标，暂不考虑系统可用性、可靠性以及作战人员等对评估效能的影响。这 4 个评价指标可以进一步划分为 12 个性能指标。其中，载机性能下属的 3 个指标是衡量预警机任务系统平台性能的重要指标；预警探测能力和引导作战能力下属的 6 个指标是衡量预警机任务系统防空作战能力的重要指标；而其他能力下属的 3 个指标分别是衡量预警机信息处理传输能力和生存能力的重要指标。海上预警机防空作战效能评估的三层评估模型如图 12.1 所示。

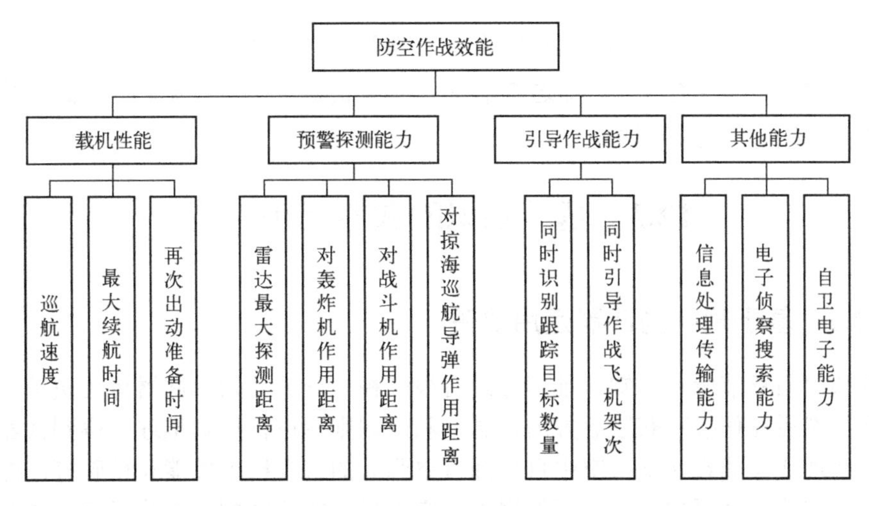

图 12.1　海上预警机防空作战效能三层评估模型

3 种预警机性能指标如表 12.2 所列（无量纲的为结合专家估算和隶属函数计算所得）。为了便于表示，分别用 $ZB_1,ZB_2,\cdots,ZB_{12}$ 代表以上体系中的 12 个性能指标。

表 12.2　海上预警机防空作战效能评估性能指标

效能评估	性能指标											
	ZB_1（马赫数）	ZB_2/h	ZB_3/h	ZB_4/km	ZB_5/km	ZB_6/km	ZB_7/km	ZB_8/个	ZB_9/架	ZB_{10}	ZB_{11}	ZB_{12}
预警机甲	0.48	6.25	2	408	630	560	269	250	6	1.0	0.9	0.7
预警机乙	0.85	11	3	370	720	480	240	300	18	0.9	1.0	0.8
预警机丙	0.75	8	4	360	581	430	281	120	12	0.9	0.7	0.8

由表 12.2 中数据可得到评估矩阵 $\boldsymbol{X}$，按照多属性决策中的 TOPSIS 法比较 3 种预警机的性能优劣。根据各衡量条件的相对重要程度经层次分析法可得出各指标的权重系数：

$$\boldsymbol{W}=(0.052,0.084,0.059,0.129,0.091,0.068,0.108,0.117,0.098,0.032,0.086,0.094)$$

将求得的规范化决策矩阵结合权重系数进行加权合成，可得到加权规范化矩阵 $\boldsymbol{E}$：

$$\boldsymbol{E}=\begin{bmatrix} 0.020 & 0.035 & 0.045 & 0.080 & 0.051 & 0.056 & 0.064 & 0.071 & 0.037 & 0.020 & 0.040 & 0.050 \\ 0.040 & 0.061 & 0.031 & 0.077 & 0.059 & 0.048 & 0.056 & 0.087 & 0.051 & 0.018 & 0.045 & 0.056 \\ 0.032 & 0.045 & 0.022 & 0.071 & 0.047 & 0.044 & 0.067 & 0.035 & 0.076 & 0.018 & 0.031 & 0.056 \end{bmatrix}$$

确定正、负理想解，分别取各指标的最大值、最小值构成正、负理想方案 $\boldsymbol{E}^+$，$\boldsymbol{E}^-$。

$$\boldsymbol{E}^+=(0.040,0.061,0.045,0.080,0.059,0.056,0.067,0.087,0.076,0.020,0.045,0.056)$$

$$\boldsymbol{E}^-=(0.020,0.035,0.022,0.071,0.047,0.044,0.056,0.035,0.037,0.018,0.031,0.050)$$

分别计算评价方案到正、负理想方案的距离：

$$\boldsymbol{L}^+=(0.0030,0.0010,0.0041)$$

$$\boldsymbol{L}^-=(0.0022,0.0045,0.0019)$$

最终用综合评价指数来评估作战效能的优劣，得出综合评价指数分别为

$$f_1 = 0.4231, f_2 = 0.8182, f_3 = 0.2923$$

对结果进行排序：$f_1 > f_2 > f_3$。即这 3 种海上预警机防空作战效能的评估结果排序为：预警机乙>预警机甲>预警机丙。

12.3 基于知识的武器运用决策

12.3.1 基于规则的武器运用决策

如本书前面章节所述，知识推理方式有很多种，基于规则的武器运用决策是首先构建规则库，然后在作战时获取敌方的信息，利用规则库进行规则推理，得到武器装备决策结果。在现代作战条件下，空中目标拥有更强大的远程机动性能和精确打击能力，因此海军防空作战将会更加复杂、更加困难，空中目标的威胁判断和武器运用决策都显得更加重要。空中目标威胁往往具有多层次、多方面、多批次等特点，并具有一定的内部动态关联，指挥人员在如此复杂的情况下很难做出合理的装备指挥决策，因此有必要建立基于规则的武器装备选择系统来进行防空火力系统的自动选择和判断。

产生式规则库反应速度快，能够适应现代海上防空作战的快速反应的作战需求。常规的空中目标，在运用产生式规则库后，可以很快匹配到相应的武器装备进行防御，使指挥人员能快速做出指挥决策和判断。下面通过一个针对典型空中目标的防御武器装备选择问题，说明基于产生式规则的空中目标武器智能选择推理过程。

例 12.4 假设我方针对空中目标类型可采取的防御武器装备有 4 种：M_1、M_2、M_3、M_4。而空中目标是战术弹道导弹（tactical ballistic missile，TBM）、空地导弹（air-to-ground guided missile，AGM）、巡航导弹（cruise missile，CM）和隐身飞机（stealth aircraft，SA）。它们的属性特征包括雷达反射面积（radar cross-section，RCS）、巡航水平速度 V_H、巡航垂直速度 V_V、巡航飞行高度 H 以及飞行加速度 A_S 五个方面，由于数据采集失误等原因而存在缺失值的情况。

这些特征数据是连续型变量，为了简化问题，可以将它们划分为以下区间：

（1）雷达反射截面积 RCS（m^2）：根据大小划分为 3 个区间，L([0,0.5))，M([0.5,1.5))，H（[1.5,2]）；

（2）巡航速度 V_H（m/s）：根据大小划分为 6 个区间，VL([0,200))，L([200,400))，M([400,600))，MH([600,1200))，H([1200,1800))，VH([1800,2200])；

（3）垂直速度 V_V（m/s）：根据目标纵向速度变化范围划分为低速、中速、高速、超高速 4 个层次，即 L([0,30))，M([30,100))，H([100,300))，VH([300,500])；

（4）飞行高度 H(m)：可划分为 5 个区间，VL([200,800))，L([800,7000))，M([7000,15000))，H([15000,27000))，VH([27000,30000])；

（5）飞行加速度 A_S（m/s^2）：根据大小划分为 3 个区域，即 L([0,15))，M([15,30))，H([30,50])。

根据作战原则，得到表 12.3 所列的武器选择决策规则表。任务是针对空中目标特征选择武器类型。

表 12.3　武器选择决策规则表

1	IF(V_H=H)&(A_S=M)	THEN MissileType=M_2
2	IF(RCS=M)&(V_H=M) &(V_V=L)&(A_S=L)	THEN MissileType=M_4
3	IF(V_V=VH)&(H=VH)	THEN MissileType=M_1
4	IF(RCS=L)&(V_H=MH)&(V_V=L)&(A_S=L)	THEN MissileType=M_4
5	IF(RCS=M)&(V_H=MH)&(A_S=L)	THEN MissileType=M_4
6	IF(RCS=L)&(V_V=L)&(H=VL)&(A_S=L)	THEN MissileType=M_3
7	IF(RCS=M)&(V_H=L)	THEN MissileType=M_3
8	IF(RCS=H)&(V_V=L)&(A_S=L)	THEN MissileType=M_4
9	IF(RCS=M)&(V_H=VH)&(A_S=L)	THEN MissileType=M_4

表 12.4 给出 4 组共 20 批典型目标的属性特征值，其中 MISSING 符号表示缺失属性值。由于数据缺失和难以完整收集更多数据，所以只能采取多划分取值域空间，而无法使用较少的规则数目来完成对所有目标类型决策数据的覆盖。根据上述输入数据及规则表，可以得到表 12.4 给出的 4 组共 20 个目标的武器选择结果。

表 12.4　武器选择结果

目标类型		雷达反射截面积 RCS		巡航水平速度 V_H		巡航垂直速度 V_V		巡航飞行高度 H		飞行加速度 A_S		导弹型号
		属性值	论域	属性值	论域	属性值	论域	属性值	论域	属性值	论域	
组 1	TMB	1.5	H	2180	VH	370	VH	28500	VH	40	H	M_1
	SA	0.8	M	1400	H	17	L	12000	M	2.5	L	M_4
	SA	0.4	L	1000	MH	16	L	24000	H	3	L	M_4
	TMB	MISSING	M	1650	H	450	VH	28500	VH	40	H	M_1
	AGM	0.8	M	1550	H	200	H	12400	M	22	M	M_2
组 2	CM	1.45	M	280	L	27	L	4800	L	4	L	M_3
	SA	0.5	M	750	MH	20	L	28900	VH	MISSING	L	M_4
	AGM	1.7	H	MISSING	H	250	H	5000	L	22	M	M_2
	SA	1	M	1650	H	19	L	20000	H	2.2	L	M_4
	AS	1.6	H	560	M	12	L	300	VL	1.8	L	M_4
组 3	AGM	0.22	L	1700	H	500	VH	650	VL	25	M	M_2
	CM	0.11	L	450	M	27	L	570	VL	2.1	L	M_3
	SA	MISSING	M	1900	VH	30	M	9000	M	1	L	M_4
	SA	0.25	L	320	L	19	L	18000	H	2.2	L	M_4
	CM	1.4	M	370	L	22	L	MISSING	VL	2	L	M_2
组 4	SA	0.3	L	800	MH	18	L	7500	M	1.7	L	M_4
	SA	0.75	M	600	MH	30	M	16000	H	2.1	L	M_4
	AGM	1.64	H	1400	H	50	M	5000	L	19	M	M_2
	CM	0.33	L	150	VL	MISSING	L	700	VL	5	L	M_3
	SA	0.76	M	1350	H	25	L	5000	L	1	L	M_4

以第一组前两个目标为例，根据侦测设备所收集的敌方信息，先将各个敌方目标的

数据划分到各个相应的取值范围内，由此取值范围分别匹配武器选择决策表中的规则，可判断其对应的武器装备。

如目标 1，RCS=H，V_H=VH，V_V=VH，H=VH，A_S=H，该目标对应表 12.3 中的规则 3，即应使用 M_1 武器装备进行防御；对于目标 2，RCS=M，V_H=VH，V_V=L，H=M，A_S=L，对应表 12.3 中的规则 9，即应使用 M_4 武器装备进行防御。

12.3.2 基于模糊推理的武器运用决策

在未来海上作战中，舰艇防空作战指挥的武器装备、信息系统增多，指挥员获取的信息量增大。面对多种类、多方位的敌方信息，指挥决策的时效性显得更加重要，要想根据瞬息万变的战场情况进行精准正确的指挥，就需要更加优化的指挥决策系统。由于在舰艇防空作战中所获得的信息有可能是模糊的、不精确的，因此这里给出的舰艇防空作战指挥系统是解决带有模糊信息的专家系统。

舰艇防空作战指挥系统决策过程主要包括：根据上级指令要求对敌方目标作战指示，或者根据武器装备侦测设备所反馈的敌方目标信息，组织探测设备对敌活动进行探测，在发现空中目标后进行敌我识别，依据作战规则对敌方目标进行威胁判断，根据敌目标威胁等级和战场态势，确定做出何种目标行动指令的方案。在对空防御作战决策中智能指控系统的模糊系统推理结构如图 12.2 所示，主要包括：战场态势信息输入、模糊发生器、模糊规则库、模糊推理机、模糊消除器和决策输出方案。

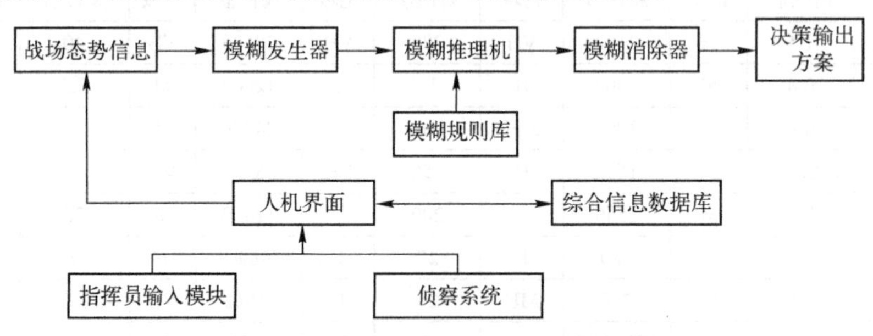

图 12.2 防空作战指挥决策系统的模糊推理结构

战场态势信息作为输入，通过模糊发生器使输入数据模糊化，然后模糊推理机根据模糊规则库中的规则，对经过模糊化处理后的信息进行模糊匹配、模糊推理，得出推理结果，然后将推理结果通过模糊消除器去模糊化，使模糊变量转化为确定的决策方案，即在敌方空中目标袭击情况下的火力分配或行动指令决策方案。指挥人员可通过人机界面了解系统的运行情况。

1. 输入和输出指标的选取和模糊化

根据现代防空作战指挥的战术规则和武器信息系统对敌方空中目标进行打击决策的要求，选取敌方空中目标威胁优先等级、距离远近，以及我方武器装备打击实力和打击精度作为输入参数，我防空武器装备对敌方空中目标火力防御策略为输出参数。将敌方空中目标威胁优先等级用 A 表示，距离远近用 B 表示，我导弹对敌方空中目标打击实力用 C 表示，打击精度用 D 表示，打击决策输出结果用 E 表示。

按模糊理论可将敌方空中目标威胁优先等级分为：大（a_1）、中（a_2）、小（a_3）；敌空中目标距离远近分为：远（b_1）、中(b_2)、近（b_3）；武器装备打击实力分为：强（c_1）、中（c_2）、弱（c_3）；对敌空中目标打击精度：高（d_1）、中（d_2）、低（d_3）；武器装备系统对敌空中目标的打击决策策略输出为：忽略（e_1）、关注（e_2）、打击（e_3）。则可将敌方5个特征信息分别分为5个模糊子集A、B、C、D、E，根据战场实际作战情况，为减少武器计算系统的工作量，提高计算模型的效率，在将信息特征数据离散化时，将这些变量分为5个等级。为便于语言描述，随机给出一组输入与输出语言变量，将其在模糊论域中的元素和语言值分别作为表格的行和列，则可得到语言变量值隶属函数的表格表示，即语言变量赋值表如12.5～表12.9所示。

表 12.5　敌方空中目标威胁优先等级赋值表

等级	−2	−1	0	1	2
a_1	0	0	0	0.8	1
a_2	0	0.4	1	0.5	0
a_3	1	0.6	0	0	0

表 12.6　敌方空中目标距离远近等级赋值表

等级	−2	−1	0	1	2
b_1	0	0	0	0.7	1
b_2	0	0.3	1	0.4	0
b_3	1	0.5	0	0	0

表 12.7　我方武器装备打击实力等级赋值表

等级	−2	−1	0	1	2
c_1	0	0	0	0.6	1
c_2	0	0.4	1	0.4	0
c_3	1	0.7	0	0	0

表 12.8　我方武器装备打击精度等级赋值表

等级	−2	−1	0	1	2
d_1	0	0	0	0.7	1
d_2	0	0.3	1	0.5	0
d_3	1	0.6	0	0	0

表 12.9　我方武器装备对敌目标打击策略等级赋值表

等级	−2	−1	0	1	2
e_1	0	0	0	0.7	1
e_2	0	0.4	1	0.5	0
e_3	1	0.6	0	0	0

2．模糊推理规则的建立

复杂的推理过程是多个条件与结论之间的关系，模糊推理的关键是根据模糊规则，推出模糊条件与结论之间的关系。根据实际防空作战中的战术规则和指挥员的实战经验，可得现代防空作战火力防御策略的决策推理规则为：IF A and B and C and D，then E。假设有3×3×3×3=81条初始模糊规则，如表12.10所列。

表 12.10　81 条完整模糊规则

序号	*a*	*b*	*c*	*d*	*e*	序号	*a*	*b*	*c*	*d*	*e*
1	1	1	1	1	2	41	2	2	2	2	1
2	1	1	1	2	2	42	2	2	2	3	1
3	1	1	1	3	2	43	2	2	3	1	2
4	1	1	2	1	1	44	2	2	3	2	1
5	1	1	2	2	1	45	2	2	3	3	1
6	1	1	2	3	1	46	2	3	1	1	1
7	1	1	3	1	2	47	2	3	1	2	1
8	1	1	3	2	1	48	2	3	1	3	3
9	1	1	3	3	1	49	2	3	2	1	1
10	1	2	1	1	2	50	2	3	2	2	1
11	1	2	1	2	2	51	2	3	2	3	3
12	1	2	1	3	2	52	2	3	3	1	3
13	1	2	2	1	2	53	2	3	3	2	3
14	1	2	2	2	1	54	2	3	3	3	3
15	1	2	2	3	1	55	3	1	1	1	1
16	1	2	3	1	2	56	3	1	1	2	1
17	1	2	3	2	1	57	3	1	1	3	1
18	1	2	3	3	1	58	3	1	2	1	1
19	1	3	1	1	3	59	3	1	2	2	1
20	1	3	1	2	3	60	3	1	2	3	1
21	1	3	1	3	3	61	3	1	3	1	1
22	1	3	2	1	3	62	3	1	3	2	1
23	1	3	2	2	3	63	3	1	3	3	1
24	1	3	2	3	3	64	3	2	1	1	1
25	1	3	3	1	3	65	3	2	1	2	1
26	1	3	3	2	3	66	3	2	1	3	2
27	1	3	3	3	3	67	3	2	2	1	1
28	2	1	1	1	2	68	3	2	2	2	1
29	2	1	1	2	2	69	3	2	2	3	2
30	2	1	1	3	2	70	3	2	3	1	2
31	2	1	2	1	2	71	3	2	3	2	2
32	2	1	2	2	1	72	3	2	3	3	2
33	2	1	2	3	1	73	3	3	1	1	1
34	2	1	3	1	2	74	3	3	1	2	1
35	2	1	3	2	1	75	3	3	1	3	3
36	2	1	3	3	1	76	3	3	2	1	1
37	2	2	1	1	1	77	3	3	2	2	1
38	2	2	1	2	1	78	3	3	2	3	3
39	2	2	1	3	2	79	3	3	3	1	3
40	2	2	2	1	1	80	3	3	3	2	3
						81	3	3	3	3	3

每条模糊条件语句表示的输入与输出之间的模糊关系可以表示为

$$\boldsymbol{R}_1=a_1\times b_1\times c_1\times d_1\times e_2$$
$$\boldsymbol{R}_2= a_1\times b_1\times c_1\times d_2\times e_2$$
$$\boldsymbol{R}_3 = a_1\times b_1\times c_1\times d_3\times e_2$$
$$\boldsymbol{R}_4 = a_1\times b_1\times c_2\times d_1\times e_1$$
$$\boldsymbol{R}_5= a_1\times b_1\times c_2\times d_2\times e_1$$
$$\boldsymbol{R}_6= a_1\times b_1\times c_2\times d_3\times e_1$$
$$\boldsymbol{R}_7= a_1\times b_1\times c_3\times d_1\times e_2$$
$$\boldsymbol{R}_8 = a_1\times b_1\times c_3\times d_2\times e_1$$
$$\boldsymbol{R}_9= a_1\times b_1\times c_3\times d_3\times e_1$$
$$\vdots$$
$$\boldsymbol{R}_{81}= a_3\times b_3\times c_3\times d_3\times e_3$$

其中：规则 $\boldsymbol{R}_1$ 表示如敌方空中目标威胁等级大且距离远，我武器装备打击实力强且精度高，对敌目标打击决策输出结果为关注；规则 $\boldsymbol{R}_4$ 表示如敌空中目标威胁等级大且距离远，我武器装备打击实力中等且精度高，对敌目标打击决策输出结果为忽略；规则 $\boldsymbol{R}_{81}$ 表示如敌空中目标威胁等级小且距离近，我武器装备打击实力弱且精度低，对敌空中目标打击决策输出结果为打击。

上述模糊推理规则可以用模糊关系矩阵 $\boldsymbol{R}$ 描述，由于每个变量分为 5 个等级，所以模糊关系矩阵是一个{[(5×5)×5]×5}×5 的矩阵。例如，根据表 12.5～表 12.9 可以得到规则 $\boldsymbol{R}_1$ 的 Zadeh 表：

$$a_1=(0，0，0，0.8，1)$$
$$b_1=(0，0，0，0.7，1)$$
$$c_1=(0，0，0，0.6，1)$$
$$d_1=(0，0，0，0.7，1)$$
$$e_2=(0，0.4，1，0.5，0)$$

根据模糊推理合成运算规则，可得 $\boldsymbol{R}_1$ 模糊矩阵：

$$\boldsymbol{R}_1=(a_1\times b_1\times c_1\times d_1)^{\mathrm{T}}\times \mathrm{e}_2$$

$$\boldsymbol{R}_1=\begin{bmatrix} & & 0_{468\times5} & & \\ 0 & 0.4 & 0.6 & 0.5 & 0_{2\times5} \\ & & 0_{3\times5} & & \\ 0 & 0.4 & 0.7 & 0.5 & 0 \\ 0 & 0.4 & 0.7 & 0.5 & 0 \\ \vdots & \vdots & \vdots & \vdots & \vdots \\ 0 & 0.4 & 0.7 & 0.5 & 0 \\ 0 & 0.4 & 0.7 & 0.5 & 0 \end{bmatrix}_{625\times5}$$

$\boldsymbol{R}_1$ 为 625 行×5 列的矩阵，类似可求出 $\boldsymbol{R}_2$～$\boldsymbol{R}_{81}$ 的模糊关系矩阵，将这 81 个矩阵并在一起，可求出模糊关系矩阵 $\boldsymbol{R}$。这种计算并无困难，只是矩阵规模较大，数量较多，可通过 MATLAB 编程计算得到模糊关系矩阵 $\boldsymbol{R}$。

$$
\boldsymbol{R}=\begin{bmatrix} 0 & 0 & 0 & 0.7 & 1.0 \\ 0 & 0.3 & 0.3 & 0.6 & 0.6 \\ 0 & 0.4 & 1.0 & 0.5 & 0 \\ 0.7 & 0.6 & 0.5 & 0.5 & 0 \\ 1.0 & 0.6 & 0.5 & 0.5 & 0 \\ \vdots & \vdots & \vdots & \vdots & \vdots \\ 0 & 0.4 & 0.7 & 0.5 & 0 \\ 0 & 0.4 & 1.0 & 0.5 & 0 \end{bmatrix}_{625\times 5}
$$

3．模糊推理结果

对于量化后的模糊输入，推理系统便可以依据模糊推理规则，即模糊关系矩阵 $\boldsymbol{R}$，根据合成计算式 $\boldsymbol{E}=\{[(\boldsymbol{A}\times\boldsymbol{B})\times\boldsymbol{C}]\times\boldsymbol{D}\}\times\boldsymbol{R}$，求出模糊决策输出结果。按照隶属度优先原则，即可确定（e_1，e_2，e_3）中哪一个作为防空作战打击决策的输出方案。

例如，已知某次防空作战中 3 组敌方飞机威胁等级 A、距离远近 B 和我导弹打击实力 C、打击精度 D，模糊化数据，根据初始模糊关系矩阵 $\boldsymbol{R}$，利用模糊推理合成运算式可求得推理结果 E 的值，如表 12.11 所列。

表 12.11　防空作战数据及其模糊推理结果

组别	变量	模糊化数据	输出结果 E
第一组	A B C D	0.2，0.4，1.0，0.5，0.3 0.1，0.3，0.3，0.5，1.0 0.2，0.5，1.0，0.3，0.1 1.0，0.5，0.3，0.4，0.2	0.4，0.4，0.5，0.7，1.0
第二组	A B C D	0.2，0.4，1.0，0.5，0.3 0.1，0.2，1.0，0.4，0.1 1.0，0.2，0.1，0.4，0.1 0.3，0.4，1.0，0.5，0.5	0.5，0.5，1.0，0.5，0.4
第三组	A B C D	1.0，0.7，0.5，0.3，0.4 1.0，0.5，0.2，0.1，0.3 0.2，0.4，0.2，0.1，0.3 0.1，0.6，1.0，0.4，0.2	1.0，0.6，0.6，0.5，0.4

根据上述表格，按照隶属度最大原则，可确定第一组决策输出结果为 e_1，即在敌方空中目标威胁等级中、距离远，我方打击实力中、精度低的情况下，对敌方空中目标采取忽略方案；第二组决策输出结果为 e_2，即在敌方空中目标威胁等级中、距离中，我方打击实力弱、精度中的情况下，对敌方空中目标采取关注方案；第三组决策输出结果为 e_3，即在敌方空中目标威胁等级小、距离近，我方打击实力中、精度中的情况下，对敌方空中目标采取打击方案。

12.4　基于数据的武器运用决策

在演习、训练、实战中，可以获得大量经验数据，反映在不同作战环境下，针对某些目标的打击或者防御措施。在武器运用决策中运用大数据技术，可基于信息优势有效实现决策优势和行动优势。

12.4.1 基于数据分类的武器运用决策

表 12.12 所列为海战场空中目标要素信息及其采取行动的实例集，以此为训练集可以构建分类决策树，之后在实际作战中如果获得目标的类型、速度、威胁等级数据，就可以利用分类决策树对目标做出拦截或不拦截的选择。

表 12.12 海战场空中目标要素信息及其采取行动的实例集

实例	属性			类型
	目标类型	速度	威胁等级	
1	类型 1	低	低	不拦截
2	类型 2	中	中	不拦截
3	类型 1	中	高	拦截
4	类型 1	中	高	拦截
5	类型 2	高	高	拦截
6	类型 2	高	高	拦截
7	类型 1	中	中	不拦截

利用 ID3 算法生成分类决策树，其中信息熵和条件熵公式如下：

信息熵：$H(U)=4/7\times\log_2(7/4)+3/7\times\log_2(7/3)$

条件熵：

属性“目标类型”：$H(U/V)=4/7\times[1/2\times\log_2(2)+1/2\times\log_2(2)]+3/7\times[1/3\times\log_2(3)+2/3\times\log_2(3/2)]$

属性“速度”：$H(U/V)=4/7\times[1/2\times\log_2(2)+1/2\times\log_2(2)]+2/7\times\log_2(7/2)+4/7\times\log_2(7/4)$

属性“威胁等级”：$H(U/V)=0$

属性“威胁等级”的信息增益最大，故选择“威胁等级”构成决策分类树，如图 12.3 所示。

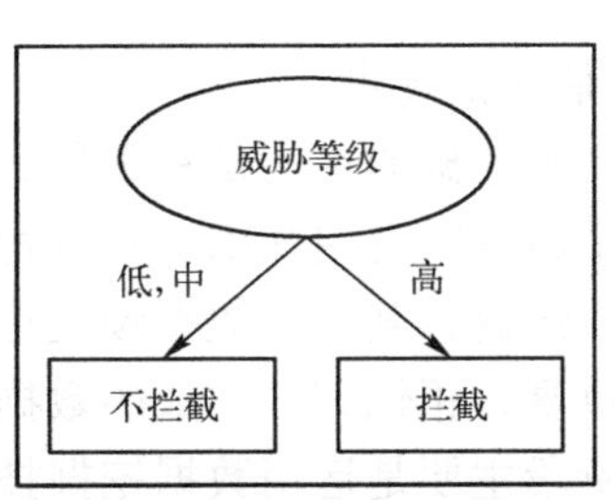

图 12.3 决策分类树

12.4.2 基于关联规则挖掘的武器运用决策

随着信息网络和计算机技术的发展，作战演习、训练中获取的数据急剧增加，这些海量的数据中蕴含了丰富的作战指挥决策知识，通过数据挖掘可以获得武器运用决策的关联规则。作战演习、训练数据包括基础数据、系统数据、作战环境数据和装备性能数据等，随着科技的发展，高性能侦察探测设备、测量设备、感知设备、传感设备和记录存储设备等在作战演习、训练中广泛运用，数据采集的方式更加灵活、手段更加多样，信息网络的大范围覆盖，使得数据采集范围更加广泛。

1．基于数据挖掘的武器运用决策概述

当前作战演习、训练所采集的数据和传统相比，有了明显的区别：一是数据规模海量化，急剧拓展的战场空间、庞杂的武器装备和作战环境数据，加上敌我对抗的复杂化，数据量呈爆炸式增长，由过去的 MB 跃升至 GB、TB，甚至 PB 以上；二是数据类型多样化，作战演习、训练手段和技术的发展，同时带来了数据类型的增加，数据格式不再是单一的结构化数据，诸如视频、图像、声音、文本等类型的非结构化或半结构化数据越来越多；三是数据处理快速化，随着技术的发展，作战演习、训练过程中数据产生速度更快，这不仅要求对数据分析和处理更加快速，有时甚至还要求进行实时处理；四是数据隐性价值化，作战演习、训练过程中采集的海量数据，虽然分布广泛且杂乱无章，但却蕴含着丰富的价值，通过合理的挖掘分析能够揭示其中隐藏的有用价值，为决策分析提供重要参考。

“关联而非因果”是进行海量数据分析的重要理念，相比于追溯海量数据中的因果关系，更可行和有效的方法是通过关联规则挖掘，查找各因素之间的关联关系。相比于传统的数据分析方法，大数据关联分析具有明显优势：一是数据存储和计算能力强大。借助分布式集群处理方式，将海量数据进行分布式存储，同时利用集群处理器进行分布式并行运算，能够很好地解决存储和计算能力不足的问题；二是支持多源异构数据，通过非关系数据库，能很好地支持图片、音频、视频等半结构化和非结构化数据的存储、管理、查询和分析；三是关联挖掘容易实现，关联分析不需要厘清关系网络和证明前因后果的时序逻辑，只需要进行关联挖掘就可以得到关联结论，进而分析出有用信息，且整个过程可以通过计算机程序实现，操作比较简单。

因此，通过引入分布式和并行计算技术，构建分布式数据关联规则挖掘模型，明确具体流程，同时改进或创新挖掘算法，可以实现作战演习、训练数据的高效分析，挖掘出有用信息，为决策提供重要参考。

2．作战演习、训练数据关联规则挖掘

作战演习、训练数据关联规则挖掘的目的是从采集到的海量作战数据中找出强关联规则，并通过分析抽取出数据中蕴含的有用知识。其流程主要包括三个阶段，即数据预处理、关联规则挖掘和分析形成结论。其中，数据预处理阶段主要对采集的数据进行清洗、去噪和格式统一，以消除重复、相似和不一致的数据，并将数据转化为适合关联规则挖掘的模式；关联规则挖掘阶段主要是运用数据挖掘技术，挖掘出符合用户要求的频繁项集，并根据频繁项集挖掘出符合用户要求的强关联规则；分析形成结论阶段主要是对挖掘结果进行军事层面的提炼，得到有用知识供指挥和参谋人员参考使用和辅助决策。

例如，在某航空兵突防效果演练中，要求分析红方突防方法与突防效果的关系，其中，红方拟采用的突防方法有：①采用反辐射武器打击敌对空雷达阵地（用 J 表示）；②实施远距离电子干扰（用 R 表示）；③运用远程导弹进行突防（用 Y 表示）；④运用中程导弹进行突防（用 Z 表示）；⑤运用超声速空地导弹进行高中空突防（用 G 表示）；⑥运用亚声速巡航导弹进行超低空突防（用 D 表示）。J、R、Y、Z、G、D 等均区分“是”和“否”两种情况。突防效果用 E 表示，区分“好”和“一般”两种情况。

假设在演习演练中，详细记录每次突防过程的具体数据，并进行预处理，预处理后的数据如表 12.13 所列。

表 12.13　预处理后的数据集

UID	J	R	Y	Z	G	D	E
1	否	否	否	是	否	否	一般
2	是	否	否	否	否	否	好
3	否	是	否	否	否	否	好
4	否	否	否	是	否	否	一般
5	否	否	是	否	否	否	好
6	否	否	是	是	否	否	好
7	否	否	否	否	是	否	一般
8	否	否	否	否	是	是	好
…	…	…	…	…	…	…	…

运用数据挖掘算法对预处理后的数据进行关联规则挖掘，设定最小支持度为 25%，最小置信度为 90%，得出所有频繁项集，并筛选出以作战效果 E 为结论的强关联规则，如表 12.14 所列。

表 12.14　筛选后的强关联规则

序号	规则	置信度
1	R=“是”⇒E=“好”	91%
2	J=“是”⇒E=“好”	92%
3	Y=“是”⇒E=“好”	93%
4	Z=“是”⇒E=“一般”	91%
5	Y=“是”∧Z=“是”⇒E=“好”	97%
6	G=“是”⇒E=“一般”	92%
7	D=“是”⇒E=“一般”	90%
8	G=“是”∧D=“是”⇒E=“好”	98%
…	…	…

对表 12.14 中的强关联规则进行筛选解读，可以得到以下几条规则：

规则 1：红方实施远距离电子干扰，突防效果好（规则的置信度为 91%）。

规则 2：红方采用反辐射制导武器打击敌对空雷达阵地，突防效果好（规则的置信度为 92%）。

以上两条规则表明，在进行突防时，应当尽量压制敌探测感知效果和手段，即提升突防效果：一方面，可以通过对敌实施强电子干扰，压缩敌雷达探测距离，降低突防歼击机被发现概率；另一方面，可以通过运用反辐射制导武器打击敌对空雷达，实现对敌探测手段的硬摧毁。

规则 3：红方运用远程空地导弹进行突防，突防效果好（规则的置信度为 93%）。

规则 4：红方运用中近程空地导弹进行突防，突防效果一般（规则的置信度为 91%）。

规则 5：红方运用远程空地导弹进行突防，同时运用中近程空地导弹进行突防，突防效果好（规则的置信度为 97%）。

以上规则表明，采用远程空地导弹突防时，由于导弹可在敌防区外发射，突防效果较好，但由于远程空地导弹造价相对昂贵，作战效费比不高。

采用中近程空地导弹突防时，需要载机突进敌防区内，载机被拦截的风险较大，平均突防导弹数量减少，突防效果一般。当采用远程和中近程组合攻击方式时，突防效果好。故可以先运用少量远程空地导弹打击敌防空系统，压缩敌防空杀伤区，降低中近程空地导弹载机被拦截风险，再运用中近程空地导弹进行攻击，以此达到较好的突防效果，且相比单独使用远程空地导弹，效费比更高。

规则 6：红方运用超声速空地导弹进行高中空突防，突防效果一般（规则的置信度为 92%）。

规则 7：红方运用亚声速巡航导弹进行超低空突防，突防效果一般（规则的置信度为 90%）。

规则 8：红方运用超声速空地导弹进行高中空突防，同时运用亚声速巡航导弹进行超低空突防，突防效果好（规则的置信度为 98%）。

分析以上规则表明，突防时，若只运用单一类型和单一弹道空域的导弹进行突防，不能达到很好的突防效果，应当采用多类型、多弹道相结合的方式，分散敌防空火力和雷达探测资源，提升突防效果。

小　结

大数据时代的一体化联合作战，武器运用决策信息量显著增加，大量来源于不同空域、时域、频域和能量域的信息不断涌向指挥机构。这些信息为指挥机构和指挥员分析判断情况提供了可供选择的众多原始材料，但同时也为高效和科学决策设置了难点。在传统数据处理模式下，对于呈指数级增加的图像、语音、文本等非结构化数据处理效率低、周期长，访问和交付的可用性面临重大挑战，难以满足信息化战争的需求。大数据重点关注从大量军事数据中深度挖掘对于指挥决策具有重要辅助作用的军事情报信息，能够对情报侦察系统收集的各种非结构化数据进行快速分类、存储、分析和处理，在此基础上，只要提供足够庞大真实的数据量，通过大数据分析技术，就能辅助己方指挥员比较准确地预测敌方指挥员的决策倾向、可能采取的武器和战场态势的发展趋势等不确定性问题，实现将数据优势快速转化为指挥决策优势和行动优势，这也是大数据在武器指挥决策领域价值和作用的集中体现。构建“从数据到决策”的无缝链路，为有效提升基于信息系统的体系作战能力奠定坚实基础。

习　题

1．试描述武器目标分配问题。

2．武器运用决策问题有哪些解决方法？

3．基于模型、知识、数据的武器运用决策问题解决思路分别是什么？

4．大数据在武器运用决策中具有哪些作用？

参 考 文 献

[1] 杨露菁，陈志刚，等. 作战辅助决策理论及应用[M]. 北京：国防工业出版社，2016.

[2] 马政伟，孙续文，王义涛. 海上编队作战指挥决策体系建设的几点启示[J]. 四川兵工学报，2015，36（4）：96-99.

[3] 付雅芳，张续华，王琳. 辅助决策技术在指挥控制系统中的应用[J]. 火控雷达技术，2017，46（3）：31-33.

[4] 雷锟，王劲松，阳名喜. 大数据在信息作战指挥决策中的运用[J]. 指挥控制与仿真，2016，38（3）：24-27.

[5] 陈林，陈维义. 基于数据仓库的海军要地防空作战决策支持系统[J]. 四川兵工学报，2011，32（7）：90-92.

[6] 李香亭. 态势评估中目标意图识别的研究与实现[D]. 太原：中北大学，2012.

[7] 牛晓博，赵虎，张玉册. 基于决策树的海战场舰艇意图识别[J]. 兵工自动化，2010，29（6）：44-46.

[8] 黄钦龙，刘忠，夏家伟. 海上近岸目标威胁评估模型研究[J]. 指挥控制与仿真，2019，（5）：21-26.

[9] 黄俊. 武器—目标分配问题建模研究[D]. 武汉：华中科技大学，2016.

[10] 任卫，张安，胡正. 机载软硬杀伤武器协同作战决策研究[J]. 火力与指挥控制，2018，43（4）：94-98.

[11] 侯满义，杨永波，荆献勇，等. 多无人机协同作战武器目标分配建模[J]. 战术导弹技术，2017（5）：68-72.

[12] 王虹昙，吴文海，周思羽. 基于 TOPSIS 方法的海上预警机防空作战效能评估[J]. 航空计算技术，2009，39（4）：65-67.

[13] 雷鹏飞，魏贤智，高晓梅，等. 复杂对抗环境下对地攻击武器选择[J]. 火力与指挥控制，2017，42（1）：18-20.

[14] 张金春，张晶，张书宇，等. 反舰导弹对海目标饱和攻击辅助决策系统研究[J]. 战术导弹技术，2014(3):21-27.

[15] 张弛，彭丹华，黄柯棣. 武器装备运用知识表示方法及其仿真教学应用[J]. 系统仿真学报，2015，27（4）：706-714.

[16] 李寒雨，等. 一种基于改进迭代决策树算法的目标威胁评估模型. 舰船电子工程，2017，37（10）：25-29.

[17] 倪保航，刘振，徐学文. 基于分层动态贝叶斯网络的武器协同运用[J]. 舰船电子工程，2015，35（12）：18-20，93.

[18] 金华刚，颜如祥. 作战方案筹划中不确定性问题建模[J]，指挥信息系统与技术，2016，7（5）：78-81.

[19] 岳超源. 决策理论与方法[M]. 北京：科学出版社，2003.

参考文献

[1] [illegible]

[2] [illegible]

[3] [illegible]

[4] [illegible]，丁剑波，[illegible][J]. [illegible]，2016，38(3)：24-27.

[5] [illegible]，[illegible][J]. 四川兵工学报，2011，32(7)：[illegible]

[6] 李[illegible][D]. [illegible]，2013.

[7] [illegible][J]. [illegible]，2019，[illegible]：44-46.

[8] [illegible][J]. [illegible]，2019，[illegible]：21-24.

[9] [illegible][D]. [illegible]：华中科技大学，2016.

[10] [illegible][J]. [illegible]，2018，[illegible]：96-98.

[11] [illegible][J]. [illegible]：68-72.

[12] [illegible][J]. [illegible]，2009，20(4)：[illegible]

[13] [illegible][J]. [illegible]，42(11)：18-20.

[14] [illegible][J]. [illegible]，2014(3)：21-23.

[15] [illegible][J]. [illegible]，2015，27(4)：706-714.

[16] [illegible][J]. [illegible]，2017，37(10)：25-28.

[17] [illegible][J]. [illegible]，2015，35(12)：18-20，93.

[18] [illegible][J]. 指挥信息系统与技术，2016，7(5)：78-81.

[19] [illegible][M]. 北京：[illegible]出版社，2003.